2013年中央支持地方教师队伍建设——人才培养与团队项目（ZYDF02130210）

北京市教育委员会特色教育资源库建设项目（KYJD02140205/004）

北京服装学院创新团队——国外服饰文化理论研究团队项目（2014A-26）

北京服装学院创新团队——中外服饰文化研究与传播项目（PTTBIFT-td-001）

中外服饰文化研究

郭平建 / 主　编

张慧琴　史亚娟 / 副主编

FASHION
AND
CULTURAL
STUDIES
AT
HOME
AND
ROAD

国家一级出版社

中国纺织出版社

全国百佳图书出版单位

内 容 提 要

　　服饰文化是一门新兴的交叉学科，在我国仍处于起步阶段。《中外服饰文化研究》主要以北京服装学院中外服饰文化研究中心的国家社科基金项目和省部级科研项目成果为主要内容，涉及服装社会心理学、服装史、民族服饰文化、服饰文化翻译、服饰文化传播以及服饰文化与文化创意产业等方面。

　　本书的出版对于借鉴国外服饰文化研究理论，推动我国服饰文化研究的深入开展以及促进我国服装产业的进一步发展都具有重要的现实意义。本书适合服装专业师生、研究者及从业人员学习参考。

图书在版编目（CIP）数据

中外服饰文化研究/郭平建主编 . --北京：中国纺织出版社，2018.1（2023.8重印）

ISBN 978-7-5180-4141-1

Ⅰ. ①中… Ⅱ. ①郭… Ⅲ. ①服饰文化—研究—世界 Ⅳ. ①TS941. 12

中国版本图书馆 CIP 数据核字（2017）第 240587 号

策划编辑：李春奕　　责任编辑：陈静杰　　责任校对：寇晨晨
责任设计：何　建　　责任印制：王艳丽

中国纺织出版社出版发行
地址：北京市朝阳区百子湾东里 A407 号楼　邮政编码：100124
销售电话：010—67004422　传真：010—87155801
http：//www. c-textilep. com
E-mail：faxing@ c-textilep. com
中国纺织出版社天猫旗舰店
官方微博 http：//weibo. com/2119887771
北京虎彩文化传播有限公司印刷　各地新华书店经销
2018 年 1 月第 1 版　2023 年 8 月第 3 次印刷
开本：889×1194　1/16　印张：20
字数：531 千字　定价：69. 80 元

编辑委员会

前　言

《中外服饰文化研究》一书是北京服装学院语言文化学院（原外语系）中外服饰文化研究中心师生多年来的研究成果，它记载了中外服饰文化研究中心（以下简称"中心"）研究发展的历程。

"中心"成立于 2005 年，它是北京服装学院这所全国唯一以服装命名、艺工融合为办学特色的全日制公办普通高等学校的重要研究单位之一，也是全国高校外语院系中仅有的专门开展中外服饰文化研究的机构。"中心"的成立，旨在利用学校丰富的服装资源和外语教师在语言方面的优势，研究国内外，尤其是国外的服饰文化成果，为我国服装人才的培养和服装产业的发展做出应有贡献。"中心"成立当年就在学校艺术学硕士点开设中外服饰文化方向，并招收硕士研究生，至今已培养学生 60 余名。

为了培养好学生，"中心"最初的几位导师，如马小丰教授、武力宏教授和王德庆副教授，挤出时间阅读大量中外服饰文化文献，尽量弥补在服饰文化领域知识的不足。本人为了较系统地掌握服饰文化方面的理论与知识，特拜我国纺织服装教育界前辈、原服装系主任吕逸华教授为师，在职攻读了设计艺术学方向的硕士学位。"中心"还特聘北京服装学院院长、中国服装设计师协会副主席刘元风教授担任"中心"的顾问委员会主任，聘请赵平教授、林志远教授、刘瑞璞教授、徐雯教授、袁仄教授、杨源教授、杨道圣教授等专家担任"中心"的顾问，指导"中心"的科研和研究生培养工作。也可以说，如果没有上述专家教授的大力支持与帮助，"中心"也难以发展到今天。

"中心"的发展，离不开研究。"中心"最初的研究方向主要有三个：服装史论、服装社会心理学以及中西服饰文化。后来随着张慧琴教授、赵春华教授和史亚娟博士等人的加入，又增加了服饰文化翻译和时尚传播两个方向，同时也进一步加强了服饰文化的

研究。近些年来，"中心"共申请到国家社科基金项目 1 项，北京市哲学社会科学规划办重点项目 2 项，北京市委组织部优秀人才培养项目 1 项，北京市教委人文社科面上项目和特色教育资源库建设项目 13 项，首都服饰文化与产业研究基地项目 10 项，校级重点和一般项目 21 项，校级科研创新团队项目 3 项，获得各项研究经费共计 300 余万元，正是这些研究项目和经费有力地支持了"中心"的发展和研究生的培养，大部分研究生的硕士学位论文都是真题真做。近些年来，"中心"共发表学术论文 200 余篇，其中核心期刊论文 60 余篇；出版专著、译著、教材 30 余部。这些成果为我国比较薄弱的服饰文化研究领域增色生辉。

《中外服饰文化研究》一书收录的是"中心"师生已发表和未发表的学术论文 60 篇。这些论文反映出了中心的研究思路和重点，即研究要体现"北服"特色，要围绕我国服饰文化研究领域的薄弱点、国家和社会关注的热点以及地方经济发展的重点而展开。根据内容，这些论文共分为七个部分：服装社会心理学研究、服装史研究、民族服饰文化研究、服饰文化翻译研究、服饰文化传播研究、服饰文化与文化创意产业研究以及综合研究，但由于服饰文化研究属于交叉学科的研究，因而有的内容既可归入服装史研究，也可归入民族服饰文化研究；也有的内容既可以归入文化创意产业研究，也可以归入综合类的时装之都建设研究。所以上述七个部分只是相对合理的划分。现将这七部分内容简要介绍如下：

服装社会心理学一直是服装理论研究领域的重点，但同时又是我国服装理论研究领域的弱点。由于多种原因，我国服装社会心理学的研究起步较晚，远远落后于英美，也落后于日本。20 世纪 80 年代初，吕逸华教授、包铭新教授和赵平教授等学者翻译引进了国外的服装心理学著作，并编写出相关教材，我国

纺织服装高等院校才开设了服装心理学、服装社会学或服装社会心理学课程，也开始了相关的研究。但长期以来，由于教师短缺、研究经费难申请等诸多原因，该领域的教育和研究一直比较薄弱，可以说到目前为止还没有针对中国个人和群体而撰写的服装社会心理学专著。为了调研国内服装社会心理学研究和教育的现状，"中心"申请到北京市教委项目"中美服装社会心理学研究和教育比较"和北京市委组织部项目"中美服装社会心理学研究比较"等课题，对原纺织部所属的一些院校，如东华大学、天津工业大学、浙江理工大学等进行了实地调研，发表了《中外服装社会心理学研究与教育概况比较》《对我国部分高校服装社会心理学教育与研究的调查分析》等系列论文，为服装社会心理学在我国的深入研究打下了一定基础。另外，"中心"还注重理论知识的传授与学生实际研究能力培养的结合，例如，学生学习了"美国服装社会心理学"课程以后，在导师的指导下进行市场调研，并完成了《北京大学生着装倾向与购买行为对消费市场的启示》和《对首都部分高校在校大学生身体满意度的调查及启示》两篇论文，发表在中文核心期刊《纺织导报》上。

服装史论的研究也是服装理论研究领域的重点之一。与服装社会心理学相比，国内关于服装史论的研究要开展得更为广泛深入一些，纺织服装院校中从事服装史论教学的教师也比从事服装社会心理学教学的教师多，有关研究中国服装史、外国服装史的专著和教材出版了不少，如周锡保的《中国古代服饰史》、沈从文的《中国服装史》、华梅的《中国近现代服装史》、李当岐的《西洋服装史》、袁仄的《外国服装史》等，相关论文也有很多。"中心"对服装史论的研究，既关注民族服装历史的挖掘，又注重对国外服装历史的探究和中外服装史的对比研究，申请到的项目有"美国运动服装发展历程研究及启示""20世纪

中西方女性高跟鞋文化对比研究"等，发表的相关论文有：《腰带见证政权"正统"——以清朝帝王腰带为例》《美国运动装的发展历程及其启示》《英国服装职业教育的发展历程及启示》《浅析18世纪法国女服形制变革的文化内涵》和《20世纪20年代中西方女性服饰对比研究》等。

民族服饰文化，尤其是受宗教影响的民族服饰文化研究也是我国服饰理论研究领域中的薄弱点。针对这一薄弱点，"中心"申请到北京市哲学社会科学规划办重点项目"北京回族服饰文化研究"和北京市教委项目"我国信仰伊斯兰教的十个少数民族的服饰""我国云、贵、川多民族聚居区的传统汉族服饰"等课题，承担项目的师生深入到甘肃、内蒙古、青海、宁夏以及云南、贵州、四川等地的民族聚居区进行调研、访谈，顺利完成了研究项目，其中"北京回族服饰文化研究"结题获"优秀"等级并获专著出版资助，在核心期刊《内蒙古师大学报》等期刊上发表了《北京牛街回族妇女服饰的变迁及发展趋势》《我国西北地区回族服饰文化发展趋势调研报告》《富宁汉族女性传统服饰的美学透视》等系列论文，进一步丰富了我国民族服饰文化研究，促进了优秀民族服饰文化的传承。

中华文化走出去战略是国家文化发展战略的重要组成部分。随着文化走出去战略的提出，中华优秀传统文化的对外传播受到政府和学界的高度重视，因此文化翻译这一对外文化传播的重要环节的研究也成为了翻译界的热点。在这一背景下，"中心"申请到国家社科基金项目"我国传统服饰文化翻译研究"、北京社科基金研究基地项目"传统京剧服饰文化英译研究"以及北京市教委项目"全球视阈下典籍作品中服饰文化英译研究"等课题，出版了编著《服装英语翻译概论》，在《中国翻译》《外国语文》《山东外语教学》等核心期刊上发表了《全球化视阈下的服饰文化

翻译研究从"头"谈起》《〈红楼梦〉中"荷包"文化协调英译探索》《〈红楼梦〉服饰文化语境分析与汉英翻译策略探索》等系列论文,在国内翻译界产生了一定影响。

时尚传播研究在我国处于起步阶段,"中心"申请到北京市属高等学校高层次人才引进与培养计划项目"视觉时代的时尚品牌整合传播"、横向项目"社交网络中时尚品牌营销状况调查"等课题;出版了专著《时尚传播》;在《青年记者》《现代传播》等核心期刊上发表了《社交网络的人际传播与品牌整合传播》《社交网络的时尚品牌传播——虚拟世界的"真实环境"构建》以及《视觉文化视域下的时尚秀场文化研究》等系列论文,在国内时尚传播研究领域走在了前面。

国内关于服饰文化和文化创意产业研究的兴起也是近些年的事,与国外的研究在深度和广度上有一定差距。为了贯彻落实《国家"十一五"时期文化发展规划纲要》和《北京市"十一五"时期文化创意产业发展规划》的有关精神,"中心"申报了"韩国文化产业链建设对我国的启示""英国时尚传媒创意产业研究""英国服装会展业的发展历程研究及启示""北京—巴黎服装会展文化创意比较研究"等课题,对文化创意产业所涉及的时尚设计、广告和影视等领域进行了研究,同时积极探索国外的先进经验,为我国的文化创意产业发展提供可借鉴的信息。撰写的相关论文有:《北京展PK巴黎展胜算几何》《简析英国文化创意产业——时尚产业的发展》以及"On the Costume Culture in South Korean Movies and TV Series and Its Creative Industries""Inspirations for China's Cultural Industry Development from the Construction of Korea's Cultural Industry Chain"等,发表在韩国服装协会主办的期刊 *The International Journal of Costume Culture* 以及中文核心期刊《戏剧文学》《电影文学》

等刊物上。

综合研究部分主要包含时装之都建设与语言和服饰方面的研究。早在2004年11月,北京市政府就提出要在构建国际大都市基本框架的同时,将用不到6年的时间建设世界"时装之都"。要将北京建成新的"时装之都"就有必要借鉴国际公认的世界"五大时装中心"——巴黎、纽约、伦敦、米兰和东京的经验。北京服装学院地处北京,理应为时装之都的建设贡献自己的力量。为此,"中心"申请了"纽约时装之都的建设对北京的启示研究""英国伦敦时装之都的发展历程研究""中英服装设计师培养机制研究""伦敦时装街及店铺的近200年的发展历程对打造北京时装之都的启示"等课题,发表了《时尚之都纽约的成功经验对北京的启示》《英国时装会展业发展历程探析》以及《日本时装大师在法国的成功经验对我国服装设计师发展的启示》等论文,为北京的时装之都建设提出了一些建设性意见和建议。另外,就服装与语言的研究方面,发表了《电影服饰的语言学研究》《从汉语服饰语汇看服饰文化与语言之关系》以及《从消费者购买程序看广告的语篇构建模式及其语言表现手法》等论文。

另外,论文集还加了两个附录,附录Ⅰ:中外服饰文化研究中心历年申请到的各类科研项目统计表;附录Ⅱ:中外服饰文化研究中心历年出版的专著、译著、教材统计表,以便读者能够更为全面地了解"中心"的研究和成果。

在"中心"的成长过程中,我们深深体会到:"中心"的发展离不开学校的特色背景,离不开学科的交叉研究,外语—服饰—文化是"中心"的特有研究模式,"中心"成员依靠外语特长,努力汲取服装方面的知识,积极开展服饰文化研究,从而打造出自己的一片独特研究天地,结出了丰硕的成果。我们也深刻认识到,"中心"的发展离不开"中心"成员的共同努力，但同样离不开一些单位和个人的支持。在本书出版之际，我们特向所有支持、帮助过"中心"的单位和个人表示衷心的感谢！他们是：北京服装学院、北京市教育委员会、首都服饰文化与服装产业研究基地、北京市哲学社会科学规划办公室以及前面提到的有关专家和教授。我还要特别感谢引导我走入服饰文化研究领域的吕逸华教授，感谢在学科建设和科研中给予专业性指导的刘元风院长，感谢在"中心"建立之初给予极大支持的史学伟先生。在本书编辑过程中，付业飞、卜憧、王元、徐少飞、李敏等研究生为文章的收集、整理、校对付出了辛勤的劳动，在此一并感谢。

中外服饰文化研究领域所涉及的内容博大、繁杂、精深，而我们的知识和研究能力又非常有限。我们虽然取得了一些成果，但总体来说还比较肤浅，有的研究成果还存在一些不足。所以，真诚地欢迎有关学者、专家和广大同仁对论文集提出批评指正。

"弘毅日新，衣锦天下"。愿中外服饰文化研究中心在北京服装学院新校训精神的指引下发展得越来越好！

郭平建
2017 年 3 月于北京服装学院

作者简介

教师（以姓氏笔画为序）

于 莉 女，硕士，北京服装学院语言文化学院（原外语系）副教授，中外服饰文化研究中心成员。主要研究方向为计算机辅助语言教学、二语习得。曾主持和参与相关科研项目若干项，出版专著《外语教育技术环境下英语教学实证研究》，发表相关教学和科研论文20余篇。

马小丰 女，硕士，北京服装学院语言文化学院（原外语系）教授、硕士研究生导师、中外服饰文化研究中心成员。主要研究方向为英美文学、中外服饰文化。主持、完成各类教学、科研项目10余项，发表学术论文40余篇，出版《开合——纽扣&拉链的连接艺术》（合著）、《品牌定位——如何提高品牌竞争力》（合译）等著作。

王德庆 男，硕士，北京服装学院语言文化学院（原外语系）副教授、硕士研究生导师、中外服饰文化研究中心成员。主要研究方向为英美文学、中外服饰文化。主持、完成各类教学、科研项目近10项，发表学术论文30余篇。

史亚娟 女，文学博士，北京服装学院语言文化学院（原外语系）副教授，美国麻省大学波士顿分校访问学者，中外服饰文化研究中心副主任兼秘书长。主要研究方向为文艺学理论、文化研究、中外服饰文化。出版专著《坎特伯雷故事之文化研究》，主编《新编服装专业英语教程》《英语专业四级考试阅读理解100篇》；译著两本；近年来在国内外各级刊物上发表文学、文化、电影等专业论文及翻译文章30余篇；参与或主持省部级或校级项目数项。

白 静 女，硕士，北京服装学院语言文化学院（原外语系）副教授，中外服饰文化研究中心成员。主要研究方向为翻译学、中外服饰文化。出版专著、译著和教材多部，如《实用服装表演与设计英语》、*Rainbow Fashion Series*、《霓裳》《国际会展英语》等，发表相关学术论文多篇。

吕逸华 女，北京服装学院服装艺术与工程学院教授，原服装系主任。出版多部论著、译著，发表多篇论文。

刘 卫 男，硕士，北京服装学院服装艺术与工程学院副教授、服装设计师。

刘 华 女，硕士，北京服装学院语言文化学院（原外语系）副教授，中外服饰文化研究中心成员。主要研究方向为服饰文化研究计量学分析、中外文化对比。已承担北京市青年英才项目"近二十年中国服饰文化研究的可视化计量分析"1项，发表相关学术论文多篇。

刘庆华 女，硕士，北京服装学院语言文化学院（原外语系）讲师，中外服饰文化研究中心成员。主要研究方向为英语教育和服装文化。近年来在国际国内刊物发表多篇论文，参编词典一部。

张艾莉 女，硕士，北京服装学院语言文化学院（原外语系）副教授，中外服饰文化研究中心成员。主要研究方向为英语教学和中外服饰文化。曾主持和参与相关科研项目若干项，发表相关教学和科研论文10余篇。

张丽帆 女，硕士，北京服装学院语言文化学院（原外语系）副教授，中外服饰文化研究中心成员。主要研究方向为中外服饰文化、英语教学。主持北京服装学院重点科研项目"20世纪时尚资源库建设"及一般项目"嬉皮士服饰风格研究"，著有《20世纪时尚生活史》《大学英语语法》，参与多部艺术类大学英语相关教材的编写，发表论文20余篇。

张春佳 女，北京服装学院在读博士，北京服装学院服装艺术与工程学院讲师，中外服饰文化研究中心成员。主要研究方向为传统服饰文化与设计创新研究。曾主持、参加省部级和首都服饰文化与服装产业研究基地项目数项，出版服装文化译著两部，举办服装设计作品个展一次，参展数次，参编"十五"国家级教材《服装艺术设计》和清华大学985项目教材《现代服装设计》等6部，发表学术论文和评论30余篇。

张慧琴 女，英语语言文学博士，北京服装学院语言文化学院（原外语系）教授，中外服饰文化研究中心常务副主任。主要研究方向为应用语言学及服饰文化翻译理论研究。近年来在国内外重要学术刊物上发表论文近10篇；出版《翻译协调理论研究》《英汉服饰习语研究》《英美爱情诗选译》《艺术类大学英语视听说教程（3）》等专著、译著和教材7部。荣获省部级教学科研成果奖4项。目前主持国家社科项目、北京市社会科学基地项目、北京市高等教育改革项目、学校服饰文化研究与传播项目等6项。

肖海燕 女，对外经济贸易大学在读博士，北京服装学院语言文化学院（原外语系）副教授，硕士生导师，中外服饰文化研究中心成员。主要研究方向为翻译理论与实践、商务英语。曾主持和参与相关科研项目若干项，出版

《时尚与文化研究》《当代时装大师创意速写》《时尚手册：工作室与产品设计》等译著（合译），发表相关教学和科研论文10余篇。

况　灿 女，硕士，北京服装学院语言文化学院（原外语系）讲师，中外服饰文化研究中心成员。主要研究方向为语言学与应用语言学、中外服饰文化。

陆　洁 女，博士，美国太平洋大学文学院终身教授。

武力宏 女，硕士，北京服装学院语言文化学院（原外语系）教授，硕士研究生导师，中外服饰文化研究中心成员。主要研究方向为语言学与应用语言学、中外服饰文化。主持、完成各类教学、科研项目近10项，出版译著《时装设计：过程、创新与实践》（合译），发表相关学术论文20余篇。

罗　冰 女，硕士，北京服装学院语言文化学院（原外语系）副教授，北京市属高等学校中青年骨干人才，中外服饰文化研究中心成员。主要研究方向为英语语言文学与中外服饰文化。近年来主持、参与、完成省部级教改、科研项目多项，发表学术论文20余篇。

赵春华 女，博士，北京服装学院语言文化学院（原外语系）教授，硕士生导师，中外服饰文化研究中心成员。主要研究方向为时尚文化与传播、时尚营销、语言与文化。已承担北京市属高校青年拔尖人才项目"视觉时代的时尚品牌传播"1项，出版专著《时尚传播》，并发表相关学术论文10余篇。

郭平建 男，北京服装学院语言文化学院（原外语系）教授，硕士研究生导师，中外服饰文化研究中心主任。主要社会兼职：北京服装学院学术委员会和本科教学指导委员会委员，

中国民族服饰研究会常务理事，北京服装学院学报《艺术设计研究》编委，北京市大学英语教育发展中心副主任。主要研究方向为中外服饰文化、语言学与应用语言学。主持、完成省部级教学、科研项目 10 余项，发表学术论文 60 余篇，出版专著、译著（合译）、教材 20 余部，如《北京回族服饰文化研究》《服装英语翻译概论》（合著）、*A Collection of Contemporary Han Folk Costumes*、《英法汉/法英汉服装服饰词汇》《服装英语》等。

徐　珺　女，对外经济贸易大学英语学院教授、博士生导师。

席　阳　男，博士，北京服装学院教务处长、副教授。

康洁平　女，硕士，北京服装学院语言文化学院（原外语系）副教授，中外服饰文化研究中心成员。主要研究方向为外语教学和翻译。发表论文 30 多篇，参编相关书籍 5 本，主编 2 本。作为项目负责人完成校内科研教改项目多项，作为成员完成省部级及以上教改项目 2 项。

梁晶晶　女，硕士，北京服装学院语言文化学院（原外语系）讲师，中外服饰文化研究中心成员。主要研究方向为中外服饰文化。出版译著《亲子编织——钩针篇》，发表相关论文 4 篇。

訾韦力　女，硕士，北京服装学院语言文化学院（原外语系）教授，校级大学英语精品课程、教学创新团队负责人，中外服饰文化研究中心成员。主要研究方向为二语习得、计算机辅助语言教学和服饰语言学。出版专著《服饰文化与英汉语汇》《应用语言学理论在英语教学实践中的应用研究》，发表学术论文 20 余篇。曾讲授高级英语、大学英语、英语精读、研究生英语、英语实用写作、服饰与语言等课程。

薛　冰　男，硕士，北京服装学院语言文化学院（原外语系）副教授，中外服饰文化研究中心成员。主要研究方向为英语语言文学与中外服饰文化。出版专著和教材 7 部，发表学术论文 20 余篇。

研究生（以入学时间为序）

林君慧　女，北京服装学院语言文化学院（原外语系）2005 级研究生，研究方向为中外服饰文化。

张　璞　男，北京服装学院语言文化学院（原外语系）2005 级研究生，研究方向为中外服饰文化。

刘　漳　女，北京服装学院语言文化学院（原外语系）2006 级研究生，研究方向为中外服饰文化。

方海霞　女，北京服装学院语言文化学院（原外语系）2006 级研究生，研究方向为中外服饰文化。

陶萌萌　女，北京服装学院语言文化学院（原外语系）2007 级研究生，研究方向为中外服饰文化。

李　洋　女，北京服装学院语言文化学院（原外语系）2008 级研究生，研究方向为中外服饰文化。

祝思黔 女，北京服装学院语言文化学院（原外语系）2008级研究生，研究方向为中外服饰文化。

姚霁娟 女，北京服装学院语言文化学院（原外语系）2009级研究生，研究方向为中外服饰文化。

王颖迪 女，北京服装学院语言文化学院（原外语系）2009级研究生，研究方向为中外服饰文化。

何赟 男，北京服装学院语言文化学院（原外语系）2009级研究生，研究方向为中外服饰文化。

刘芳 女，北京服装学院语言文化学院（原外语系）2009级研究生（在职），研究方向为中外服饰文化。

宫秋珊 女，北京服装学院语言文化学院（原外语系）2010级研究生，研究方向为中外服饰文化。

郑慧敏 女，北京服装学院语言文化学院（原外语系）2010级研究生，研究方向为中外服饰文化。

刘白茹 女，北京服装学院语言文化学院（原外语系）2011级研究生，研究方向为中外服饰文化。

彭龙玉 女，北京服装学院语言文化学院（原外语系）2011级研究生，研究方向为中外服饰文化。

任萌萌 女，北京服装学院语言文化学院（原外语系）2011级研究生，研究方向为中外服饰文化。

彭亮 男，北京服装学院语言文化学院（原外语系）2011级研究生，研究方向为中外服饰文化。

孙清 女，北京服装学院语言文化学院（原外语系）2012级研究生，研究方向为中外服饰文化。

王亚楠 女，北京服装学院语言文化学院（原外语系）2012级研究生，研究方向为中外服饰文化。

李亚川 女，北京服装学院语言文化学院（原外语系）2012级研究生，研究方向为中外服饰文化。

但霖林 女，北京服装学院语言文化学院（原外语系）2012级研究生，研究方向为中外服饰文化。

刘婧 女，北京服装学院语言文化学院（原外语系）2012级研究生，研究方向为中外服饰文化。

马远淑 女，北京服装学院语言文化学院（原外语系）2013级研究生，研究方向为中外服饰文化。

付业飞 女，北京服装学院语言文化学院（原外语系）2013级研究生，研究方向为中外服饰文化。

武趁趁 女，北京服装学院语言文化学院（原外语系）2013级研究生，研究方向为中外服饰文化。

刘梦汐 女，北京服装学院语言文化学院（原外语系）2013级研究生，研究方向为中外服饰文化。

马知遥 女，北京服装学院语言文化学院（原外语系）2013级研究生（在职），研究方向为中外服饰文化。

王元 女，北京服装学院语言文化学院（原外语系）2014级研究生，研究方向为中外服饰文化。

目　录

服装社会心理学研究

美国服装社会心理学发展的背景及其状况[1]

张艾莉 郭平建

摘 要：针对美国服装业发展的历史，研究美国服装社会心理学发展的背景及其状况，从而提出重视服装社会心理的研究，加强理论与实践的结合，让服装社会心理学的理论更好地服务于我国的服装教育与研究和企业生产等。

关键词：美国；服装业；服装心理学

Development Background of Social Psychology of Clothing in USA and Present Status

Zhang Aili & Guo Pingjian

(Department of Foreign Languages, Beijing Institute of Fashion Technology, Beijing 100029, China)

Abstract：The background and development of the social psychology of clothing in the USA are studied. The purpose is to arouse the people's awareness of the importance of this interdisciplinary subject in Chinese fashion Industry as well as the educational institutions and make its application possible in China's apparel industry.

Key words：USA；apparel industry；costume psychology

服装是一面镜子，它不仅反映穿着者的经济状况、社会等级、宗教信仰及审美品位，同时还反映一个社会特定时期的政治、经济和文化的综合状况。人类穿着服装已有悠久的历史，但是对服装心理的研究却只有十年。美国在服装社会心理学方面一直处于世界领先的地位，究其原因，与它的政治、经济、文化等大环境以及服装业的发展历史息息相关，因此，要了解美国服装社会心理学的研究情况，就必须首先了解美国的服装发展史以及相关的政治、经济、文化等背景知识。因此，本文将从以下三个方面对美国的服装社会心理学发展状况进行研究。

1. 美国服装发展史简述

18 世纪末期工业革命以前的美国，几乎没有真正的纺织业或服装业。服装的原材料主要靠进口，从意大利、法国、印度和中国进口丝绸；从英国进口羊毛制品、棉布和开士米。工业革命期间，尤其是缝纫机发明之后，美国逐渐发展起了自己的纺织业和纺织中心，起初在新英格兰，内战之后纺织业的中心转到棉花的生产地南方各州。工业革命不仅引起了整个西方世界经济、社会的巨大变革，同时也带来时装业的巨变。新兴的工商业资产阶级构成了富裕的中产阶级，他们有钱过奢侈的生活，包括购买高级时装。时装变成了他们表现社会地位的标志和炫耀财富的外显方式。从此，时装不再只是少数权贵独享的消费品。

---

[1]本文为北京市教育委员会专项资助项目成果之一，曾发表于《天津工业大学学报》2004 年第 5 期，P40-42。

19 世纪中叶，缝纫机的发明使得时装的大规模生产成为可能。现代零售业和早期的邮购服务业的发展使得时装首次进入普通百姓的生活。19 世纪末期，纽约和费城先后出现了 18 种时装杂志，其中有至今仍在出版发行的 *Harper's Bazaar* 和 *Vogue* 杂志。出版业、邮购业、电话、汽车、电视以及后来的飞机和计算机等的发展，使得越来越多的人能够了解最新的时装信息，也激起了更多人的时尚意识。19 世纪后期，大量的欧洲移民涌入纽约，他们不仅提供劳动力，同时也带来了欧洲的技术，因此，纽约成了美国的时装中心。但是，时装真正进入普通大众的生活还是在 20 世纪第一次世界大战以后。1914 年，第一次世界大战爆发，美国于 1917 年参战，由于男子上战场，大量的女性走上工作岗位。为了方便女性工作，功能性的工作服出现了，女装首次出现男性化的倾向，主要表现在多余的装饰消失了，代之以线条简洁的职业装。女性就业不仅象征她们经济上的独立，也促使她们在政治上要求享有与男子同样的权利，这个时期的服装正是女性独立的反映。1929 年的经济危机导致了整个美国经济的萧条，三分之一的成衣店倒闭，一直到第二次世界大战，美国的经济才全部复苏。

"二战"之前，世界时装之都只有法国的巴黎，尽管美国纺织服装业由于大规模的批量生产而得到发展，但高级时装仍然靠从法国进口卖给富人，或者经过仿制、改造以适应美国市场。"二战"切断了美国与法国的一切联系，美国不得不发展自己的时装业。因此有些学者认为，美国的时装业是从"二战"才开始的。这个时期出现了一批美国自己的设计师，梅因布彻（MainBocher）、克莱尔·麦卡德尔（Claire Mc-Cardell）、海蒂·卡内基（Hattie Carnegie）和维拉·马克斯韦尔（Vera Maxwell）等的作品都逐渐获得认可。不过，美国设计师主要擅长设计运动装，这主要与美国式的生活方式有关，运动装结构简单，因此更受普通大众的欢迎。这种注重将服装设计与人们的生活方式相结合，将功能性与时代感统一起来的特点在后来的设计师卡尔文·克莱恩（Calvin Klein）、唐娜·卡兰（Donna Karan）和拉尔夫·劳伦（Ralph Lauren）的作品中仍然表现得很突出。20 世纪 50 年代，巴黎的高级时装又出现了一次辉煌，但 60 年代以后，"避世派""嬉皮士""年轻风暴"的洗礼戏剧

性地改变了人们的价值观和审美观。费时又费力、只有少数富人才能买得起的巴黎时装已经走入穷途末路，取而代之的是设计新颖、价格又相对低廉的高级成衣业和大众成衣业。而美国以休闲为主的运动服装，也因为能够适应人们在越来越多的闲暇时间进行健身、娱乐、休闲、旅游等要求而得以普及。

20 世纪后期，时装业出现多元化的趋势，世界时装中心也从一个变成五个，纽约、米兰、东京和伦敦分别以自己不同的特色与法国的巴黎抗衡。学者们普遍认为，时装的多元化是时装民主化的表现，而时装的民主化又是政治民主化的反映。因为，只有在一个政治比较民主的社会，人们才可以通过服装来自由表达自我，这正是服装社会心理学研究的领域。

2. 美国服装社会心理学发展背景的分析

服装社会心理学属于社会心理学的分支，而社会心理学又来源于心理学，也就是说服装社会心理学从一开始就具有多学科交叉研究的特点。因此，要了解服装社会心理学的发展历程，就得先了解一下社会心理学的发展状况。社会心理学作为一门独立的学科，大约是在 20 世纪 30 年代到 60 年代得以稳步发展的，70 年代和 80 年代是社会心理学成熟期，主要表现在其研究的深度和广度都有了长足的发展，有关的理论也不断得到完善与深化。80 年代之后，社会心理学家普遍开始关注如何将社会心理学的知识应用于实际生活中，因此，社会心理学变得更加接近我们的生活，并且在日常生活中起着越来越重要的作用。

美国的社会心理学研究一直居世界首位，这主要与"二战"之后美国政府对社会学的支持分不开。"二战"后，美国的社会学研究已经领先于世界其他国家，开始重视理论与实际的结合。"当时，许多社会学家致力于为大企业研究供求关系与市场规律，探讨劳动生产率与工作条件之间的关系，并且为美国社会不断出现的经济危机、能源危机、信仰危机以及失业、犯罪、环境污染等重大社会问题寻找解决办法。由于这种研究方向服务于美国资本主义社会的稳定和发展，社会学得到美国政府和垄断资产阶级的青睐，联邦政府加大了对于社会学研究的拨款，到 70 年代初，国会拨给社会学的研究经费已占全部社科研究经

费的三分之一。各级政府机构、公司企业、私人团体以及各种基金会也都大力提倡和支持社会学研究。因此，80年代中期，美国社会学研究无论在研究机构还是研究人员的数量方面都居世界领先地位，研究领域也在不断扩大，日益向多学科交叉研究的方向发展，社会学的分支学科增加到100多种，其中包括文化社会学、经济社会学、社会心理学等"。社会心理学作为社会学的一个分支，自然也经历了与社会学相似的发展过程，从理论到重实际应用，并且进行多学科的交叉研究。

服装社会心理学在美国作为一门独立的学科起始于20世纪30年代。当时，一些心理学家开始对人类的穿着行为动机产生了兴趣，并进行研究。主要的著作有赫洛克（Hurlock E.B.）的《服装心理学》（1929年）和弗劳格尔（Flugel J.C.）的《服饰心理学》（1930年）。这一时期的作品主要针对个体的穿着动机等心理特征进行分析，为美国的服饰心理研究打下了基础。20世纪50~60年代末，美国的家政学者、社会学家、心理学家以及经济学家共同商议，确立了以社会心理学为基础，展开对服装行为的研究，服装社会心理学的学术地位得以确立并稳步发展。这一时期的作品多从社会学、历史学、人类学、美学、文化学以及经济学等方面综合研究和解读人们的着装行为。例如：罗奇（Roach，M.E.）的《服装、服饰和社会体制》（1965年）、瑞恩（Ryan，M.S.）的《服装，人类行为的研究》（1966年）。洪（Horn，M.J.）的《第二皮肤：服装的多学科研究》（1968年）很可能是国内读者最熟悉的，该书据称是美国第一部运用多学科的知识和方法综合研究人类服饰的专著。书中详细地论述了服饰与文化、行为、美学、人体以及经济之间的相互关系，从人类学、历史学、心理学、艺术、物理学、生理学和经济学等多方面入手，探索并揭示了人类服饰的内在含义。此外，这一时期的《家庭与消费者科学研究》和《应用心理学》等杂志上也发表了大量的有关服饰心理学的研究论文。从此，美国的服装心理学研究在世界占有较为领先的地位。20世纪70年代之后，美国的服饰心理研究快速发展，但由于时装的流行周期日益加快，服装的成败主要取决于消费者的认可和接受，服装社会心理学的研究重点也转向服装的消费心理。有关服装社会心理方面的作品也是层出不穷，例如：苏珊·B.凯瑟（Susan B. Kaiser）的《服装社会心理学》（1997年）、瑞塔·坡娜的《流行预测》（1987年）、艾里森·卢瑞的《解读服装》（1981年）、基尼·弗林斯的《时装：从概念到消费者》（1999年）、苏珊·玛厦等编辑的《个体的服装选择和自我表现》（1986年）等。这些作品都从不同的角度对围绕服装的热点和焦点进行了前瞻性的诠释，使读者了解和体会到许多有关服装的既简单又深奥的道理。

3. 研究美国服装社会心理学发展的现实意义

改革开放以来，我国的服装业正以惊人的速度发展着。20世纪末21世纪初，在世界经济一体化的热潮中，我国加入了WTO，2001年北京获得了2008年国际奥林匹克运动会的申办权，这是历史给予我们的机遇。我国的服装业同其他的行业一样也正面临与国际接轨的问题。"但是，中国的服装业要走向世界绝不是轻而易举的事情，我们需要面对很多的难题：长期的封闭环境使得中国设计在设计观念上与瞬息万变的国际时装潮流存在不小的距离；落后的纺织业，特别是在新面料的开发、染色、印花和加工手段等方面的落后，以及长期以来由于计划经济体制下养成的重量不重质的陋习都在一定程度上制约我国服装在国际上的竞争力"。因此，我国服装业要想在激烈的国际市场竞争中求生存、谋发展，必须更新观念，提高质量，把握时代的脉搏。

了解和学习国外同行业的发展经验非常有助于我们的提高。笔者认为，研究和介绍美国的服装社会心理学的发展历程对于我国服装业的发展有一定的借鉴和现实意义。美国的服装业之所以有今天的成绩，与其重视服装理论的研究，尤其是重视将理论研究与服装业的实践相结合分不开，同样也与政府和企业对理论研究的大力支持分不开。而我国长期以来一直是重技术、轻理论，其结果是：商场里摆满了各种各样、色彩缤纷的服装，顾客却经常抱怨买不到适合自己的衣服。各生产厂家、商家根据"权威的流行信息"生产、订购的新潮时装竟然会积压卖不出去，只好等换季降价、打折销售，或者抗震救灾时捐献给灾区。其实原因很简单，设计师和商家过多地受"流行信息"

的束缚，把消费者都定位成时装模特，好像顾客个个都是一流的标准身材。而且许多时装都存在着大同小异的"抄袭"现象，款式和面料间的组合刻板而缺乏新意。这样商家和消费者之间自然就有了距离感。而随着人们生活水平的提高和生活方式的改变，消费者的审美情趣已经从"大众化"转向"个性化"，可以这样说，现代人在追求时尚的同时又要保持自己的风格。因此，设计师和商家必须在时尚信息和消费者的实际需求之间找到一个满意的"切入口"，这样流行时装才能真正流行起来。改革开放以来，我国在研究服装方面已经积累了大量的理论知识，尤其是以工艺学、物理学、化学、历史学和美学等学科知识为背景，形成了综合性的服装学科。但是从心理学和社会学的角度对服装进行研究还只是凤毛麟角。而众所周知，准确地把握消费者的心理需求是决定一个企业成败的重要因素。

因此，笔者强烈呼吁国内的服装业人士，尤其是有关领导应该重视服装社会心理学等理论研究，加大对理论研究的投入，少一点只重效益而轻理论研究等急功近利的短视行为，因为，服装业的发展离不开理论的正确引导。同时，从事服装理论的研究人员也应该走出象牙塔，尽量使自己的研究与服装业现在所面临的问题、难题结合起来，从分析问题和解决问题入手，这样才能更好地为我国服装业的发展服务。

参考文献：

[1] FRINGS G S. Fashion from Concept to Consumer［M］. New York：Prentice Hall，1999.

[2] 李当岐. 服装学概论［M］. 北京：高等教育出版社，1998.

[3] 申荷永. 社会心理学：原理与应用［M］. 广州：暨南大学出版社，1999.

[4] 刘绪贻. 美国通史（第六卷）［M］. 北京：人民出版社，2002.

[5] 赵平，吕逸华. 服装心理学概论［M］. 北京：中国纺织出版社，1995.

服装社会心理学的理论基础探索[1]

郭平建　张艾莉　况　灿

摘　要：服装社会心理学是服装理论研究中的一门重要学科，其研究成果直接影响着服装业的各个环节。本文主要对服装社会心理学的理论基础进行了总结和简单地阐述，希望能为服装社会心理学在我国的进一步深入研究提供理论基础，并呼吁我国能有更多的相关领域的理论工作者加入到服装社会心理学的研究队伍中来，建立我国的服装社会心理学研究体系。

关键词：服装社会心理学；心理学；社会学；文化研究

Discussion on the Theoretical Basis for Social Psychology of Clothing

Guo Pingjian, Zhang Aili & Kuang Can

(Department of Foreign Languages, Beijing Institute of Fashion Technology, Beijing 100029, China)

Abstract：This article is to summarize and elaborate the theoretical basis for the social psychology of clothing in terms of psychology, sociology, cultural studies, etc. It is aimed to attract more researchers to this field so as to promote the study of the social psychology of clothing.

Key words：social psychology of clothing; psychology; sociology; cultural studies

服装社会心理学[2]是研究人们在社会情境中的着装心理和行为的一门综合性学科，"它不仅研究影响人们进行外观管理的社会和心理因素，也关注人们对身体外观进行修饰的各种方法（Kaiser，1997，P4）"。改革开放以来，随着我国服装教育的快速发展，服装社会心理学研究也逐步引起学者的重视。从20世纪80年代开始，有关服装社会心理的专著和论文的数量也在逐年增长，从最初的单纯介绍或翻译外国原著到现在的引进和自主研究并举，为发展我国服装社会心理学方面的教育和研究提供了必要的教材和资料。然而，任何一门学科的发展都离不开理论的指导，服装社会心理学也不例外。本文主要在参考国内外相关资料的基础上，对服装社会心理学这门学科的理论基础进行比较详细的总结和阐述，旨在使这门学科在我国的研究能够进一步深入开展。在服装社会心理学的发展过程中，包括人类学、心理学、社会学、社会心理学、经济学、历史学、美学、营销学以及文化研究等许多学科都对其理论发展做出了不同程度的贡献，但服装社会心理学的主要理论来源于心理学、社会学和文化研究。心理学的学习理论、认知理论、诱因理论、精神分析理论、需要层次理论、社会学的符号互动理论以及文化研究的文化观点均已成为服装社会心理学家解释服装的理论基础。

[1] 本文为北京市教育委员会专项（SM200610012002）和北京市优秀人才培养专项（2005ID0500108）资助成果之一，曾被收录于《江南大学首届国际服饰文化与服装设计学术研讨会论文集》（2007/11月30日—12月2日）。

[2] 服装社会心理学在本文中涵盖服装社会学、服装心理学和服装社会心理学。

1 服装社会心理学的心理学理论基础

心理学理论基础主要有以下几种。

1.1 学习理论

学习理论强调早期的学习决定了行为方式。联结、强化和模仿构成学习的三种主要机制。该理论认为：在任何情况下每个人都会学到某种行为，在多次学习之后还会成为习惯。以后当相同或类似的情境再次出现时，个体将会采取惯用的方式做出反应。如学生在学校见到老师之后会主动向老师问好，是他们在此之前接受教育的结果。学习理论在19世纪末20世纪初开始流行，并很快成为行为主义的基础。学习理论通常只解释行为的外表，而非人的主观心理状态。

学习理论在解释人的着装行为中有很好的应用，因为人的着装行为实际上有很多都是学习和模仿的结果，并且跟人们以前的某些经验密切相关。

1.2 认知理论

认知理论认为：人的行为决定于他对社会情境的知觉和加工过程。并且不管社会情境如何错综复杂，人们都会将它变得有规律。这种对环境的知觉、组织及解释影响了一个人对社会情境的反应，而这个解释社会事物的过程被心理学家称为社会认知。社会认知的范围极为广泛，它不仅包括对他人外在特征的认识，也包括对他人内在特征（如人格、情绪等）以及人际关系的认识。

认知理论有两个基本原则，即分类原则和聚焦原则。所谓分类原则，指在知觉事物的时候，往往先根据一些简单的原则将其分类。如初次见到一个人时，很自然地就会通过观察其外表分为男性还是女性；中国人还是外国人；内向的还是外向的等。所谓聚焦原则，就是将注意力集中在主题上，而忽略背景的影响。如在一群穿白衣服的人中有一个人穿红衣服，那么，这个穿红衣服的人自然成为注意力的焦点。

认知理论中的归因理论和认知不协调理论已经成为社会心理学非常重要的两个理论。归因理论主要用来解释事件的原因；而认知不协调理论则假设人们力求心理状态的协调，并积极保持态度和行为的一致性与连续性。当人们的态度和行为不一致的时候，人们会改变自己的态度或行为，以使二者协调一致。

认知理论学家指出，人们并未觉察到自己是如何使用这些认知原则的，这些认知原则通常只是在潜意识层面运作。在服装社会心理学中，认知观点主要被用在外观知觉上，尤其针对人们如何形成对他人以及自己的印象。

1.3 诱因理论

诱因理论认为，行为取决于个体对各种行动的可能结果所做出的诱因分析。

诱因理论有三种重要的理论，即理性决策论、交换论以及需要满足论。

这三种理论都试图说明个体面对多种选择时，会依照自己能从各个行为方案中的得与失的多少做出决策。与学习理论不同，诱因理论将重点放在"当时"的情境下各种可能的行为会导致的得与失，不是强调过去的习惯。也就是说，诱因理论关心个人内在的状态，而不只是外部环境。

当人们的生活质量已经超越温饱阶段时，可能更需要采用诱因理论来解释人们的部分着装行为。

1.4 精神分析理论

精神分析理论是奥地利的精神医生弗洛伊德（S. Freud）（1856—1939）在19世纪末创始的，尽管由于他的"泛性论"等原因，精神分析理论在西方学术界备受指责，但其影响范围之广也是史无前例的。托马斯·曼（Thomas Mann）曾经对弗洛伊德及其精神分析理论做过这样的评述："他的成就已经在人文科学的所有领域中留下了深刻的印记。这些领域包括文学艺术研究、宗教演变史、史前史、神话学、民俗学、教育学以及美学。我们可以肯定，如果世间有什么行动可以被永远记住的话，那就是他对人类心灵的洞察。"

精神分析理论对于服饰心理的研究也产生了不可忽视的影响。尤其是它关于艺术、审美的观点触及到过去服饰研究很少涉及的领域——潜意识、性意识、心理压抑、变态心理及宣泄等。这些观点对服装的本质及其起源的探索都有一定的启示作用。在服装社会心理领域也有很多学者应用弗洛伊德的观点来解释服装的起源及其意义，如弗劳格尔（Flugel）在1930年出版的《服装心理学》就被认为是这个领域的经典之作。作者在书中运用精神分析的方法，提出人类的衣着行为表达了两种矛盾的倾向，即羞耻感和炫耀欲。他认为"衣服的穿着在其心理方面看来好像类似于神经症状产生的过程……服装就是人性表面常年不退的羞红"。现在，国内外都有一些学者尝试通过服装来辅助治疗精神病人的事例，这种情况也值得我们深思。

1.5 需要层次理论

需要层次理论是20世纪40年代由人本主义心理学家马斯洛（Maslow）提出的。这一理论把人的需要看作一个多层次的组织系统，是由低级向高级逐级形成和实现的。马斯洛认为：人的需要可以分为五个层次，即生理需要、安全需要、归属和爱的需要、尊重需要以及自我实现的需要。只有当低层次的需要得到满足，较高层次的需要才会出现。需要层次理论为揭示人的某些着装行为提供了一个可以参照的构架。例如一个对高级时装感兴趣的女士，可以假设她已经满足了生理和安全的需要，她的选择表明希望获得更高层次的需要，如归属或者尊重的需要。

2 服装社会心理学的社会学理论基础

与心理学相比，社会学对服装社会心理学的贡献主要表现在宏观角度上，因为社会学是利用科学的方法积累有关社会行为知识的一门学科，其核心是研究人们在社会中的集体行为。社会学的许多理论已经被用来解释人们的着装行为，如角色、地位以及群体的信念和价值观与服饰的关系等。这些从社会学角度对服装和着装的研究基本都是以符号互动理论为基础。

符号互动理论的观点主要包括三个方面：首先，人对事物所采取的行动是以这些事物对人的意义为基础的。其次，这些事物的意义来源于个体与其同伴的互动，而不存于这些事物本身之中。最后，当个体在应对他所遇到的事物时，他通过自己的解释去运用和修改这些意义。

符号互动理论在服装研究上有相当广泛的应用，学者们普遍地将注意力集中在个体外观如何形成意义

的过程。人们通过选择服装来创造出某种特别的形象，以便符合某种特别情境的要求。人们也可以通过自己的外观向他人呈现个人信息，诸如年龄、品位、职业、人生观以及对社会规范的想法等。行为皆以意义为基础，而意义会因情境不同而变化。因此，一旦情境发生改变，意义也随之发生改变。符号互动理论的观点将意义的改变视为一种正常现象，因为人们会发挥创造性和原创性，设法为自己和他人创造出富有意义的生活。

3 服装社会心理学的文化研究理论基础

文化是生活在一定地域内的人们的思想、信念、生活与行为方式的总称，对人们的心理与行为有着重要的影响。离开了自身所处的文化，人类的发展就成了无源之水、无本之木。一般来说，文化对人的影响有三个层次：第一个层次表现在对人们可观察的外在的物品的影响上，如不同文化中人们的服饰、习俗、语言不同等。第二个层次表现在对人们价值观的影响上，不同文化背景下人们的价值观有差异，这正是目前许多跨文化研究的理论基础。文化影响的第三个层次表现在对人们潜在假设的影响上，这种作用是无意识的，但它却是文化的最深层次，它决定着人们的直觉、思维过程、情感以及行为方式。

文化研究结合了人类学、文学批评、符号学、社会学、消费者行为学等各种人文、社会学科的诸多观点和方法，是一个综合的跨学科的研究领域。文化观点运用在服装社会心理学上就是将服装放在文化这一情境中来研究，使我们能够透过服装这一文化表现形式，进一步了解潜藏在其背后的深刻文化内涵。

4 服装社会心理学的情境理论基础

美国服装学者苏珊·B. 凯瑟（Susan B. Kaiser）在总结前人关于服装社会心理理论研究的基础上，将服装社会心理学的理论归纳为三种观点，即认知观点、符号互动观点以及文化观点，这三种观点分别从个人层面、社会或人际互动的层面以及文化的层面上研究、解释服装行为和意义。在此基础上，她又提出了情境理论。

情境理论将认知理论、符号互动理论以及文化观点综合起来，更加全面地研究人们在日常生活中的外观管理和认知。情境理论认为，在现实生活中，人们很少脱离社会情境去看待服装。情境理论就是将服装放在更大的范围内来研究服装的意义，并且关注情境的可变性。情境理论主要基于以下假设：

（1）服装及外观的意义因所处情境的不同而改变和丰富。（2）服装和外观的意义是历史和时尚变迁的必然产物（其中继承与创新并存）。（3）社会生活是一个复杂的混合体，既让人迷惑，也有一定的连续性（服装作为社会的一部分也表现出同样的特征）。（4）对服装和外观意义的探究，实际上就是对这种既变化又持续的过程的探究。

由于时尚的多变性本质，也由于人们不同的思维方式、考虑事务的角度、文化和历史背景等因素，即使对同一种服装或外观而言，可能有许多理论的解释都是正确的。而没有任何一种观点可以回答所有有关服装及人类行为的问题。因此，对各种不同观点进行综合应用是非常必要和切实可行的。服装社会心理学的情境理论就是将认知、符号互动和文化研究等多种理论及其方法结合起来，对服装和外观的意义进行多层面、多角度、多学科的综合研究。这是对服装社会心理学这门学科的新的发展，同时也是该学科未来发展的趋势。

纵观服装社会心理学的发展历史，可以发现许多学科都对其理论的发展产生过影响，尤其是心理学、社会学、社会心理学以及文化研究的理论和方法。而且由于服装这一人类特有的文化形式本身所具有的复杂性，也决定了需要综合利用各种理论来对它加以解释。此外，由于时尚流行变化无穷，使得不同时代的服装具有不同的特点，因此在今后的研究中，有必要根据具体的需要对其理论进行不断地修正和补充。

另外，种种原因，我国的学术领域无论是心理学、社会学，还是文化研究都沿用了西方发达国家尤其是欧美等国的理论和方法，服装社会心理学的研究更是如此。各国文化的差异必然会引起人们社会心理和思维等的不同，因此他国的理论和方法未必都能用来解释中国人的服装心理和行为。鉴于此，探讨出一种针对我国的具体国情和国民心理、能够更加全面地解释我国人民的服装心理和行为的服装社会心理学理论与方法是所有服装理论工作者的责任。当然，由于服装社会心理学的多学科综合特征，笔者在此也强烈呼吁除了服装界的研究学者外，希望我国有更多的从事心理学、社会学以及文化研究的学者能够参与到服装社会心理学的研究队伍中，为我国服装产业和教育的发展作出应有的贡献。

参考文献：

[1] 赵平，吕逸华. 服装心理学概论［M］. 北京：中国纺织出版社，1995.

[2] 华梅. 服饰心理学［M］. 北京：中国纺织出版社，2004.

[3] 刘国联. 服装心理学［M］. 上海：东华大学出版社，2004.

[4] KAISER S B. The Social Psychology of Clothing［M］. 2nd edrevised. New York：Fairchild，1997.

[5] 侯玉波. 社会心理学［M］. 北京：北京大学出版社，2002.

[6] 史志康. 美国文学背景概观［M］. 上海：上海外语教育出版社，1998.

[7] 恩特维斯特尔. 时髦的身体：时尚、衣着和现代社会理论［M］. 郜元宝，译. 桂林：广西师范大学出版社，2005.

对我国部分高校服装社会心理学教育与研究的调查分析[1]

郭平建

摘 要：本文以对原纺织部所属的八所院校调研所获得的数据为基础，从基本情况、对服装社会心理学这门课的认识、教材和教参以及教师的科研情况等方面，分析了服装社会心理学在高校的教学和研究情况，得出了一些有价值的结论，并提出了一些建设性意见和建议。

关键词：服装社会心理学；调研；高校

A Survey Report on Education and Research of Social Psychology of Clothing in Some Colleges and Universities in China

Guo Pingjian

（Department of Foreign Languages，Beijing Institute of Fashion Technology，Beijing 100029，China）

Abstract：This paper，based on the data collected from a survey of eight colleges and universities under the command of former Ministry of Textile Industry，has analyzed the instruction and research of the social psychology of clothing in higher education from such aspects as general situation，the opining of the students and the teachers towards the discipline，the teaching materials and the teachers' researches in this area，arrived at some valuable conclusions，and finally put forward some instructive suggestions to strengthen this discipline.

Key words：social psychology of clothing；survey；higher education

中国是一个纺织服装大国，目前中国纺织服装工业的总规模、总产量、总出口量均已居于世界前列。随着我国加入 WTO 和社会主义现代化建设步伐的加快，服装产业在我国经济建设中的作用也越来越受到重视。北京市率先于 2004 年 11 月 19 日正式对外发布了《促进北京时装产业发展、建设"时装之都"规划纲要》，提出在构建国际大都市基本框架的同时，将用不到 6 年的时间积极发展时装产业，建设具有文化内涵、科技性、引导时尚的世界"时装之都"。目前我国还不是一个纺织服装强国，纺织服装工业整体实力还比较弱，科技含量低，附加值低，缺少名牌产品，国际竞争力不强，其主要原因之一就是缺乏人才，缺乏优秀的服装设计研发人才和管理营销人才，更缺乏适合国际市场竞争的复合型人才。这一问题严重地影响着我国纺织服装业的发展。要解决这个问题，需要对培养纺织服装业人才的主要基地——我国有纺织服装院系的高校的教育和研究概况进行了解。服装理论的教育和研究长期以来一直是纺织服装院校的薄弱环节，因此，开展对高校服装理论教育和研究的调研，了解薄弱环节的问题所在，对进一步加强服装理论教育与研究、加速服装人才的培养以及促进我国服装产业的发展和北京"时装之都"的建设具有重要意义。

服装社会心理学是一门非常重要的服装理论课

---

[1]本文为北京市教育委员会专项资助项目成果之一，曾发表于刘元风主编的《首都服饰文化与服装产业研究报告》（2006），P235-247。

程，涉及社会学、心理学、文化、美学、市场营销等多个领域。美国早在 20 世纪 30 年代就开展了对服装社会心理学的研究，该课程从 50 年代至今一直是美国高校服装院系的重要课程。日本于 60 年代从美国引进了服装社会心理学，并与本国国情相结合，有力地推进了日本服装教育和服装产业的发展。在我国开展服装社会心理学的研究和教育已到了 80 年代，至今还没有人对该理论的研究和教育概况进行比较系统的研究，所以，这次对高校服装理论教育和研究的调研重点就放在服装社会心理学上，本次调研主要完成于 2004 年 4 月至 9 月。现将有关调研情况和数据分析如下。

一、调查设计

一门理论课的教学效果如何、对人才培养的作用大小与教师的教、学生的学以及教师的教研、科研有着密切的联系。这次调研分为问卷调查和访谈。调查问卷有两份，一份针对学生，一份针对教师，在我国部分高校的纺织服装院系中进行了实地调查。在进行问卷调查的同时，还利用各种机会（如实地调研、参加学术会议、出国访问等）就有关问题与国内外 20 余位服装专家和相关领域的学者进行了访谈，以便为加强我国服装社会心理学的教育和研究提供合理化建议。

（一）调查范围及对象

鉴于服装社会心理学主要开设在纺织院校，所以这次调查的范围主要确定为原纺织部所属的院校。原纺织部所属的院校共有 8 所，由于时间等因素的制约，这次调查了其中 7 所（只收回了 5 所的学生问卷）：东华大学（原中国纺织大学）、天津工业大学（原天津纺织工学院）、浙江科技大学（原浙江丝绸工学院）、苏州大学（原苏州丝绸工学院并入）、中原工学院（原郑州纺织工学院）、武汉科技学院（原武汉纺织工学院）和北京服装学院。另外，还调查了江南大学（原无锡轻工学院并入）和宁波服装学院（高职）。所调查的 9 所院校中有教育部重点院校 3 所（东华大学、苏州大学和江南大学）、普通院校 5 所，高等职业技术学院 1 所。所以这次所选院校还是有一

定代表性的。

问卷的对象是学习过服装社会心理学这门课的学生和其授课教师，学生重点调查了本科生。此次向学生共发放了问卷 222 份，收回有效问卷 220 份，其中，女生 177 人，男生 43 人。就专业而言，艺术类学生占 80%，理工类学生占 7.3%，艺工结合的学生占 12.7%。服装专业一般艺术类学生占大多数，所以被调查学生的看法比较能说明问题。向教师发放了 11 份问卷，收回 8 份，加上电话采访教师填写 1 份，实际共收回 9 份，全部有效。所调查的 9 名教师中，5 人具有高级职称（其中正高 2 名），4 人具有中级职称。具有高级职称的教师教学经验丰富，科研能力强，他们对服装社会心理学这门课的看法有很大的参考价值；具有中级职称的教师教学任务相对比较重，还要为进一步深造或晋升职称作准备，所以他们的看法也能说明问题。

（二）问卷设计及调查内容

问卷调查的目的是为了比较清楚地了解服装社会心理学的教学和研究情况，并为加强和改进该学科的教学、研究提出建设性意见。因此，在设计调查问卷时比较全面地考虑了影响这门课教学的主要因素：学生和教师对这门课的认识、学生对这门课的兴趣、教师素质（包括学历、学位、科研等）、教材、教法以及对改革这门课的建议等，所调查的内容和提出的问题能直接或间接地揭示学生和教师对这门课的看法。问卷设计的过程中，参考了有关专家的意见和建议。问卷中对问题的回答主要采用了五段尺度回答，从最肯定的回答到最否定的回答。采用这种回答法反映的情况比较准确。

1. 学生问卷

学生问卷共设 21 个问题。主要包括以下方面：①基本情况：性别、学历教育层次、所学专业。②课程设置：开课层次、开课时间。③对该门课的认识：必要性、重要性、课程性质。④兴趣：对该门课的兴趣、是否写该领域的论文。⑤教材与课外读物：所用教材、对教材的满意程度、课外读物。⑥教学：授课方式、辅导手段、授课方式建议。⑦课程前景：对今后工作的帮助、对学其他课程的启发。⑧服装社会心理学主要内容的了解情况：动机、个性、角色、文

化、其他。⑨对这门课的改革建议。

2. 教师问卷

教师问卷的信息量大于学生问卷，共有 30 个问题。主要包括以下方面：①基本情况：姓名、性别、年龄、该门课的教龄、最后学历（本科、研究生）、专业、职称、进修。②对该门课的认识：必要性、重要性、课程性质。③课程设置与授课计划：课程名称、开课层次、科研项目、时间、时数、大纲、实践环节。④教材与参考资料。⑤学生对课程的反应。⑥教学：授课方式、辅助手段、资料来源、教学中的困难。⑦科研：对国外研究状况的了解、科研项目、论文与论著、科研中的困难。⑧对这门课的改革建议。

(三) 调查问卷的发放与回收

为了防止调查对象害怕泄漏个人信息而不愿意填写，在调查表上做出了明确承诺，对学生或教师提供的一切信息严格保密，并说明被调查的有关信息仅用于科研，绝不作他用。学生问卷上没设姓名一项，教师问卷上的姓名可填可不填。还建议调查联系人向填表的学生和教师说明填表注意事项，敬请填表者填写真实情况和想法。在东华大学、天津工业大学、浙江科技大学、苏州大学、中原工学院、武汉科技学院和宁波服装学院做了访谈，并在其中 6 所发放了问卷，还委托江南大学服装学院的老师帮助在该大学调查。上述 8 所院校中有 4 所当时填完问卷并收回，有 2 所后来填完寄回，但有 1 所没有回复。

此次回收 220 份有效学生问卷，其中大专生 14 份，本科生 201 份，研究生 5 份。需要说明的是，研究生调查人数少是因为有的学校没有相关领域的硕士点，有的院校不开服装社会心理学这门课，而开设的学校一般将这门课定为选修课，实际选修的学生并不多。另外，在这次调研中以及利用以后的机会，还采访了 20 余位该领域的中外专家和学者，听取并记录了他们对服装社会心理学研究和教育的看法。

二、调研结果分析

对所回收的调查问卷进行了统计分析。在统计时还发现有部分答卷漏填个别问题的答案，或出现答案不清楚的情况，将这类答案处理成缺失项。因此，所使用的数据中某些答案的总数会出现差别。学生调查问卷和教师调查问卷中除少数问题的答案需单独解释外，其余的数据将统一进行归纳说明，这样更能对相关问题有比较深入、全面的分析。

(一) 基本情况

学生的基本情况：220 名调查对象中，女生占 80.5%，男生占 19.5%。其中，专科生占 6.4%，本科生占 91.3%，研究生占 2.3%，调查对象以本科为主（其中大三的学生占 77.6%）。学生的专业类别为：艺术类学生占 80%，人数最多；理工类占 7.3%；艺工结合类占 12.7%。从基本情况的调查来看，服装专业中以艺术类学生为主，且女生偏多，这是该专业的两大特点；艺术类学生的文化课基础比较弱，学起理论课程比较吃力，这一点从学生问卷和与教师的访谈中已反映出来。

教师的基本情况：这次调查的 9 名对象中有高级职称的 5 人（其中 2 人为正教授），中级职称的 4 人。男性 7 名，女性 2 名。年龄在 31~40 岁之间的 2 人，41~50 岁之间的 6 人，51 岁以上的 1 人；教授本课程 2~5 年的 5 人，6~10 年的 1 人，11~15 年的 3 人；最后学位为学士的 4 人，为硕士的 4 人，为博士的 1 人；本科专业中学材料学 1 人，服装设计 2 人，纺织 3 人，工艺美术 1 人，心理学 2 人；研究生专业中学服装设计 1 人，服装与纺织品设计 1 人，服装工程 2 人；6 人没有外出进修过相关专业，3 人在国内进修过。从这些数据（因为人数少，没算百分比）来看，似乎任这门课的教师从职称、年龄、学历等方面还是比较理想的，但从调研了解到的实际情况看，并非如此。目前这门课的师资很不乐观，在问卷调查的 9 位教师中，有 2 位教学和研究经验丰富的副教授已于几年前不上这门课了（转了研究方向），另一位讲师这个学期（2004—2005 第一学期）也不上这门课了。据了解，有些学校因没有师资而停开这门课。这些教师中，真正学过服装社会心理学的没有一人，大多数人也没进修过这方面的内容，他们开这门课主要靠自学。所以，在访谈中，他们共同的感受是理论基础比较差，很难把这门课中的一些理论观点讲清楚。

（二）对该门课程重要性的认识

调查对象中，共有80%的学生（其中专科生和研究生为100%）和近五分之四的教师认为有必要开这门课；有66.8%的学生和五分之四的教师认为这门课"很重要"或"重要"；有45.9%的学生（其中专科生78.6%、本科生42.3%、研究生100%）和二分之一多的教师认为这门课应该是必修课；有51.8%的学生（其中专科生14.3%、本科生55.7%）和约二分之一的教师认为这门课应该是选修课。总体来看，大多数学生和教师认为这门课重要，有必要开，这种积极的态度对开好这门课很重要。

关于这门课到底是必修，还是选修？在哪个层次上为必修，哪个层次上为选修？回答不够集中。基本结论是：在本科层次上开选修，在研究生层次开必修。其理由是给本科生开选修可以扩大知识面；给研究生开必修可以加强理论教学，提高研究生的理论水平。这一观点值得思考。

在实际访谈中，教师们普遍认为这门课不好开，其中一个原因是学生大部分是艺术类学生，文化课基础差，教起来很费劲。所以认为开不开均可的教师的意思是学生文化课学得好时就开，否则不开。选择没必要开的教师认为这门课与实际联系不大，所以不必开。

关于应不应该开这门课的问题，笔者还利用参加学术研讨会和出国访问的机会分别与中国台湾、韩国和日本的学者进行了交流。中国台湾的学者认为这门课很重要，在他所在的大学里开；而韩国的学者说，她所在的大学以前开这门课，现已不开，因为"已过时"，或者改开时装营销。其实，两位持否定态度的学者是把服装社会心理学所涵盖的一部分内容（主要是理论研究）当作整个学科来看待。根据美国研究的发展，服装营销也是服装社会心理学（应用）研究大范畴的一部分，因为研究营销离不开研究购买者的社会心理因素。北京服装学院赵平教授将市场营销的内容纳入服装心理学，正好说明了这一点。日本对服装社会心理方面的课程非常重视，如日本文化女子大学的服装学部，不仅开设服装社会学、服装心理学，还开设了相关课程，如流行论、造型心理学、产业心理学、都市文化的社会学、服装社会学综合研究、服装社会学演习等，供学生选择。

（三）课程设置与授课计划

教师开设这门课的名称比较多：5人填写的是"服装心理学"，2人填写的是"服装社会心理学"，1人填写的是"服饰心理学"。有关服装社会、心理方面的课程名称不一的现象在国外也存在。关于开课层次，有80.9%的学生（其中专科生50%、本科生83.1%和研究生80%）和五分之一的教师认为应在本科开设这门课，有15%的学生（其中专科生7.1%，本科生14.4%和研究生80%）和二分之一多的教师认为应在研究生中开设这门课。另外，还有一部分学生和教师同时选了本科和研究生两个层次，学生认为这门课在这两个层次上都应该开。大专生中只有21.4%认为在大专层次上开。所以应不应在专科层次上开这门课还需进一步思考。

关于合适的开课时间，学生的回答比较分散，认为应在本科一、二、三、四年级开的比例分别为15.5%、39.1%、20.1%和13.6%。对这个问题的回答比较分散，这一点是可以理解的，因为开设在哪一个年级都各有利弊。开设在低年级，学生的学习时间比较有保证，但理解起来困难大一些；开设在高年级，学生又忙于考研和找工作，对这门课的时间投入不易保证。但教师的看法比较集中，分别有2/3的教师认为应在大学三年级和研究生一年级开设这门课。教师的看法更为合理，值得考虑。

关于授课时数，教师中5人选30学时，1人选36学时，1人选40学时，1人选30~40学时。关于教学大纲和实践环节：教师中7人选有大纲，2人选无；5人选有实践环节，4人选无。选有实践环节者中，1人选4~5学时，1人选4~6学时，3人选10学时。课程大纲主要包括课程设置和授课计划，是很重要的教学依据，对能否上好一门课很关键。从所统计的数据看，大部分教师有大纲。但了解到的实际情况是多数大纲不是正式印制成册的，而是自编的（有的学校认为这门课是选修，所以大纲不印制）。即便有正式印制的大纲，其内容也是某一本教材目录的翻版。另外，由于这门课实际时数少（大部分学校只开32学时），加之实践环节缺乏（或无），所以很难开好。在该门课课程大纲的制订方面我们与美国相差比较大。美国院校开设的这门课一般为64学时，其中近一半的课时为实地考察、讨论、做课堂陈述等。所以，美国培养的学生普遍动手能力和研究能力强。这一点非常值得学习借鉴。在调研中，一位教师说他的实践环节放在课外去做。这一做法很有可取之处，既可以弥补课内课时不足的困难，又可以提高学生的实践能力。

(四) 对该门课的兴趣以及是否撰写该领域的论文

对这门课，14.1%的学生（其中研究生80%，本科生12.4%和大专生14.3%）表示很有兴趣，49.1%的学生（其中大专生57.1%，本科生49.3%和研究生20%）表示有兴趣，这两项合起来占了所选人数的63.2%。另外，分别有三分之二的教师认为学生对这门课感兴趣。不过，还有30.5%的学生选的答案是兴趣一般，这一数字也值得注意。根据教师的回答和学生的回答来看，大部分学生对这门课还是感兴趣的。但是从学生对其他问题的回答和我们与教师的交流中发现，由于学生文化课基础差、缺乏心理学基础知识、教学资料不足、理论与实际联系不紧密等多种因素，很难确定学生对教师的实际授课真正感兴趣，只能说明学生对这一门学科有一定的兴趣。兴趣是最好的老师，要想让学生对这门课真正感兴趣，还须从多方面努力。

问学生是否准备撰写该领域的学士或硕士学位论文这一问题，也是想从另一个侧面了解学生是否对这门课程感兴趣，其回答令人吃惊，竟有45%的学生（其中大专生28.6%、本科生46.8%和研究生20%）准备撰写该领域的学士或硕士学位论文。从反映学生对这一领域的兴趣看，这一回答可以理解。但从学生是否具备撰写这一领域的专门论文的能力看，这一回答又值得怀疑。学生是否把在论文中涉及一点该领域的内容也看作是写该领域的论文呢？由于在选项"是"的后面没让说明具体原因，所以无法知道大多数学生的真实想法，不过从少数的学生的注释"论文部分涉及"和"因为所写的硕士学位论文包括了该内容"中可以看出，有一部分学生是把论文部分涉及看作是"写"又看作是"不写"的原因了。关于不写这一领域的论文，学生给出的原因比较清楚，主要有：(1) 该学科难懂，原理复杂，太理论化了，无法深入该领域，不知如何下手。(2) 该学科只需涉猎，本科生不需要搞专项研究。(3) 该学科不是学生的专业，写起来有一定困难。(4) 对该领域不感兴趣或还没有考虑这个问题等。

(五) 教材、课外读物和教学参考资料

教材是学生学习的主要工具，是知识的主要来源。教材质量在很大程度上决定了学习效果，因此在调查中我们把学生目前使用的教材及学生对教材的满意度作为调查的重点。关于目前所用的教材，41.8%的学生选择了自编教材（选择该答案的学生可能有误解，因为教师只有1人选择此答案），42.3%的学生和三分之二多的教师选择了正式出版物，主要是赵平、吕逸华编著的《服装心理学概论》和苗莉、王文革编著的《服装心理学》。教学参考书主要是美国苏珊·B.凯瑟著、台湾李宏伟译的《服装社会心理学——情境中的象征性外观》（第二版修订版）。前两本书作为教材对推动我国服装社会心理的教学和研究起到了很大作用。但由于该领域的研究在我国还很薄弱，加之学生心理学基础差，书中专业术语多，而联系我国实际情况的例子少，所以学生学起来还是有一定的困难。苏珊的专著的确是该领域研究成果的代表作，但由于译文表述不适合大陆读者，还有不少误译之处，所以读起来很吃力，很少有人能将该译本通读。在与教师的访谈中得知，除教材外，教师还给学生选编、复印有关材料。

在对所使用的教材满意度方面，很满意的学生只有4人（全部为本科）仅占回答该问题学生的1.8%，满意的也只有21.8%（其中研究生80%、本科生19.4%、大专生35.7%），大多数学生（58.6%）认为教材一般。另有8.2%和5.5%的学生选择的答案是"不满意"和"很不满意"。认为教材"一般"，"不满意"和"很不满意"的学生占了回答该问题学生的72.3%，这说明现行教材真的有不尽如人意之处，亟需改进。值得注意的是，80%的研究生对《服装心理学概论》这本教材满意，这一方面反映出研究生的文化和理论基础比较好，另一方面反映出该教材对研究生比较适用。除教材外，48.6%的学生没有读过该领域的其他有关书籍，45%的学生只读了1~2本。读了3~4本和5~6本的只有4.1%和5.5%。这一情况可以说明两点可能，一是该领域可供学生课外阅读的书不多，二是有书学生也顾不上读或不愿读。从调查的情

况来看，原因主要是前者。这就需要我们尽快多编写、翻译出版这一类的书籍，以满足学生的需要。

从总的调查情况看，学生的教材种类不多，且内容不太令学生满意，课外读物也很匮乏，这一情况在很大程度上影响了学生学习这门课程的效果。因此，国内急需编写出版一些适合我国学生学习的服装社会心理学教材，以促进该学科的发展。

（六）教学

对这门课教学情况的了解主要是从授课方式、建议使用的比较好的授课方式、教学参考资料的利用和教学辅助手段的使用等几方面进行。从问卷反映的情况看，54.5%的学生（其中研究生80%）和1/2以上的教师认为采用的授课方式为"讲授、讨论与实践相结合"，而且这也正是多数学生（59.1%）和教师建议使用的比较好的方法。有21.4%的学生和1/5多的教师选择的答案是"讲授与讨论相结合"，认为教师只"讲授"的学生仅为21.8%。认为教师采用"多媒体"授课的学生为70.9%，认为采用"粉笔黑板+多媒体"的学生为27%，认为只采用"粉笔、黑板"的学生仅为18.2%。有关参考资料来源，9名教师中选报纸者5人，选杂志者6人，选书者6人，选网络者3人，选其他者2人。教师备课中教学辅助手段的使用：用笔和纸者6人，用Microsoft Word者1人，用Powerpoint者5人。教师教学中遇到的主要困难有：教材不合适（2人）、缺少现代化教学设备（3人）、学生背景知识缺乏、一些实验设计缺少经费支持、参考书和资料不足、抽象理论不易讲解清楚等。

总体来看，教师讲授这门课所采用的教学方式和教学辅助手段还是比较合理、先进的。在调研中了解到，讲授、讨论和实践相结合中的实践主要是指与学生所学专业相结合，如学艺术设计的学生把服装心理学的知识应用于设计，学服装工程的学生要做市场调研。但是与美国的院校相比，我们的实践环节时数少，且没有规范化（如没有写入课程大纲），这一点有待加强。多媒体手段的利用既能扩大信息量，又能使学生看到图像、听到声音，是普遍受学生欢迎的教学手段。但这里要注意的一个问题是如何避免"课本搬家"，即不要只是把课本中的内容变为电子课件，而要多加实例供学生讨论和分析。教师们提出的有关

教学中的困难是该门课教学中存在的实际问题，要解决好这些问题，教师除个人努力外还需得到学校的大力支持。

（七）课程前景和学生对这门课主要内容的了解情况

通过对这两方面问题的调查可以了解该门课对学生的实际价值。课程前景也可视为课程的潜在作用。在回答"学这门课程对今后工作有何帮助"时，分别有20%和49.1%的学生认为"很大"和"大"，认为帮助"一般"的学生为25%，认为"无帮助"和"毫无帮助"的学生仅为2.3%和1.4%。在回答"学这门课对学其他课程的启发"时，也分别有13.6%和43.6%的学生认为启发"很大"和"大"，认为启发"一般"的学生为37.3%，认为"无启发"的学生仅有4.1%。从以上学生的回答中可以看出，大部分学生认为学这门课程对他们今后的工作和学其他课程都有帮助和启发，这也从另一方面说明了大多数学生认为这门课程重要，对这门课感兴趣。

关于学生对这门课主要内容的了解情况这个题是多选题，学生的回答比较分散，选答率不太高。选"个性"的学生人次最多，为35%，依次为"文化"（30.5%）、"动机"（23.6%）、"角色"（21.8%）、"其他"（8.6%），还有7.7%的学生没有选答。从学生对这一问题的回答情况看，学生对这门课程的主要内容不很熟悉，掌握得不够。这需要学生进一步理解所学内容，并通过一定的实践掌握所学内容的要点。这样才能将所学的内容应用到今后的工作中。

（八）教师的科研情况

教师在该领域的科研情况主要反映在阅读国外学术原著的多少、所承担科研项目的数量、发表著作和论文等方面。阅读国外学术原著的多少能反映出教师对学术前沿了解的程度。9名教师中，2人没有读过原著，2人读过1~2本，2人读过3~4本，还有2人读过5~6本，读过7~9本的只有1人。从这些数字看，教师读原著的情况并不乐观。国外在服装社会心理学领域的研究发展很快，成果层出不穷，如能及时查阅，对教学和科研都会受益匪浅。8名教师没有该领域的科研经费，只有1人有纵、横项（应用性）课

题多项，经费达 100 万元/年。4 人没有发表过该领域的论文和专著，在二级刊物发表论文者 4 人次，在核心刊物上发表论文者 1 人次，有编著者 3 人次。有关科研困难，7 人回答不易立项，1 人认为项目经费少，1 人无困难。

在调研中，教师的科研情况属重点了解内容。总体来说，该领域的科研很弱，不易立项，即便有项目，经费也很少。有两所学校科研处的负责同志告诉我们，服装文化领域的课题只能占到学校全部立项的 2%～3%，而且有的课题只给立项不给经费。另外，纺织院校的学报几乎都是理科版，很难刊登文科类的文章，文科类的文章只能发表在增刊上（有一所学校的学报现在每隔一年出一期服装类〈文理〉文章专刊，这一做法值得赞赏）。

有关如何做好这一领域的科研，我们从一位受采访的教师那里得到了很有益的启示。这位教师曾教过服装心理学，现已把研究重点转到了品牌运作方面。他和其他几位教师一起合作研究，并为知名服装企业进行品牌运作，每年可以拿到纵、横向研究经费六七百万元，人均每年一百万元左右。他的经验告诉我们，服装社会心理学的研究必须要与服装业的需求结合起来，为服装企业和行业服务，这样才能得到支持，研究才能有现实意义和生命力。另外，在调研中还发现其他一些原先从事服装社会心理学教学和研究的教师现在已将兴趣转到市场营销、传统实物研究等方面，这也是目前服装社会心理学教师紧缺的原因之一。

三、结论

综上所述，本次调研的基本结论有以下几点：

（1）大多数教师和学生认为这门理论课重要，对这门学科比较感兴趣。

（2）教师理论基础比较弱，学生文化课差且缺乏相关学科知识，所以这门理论课要教好和学好都有困难。

（3）缺少科学的教学大纲，缺少实践环节，课时少。

（4）相关的理论书籍和资料比较匮乏，缺少好的教材，给研究和教学带来困难。

（5）教学和研究中理论与实际联系不够，实用性不强，因而效果不佳。

（6）学校和相关部门对这门学科重视不够，科研难立项，研究经费缺乏，在一定程度上挫伤了教师的研究积极性，有的教师已转方向研究其他内容。

（7）师资不足。有的学校因没有师资而停开这门课，研究就更谈不上了。

关于加强服装社会心理的教育与研究的主要建议可归纳为以下几点：

第一，学校和相关部门的领导要积极关注服装理论的教育和研究，要给予教学、研究人员实质性的支持，解决他们的实际问题，使他们能够在该领域中稳定、深入地进行教学和研究工作。

第二，更新教材，尽快出版或引进内容涵盖面广、有分量、有深度的教材和有关资料，书中应增加具体实例。

第三，教学应进行大力改革，加强理论与实践的结合，减少纯理论的讲授，将课堂教学与学生所学专业结合起来；增加课堂讨论和社会实践的机会；组织一些教学实验或市场调查；课堂上多一些师生互动，多讲一些案例分析。

第四，在讲授服装社会心理学之前，教师应给学生补充社会学、心理学方面的知识。

第五，教学应分层次进行，本科生与研究生的教学应有不同的要求和侧重点。本科生学习的内容要浅显一些，多与实践联系；研究生所学内容则应侧重于理论，要让学生学会用相关理论解决服装业、尤其是本地区服装业的实际问题。

第六，教师应尽量利用多媒体讲课，加入一些短片或生活实例，让课堂气氛活跃起来。

第七，对国内的服装业及消费者研究还缺乏针对性与时效性，应着手对国内的服装心理展开深度探讨。

第八，积极开设与服装社会心理相关的理论课程（如日本女子文化大学那样），提高学生的学习兴趣和拓宽学生的研究方向。

第九，加强学术交流，不断吸引相关领域的专家、学者以及企业管理人员加入到该领域的研究中，要吸引媒体的关注，这样才能使研究深入、持久地进行下去。加强服装理论课的教学与研究是服装院校人才培养中应长期注重的课题。广大教师、相关领域的理论研究者、学校和有关政府部门以及企业、媒体应共同关注并积极投入到服装理论的教育与研究中，为促进北京"时装之都"的建设和我国纺织服装业的迅速发展贡献力量。

参考文献:

[1] 郭平建，吕逸华，况灿. 美日中服装社会心理学研究和教育比较 [J]. 天津工业大学学报，2004，23（5）：36-39.

[2] 郭平建，况灿，张艾莉. 美国服装社会心理学课程大纲特点分析 [J]. 武汉科技学院学报，2004，17（6）：13-16.

[3] 赵平，吕逸华，蒋玉秋. 服装心理学概论 [M]. 2版. 北京：中国纺织出版社，2004.

[4] 苗莉，王文革. 服装心理学 [M]. 2版. 北京：中国纺织出版社，2000.

服装色彩与个性

——大学生服装色彩审美心理调查报告[1]

康洁平　张丽帆

摘　要：大学生是一个很大的服装消费群体。本文对北京服装学院的部分学生进行了有关服装色彩倾向的问卷调查，分析了服装色彩与学生个性的关系，对于大学生服装色彩审美心理进行了详尽的分析与研究。本调查的结果对于服装企业制定相应的市场策略不无裨益。

关键词：服装色彩；审美心理；调查报告；大学生

Clothing Color and Personality
—An Investigation Report on College Students' Aesthetic Psychology of Clothing Color

Kang Jieping & Zhang Lifan

(Department of Foreign Languages, Beijing Institute of Fashion Technology, Beijing 100029, China)

Abstract：College students are a big clothing consumer group. This investigation report is on the students' aesthetic psychology of clothing color in Beijing Institute of Fashion Technology. It analyzes the relationship between clothing color and the students' personality, as well as the aesthetic psychology of clothing color. The investigation data will be beneficil to apperal industry.

Key words：clothing color；aesthetic psychology；investigation report；college students

大学生是一个很大的服装消费群体。笔者对北京服装学院的部分学生进行了有关服装色彩倾向的问卷调查，并在本文中分析了服装色彩与学生个性的关系，对大学生服装色彩审美心理进行了详尽地分析与研究。相信本调查的结果对于服装企业制订相应的市场策略不无裨益。

此次问卷调查的对象为艺术设计系学生90人，他们是艺术专业一年级新生，年龄为18～22岁。随机抽样男、女生各45人，问卷全部收回且均有效。

一、男、女生对于色彩偏好的不同态度

（1）衣柜里服装的主要颜色：男生色彩排序前5位的颜色依次为灰色（60%）、蓝色（47.5%）、白色（45%）、黑色（42.5%）和红色（15%）；女生色彩排序前5位的颜色依次为黑色（51.1%）、蓝色（44.4%）、白色（42.2%）、灰色（28.9%）和红色（22.2%）。由此可见，无论男生、女生，黑色、白色、灰色、蓝色等冷色调在衣柜里占了主要比例。

（2）最适合的服装颜色：男生排在前5位的选择依次为：白色（38.5%）、灰色（35.9%）、黑色（30.8%）、蓝色（23.1%）和黄色（10.3%）；女生排在前5位的选择依次为：黑色（35.7%）、白色（33.3%）、红色（19.05%）、蓝色（16.7%）和灰色（14.3%）。由此可见，无论男生、女生，黑色、白色冷色调均占了主要比例，但比例偏低，也说明五彩缤

---

❶该文发表于《中国服饰报》2005年第8期。

纷的色彩将成为趋势。

（3）四季最常穿着的衣服颜色排序，见表1：

表1　男、女生四季最常穿着的衣服颜色排序

季节	排序	1	2	3	4	5
夏季	男生	白色75%	蓝色27.3%	红色25%	黄色15.9%	黑和灰9.1%
	女生	白色73.3%	蓝色33.3%	黑色20%	红色17.8%	绿色15.6%
春秋季	男生	灰色53.5%	蓝色32.6%	黑色20.9%	红色11.6%	米和白9.3%
	女生	蓝色35.6%	灰色31.1%	黑色22.2%	红色20%	白和黄13.3%
冬季	男生	黑色58.1%	灰色25.6%	蓝色23.3%	白色18.6%	黄色9.3%
	女生	黑色53.5%	蓝色32.6%	红色20.9%	咖啡色18.6%	白色16.3%

从表1中可以看出，在夏季，白色是男、女生的首选颜色，有三分之一左右的学生选的是蓝色；而在冬季，黑色成为男、女生的首选颜色，其他色系，男生较喜欢的是灰色、蓝色和白色，女生较喜欢的是蓝色、红色和咖啡色。在春秋季节，有一半的男生推崇灰色，其次为蓝色和黑色；有三分之一以上的女生倾向于蓝色和灰色，其次为黑色和红色。

（4）各种场合所穿服装颜色排序，见表2：

表2　男、女生各种场合所穿服装颜色排序

场合	排序	1	2	3	4	5
正式场合	男生	黑色66.7%	蓝色23.1%	白色17.9%	灰色15.4%	黄色5.1%
	女生	黑色61.4%	白色27.3%	蓝色11.4%	灰色9.1%	红和驼6.8%
休闲场合	男生	白色48.8%	灰色30.2%	蓝色20.9%	米色16.3%	红和黄6.98%
	女生	灰色37.8%	白色35.6%	蓝色33.3%	卡其色15.6%	米色8.9%
运动场合	男生	白色60.5%	灰色34.9%	黑色32.6%	红色23.3%	蓝色18.6%
	女生	白色72.7%	蓝色31.8%	黑色20.5%	红色11.4%	黄色4.5%

调查显示：在正式场合，无论是男生还是女生，黑色为学生的首选颜色，分别为66.7%和61.4%，而蓝色和白色次之；在休闲场合，白色和灰色排在前面，由此说明了在此场合的随意性，而黑色成为排斥

颜色，男生中有1人选择黑色，女生中也仅有3人；在运动场合，所穿的运动服和运动鞋也多为白色，颜色选择非常集中，男、女生比例分别为60.5%和72.7%，男生中选运动服装颜色占三分之一的还有灰色和黑色，女生中有31.8%的学生选择了蓝色。

（5）服装配饰色彩（鞋和包）排序，见表3：

表3　男、女生的鞋和包颜色排序

配饰	排序	1	2	3	4	5
鞋	男生	黑色56.8%	白色43.2%	咖啡色20.5%	灰色13.6%	蓝色6.8%
	女生	白色48.9%	黑色31.1%	咖啡色28.9%	红色11.1%	灰或蓝8.9%
包	男生	黑色57.1%	灰色28.6%	蓝色11.9%	绿色9.5%	黄色7.1%
	女生	黑色35.6%	咖啡色24.4%	红色17.8%	绿色13.3%	蓝和黄11.1%

调查显示，男生最常穿的鞋排序依次为黑色（56.8%）、白色（43.2%）和咖啡色（20.5%）；女生最常穿的鞋排序依次为白色（48.9%）、黑色（31.1%）和咖啡色（28.9%），由此可见，黑色、白色和咖啡色的皮鞋较为大众化。男生最常用的包为黑色和灰色，分别为57.1%和28.6%；女生最常用的包为黑色和咖啡色，分别为35.6%和24.4%，由此可见，由于校园氛围和经济因素，学生所选的包的颜色也较为朴实和大众化。

（6）对具有时尚感和传统感的颜色的认知，见表4：

表4　男、女生认为具有时尚感和传统感的颜色排序

项目	排序	1	2	3	4	5
时尚感	男生	黑色21.4%	灰色19.05%	白色16.7%	红色14.3%	蓝色11.9%
	女生	黑色40.9%	绿色27.3%	白色22.7%	灰色20.5%	红色18.2%
传统感	男生	红色45.2%	黑色21.4%	灰色16.7%	蓝色14.3%	咖啡色7.1%
	女生	红色53.5%	黑色18.6%	白色16.3%	黄色13.95%	褐色11.6%

从表4中可以看出，在被问及哪种颜色比较具有时尚感时，男生中所选颜色比较分散，选答率不太高，依次为黑色（21.4%）、灰色（19.05%）、白色

（16.7%）、红色（14.3%）和蓝色（11.9%），由此可见，男生对色彩的流行不太关注；而女生中有40.9%的学生认为黑色具有时尚感，其他依次为绿色（27.3%）、白色（22.7%）、灰色（20.5%）和红色（18.2%）。在问到哪种颜色具有传统感时，男、女生首选颜色都是红色，分别为45.2%和53.5%；其次为黑色，分别为21.4%和18.6%，由此可见，红色和黑色永远代表着中国的传统颜色。

二、大学生接触服装的渠道

1. 购买服装的场所

男生购买服装的主要场所排序依次为品牌专卖店（57.8%）、服装百货商店（48.9%）、服装集贸市场（28.9%）、大型百货商场或购物中心（26.7%）、超市（15.6%）或其他（15.6%）；女生购买服装的主要场所排序依次为品牌专卖店（60%）、大型百货商场或购物中心（57.8%）、服装百货商店（37.8%）、服装集贸市场（17.8%）、其他（13.3%）或超市（6.7%）。由此可见，品牌专卖店为男、女生的首选购买服装场所，同时大型百货商场或购物中心也是女生比较青睐的场所，男生则比较青睐服装百货商店，这也说明男生在选择服装上比较随意。

2. 得到当年流行色的信息途径

男生得到当年流行色信息的主要途径排序，依次为朋友（41.2%）、电视广告（32.4%）、报纸杂志（29.4%）、其他（20.6%）或网络（17.6%）；女生得到当年流行色信息的主要途径排序，依次为报纸杂志（57.8%）、电视广告（51.1%）、朋友（40%）、其他（17.8%）、网络（15.6%）或流行色协会（2.2%）。由此可见，报刊、电视广告和朋友是学生获得流行色信息的主要来源，充分体现出新闻媒体的重要性。

在被问及是否知道今夏的流行色时，男生中有80%选择的是不知道，女生中有53.3%选择的是不知道，由此可见，应加大媒体的宣传作用；同时也说明，由于学生忙于学业，对流行色趋势关注不够。

3. 服装色彩选择的依据

男生选择服装颜色的主要排序依次为"根据个人喜好选择颜色"（77.8%）、"选适合自己的颜色"（57.8%）、"根据当年的流行色买服装"（4.4%）和"对于颜色感觉无所谓"（2.2%）；女生选择服装颜色主要排序依次为"选适合自己的颜色"（79.5%）、"根据个人喜好选择颜色"（63.6%）、"根据当年的流行色买服装"（11.4%）和"其他"（2.3%）。由此可见，大学生在选择服装颜色时主要是根据个人喜好来选择适合自己的颜色，以突出自己的个性。

4. 最近一年购买过的服装色彩统计

男生在最近一年购买过的服装色彩种类排在前8位的主要有：白色（68.9%）、灰色（68.9%）、黑色（57.8%）、蓝色（53.3%）、米色（42.2%）、红色（35.6%）、黄色（24.4%）和绿色（17.8%）；而女生排在前8位的主要有：白色（66.7%）、黑色（64.4%）、灰色（53.3%）、蓝色（51.1%）、红色（40%）、咖啡色（37.8%）、卡其色（35.6%）和米色（33.3%）。由此可见，男、女生购买过的服装色彩都主要集中在白、黑、灰和蓝冷色调上，还分别有三分之一的女生购买过红色、咖啡色、卡其色和米色的服装。

三、大学生服装色彩选择的依据及服装色彩对其生活的影响

1. 购买服装选择色彩与其相关的原因

男生购买服装选择的色彩与其相关的原因，依次排序为年龄（62.2%）、个人气质（57.8%）、品位（51.1%）、肤色相配（46.7%）、穿着场合（33.3%）、身份（26.7%）、季节（26.7%）、心情（24.4%）、体形（20%）、饰物搭配（17.8%）和流行（11.1%）；而女生依次排序为个人气质（75.6%）、肤色相配（73.3%）、体形（53.3%）、年龄（51.1%）、季节（46.7%）、饰物搭配（44.4%）、穿着场合（42.2%）、品位（40%）、身份（37.8%）、心情（20%）和流行（17.8%）。由此可见，无论是男生还是女生，个人喜好、年龄气质、外貌特征在服饰色彩的选择上起了决定作用。其中，女生对服饰色彩的季节性比男生更加敏感，并且更加关注色彩对于自身体型的调节作用，很大一部分女生都提到利用恰当的色彩掩盖身材的不足，使形象更完美。

另外，无论是男生还是女生，都把"选择服装色

彩与流行相关"排在最后，他们认为"流行色彩是代表整个社会的时尚感，但并非时尚就是适合自己的，适合自己的才是最好的，应在流行基础上合理搭配"。

　　2. 服装色彩对其生活的影响程度

　　男生中有 53.3% 的学生认为服装色彩对其生活的影响程度有点影响，有 28.9% 的学生认为有很大影响，有 17.8% 的学生认为基本不受影响。他们认为服饰色彩影响其生活的主要原因是：色彩选择不当时会影响情绪，而选择适当色彩可以提升自信、使心情舒畅、展现自我品位、突出个性和美化生活。也有一部分男生认为色彩对他们的生活不产生影响，原因是他们对于穿着并不十分在意，主张舒适至上；也有人提到生活和学习忙碌无暇顾及。

　　女生中有 71.1% 的学生认为服装色彩对其生活的影响程度有点影响，有 17.8% 的学生认为有很大影响，有 11.1% 的学生认为基本不受影响。她们认为服饰色彩可以表现一个人的性格与生活态度，选择适合的色彩可以使心情舒畅、内心释放并且能够提高自信；选择不同的颜色还可以塑造不同的形象给人以不同感觉，从广义上说五彩斑斓的服饰还可以装点生活。其中也有一小部分女生认为色彩不影响她们的生活，原因是她们只在乎舒适与否。

四、服装色彩与个性的关系

　　学生普遍认为色彩与个性有着直接的关系，他们认为喜欢深色的人多半性格稳重、保守，喜欢浅色的人性格活泼、开放；着装偏重冷色的人比较冷静，喜欢暖色的人比较热情。一个人的个性与其色彩选择有着直接的关系，很容易从一个人偏爱的色彩上看出他或她的性格特点，同时，色彩选择还体现着一个人的生活情趣和生活态度。此外，学生还提出了几点值得关注的观点。

　　首先，他们提出地域不同，人们的色彩偏好也有所不同。生活在内陆的人喜欢蓝色、黑色和灰色这些朴素、稳重的颜色；而生活在大城市的人喜欢时尚的亮色，给人一种城市的浮躁感。

　　其次，有的学生提出色彩固然能表现出一个人的个性，对个性进行定位，但色彩的选择有时也可以对个性有补偿作用，如内向的人尝试穿着亮色的服装可以使自己变得活跃一些，外向的人穿着深色的服装可以使自己变得稳重一些。

　　再次，色彩与心情有关，心情好时会希望穿亮色，心情不好时想穿暗色。心情不好时穿着亮色会使心情开朗一些。

　　最后，他们提到服装色彩与个人喜好有关，个性非常重要，可现在社会上的人们总随潮流而变，盲从流行色，掩盖了个人风格。大部分学生都反对盲从流行色，主张色彩选择的个性化。

　　总之，色彩是服装给人的第一印象，是最具有感染力的艺术因素和媒体。色彩搭配得好坏，最能表现一个人对服装鉴赏能力的高低。"服装色彩可以体现出人的个性，而个性又需要色彩予以展示。"本文只是从几个方面对大学生这一服装消费群体的服装色彩审美心理进行了调查分析，希望能起到抛砖引玉的作用，相信对服装企业不无裨益。

小学生个人外观及服饰心理调查分析[1]

刘 芳

摘　要：在当今这个时尚大行其道的时代，外观与服饰在儿童的成长过程中占有非常重要的地位。在对我国某城市小学生（6~10岁）个人外观管理及着装心理调查的基础上，结合该领域的研究现状，本文从身体协调与外观感觉、认知发展和符号运用、社会化、外观关注等几方面阐述小学生个人外观及服饰心理变化。同时建议家长和社会应该引导孩子形成正确的个人外观管理观点，树立良好的服饰心理状态，避免盲目攀比与浪费。

关键词：小学生；外观；服饰心理

An Investigation into and Analysis of the Personal Appearance and Psychology of Clothing of Elementary School Students

Liu Fang

(Department of Foreign Languages, Beijing Institute of Fashion Technology, Beijing 100029, China)

Abstract：The personal appearance and clothing play important parts during the growing processes of children, especially in this era of fashion. Based on the investigation into the personal appearance management and psychology of clothing of elementary school students (age 6-10) in a city of China and combined with the status quo of this research area, this paper addresses the personal appearance management and psychology of clothing of elementary school students from the following aspects: psychical coordination, appearance feel, cognitive development and symbolic application, social impacts, appearance focus and etc. At the same time, advices to parents and society on how to guide children to form correct view of personal appearance management, how to establish good psychology of clothing and how to avoid blind competition and waste are put forward in this paper.

Key words：elementary school students; appearance; psychology of clothing

服饰与外观在儿童的成长过程中起着举足轻重的作用，越来越多的孩子希望自己有一个满意的外观，与此同时，不仅孩子自己，就连他们的父母也为孩子能有一个满意的外观费尽心思。因为研究发现，从儿童早期开始，漂亮的外观会带来一些明显的优势。漂亮的孩子容易被认为是聪明的、可爱的"好孩子"，更能把握命运获得成功；而不漂亮的孩子常处于不利的地位，如人们容易把违反社会的行为归于不漂亮的孩子，不漂亮的孩子还易于受到虐待。

有关儿童、小学生的外观和服饰心理方面的研究在国外开展的比较多，如亚当斯（Adams）和科恩（Cohen）的《影响师生交际的儿童的身体和人际特点》，鲍尔（Power）、希尔德布兰特（Hildebrandt）和菲茨杰拉德（Fitzgerald）的《成人对儿童根据面部表情和漂亮外观而进行排序的反应》，萨尔韦（Salvia）、奥尔古热恩（Algozzine）和希尔（Shear）的《漂亮与

[1] 本文曾发表于《山西师大学报》2009年36卷（研究生专刊），P123-124。

在学校所取得的成绩》，扎热（Zahr）的《漂亮的身材与黎巴嫩孩子的学校表现》等。国内此类的研究几乎没有开展，能查阅到的相关资料有：付丽娜、徐青青的《国内中小学生校服的现状与分析》指出了国内中小学生校服存在的问题，从服装构成的三大要素即款式、色彩、面料的角度，对中小学生校服的设计进行了具体探讨；2008年7月26日由中国协和医科大学发布的《小学生校服卫生情况调查报告》指出：校服如两天不洗，细菌量比每天换洗的校服要多出三倍。国家教育委员会1993年4月13日印发的《关于加强城市中小学生穿学生装（校服）管理工作的意见》中指出：实行城市中小学生穿学生装（校服），是为了加强学生的思想品德教育，增强学生的集体荣誉感，贯彻中小学生的日常行为规范，优化育人环境，加强学校常规管理，有利于全社会对学生身心健康的保护与监督，对青少年的健康成长和加强社会主义精神文明建设具有重要的意义。因此，开展儿童、小学生的外观和服饰心理的研究，既有一定的理论意义，又有一定的现实意义。

一、调研对象的选择与研究内容

儿童主要成长阶段的划分根据专家及研究侧重点的不同而有所变化。玛丽·林恩·达姆霍斯特（Mary Lynn Damhorst）在《从婴儿到青少年的穿着》一文中将儿童主要成长阶段分为四个时期，在每一时期，身体、认知和交往共同帮助儿童形成着装观念。这四个时期分别是：婴儿期（从出生到6个月），蹒跚学步期（6个月~2岁），幼年早期（2~6岁）与幼年中期（6~10岁）。

所有儿童都按以上顺序经历每一个发展阶段，但在实际生活中这种划分并非一成不变。如有时在正式场合8~12岁的女孩是一个中间年龄段，是儿童向青少年的过渡阶段。本研究考察的是儿童在最后一个阶段（幼年中期）着装心理是如何发展变化的，因为这个阶段不仅是儿童向青少年的转变期，也是他们个人外观、社会观念和服装购买能力的加强期，目前对这一领域比较完整和专业的研究还非常少。

本文是在问卷调查的基础上，结合已有研究成果，对6~10岁小学生对于个人外观、理想形象及服

饰要求等心理动向进行分析。调查对象为山西省大同市城区的四所小学一至四年级的在校生，问卷设计采用封闭式与开放式相结合的形式，内容尽量涵盖影响小学生个人外观及服饰心理的各个方面，如何时开始关注自己的外观、是否满意自己的外观、是否愿意穿校服、穿校服有何感觉等。总计发放问卷100份，回收92份，回收率为92%。

二、调研分析

通过对问卷分析，发现85%的被调查者比较关注自己的外观，而且多数是在5~8岁时开始关注的；78%的被调查者有自己心中的理想形象，其中超过一半的学生认为他们心目中的理想形象来自于明星或公众人物，理想形象来自于父母影响的占38%；在回答对父母为自己购买衣服的满意度这一问题时，只有12%的学生选择了满意，其余的则选择有时满意，对于满意或不满意的原因，有近一半学生选择了品牌，与此同时，款式及色彩也成为学生们对服装满意度的重要因素之一。令人惊讶的是，在回答问卷调查最后两个有关校服的问题中，愿意、有时愿意与不愿意穿校服的选择比例几乎是1:1:1，选择前两项的学生都认为穿上校服的感觉是集体感或荣誉感，而后者则都认为穿上校服是缺乏个性。幼年中期是对个人外观与服饰有自我意识以及社会观念与购买能力的形成期，现结合调研对这一阶段儿童（小学生）的个人外观与服饰心理变化进行概括分析。

（1）身体协调与外观感觉。小学生喜欢体育运动，不单单是运动本身，更喜欢那种在运动中取得的成就感和享受到的威望，服装品牌的名称和标志成为他们熟悉的符号，对此，他们表现出高度渴望。他们喜欢能代表这些运动的服装（如一件耐克或阿迪达斯的足球衫），并能够联想出著名体育明星之类的形象代言人（如耐克运动鞋的代言人乔丹）。事实上，孩子们从来没有像今天这样如此关心自己的个人外观。

（2）认知发展和符号运用。受同龄人、家庭购买方式以及媒体表现的影响，服装品牌名称与标志越来越可能成为儿童幼年早期和中期熟悉的符号，成为孩子们的普遍追求。商标发展并演变成广为接受并代表威望的符号，有助于孩子联想特定群体和羡慕的人

物。当然，孩子也开始要求自己的服装干净、有个性，尤其是女孩子们。

在中国，当孩子9岁甚至更早时，就开始在服饰购买方面逐渐独立，购买模式也趋于社会化，对于服饰的购买意识在发展，由单纯模仿性消费逐步转变为个性化和独立自主的消费。小学阶段的自主意识不仅要求"别人有的我也有"，而且"要有最好的、最漂亮的"。然而，在中国仍有60%的孩子生活在贫困家庭，这些家庭对于孩子服饰的需求还不能满足，众多家庭为孩子购买品牌服饰正挑战我们该如何在孩子的服饰上进行消费的意识。

（3）社会化。幼年中期，为了相互交流和交际进而进入社会，对他人形象的描绘与想象则是表现自我的重要依据。在多人游戏、运动或比赛中，参与角色是一个复杂的认知工作：这些活动帮助孩子们从复合思考的视角发展思维的技能。与此同时，为所参加的活动而穿着也变得很普遍，父母们不停地打扮孩子以符合社会、性别、宗教以及其他所期望的角色，与朋友、邻居和睦相处日益重要起来，此时服饰被赋予更多的社会价值。顺从可以培养一种归属感，与此类似，它帮助孩子做到"合群"并感到舒适。以校服为例，之所以被孩子们喜欢，是因为它能使孩子与所渴望的群体联系起来，这些群体有运动队或其他年轻人团体等。这一时期，孩子们能很好地理解服饰上恰当的表示性别的符号，并且更坚信男孩和女孩固定的穿着方式。

此外，在这个年龄段，孩子本能性消费逐渐趋于成熟的同时，社会性消费也得到很大发展，攀比、炫耀的社会性需要增加且丰富多彩。

（4）外观关注。在本次调查中，发现孩子在大约8岁时开始关注自己的外观。在节假日、聚会、拜访父母同事时，通常要为自己打扮一番，明显的打扮标示着特殊的事件或活动，活动也因此显得特别。对校服与日常服饰、节日盛装与玩耍时穿着的记忆，表明服饰是孩子童年经历的一个普遍的组成部分。

母亲在孩子如何认识自己身体方面有着显著的影响和作用。这一时期的许多女孩开始谈论服饰和外观，甚至饮食的需求，表明控制体重的社会化在儿童成长早期就已广为知晓。其中，家长对孩子们的外观关注上起了一定的作用，他们训练孩子如何关心自己的身体，妈妈们则更有可能成为家庭中个人外观的标准，成为全家人形象的决定者与监护人。

服饰和外观是儿童成长过程中的重要组成部分。在小学（6~10岁）这个阶段，身体的协调技能迅速发展，各方面的独立性得到明显提高，相应地，这个年龄段的孩子对于协调身体运动的服饰表现出一定的驾驭能力，能够运用服饰表现自己，通过服饰来建立在他人心目中的印象。正因为如此，当前的一些商家把儿童作为盈利的目标市场，而批评家们则对独立性较强的儿童选择与购买成人化的商品是否妥当存有疑问。

诚然，孩子在幼年早期，遵从同龄人开始变得重要起来，到了幼年中期这种重要性逐步上升，它帮助孩子找到一种归属感与认同感，帮助他们找到自信。选购服饰也随着社会活动的增加而越来越频繁，许多处于幼年中期（6~10岁）的个性较强的孩子对这项活动早已做好了准备。对此，家长要教孩子学会着装，学会管理自己的外观，因为它是社会化的关键因素。但是，家长和社会也应该引导孩子形成正确的个人外观管理观点，树立良好的服饰心理状态，避免盲目攀比与浪费。

参考文献：

[1] ADAMS G R, COHEN A S. Children's physical and interpersonal characteristics that affect student-teacher interactions [J]. Journal of Experimental Education, 1974, 43 (1): 1-5.

[2] DAMHORST M L, MILLER-SPILLMAN K A, MICHELMAN. The Meaning of Dress [M]. New York: Fairchild., 2005.

［3］ KAISER S. B. The Social Psychology of Clothing ［M］. 2nded revised. New York： Fairchild，1997.

［4］ POWER T G，HILDEBRANDT K A，FITZGERALD H E. Adults' responses to infants ranging in facial expression and perceived attractiveness ［J］. Infant Behavior and Development，1982，5（1）：33-44.

［5］ SALVIA J，ALGOZZINE R，SHEAR J B. Attractiveness and school achievement ［J］. Journal of School Psychology，1977，15（1）：60-67.

［6］ ZAHRL. Physical attractiveness and Lebanese children's school performance ［J］. Psychological Reports，1985，56（1）：191-192.

［7］ 付丽娜，徐青青. 国内中小学生校服的现状及分析 ［J］. 河南纺织高等专科学校学报，2006，18（4）：25-26.

中外服装社会心理学研究与教育概况比较[❶]

郭平建　吕逸华　况　灿

摘　要：本文总结了中外服装社会心理学研究与教育的发展状况，找出我国与美、日之间的差距，并提出了几点对策以加强我国的服装社会心理学研究与教育：1. 政府部门和学校要予以重视，要投入必要的经费；2. 成立专门性研究机构；3. 发挥媒体优势，提高人们对服装的鉴赏力；4. 建立研究人员与企业的沟通渠道；5. 加强高校对服装社会心理学等理论课的教学与研究。

关键词：服装社会心理学；研究；教育

A Comparative Study on the Research and Education of Social Psychology of Clothing at Home and Abroad

Guo Pingjian, Lü Yihua & Kuang Can

(Department of Foreign Languages, Beijing Institute of Fashion Technology, Beijing 100029, China)

Abstract：This paper, through a summary of the research and education of the social psychology of clothing, has found out where China lags behind America and Japan in this area, and some suggestions have been put forward for China to improve the research and education of the social psychology of clothing：1. the government and the universities should pay more attention to the research and education of this discipline and provide necessary research funds；2. set up special research branches；3. make a good use of the media to enhance the abilities of common people to appreciate the fashion；4. build necessary channels for researchers to communicate with the enterprises；5. strengthen the discipline in colleges and universities.

Key words：the social psychology of clothing；research；education

服装（社会）心理学自 20 世纪 80 年中期从国外（主要是美国、日本）引入我国以来，已有十七八个年头了，我国目前服装社会心理学的教育和研究状况如何呢？与美、日等在这一研究领域处于先进地位的国家有何差距？其原因何在？有何改进措施？本文将通过比较美、日、中三国在这一领域发展的概况来探索对上述问题的解答。

服装是人类生活的重要组成部分，服装也是全球参与人数最多的产业之一。研究服装离不开研究服装社会心理学，人类对服装的研究一直伴随着服装的发展，从早期对服装的物理层面的研究发展到对生理层面的研究，继而延伸到对心理层面的研究。服装社会心理学是服装理论研究中一个非常重要的跨学科研究领域，它涉及人类学、社会学、文化研究、心理学、美学以及经济学等诸多方面的内容。服装社会心理学一直是服装设计师、服装生产厂家和服装营销商关注

❶本文为北京市教育委员会专项资助项目成果之一，曾发表在刘元风主编的《首都服饰文化与服装产业研究报告》（2005）中，北京：同心出版社，2005，P218-225。

的领域，其研究成果对上述几个重要的服装业环节影响很大，因而也成为国内外服装理论工作者一直重视的研究领域。

一、中外服装社会心理学研究与教育的发展状况

一些发达国家在服装社会心理学的研究方面起步早，成果突出。美国是服装社会心理学研究的大本营。美国的心理学家早在20世纪30年代就开始对衣着生活中的心理现象展开研究，以应对当时虽然服装产量增加但不能满足消费者需求、企业之间和商场之间竞争加剧的局面。到60年代，服装学者们确立了服装社会心理学的基本概念和该学术领域所强调的重点：将服装摆在文化、社会、心理、物理、经济以及美学等各方面交织而成的网络中进行研究。进入80年代以后，美国的服装社会心理学研究更加深入、全面、成熟，与实际也结合得越来越紧密，如纽约大学管理学院的索罗门（Solomon M. R.）在其主编的《时装心理学》（1985年）一书中称，他的书将服装业中的设计师、广告商和零售商与学术界的心理学家、人类学家以及社会学家联系在一起。又如，美国著名的服装社会心理学家、加州大学戴维斯分校的苏珊·凯瑟（Susan Kaiser）教授于1985年出版了专著《服装和个人装饰的心理学》，1990年出了第2版，更名为《服装社会心理学》，1997年又出了第2版修订版，又更名为《服装社会心理学——情境中的象征性外表》，所列参考文献多达891种，由此可见，其研究的深度和广度。她不仅拓宽了服装社会心理学研究的视野，把人的外表（包括服饰、化妆、长相等）放在各种具体的文化、社会情境中去研究，而且加深了对自己感兴趣的服装与妇女和性别的研究，给自己的头衔定为"妇女与性别研究教授"（Professor of Women and Gender）。另外，服装社会心理学的实证性研究也一直在开展着，很多成果发表在国际服装与纺织品协会主办的《服装与纺织品研究》（Clothing and Textiles Research Journal）、美国家庭与消费者科学协会主办的《家庭与消费者科学研究》（Family and Consumer Sciences Research Journal）等专业杂志上。服装社会心理学的教育在美国也受到高度重视。自从该门课于1952年在密歇根州立大学开设以来，现在已在很多美国的其他院校开设，成为大学中一门很重要的跨学科的课程。这也使我们看到服装社会心理学的教育对推动该领域的研究所起的巨大作用。

日本在服装社会心理学方面的教育和研究开展的也比较早，且成果显著，尤其在引入和与本国情况相结合的应用研究方面取得了很大成绩，值得借鉴。1964年，服装社会学被文部省定为日本文化女子大学服装专业的初级学科，1972年又被定为该大学研究生院的初级学科。1977～1985年为日本服装社会心理学研究的导入期。1980年、1984年日本纤维机械学会和日本家政学会分别成立了服装心理学研究学会和服装心理学部，专门开展对服装社会心理学的研究。日本学者纷纷发表论文、出版编著和译著来介绍美国服装社会心理学的状况和研究课题。1985年之后，日本社会心理学的研究迅速发展，因而可称为发展期。在这一时期，日本心理学会和服装学者们不仅出版了服装心理学专著，而且还在自我概念、服装特征和个性特征的关系、性别角色和服装的关系等方面进行了许多实证研究，在专业杂志如《纤维制品消费科学》《日本家政学会志》上发表的论文"不仅数量年年增加，而且质量也显著提高"。美、日在服装社会心理学研究和教育的不断深入，大大提高了人们对服装的认识和整体文化素养，加深了对人的社会化行为和个性化行为的了解，有助于认识心理的、社会的、健全的人存在的条件，促进了社会秩序的良好发展，同时也促进了人们购买服装的欲望，提高了人们的消费水平，从而进一步推动了服装业的发展和整个社会经济的发展。美国的纽约和日本的东京之所以能发展为世界主要的时装中心，这与其在服装理论方面的研究所取得的成果是分不开的。

20世纪80年代初，随着中国改革开放和经济发展，中国人对服装的需求也发生了变化，从过去以讲究结实耐穿为主逐渐开始追求名牌服装、流行服装和能表现个性的服装，中国的服装学者也开始对服装社会心理学产生兴趣，撰写论文、翻译或编著相关著作，介绍美国和日本服装社会心理学的研究状况。值得一提的是，2000年3月，中国纺织出版社出版了一套四本由美国专家著的、中国台湾专业人士翻译出版的服装体系专著：《流行预测》《解读服装》《衣柜工

程》和《服装社会心理学》，为我国服装社会心理学研究的开展提供了宝贵的理论基础和实践指导。

关于我国在服装社会心理学方面的论文，我们首先查阅了上海王传铭教授主编的《1985—1995 全国服饰论题集》中所收集的论文题目并进行统计。该论题集共收集了综评、史论、材料、设计、工艺、设备、管理、功能、整理、饰件、配件、时装表演、化妆以及服装教育等 14 大类，共 2425 篇文章，比较充分地反映出我国这 10 年在服装领域中所取得的研究成果。其中，服装社会心理学方面（主要内容包括社会学、心理学、社会心理学、美学、文化、经济等）的论文有 224 篇，占全部文章的 9.2%。另外，我们还根据日本于 1975~1992 年这 17 年间在两种主要服装专业学术杂志《纤维制品消费科学》和《日本家政学会志》上所发表文章的统计数，计算出了有关服装社会心理学方面的文章在全部文章中所占的比例为 8.4%。

仅从这两个数字看，似乎我国在过去的这段时间里对服装社会心理学方面的研究并不比日本差，但实际情况并非如此，无论在深度和广度上或理论和实践上都与日本相差甚远。首先，上述论题集中统计的文章在专业质量上难以和日本在这一领域所发表的文章相比。论题集中文章虽然涉及服装社会心理学的内容，但恐怕绝大多数作者在做研究和写文章时并非从服装社会心理学的角度去做去写。不少内容甚至来源于译文，很少有自己的研究成果。其次，该论题集在数量上也难以与日本专业学术刊物上所统计的论文数相比。因为论题集所收入的文章中除了有专业学术刊物上发表的论文外，还有不少是硕士、博士论文和会议论文。

近几年来，我国的服装学者也开始用服装社会心理学的方法去分析人们的服装行为，并开展了一些专门研究和实证研究。但这样的研究开展得还很不够，没有形成力量和气势，所以成果也很零散，影响力也非常有限。在引进和介绍国外服装社会心理学的同时，国内一些院校如北京服装学院、西北纺织工学院（现西安工程大学）、东华大学等的服装专业也相继开设了服装社会心理学课程，所用教材主要有赵平、吕逸华编著的《服装心理学概论》和苗莉、王文革编著的《服装心理学》（第 2 版）。关于这门课的教学，我们在原纺织部所属的一些院校中做了初步调查，得出

的基本结论是：教学还不太令人满意，师资不足，学生文化理论基础差，缺乏好的教材，甚至连像样的课程教学大纲也没有。

二、中外服装社会心理学研究与教育的差距

通过上述对美、日、中三国在服装社会心理学研究和教育概况的介绍与比较，可以看出，中国在这一领域与国外有很大差距。我们认为主要原因有以下几点：

1. 对该领域的研究和教育的重要性认识不足

我国的有关政府部门、研究机构和高等院校一般重视服装材料的研发和服装设计的创新，不太重视服装社会心理学的研究与教育，因而出现了课题难立项、研究经费少、削减课时（有的院校将本科生的服装社会心理学课减少到 20 学时，而美国院校的这门课一般为 60 学时）或取消这门课（有的院校把这门课从研究生课程中砍掉）的现象。有的服装社会心理学工作者因得不到经费资助，将研究重心转向其他领域。

2. 缺少专门的研究机构，无法形成一定的研究力量

服装社会心理学的研究是 20 世纪五六十年代美国服装学者和社会科学家不断地通过有关研讨会而发展起来的，这样的研讨和交流对这门学科的发展至关重要。同样，日本也成立了专门协会来推动该领域的研究在日本的开展。但迄今为止，我国没有设立这样的专门研究机构，没有召开一次这样的专门会议，这不能不说是一大缺憾。我国目前这种个体式的、分散型的研究模式，很难使这一学科的研究有较大的发展。

3. 缺少研究人员和教育工作者

20 世纪 80 年代中期开始引入服装社会心理学时，包铭新、吕逸华等老一代专家教授投入到这一领域研究和教育的工作中，并培养出一批研究生。但随着时间的推移，这些专家和学生中有的已经退休，有的因该学科得不到重视、申请不到项目和经费而停止研究，也有的因兴趣转移而改变研究方向。因此，目前从事该领域研究和教育的人比较缺乏，有的院校因缺少服装社会心理学教师而聘请只学过心理学的老师来开这门课或干脆停开这门课。

4. 研究不够深入，且未成体系

美、日两国有不少社会学家、心理学家等深入到服装领域研究，因此他们的研究不仅有广度、有创新，而且在所涉及的具体领域也是越来越专、越来越深。如美国宾夕法尼亚大学的社会学家戴安娜·克莱恩（Diana Crane）教授花费了 11 年的时间来研究美国、法国和英国的服装与阶级、性别和身份的关系，出版了专著《时尚与社会进程》（2000 年）。而我国在该领域的研究不够深入，且未成体系，至今还没有一定数量的社会科学家有兴趣、花时间来运用本学科的有关理论和方法研究服装问题。另外，服装社会心理学的研究和教育在我国仍处于引入期和探索期，存在着翻译引入的学术著作不及时，数量不多且质量欠佳（译文不够准确、通达），背景研究不深入，比较研究和应用研究几乎没有开展等问题。

三、关于加强国内服装社会心理学研究与教育的对策

为了使该领域的研究和教育在我国广泛而深入地开展起来，进一步促进我国纺织服装业的快速发展，早日进入服装强国行列，我们提出以下几点粗浅建议：

1. 政府部门和有关院校要重视服装社会心理学的研究与教育，要投入必要的经费

服装社会心理学研究的开展与一个国家经济的发展是分不开的，国家经济的发展提高了人们对服装的欲望和需求，反过来又促进了对服装研究的开展，而服装的研究离不开必要的资金支持。例如，北京市提出要把其建设成"时装之都"，这不仅需要投入经费研究北京地区的服装企业、服装市场，还要研究新材料、新产品的开发，同时也要研究中外服饰文化和服装社会心理学。这样才能创造出我们的品牌，冲出国门，走向世界。在开展各种研究的同时，还要加强服装人才的教育和培养，使之不仅懂得专业知识，而且要掌握必要的服装社会心理学知识，这样才能更好地为首都的服装业服务。

2. 成立专门性的研究机构

如在全国心理学学会下成立服装社会心理学研究分会，在高等教育研究会下成立服装社会心理学教学研究会，或成立高校之间的协作研究会，定期召开有关研讨会，集中出一批研究成果，这样才能造成声势，推动该研究领域的发展。各级研究机构在开展研究时，不仅要进行理论探索，还要与实际相结合，与企业和行业相结合，要争取得到企业和行业的支持，这样研究才有生命力，才能不断深入发展下去，真正推动服装业的发展。如 1984 年美国心理学学会、服装企业和纽约大学管理学院共同组织承办的全国第一次跨学科时装心理学研讨会，参加人数达 500 人之多，分别来自学术界、企业界和媒体界。会后编辑出版了论文集《时装心理学》，收入优秀论文 33 篇。这次研讨会和所出版的论文集对美国服装社会心理学的研究产生了很大影响，之后发表的许多有关文章和著作多次引用该论文集。

3. 发挥媒体优势，通过宣传报道，提高人们对服装的鉴赏力

通过广泛宣传，提高人们对服饰文化生活水平的追求，扩大服装市场需求，促进服装业的发展。人们对服饰文化生活水平的追求和服装市场需求的扩大，反过来又能进一步促进对衣服研究的开展。服装业是一个离不开媒体支持的产业，媒体介入的程度在某种意义上就标志着服装业发展的程度，例如国际服装名城米兰，每个季度应邀出席时装发布会的记者达 850 多名，巴黎则吸引 2000 余名记者参加。同样，服装的学术研究也离不开媒体的宣传报道，有了充分的宣传报道，人们才会看到研究对服装业发展的作用，才会对研究更加关注、重视。

4. 建立研究人员与企业沟通的渠道

有的研究机构和人员因渠道不通，不知企业需要解决的问题，所以他们的研究很难有实际应用价值，而企业想要解决的很多实际问题又因渠道不通或找不到合适的研究人员和机构，以至于不能得到及时解决。现代的时装流行周期很短，如果研究不能和生产紧密结合，研究则失去了研究之基础，没有研究基础的研究是难有发展的；如果企业生产不能与研究紧密结合，则不能生产出符合时代理念的新产品，产品没有市场则不能推动企业发展。因此，学术研究与企业的结合和沟通是非常重要的。

5. 加强高校对服装社会心理学等理论课的教学与研究

高校是学习和研究的最佳场所。我们的高校尤其

是纺织院校或具有纺织服装专业的院校不仅要开设有关课程，学习、介绍国外先进的研究理论和方法，还要结合中国服装业的实际性进行教学和实验研究，这样才能培养出一批又一批既有理论知识又能实践的研究、管理人才。培养的人才越多，就会有越多的人参与有关领域的研究，不断壮大研究队伍。我国目前纺织、艺术类院校艺术设计、服装设计等专业的学生普遍存在着文化基础差、理论理解力低的问题。这就需要教师在教学过程中注重与实践相结合，通过讨论、实践来提高学生的能力和水平，国外在这方面的经验值得我们学习。如美国北卡罗来纳大学教堂山（Chapel Hill）分校 2003 年春季服装心理学课程大纲中安排的专题讨论、课堂参与、班级项目参与、小组口头报告、实地考察等课时约占该课程总时数的40%，由此可见，国外高校对学生实际能力培养的重视程度。

总之，要把我国建成服装强国，必须加强服装理论的研究。随着我国经济建设和服装业的发展，对服装社会心理学的研究和教育也必定能得到进一步的开展。让我们教育界的服装教学、研究人员和社会上的有关研究人员一起，在政府、企业、行业协会以及媒体的支持合作下，共同开展服装社会心理学的理论和应用研究，使该领域的研究尽快从引入期走向发展期和成熟期。

参考文献：

［1］ HURLOCK. 服装心理学［M］. 吕逸华，译. 中国：纺织工业出版社，1986.

［2］ FLUGEL J C. The Psychology of Clothes［M］. London：Hogarth Press，1930.

［3］ HORN M J，GUREL L M. The Second Skin［M］. Boston：Houghton-Mifflin，1981.

［4］ SOLOMOM M R. The Psychology of Fashion［M］. Massachusetts/Toronto：D. C. Health and Company/Lexington，1985.

［5］ KAISER S B. The Social Psychology of Clothing［M］. 2nd edrevised. New York：Fairchild，1997.

［6］ KLENSCH E，Meyer B. Style［M］. New York：The Berkley Publishing Group，1995.

［7］ CRANE D. Fashion and Its Social Agendas［M］. Chicago：The University of Chicago Press，2000.

［8］ TURNER B S. The Body & Society［M］. 2nd ed. London：SAGE Publications Ltd，2001.

［9］ 神山进. 服装心理学［M］. 东京：光生馆，1987.

［10］ 赵平，吕逸华. 服装心理学概论［M］. 北京：中国纺织出版社，1995.

［11］ 董永春. 服装社会学初探［J］. 流行色，1990（1）：14-15.

［12］ 梁家龙. 美国服装社会心理学概览［J］. 现代丝绸，1991（4）：59-60.

［13］ 赵平. 服装心理学的体系及研究内容［J］. 服装科技，1994（4）：24-26.

［14］ 孙静. 日本服装心理学研究［J］. 服装科技，1997（3）：47-49.

［15］ 荻村昭典. 服装社会学概论［M］. 宫本朱，译. 北京：中国纺织出版社，2000.

北京大学生着装倾向与购买行为对消费市场的启示[❶]

郭平建 彭龙玉 任萌萌 刘白茹 彭 亮

摘 要：目前国内对服装消费者行为的研究主要是针对不特定群体，即广义上的消费者；而针对大学生着装行为的研究则多侧重于其着装风格本身或特定场合下的着装，将大学生的着装倾向与其消费行为相联系的研究并不多见。本调查主要以北京地区的大学生为研究对象，通过分析对比该群体的着装倾向与购买消费行为，得出如下结论：北京地区大学生的着装倾向与购买行为因性别差异而呈现出男女迥异的特色，并且其着装信息和购买来源受网络影响明显，值得以大学生为对象的服装市场参考。

关键词：北京；大学生；着装倾向；购买行为；调查

A Survey on Dressing Tendency and Consuming Behavior of College Students in Beijing

Guo Pingjian, Peng Longyu, Ren Mengmeng, Liu Bairu & Peng Liang
(Department of Foreign Languages, Beijing Institute of Fashion Technology, Beijing 100029, China)

Abstract：Currently, most domestic researches on apparel customer behavior are focusing on customers in general, rather than on any specific group. Meanwhile, researches on college students' dressing behavior mainly concern their style or dressing TPO. Researches on college students' dressing tendency and their consuming behavior are rare. This survey was made on college students' dressing tendency and their consuming behavior in Beijing. The conclusion arrived at is that dressing tendency and consuming behavior are very different between the male and female genders, and internet plays an important role in their purchasing preferences.

Key words：Beijing; college students; dressing tendency; consuming behavior; survey

改革开放以来，我国服装行业有了长足的发展，服装行业本身开始与世界级的时尚潮流和生产管理接轨，国内外服装品牌涌现市场，服装更新频率不断加快，消费者对服装的款式、品牌、时尚度等各个方面提出了更高的要求。服装的销售渠道也从传统的百货商场、专卖店形式朝着多元化的方向发展，尤其是近年来 Shopping Mall 和电子商务的迅速发展，使消费者对服装的可获得性极大提高，从而也大大加剧了服装行业的竞争。在竞争激烈的市场环境下，准确定位自己的细分市场和消费群体对于任何一个服装企业都是至关重要的。

一、项目背景研究

目前国内对服装消费者行为的研究主要是针对不特定群体，即广义上的消费者，而针对大学生着装行为的研究则多侧重于其着装风格本身或特定场合下的着装，将大学生着装倾向与其消费行为相联系的研究

❶本文为北京市教育委员会专项基金资助项目（编号：SM201210012002）成果之一，曾发表于《纺织导报》2013 年第 9 期，P103-106。

并不多见。北京是我国重要的服装市场中心，北京地区的大学生作为服装市场中一个庞大的消费群体，对其着装倾向与购买行为的研究将会给该类消费市场和商家带来一些启示，并有助于北京"时装之都"的建设与打造。另外，大学生是我国中低端服装市场的重要消费群体和中高端服装市场的潜在消费群体，大学生着装倾向和购买行为的调查，对于以 20~30 岁年轻人为主要消费群并重视长远发展的服装企业来说具有重要的参考意义。

二、问卷调查与结果分析

性别角色是通过社会化的历程创造及重组出来的。大学生的着装倾向和购买行为与大学人文环境分不开，而角色定位的不同，使得男女着装倾向以及购买行为又有所差异。因此，本次调查从不同的性别角度来分析研究大学生着装倾向和购买行为。

为了对北京大学生着装倾向与购买行为有比较广泛的了解，我们选取北京服装学院、对外经贸大学、北京化工大学、中国传媒大学、北京工业大学五所不同类型高校的男、女大学生各 20 名为对象，从着装倾向和购买行为两个方面对他们进行细化调查。

(一) 问卷调查

此次调查问卷的题型主要为选择题，其中过滤题1 道、"个人基本情况"题 4 道，"着装倾向与购买行为"题 20 道（其中包括 1 道对流行文化中的典型代表的评价题）。调查问卷所涉及的内容有：客观方面，如服装的色系、面料、风格、品牌等；主观方面，如被调查者对着装的看法与态度、对流行文化的印象与理解、购买服装的动因等。

此次调查活动历时近三个月完成，问卷发放为五所院校均衡发放，随机调查。共计发放调查问卷 200份，收回有效调查问卷 200 份，有效率为 100%。

(二) 结果分析

通过对 200 份有效调查问卷的数据进行不同高校之间以及男、女生之间的对比分析，得出如下几点主要结论：

1. 北京地区大学生着装倾向与购买行为的普遍共同点

（1）对着装的态度：在回答"您选择和穿着服装主要追求的是什么"时，11 个选项中（限选 3 项）选"方便舒适"和"美观高雅"的男生达到 50%（分别为 33% 和 17%），而选这两项的女生则高达 68%（分别为 31% 和 37%），这说明北京地区的大学生在着装选择上仍以自然、休闲为主，同时也说明大学生的时尚意识在提高，尤其是女生，时尚性是着装选择的重要因素。综合来看，时尚而又舒适的穿衣风格被多数大学生所认可。

调查发现，认为着装会对人际交往产生"很大"和"一般"影响的男性大学生达到 92%（分别为36% 和 56%），女性大学生为 94%（分别为 57% 和37%）；有 92% 的男、女大学生都认为一个人的穿着会对其职业发展有一定影响；有 95% 的男性大学生和 92% 的女性大学生认为"穿着服装应该考虑场合需要"，而且其中 34% 的男生和 47% 的女生"总是"会根据场合的不同来选择着装。上述数据说明，北京地区的大学生比较了解并重视着装规则。在访谈中发现，他们中的大多数人（尤其是女性大学生）都会在聚会活动或毕业求职时对自己的外观进行一番修饰。

（2）购衣行为：在回答"购衣原因"这一题时，在 10 个选项中（限选 3 项）有 22% 的男生和 26% 的女生选择了"生活必需"一项，这项数据表明对于大学生这个阶层来说，经济并不宽裕的他们还是将服装的基本功能和实用性放在购买行为的首位。另外，通过其他几个选择率较高的选项，如"样式引人注目"（男生 21%，女生 25%）、"价格能接受"（男生 19%，女生 16%）和"正在优惠促销"（男生 9%，女生10%）等几项数据，同样可以发现北京地区的大学生在购置新衣时考虑最多的还是服装的款式和价格，新颖的款式和低廉的促销价格最能吸引大学生的注意，刺激购买需求。

如表 1 所示，在"购衣地点"上男、女生的选择较为相似，有 46% 的男生和 47% 的女生选择了"大型百货商场"，由此可见，传统的百货商场仍是大学生们购衣的首选。但不容忽视的是大学生们对网络购物的青睐程度，有高达 28% 的男生和 31% 的女生都选择了常在"网上商城"购物。通过访谈得知，目前大多数大学生的经济没有独立，而网上商城中的服装款式时尚、选择丰富、价格低廉，正好满足了他们的需求。

表1　北京地区大学生购衣地点调查数据（%）

购衣地点	大型百货商场	服装批发市场	网上商城	潮流小店	其他
男生	46	9	28	10	7
女生	47	6	31	12	4

对于"你最喜欢的服装面料"一题，90%的男性大学生和80%的女性大学生都选择了"纯棉"材质，而对其他面料的选择如"真丝、化纤、纯毛、麻、混纺"等，其选择率总和还不足20%。这项结果表明，大学生在日常着装上仍主要以舒适为主，纯棉服装较能满足大学生群体的身份和需求，因而更受欢迎。

2. 北京地区大学生着装倾向与购买行为的普遍不同点

（1）性别差异导致男、女大学生对服装风格、色系的偏好不同。过去有关性别角色的研究表明：男性通常扮演的是主动的、冒险的积极角色，而女性通常扮演的是较为被动的、浪漫的、喜好装饰性的消极角色。这一点也反映在两性对服装风格（表2）和色彩（表3）的偏好上。

表2　北京地区大学生着装风格调查数据（%）

着装风格	前卫	时尚	舒适	朴素	运动	其他
男生	4	25	58	5	7	1
女生	7	32	58	2	0	1

如表2所示，在日常"着装风格"的调查中，北京地区的大学生无论男女均倾向于"舒适""时尚"两项，但对于"运动"风格一项，男性大学生与女性大学生差异明显：男生选择的比例为7%，而女生则为0。该项数据证明，在日常装扮中男性大学生比女性大学生更偏爱运动服饰。另外，对着装风格中"前卫""时尚"两项的选择，女性大学生（分别为7%和32%）则高于男性大学生（分别为4%和25%），这更体现出女性对流行和美的追求。

表3　北京地区大学生着装色彩倾向调查数据（%）

服装色系	蓝色	白色	黄色	红色	黑色	绿色	紫色	橙色	灰色	其他
男生	21	20	5	3	33	3	2	0	12	1
女生	16	22	5	9	19	5	5	5	13	1

色彩作为服装的重要属性之一，常常会影响到消费者对产品的评价和购买决策。对于"着装色彩倾向"一题的回答（10项中限选3项），男性大学生明显倾向于黑色系、蓝色系和白色系，其所占比重分别为33%、21%、20%，而对于橙、绿和紫色等其他色系则选择率非常低，如表3所示。由此可见，男性大学生对于服装色彩的选择较为固定和乏味。相比之下，女性大学生在服装色彩的选项上显得更为丰富，虽然白色系、蓝色系和黑色系的选择度（分别为22%、16%、19%）也很高，但其他色彩如灰色系、红色系等也颇受女性大学生的欢迎。在访谈中发现，女性大学生更喜欢用各种色彩的衣服来装扮自己，以此展现女性之美和独特个性。

（2）性别差异导致男、女大学生的购买行为不同。性别差异也是影响消费者购买决策的重要原因之一。在购买服装的活动中，有51%的男性大学生和43%的女性大学生表示不会受任何外部影响就能够自己决定购买方向。在影响购买决策的因素中，"朋友的建议"对男、女大学生都较为重要，分别有22%的男、女生选择了该项。一般而言，大多数产品信息来自于商业途径，特别是广告，而有说服力的信息则主要来自于朋友。但值得注意的是，"时尚媒体（杂志、电视节目）"对女生购买行为的影响要大于对男生的影响，选择该项的女生为20%，而男生只有10%。通过访谈发现，对于年轻的大学生来说，女性大学生比男性大学生更喜欢时髦，所以她们也会更重视商业信息和来自传播媒介的公众信息，特别是时装杂志、展示和时装表演。

表4　大学生每年购衣费用调查数据（%）

购衣费用（元）	500以下	500~1000	1000~2000	2000~3000	3000以上
男生	12	15	28	30	15
女生	5	22	23	24	26

如表4所示，在购衣费用方面，男性大学生的选择主要集中在1000~3000元，而50%的女性大学生的购衣费用在2000元以上。另外，调查还发现男性大学生每年花在服装上的钱占全年生活费的比例较女性大学生的花费比例低。

在长期的消费过程中，消费者会对一些品牌形成偏好和购买倾向，在回答"服装的品牌选择"时，分别有37%的男性大学生和38%的女性大学生都选择了会在"几个品牌中选择购买"。但是，对"多数情况下购买同一品牌"这一项，男生的选择远远高于女生，前者为26%，后者仅为10%。从以上数据和访谈中我们发现，在服装的购买活动中，男性大学生比女性大学生对品牌的忠诚度更高。女生的选择面较广，她们购买时更注重服装的款式、价格和做工，有时甚至对是否是品牌并不十分在意。

（3）性别差异导致男、女大学生获取服饰流行信息的渠道有所不同。大学生对服装流行风潮有一定的关注度，分别有8%的男性大学生和13%的女性大学生购买服装时会考虑服装"刚开始流行"这一原因。对于"流行信息"的获取渠道，46%的男性大学生和53%的女性大学生都表示主要通过"网络"获取。但值得注意的是，在其他获取渠道的选择中，选"杂志"的女生（23%）远远高于男生（9%）。由此可见，时尚杂志这个流行的引领者对女性大学生的影响更大，而杂志上的流行服饰也更易成为她们模仿和追逐的对象。

（4）性别差异导致男、女大学生对服饰流行文化的评价有所不同。流行文化是一种复杂的社会现象，在"流行文化对大学生服装影响力"的调查中，选用了欧美流行音乐天后Lady GaGa为评论对象，因为她的音乐以及配合音乐氛围而穿用的服装和造型在时尚界也独树一帜。这一调查是开放式的，所收集到的高频词汇主要有："个性""前卫""怪诞""过头"等，然后按其词性的褒贬意向划分为"积极评价""消极评价"和"中性评价"三类。调查发现，男性大学生对Lady GaGa的评价主要是消极评价（50%），而女性大学生的评价主要是积极评价（66%）。可见，女性大学生对于另类的服装造型比男性大学生更具有包容度，更容易接受流行服饰文化中新奇的事物。

（三）原因分析

1. 共同点的原因分析

通过调查数据发现，北京地区的大学生对着装的态度有着相同或相似的观点，他们在着装的选择上主要以自然、休闲为主，喜欢时尚而又舒适的穿衣风格。关于着装有两条原则，即希望与他人一致的"从众"和希望社会对其特殊性认可的"求异"，而这两种倾向在年轻人身上常常以复杂或矛盾的状态呈现。

此次调查的大学生年龄大多为20~24岁，处于这个年龄段的他们比较注重装饰打扮，希望通过服装得到他人的认可和赞赏，所以在穿着和购买时，他们会首先考虑"美观高雅"。但与此同时，着装的选择又不能太过背离学生的身份和生活习惯，所以，"方便舒适"亦成为他们选择服装时最主要的追求。

北京地区的大学生比较了解并重视着装规则，这主要是因为北京作为全国的文化中心和"时装之都"，流行文化和时装文化非常发达。北京地区的大学生们长期受到来自电影、电视、广播、报刊、网络等传播媒介和其他因素如各大商业圈以及社会氛围的影响，他们的"着装意识"和"时尚意识"较高，所以在着装观念和着装规则上他们更有自己的想法和见解。

通过调查发现，北京地区的大学生在购置新衣时考虑最多的是服装的款式和价格，"纯棉"是他们最喜欢的服装面料，而"网购"正成为北京地区的大学生所青睐的购物方式。大学生的身份和社会角色决定了他们大部分自身尚未具备独立的经济能力，经济来源大多来自于父母或假期兼职，虽然具有更加灵活的着装选择与购买时间，但其购买能力尚处于一个中低档消费阶段，纯棉质地的服装是比较合理的选择。同样，网上商城中的服装样式时髦，价格低廉，身处交通便捷的北京地区，配送也更加方便和迅速，受到北京地区大学生的欢迎。

2. 不同点的原因分析

当代男、女大学生自身固有的性别差异使其分别融入不同的社会角色，在"社会化的历程创造及重组"中形成不易被改变的性别视角，性别差异导致男、女大学生对服装风格、色系的偏好不同。传统的男性角色通常强调主动与成就，强调身体的效能；而女性角色则更多地强调外观与吸引力。通过大学生们的选择可以发现，性别差异对他们的偏好产生了极大的影响，例如，男生喜欢的较为单一、沉闷，而女生喜欢的服装颜色、风格则显得丰富、活泼。

同样，性别差异也导致男、女大学生在购买行为上有所不同。最明显的一点，即女生每年花在外观装扮上的钱和短期购买频率都远远超过了男生。另外，性别差异还导致男、女大学生获取服饰流行信息的渠道有所不同。在日常生活中，通常男性比较侧重社会意识，女性则侧重生活意识，此次调查就显示出女生比男生更爱通过阅读时尚杂志来获取流行信息，而访谈中男生们则表示他们更愿看体育类和财经类杂志。

三、结语

综上所述，我们对以大学生为主要消费群体的服装市场与企业提出以下几点建议：男、女大学生在着装偏好和购买行为上均存在差异，因此在产品研发和营销策略上都应当充分考虑这些差异，例如在男装设计中要充分考虑男生对服装运动功能的需求，而不能一味追求时尚前卫；多数大学生已经具备了一定的分场合穿着的观念，服装企业可以一方面扩大宣传，加强大学生的这种理念，另一方面积极拓展商品种类以适应大学生的需求；多数大学生实际上对自己的穿衣风格和品位很有自信，服装企业应主动迎合大学生的着装风格和品位，而不是将所谓的"流行趋势"强加给他们；网络购物已成为当代大学生购买服装的主要渠道之一，中低端服装企业要想抢占大学生市场的销售份额，就必须采取有效措施，积极拓展网上销售渠道。

参考文献：

[1] 陆鑫，刘国联. 中小城市居民服装消费行为（倾向）的调查分析 [J]. 大连轻工业学院学报，2002，21（3）：232-234.

[2] 崔少英，马芳. 中老年服装消费行为初探 [J]. 河北工业科技，1999，16（3）：78-80.

[3] 宁俊，李敏. 北京中产阶层服装消费文化实证研究 [J]. 纺织导报，2009（1）：91-93.

[4] 周月红，全小凡. 沪杭两地白领女性服装消费行为研究 [J]. 浙江理工大学学报，2008，25（3）：280-286.

[5] 郑守阳. 浅谈当代大学生服装消费 [J]. 都市家教，2010（1）：139.

[6] 林丽楠. 对大学生着装意识的调查分析 [J]. 商场现代化，2009，5（14）：164-165.

[7] 王式竹. 在校大学生着装风格的变化研究 [J]. 轻纺工业与技术，2011（1）：61-63.

[8] KAISER S B. 服装社会心理学 [M]. 李宏伟，译. 北京：中国纺织出版社，2000.

[9] 赵平，吕逸华，蒋玉秋. 服装心理学 [M]. 北京：中国纺织出版社，2009.

[10] 毛晓红. 流行文化时尚对大学生社会化的影响分析 [J]. 现代教育科学，2003（1）：23-25.

[11] 尹志红. 浅析当代大学生的着装特点 [J]. 武汉科技学院学报，2005，18（7）：55-57.

对首都部分高校在校大学生身体满意度的调查及启示[①]

郭平建 付业飞 卜 憧 刘梦汐 马远淑 武趁趁 王 元 马知瑶

摘 要：身体满意度属于服装社会心理学的研究范畴，与人们选择服装等消费倾向有一定关系。本调查主要以首都六所不同类型院校的在校大学生为研究对象，探索大学生身体满意度与服装选择的关系以及对服装消费市场的影响等问题，旨在为服装行业提供参考数据。
关键词：北京；大学生；身体满意度；市场启示

Investigation on the Body Satisfaction of College Students in Beijing and Its Inspiration for Market

Guo Pingjian, Fu Yefei, Bu Chong, Liu Mengxi, Ma Yuanshu, Wu Chenchen, Wang Yuan & Ma Zhiyao
(Department of Foreign Languages, Beijing Institute of Fashion Technology, Beijing 100029, China)

Abstract：Body satisfaction, which belongs to a research area of the social psychology of clothing, has a certain relationship with human consumption tendency, such as clothing choice and so on. This investigation is to explore the relationship between college students' body satisfaction and their clothing choice, and the influence on the consumer market. It is hoped to provide reference data for apparel industry.
Key words：Beijing；college student；body satisfaction；inspiration for market

身体满意度是指个体对自己身体各方面的满意程度，属于自尊的身体层面的体验，它常以社会文化为参照。美国著名的服装社会心理学者苏珊·B.凯瑟（Susan B. Kaiser）进一步指出：身体满意度是一个复杂而多维度的架构，因为不同文化对男女两性理想身材的观念会影响到个人对身体的满意度。我国在校大学生是一个庞大的消费群体，据统计，2014年中国在校大学生已达到2468.1万人。国内已开展了一些有关大学生身体满意度方面的研究，但却鲜见有关身体满意度对服装选择的影响以及对消费市场启示的文章。研究在校大学生的服饰消费倾向对纺织服装行业有一定的启示和借鉴意义。

一、调研对象的选定及调查问卷的设计

本研究的对象是首都六所院校的19~24岁大学生，六所院校中有两所理工科类院校（清华大学、北京工业大学）、两所文科类院校（北京大学、首都师范大学）和两所艺术类院校（北京电影学院、北京服装学院）。此次调查问卷设有35道选择题，共分为四大部分：第一部分是个人基本信息，第二部分是身体满意度现状方面的问题，第三部分是身体满意度对服饰选择的影响，第四部分是提升身体满意度需求对服装市场的启示。

①本文为北京市教育委员会专项基金资助项目（研〔2014〕08号）成果之一，曾发表于《纺织导报》2015年第1期，P89-90。

二、调查数据统计与分析

此次问卷调查活动历时三个多月，分别在六所院校进行均衡发放，随机调查，共收到 293 份问卷，其中有效问卷为 240 份，有效率约为 82%。现将有关数据统计分析如下。

1. 身体满意度现状分析

身体满意度反映一个人对自身各个方面的满意程度，如身高、体重、肤色、五官、体型等方面。对于身体的各个方面，人们的满意程度不尽相同，这不仅与社会文化环境相关，也与个人的阅历、性情、嗜好、理想、追求等息息相关。

通过对 240 份调查问卷的统计分析发现，在身高方面，北京高校中 90% 的女大学生实际身高主要为 156～170cm，79.2% 的男大学生实际身高主要为 166～180cm。90% 的女大学生选择的理想身高范围为 161～175cm，而 77.5% 的男大学生的理想身高范围为 176～185cm。有 34.6% 的大学生认为自己的身高偏低。在体重方面，女大学生实际体重主要为 40～55kg，占女生总人数的 84.2%；男大学生实际体重主要为 56～70kg，占 80.8%。他（她）们在对自我体重评价的问题上，有 30.8% 的大学生认为自己偏胖（认为自己体重正常的占 51.7%），这组数据说明，有近一半的大学生对自己的体重感到不满意，其中认为自己偏胖的人居多。另外，在肤色和五官方面，有 29.2% 的大学生认为自己的肤色偏深或偏浅，有 21.4% 的大学生认为自己的五官不够端正。

在回答"你对自我从外貌到体型整体的身体满意度"的问题时，四个选项中仅有 4.6% 的大学生感到"非常满意"，而感到"比较满意""不太满意"和"不满意"的分别是 62.1%、27.1% 和 6.2%，占了人数的绝大部分（图 1）。从这组数据可以看出，对身体形态感到非常满意的大学生只占极少数，绝大多数大学生都对自己的身体形态并不十分满意，他（她）们都或多或少地对身体的某些部位感到不满意。一方面这是源自于人们都有一种相互比较和追求完美的心理，另一方面现代人的审美导向影响着大学生对身体各部位的满意程度。

2. 身体满意度对服装选择的影响

服装作为人的第二层皮肤，不仅有保暖御寒、保护身体的作用，在社会生活中，它还是一种无声的交流工具。人们在交往过程中，美观得体的服装总能提升人的气质，给人带来自信。

对于"身体形态是否影响你对服装的选择"一题，95.9% 的大学生认为有影响，其中 32.1% 认为有"很大影响"，63.8% 认为有"很小影响"（图 2）。在回答"你认为服装的哪种特性能提升你对身体的满意度"（可多选）时，46.7% 的大学生选择"服装色彩"，39.6% 的大学生选择"服装材质"，选择"服装款式"的大学生是 70.4%，仅有 4.6% 的人选择"不会提升"。这组数据说明，大学生的身体满意度影响着他们对服装的选择，会通过选择不同色彩、不同材质以及不同款式的服装来提升自我的身体满意度。他们在选购服装时，会根据自身的身体形态来挑选适合自己的服装。

3. 提升身体满意度需求对服装市场的启示

不同身体形态的大学生会通过选择不同特性的服装来提升自己对身体的满意度，针对大学生对这些服装特性的偏向，把这些偏向融入当下的服装设计中，对于服装企业来说是一个扩大销售的良好举措。

在回答"是否希望通过着装来改变身体外观形态"时，四个选项中选择"非常希望"和"比较希望"两项的共占 61.7%（图 3）。同时，在回答"你认为合适美观的服装能提高自我的身体满意度吗"

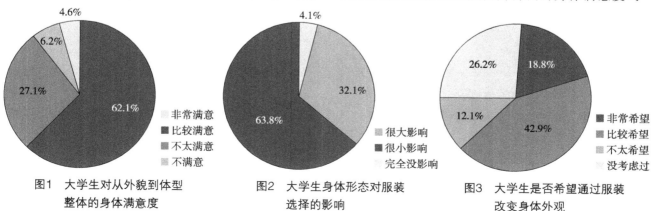

图1　大学生对从外貌到体型
整体的身体满意度

图2　大学生身体形态对服装
选择的影响

图3　大学生是否希望通过服装
改变身体外观

时，三个选项中选"有很大提高"和"有很小提高"两项的共占98.3%，选"没有提高"这一项的仅占1.7%。以上数据说明，超过半数的大学生希望通过着装来改变身体的外观形态，绝大多数大学生认为合适而美观的服装或多或少能提高自我的身体满意度。

对于"哪类服装会提高自我身体满意度"，在六个选项中（多选题）选择率最高的一项是"百货商场里的品牌服装"，占46.3%；其次是"大众化快销品牌的服装"，占37.5%；"另类个性的新潮小店"，占27.9%。这组数据显示，大学生更倾向于选购百货商场里的品牌服装和大众化快销品牌的服装，这两类服装相较于其他种类的服装，在价格、款式和质量等方面适中，性价比很高，其共同特点是款式新颖、多样，始终把握着最新的潮流趋势和时尚脉搏。另外，在访谈时这些大学生表示，他们会在打折促销的时候去购买服装，或者在店铺里试穿后再通过网络购买这些服装，这样可以用更低廉的价格购买到这些服装。由此可见，网络购物已经成为当代大学生购买服装的主要渠道之一，服装企业要想抢占大学生市场的销售份额，就必须采取有效的措施拓展网上销售渠道。

通过对不同性别和不同院校大学生的对比分析发现，女大学生的身体满意度普遍要比男大学生低，但是男、女大学生在服装选择方面，女大学生对于服饰购买的积极性明显高于男大学生，她们更愿意在这些方面投入时间、精力和金钱。不同类院校的大学生在身体满意度与服装选择的观念上也有少许差异，如艺术类院校的学生对身体的关注度要略高于文科类和理工科类院校的学生。另外，通过访谈还发现艺术类院校的学生对于服装购买的积极性要略高于文科类和理工科类院校，这主要与他们的学科专业相关。企业商家在考虑大学生这个整体消费群的同时，在产品设计、营销策略等方面能针对这些细小的差别，采取有效对策，一定能取得更好的业绩。

三、结语

通过对首都三类六所院校的问卷调查发现，大学生的身体满意度影响他们对服饰的选择，但服饰的选择受到很多因素的影响，如广告效应、从众心理、影视明星等，并不完全源自于身体满意度的影响，这一点与国外相关研究结果一致。大学生作为社会新技术、新思想的前沿群体，代表着最先进的流行文化，因此他们在服装选择方面的消费观念对服装市场有一定的启示作用，值得进一步深入研究。

参考文献：

[1] 朱从书，刘陈凌. 大学生身高、体重及身体满意度调查 [J]. 中国健康心理学杂志，2009，17（8）：978-980.

[2] KAISER S.B. The Social Psychology of Clothing [M]. 2nded. revised New York：Fairchild Publications，1997.

[3] 谢静. 大学生的身体自我满意度及其与主观幸福感的相关研究 [J]. 社会观察，2012（4）：268-269.

[4] 汤炯，邓云龙，常宪鲁，唐秋萍，袁秀洪. 大学生性别、身高和体重指数与身体自我满意度的关系 [J]. 中国临床心理学杂志，2006，14（5）：537-541.

[5] 杜晓红，唐东辉，赫忠慧. 不同锻炼水平大学生身体自我满意度的比较分析 [J]. 沈阳体育学院学报，2006，25（5）：41-43.

[6] 郭平建，等. 北京大学生着装倾向与购买行为对消费市场的启示 [J]. 纺织导报，2013（9）：103-106.

[7] LITTRELL M A, DAMHORST M L, LITTRELL J M. Clothing interests, body satisfaction, and eating behavior of adolescent females：Related or independent dimensions? [J]. Adolescence，1999，25（97）：77-95.

服装史研究

腰带见证政权 "正统"[1]
——以清朝帝王腰带为例

任萌萌

摘 要：清朝，帝王冠冕服制被废止，帝王腰带与前代相比呈现出独有特色，不仅展现出统治者以游牧民族身份定鼎中原的胜者姿态，同时也从色彩、装饰物、佩挂物三个方面透露出满族为申明正统而与中原民族进行文化融合的迹象。

关键词：清朝；腰带；文化融合

The Belts as the Witness for the Orthodox Throne
——Taking the emperors' belts in Qing dynasty as example

Ren Mengmeng

(Department of Foreign Languages, Beijing Institute of Fashion Technology, Beijing 100029, China)

Abstract：In Qing dynasty, the Guanmian system for emperor was canceled. The belts for emperors in Qing dynasty was so different from any previous dynasty. The belts not only ornamented the triumph belonged to Man minority as a nomadic nation in competition for dominion, but also expressed the indication of showing the orthodox throne by cultural fusion with the peoples lived central plains, which could be find in 3 dimensions that were color, ornamentations and accessories hung on the belts.

Key words：Qing dynasty; belt; cultural fusion

腰带是历代帝王服饰的重要组成部分，常以其形制、质料、修饰物等各个方面来体现君主的绝对权力。在中国古代服饰发展过程中，历代都存在以服饰显尊贵的"规制"；而腰带则是自有史记载以来，君主服饰中彰显君主尊威的一个重要部分。在中国封建社会发展的高峰时期，清朝帝王的腰带作为帝王腰间的重要服饰元素，其实用功能与象征意义已经超过了以往历代。

自公元1644年清军入关以来，满族统治者经营了中国历史上的最后一个封建王朝。"在冠服制度上同中国历朝历代一样，对皇帝、皇子、亲王、郡王、贝勒、贝子、额附、公、侯、伯、子、男、将军、一至九品官等作了明确的等级划分，每个等级都有冠、服、带、朝珠等方面具体而繁缛的规定，而且其等级名分之重视程度远远胜于我国封建社会历代朝政"，同时，清朝又是中国服饰文化史上唯一一个废止帝王冠冕服制的朝代；所以，其帝王服制中的"腰带"规格明确且独具特点。清朝帝王的腰带为"带用丝织物，上嵌有各种宝石，有带扣和环扣，用以系汗巾、荷包等物"，这与明代帝王上朝所用的"革带，前用

---

[1]本论文是中国纺织工业协会教育教学改革课题（中纺协函［2011］74号）、北京市教委面上项目（SM201310012003）以及北京服装学院"基于生态翻译学的服饰文化研究"（2011A-23）和服饰文化研究创新团队的研究成果。

玉，其后无玉，以佩绶系而掩之"有明显的差异；君主腰带由"明"至"清"有如此的变化，不仅是为了宣告"改朝换代"，而是在呈现统治阶级民族特色的同时表明其坐拥天下的"正规性"；所以，清朝帝王的腰带不仅展现出统治者以游牧民族的身份定鼎中原的胜者姿态，同时也从色彩、装饰物、佩挂物三个方面透露出满族为申明正统地位而与中原民族进行文化融合的迹象。

一、腰带的色彩透露出"正统"倾向

"黄色早在汉代就已经成为代表皇权的颜色了，而在元代才真正确立起黄色与皇权间的对应关系"，在清朝，黄色依然被视为统治阶级内皇族的专用色，"明清两代，官民一律不得使用黄色，黄色的禁忌几乎扩大到了顶点"，而且，皇族内不同等级的成员在服饰上所使用的黄色又有所不同；在这样的情况下，腰带的色彩则恰恰能体现"黄"在清朝统治阶级内部明尊贵、别等级的重要作用。

清朝帝王的腰带种类丰富，分别与不同功能的服装相配，主要有朝服带、吉服带、常服带和行服带。朝服带"皆明黄色"，吉服带"用明黄色……馀如朝带制，常服带同"，行服带"色用明黄，左右佩系以红香牛皮为之"，由此可见，清朝帝王所有御用腰带的颜色都为明黄色；同时，《清史稿》中所载的"雨服"和"端罩"，作为清朝帝王服装的重要补充，也"皆明黄色……腰为横幅"，或"明黄缎里……左右垂带各二，下广而锐，色与里同"，可见此两种服装的腰间也呈现明黄色。因此可知，清朝帝王的腰间用带为明黄色，即使腰带因服装而隐去，其腰间也主要呈现明黄色。

与此同时，史料《清史稿》记载，皇子"朝带，色用金黄"、亲王朝带与吉服带"均与皇子同"，亲王世子、郡王、贝勒、贝子等宗室成员的腰间用带均为明黄色以外的黄色，而其余非直系的皇亲贵胄"觉罗"则用红色的腰带，"其余的公、侯、伯以下至文武品官用蓝色或石青色"。

由此可见，清朝帝王对服饰用"黄"的规定之严格、明确，其中明黄色更被视为帝王腰间的专用色；然而，这也与贵族入关之前的统治者腰带色彩规制形

成了对比。努尔哈赤时期，君主接见他国使节时"腰系银入丝金带"，当时君主腰间用带是银白与金黄相混杂的色彩，与入关一统天下之后的帝王腰带只用明黄大为不同。这种入关前后的对比表明，将从"黄色"中提炼出来的明黄色作为君主腰带的唯一用色与"中国古代正式服装多使用深沉的织锦图纹，而深颜色为主色调，装饰以鲜艳华丽的亮色"的传统相吻合。同时，也与中原自唐代以来帝王尚黄的传统相吻合，并且还将这一尚黄传统进一步提炼，用不同的黄色彰显皇族内部的等级差异，表明帝王的独有尊贵，从而彰显君临天下的尊威和正统地位。

清代帝王的腰带用色沿袭了中原王朝的相应规制，将汉家传统色彩体系中的"正统色黄色"彰显社会等级的功能应用在最能体现其游牧特色的服饰部件腰带上，可见，虽然满族"马上得天下"，却有心向中原文化中"正统"思想靠拢以求"守天下"。

二、腰带的装饰物透露出"申明正统"的内涵

满族入主中原之前，明王朝君主的各种服装中配用的腰带一般都会有玉饰，这种规制自魏晋南北朝时起已有数百年的历史，而且玉带板的质料、纹饰都会对皇权有所体现。例如，目前藏于北京故宫博物院的明朝"龙纹玉带"，由20块雕镂龙纹的玉带板缝缀于红色缎子的鞓带上，玉质柔和纯正，为和田玉的上品，以彰显帝王坐拥天下、照护百姓的气派。

满族入主中原之后，"以满洲的传统服饰为基础，重新制定冠服制度，对明朝的服制有较大的变动"，帝王的腰带自然在"修改"之列。继承努尔哈赤时期王者"腰系银入丝金带"的满族服制，皇帝参加一般大典礼所用的朝带均有龙纹金质带板，且"每具衔东珠五，围珍珠各三十"，显然已经废止了帝王腰带均要用玉的规制；而且因为在清初逐步统一全国的百余年内，"蒙古厄鲁特准噶尔部分裂主义分子控制西北广大地区，与中央政权分庭抗礼，经常侵扰甘青、喀尔喀蒙古及察哈尔等地。玉路受阻，昆山玉不能运进内地，影响到清前、中期玉器的正常发展"，相应地清宫廷服饰用玉也必然受到一定影响，但是在此背景下，清代帝王服制仍然规定用于"祀地""夕月"的

朝带上"祀地用黄玉……夕月用白玉",可见在清朝一统天下之后玉饰备受重视。皇帝参与重大典礼和祭祀活动时明确规定相应的腰带饰玉,表明清朝对腰带饰玉的重视已经上升到了宗法的高度。

玉饰,在中国服饰文化发展历程中渊源久远,"人类从原始社会进入文明的发展过程,服饰观念的具体化,乃为明显的特征之一。当阶级分化的社会形成以后,'服饰'成为显现阶级礼俗最好的一种表征。'玉器'则因其独特的色彩与质地,经过繁复艰辛的雕琢技法,呈现出特有的美感,逐渐成为史前先民各类礼仪装饰用品中最重要的一种,同时配合服饰,成为彰显的主要重点"。早在夏商周时期,中原统治者就已建立起了一整套用玉的制度以巩固政权和规范礼制,"当时贵族服装上都有玉饰,所谓'君子佩玉',玉饰是贵族身价不可缺少的标识"。自古以来玉石不仅用于装饰,同时也是拥有财富和权利的标志,例如历代帝王将相的随葬品中不仅有象征其地位的玉饰,还会有象征财富的诸多玉饰品。而且自古《说文》中对"灵"的解释就有"巫,以玉事神,从玉"的记载,段玉裁的注释为"巫能以玉使神",所以玉又是"统治者祭天祀地、沟通神灵的法物。在中国,玉的自然属性很早就已经被人格化、道德化",在华夏文化中常常以玉比德,所以"自天子至士阶层,未来表示对'德'的崇奉之心,无例外都佩玉",可见,玉饰在华夏文化中既是崇奉神明、"天人合一"的标识,而且对于君主而言,还是遵循礼教、展现"君权神授"的标识。

游牧民族对腰带的重视程度不同于汉族。腰带,不仅是骑射活动收束衣服、系挂物品的实用部件,也是展现族群内等级差异的主要载体。在男权主导的游牧文化氛围中,腰带在服饰中的地位不可小视。玉饰出现在游牧民族特色浓重的清朝帝王腰带上,尤其是皇帝参与重大典礼和祭祀活动时穿用的礼服腰带上,而且礼制明确规定,"清代惟特赐及一品用衔玉版带……至于庶民和郡县小吏,则只能用铜、铁、角、石、墨玉之类饰带"。可见,满洲贵族统治者不仅有意向中原玉文化靠拢,而且还加以提炼,进一步规定"玉"在统治阶级服饰中的应用,从而传递出一种与中原文化相契合的信息,表明清帝一统天下的正规性。

三、腰间佩、挂物品凸显中原特色

纵观中国服饰文化的发展历程,各类服饰在腰部的佩、挂物品总会体现出阶级、性别、民族等方面的差异。

满族入关定鼎中原之前,努尔哈赤较正式的穿着中关于腰部的佩挂物有记载:"腰系银入丝金带,佩巾、刀子、砺石、獐角一条等物",都是具有游牧特色的佩挂物,实用功能显而易见;满族入关之后帝王朝带之制中明确规定"用龙文金圆版四,饰红蓝宝石或绿松石,每具衔东珠五,围珍珠二十。左右佩帉,浅蓝及白各一,下广而锐。中约镂金圆结,饰宝如版,围珠各三十。佩囊文绣、燧觿、刀削、结佩惟宜,绦皆明黄色,大典礼御之""佩囊纯石青,左觿、右削,并从版色,纯青绦"或"佩囊纯石青,左,右削,并从版色,明黄绦";同时,对帝王行带的规定为"色用明黄,左右佩系以红香牛皮为之,饰金花文镂银镶各三。佩帉以高丽布,视常服带帉微阔而短,中约以香牛皮束,缀银花文佩囊。明黄绦,饰珊瑚。结、削、燧、杂佩各惟其宜"。由此可见,清帝王腰间的佩挂物在入关之后变得更加丰富,而且其实用功能也明显让位于装饰功能。

中原王朝很早就对帝王腰间服饰元素有所设定,即腰带(大带与革带)、蔽膝、佩玉、绶、剑等,都是为了彰显帝王独一无二的身份与至高无上的地位,其装饰、标识功能为主导。清朝帝王腰带与腰带上的佩挂物形制虽然与中原王朝帝王服饰的相应规制迥异,但是,"社会的华夏本位意识越强,皮革腰带的装饰功能就越被强化",其实质已经反映出华夏本位意识强化的倾向与满汉服饰文化的交融,显示出华夏汉族服饰的特色。

四、总结

在中国古代服饰制度中,贯穿其中的本质内涵是"天人合一"的思想,"通过服饰,天地之性显现于人间社会,而人伦之情,亦亲近于天地之性。自然因政治和人伦而愈显出秩序,政治和人伦也因显现自然而具备了更加合理的解释。这样,无论是政治制度,还是伦理秩序,都因服饰而表现了一种亲密和谐的关系，促进了整个社会的相对稳定"。在清朝，帝王的腰间用带主要是作为"一种象征，一个符号，身份和地位、财富与职位的标志"，体现着封建等级社会发展到高峰时期的宗法与礼教，其用色、用玉以及与其他佩饰的搭配都体现出与中原文化相融合的迹象，彰显出"华夏本位意识"，宣告正统地位。

参考文献：

［1］竺小恩. 论清代满、汉服饰文化关系［J］. 浙江纺织服装职业技术学院院报，2008（4）：26

［2］张昭，马旭红. 从腰带的变迁看时尚的变化［J］. 浙江纺织服装职业技术学院院报，2007（2）：41.

［3］崔圭顺. 中国历代帝王冕服研究［D］. 上海：东华大学，2007.

［4］严勇. 清代服饰等级［J］. 紫禁城，2008（10）：23.

［5］曾慧. 清入关前满族服饰刍议［J］. 大连大学学报，2008（1）：102-103.

［6］王国彩. 清代服饰的特点分析［J］. 辽宁工业大学艺术设计与建筑学院院报，2012（8）：71.

［7］赵尔巽，柯劭忞，等. 清史稿［M］. 北京：中华书局，1998.

［8］杨伯达. 中国玉文化玉学论丛［M］. 北京：紫禁城出版社，2005：68.

［9］中国古代玉器馆.［EB/OL］. 上海博物馆，［2013-07-15］. http://www.shang-haimuseum.net/cn/cldg/cldg_yq.jsp.

［10］胡星林. 古代的腰带［J］. 文史杂志，1996（4）：29.

［11］马冬. 革带春秋——中国古代皮革腰带发展略论［J］. 中国皮革，2006（12）：44.

［12］伍魏. 政治制度与中国古代服饰文化［J］. 消费经济，2004（4）：19.

［13］林少雄. 中国服饰文化的深层意蕴［J］. 复旦大学学报：社会科学版，1997（4）：68.

英国服装职业教育的发展历程及启示[①]

马小丰　王德庆

摘　要：本文从英国毛纺织业发展的初始阶段中出现的徒工制与济贫职业学校、世界博览会后的反思及服装职业教育的兴起、第二次世界大战前及第二次世界大战后服装职业教育的发展四个方面概述了英国服装职业教育的发展历程及特点。并在此基础上探索了其历史经验及带给我们的启示。

关键词：服装职业教育；英国；历史；启示

The History of Clothing Technical Education in Britain and Its Inspiration

Ma Xiaofeng & Wang Deqing

(Department of Foreign Languages, Beijing Institute of Fashion Technology, Beijing 100029, China)

Abstract：This paper gives a general description of the history and characteristics of clothing technical education in Britain from the following four aspects：the apprentice system and poor-relief technical schools in the early period of wool industry in Britain, the reflection and the rise of the clothing technical education after the world expo and the clothing technical education before and after World War II. The inspiration from Britain is further discussed for China to develop its own clothing technical education.

Key words：clothing technical education；Britain；history；inspiration

一、徒工制与济贫职业学校

英国在世界上最早建立了资本主义制度的工业基础，即毛纺织业。从 14 世纪后半期到 15 世纪，毛纺工业以农村为中心逐渐得到发展，而且还促进了制造工业的发展。17 世纪末到 18 世纪中叶，毛纺织业遍布英国，英国至少有五分之一的人口以此为生。1563 年，伊丽莎白女皇为确保农村的劳动力制订了徒工法。纺织厂商等将自己的孩子或年额为二英镑以上的土地所有者的孩子收为徒工，经营纺织业或织补业的人每有三个徒工即可雇佣一个工人。师傅对徒弟负有教育的义务，徒弟在师傅的指导下提高技艺。1771 年，阿尔克莱特在河边建造了一座厂房安置许多纺纱

机，在克莱普顿创立了第一个现代意义上的"工厂"。随后，各行各业都相继实行工厂化，如成衣、靴鞋等。从手工作坊变为工厂，对妇女和儿童这样的低工资劳动力的需求也迅速增加。新的劳动组织形式的形成以及技术的进步，对劳动者的知识和技能提出了新的要求。17 世纪末，具有慈善性质的工读学校、女子学校相继兴办。这些学校主要面向贫民子女进行宗教教育和基本的职业技能教育，向学生传授纺织、缝纫、编织、辫编等技术，旨在使学生学到简单的劳动技能。这是一种济贫性质的职业教育。如在根据洛克的"贫苦儿童劳作学校计划"而开办的"劳动学校"里，学校只收 3~14 岁的贫苦儿童，学校为他们开设有关纺织、编织以及其他毛织品制作的手工业课程。

---

❶本文曾发表于《武汉科技学院学报》2006 年第 11 期，P24-26。

劳作学校一般附设于羊毛工厂,贫苦儿童在这里边劳作边接受简单的技术训练。1798 年,在诺丁汉市为从事花边和线袜编织工作的青年女工成立了第一所成人学校。除了实行的徒工制及少量的济贫职业学校外,可以认为在 18 世纪后半叶开始的产业革命以前,没有真正意义上的服装职业教育。

二、世界博览会后的反思及服装职业教育的兴起

经过工业革命,到 19 世纪中期,英国仅棉布产量就增长了 15.5 倍,占世界产量的二分之一。面对工业革命取得的卓越成就,许多英国人对英国经济充满自信。此前学校完全由教会和私人兴办,与政府无关。英国工业界也未认识到正规职业教育的意义。1852 年在伦敦举行了欧洲工艺博览会,会上欧洲其他国家重视学校教育和产业培训从而取得了工业成就的事实使英国人深受刺激。其后,政府与民间团体采取了一系列加强职业教育的对策。英国出现了一批与服装教育有关的学校。其中对服装职业教育发挥最大作用的是伦敦市议会创办的职业学校。如伦敦市议会 1896 年创立的工艺中心学校,1906 年创立的肖里迪茨女子职业学校及 1914 年成立的巴瑞特街女子职业学校。这些学校为 14~16 岁的女孩子提供为期两年的课程,课程包括服装设计、刺绣、男女服装裁剪、毛皮制作、剧院服装制作等。其中三分之二的课程与制衣有关,三分之一的课程是文化课。授课教师为兼职的服装业的能工巧匠,他们不但向学生传授各种实际技能,也为学生提供了与服装大师接触的宝贵机会。由于职业学校的学习主要以夜间学习为主,所以较受在职青年的欢迎。到了 20 世纪初,与服装教育有关的学校仅在伦敦市就发展到七所,夜间制在校生近一万人。除了职业学校外,1879 年“伦敦城市基尔特会”成立。其主要任务是负责各种技术职业课程的设置,要求及考核等工作。学生为工人、学徒及领班等,以后又为管理及制造商设立了相应的课程。基尔特会颁发的证书被工业界普遍承认,是学员申请较好工作或晋级的资本。从课目的行业上看,基尔特会初期的课程以纺织为主。总之,到了 19 世纪末,由于制衣业所雇佣的具有熟练技能的工人人数的上升,

旧时的学徒制已无法完全适应社会化大生产发展的需要。职业学校成为培养服装人才的有效途径。其作用正如克里斯托弗·布里伍德所说:“肖里迪茨、巴瑞特街和克拉彭这几所学校是由伦敦市议会教育委员会建立的,目的是把学生培养成技术熟练的劳动工人。几乎所有毕业的学生都获得了就业机会。女学生进入伦敦西区的成衣行业或者伦敦东区的时装制衣业以及相关行业,主要分布在南肯星顿和牛津大街地区。在这一区域从业的女性技术极其娴熟,她们在伦敦早期缝纫学校接受培训并从事素质要求很高的高级时装业工作。”

三、第二次世界大战前服装职业教育的发展

在此期间,服装职业教育有两项发展最值得一提,一是服装职业教育普遍在中等职业教育中展开,二是建立了纺织业国家资格的技术人员证书制度。服装职业中等教育主要在下列学校中展开:其一是初级技术学校,初级技术学校大多是在 20 世纪 20 年代前后创建的,它以 13~16 岁的青少年为对象,修业年限 2~3 年。根据米德斯伯若初级技术学校学生就业情况的调查,曼彻斯特服装业平均未就业率为:1926 年为 4.2%,1929~1932 年为 7.4%。这些数据远远低于全国总体失业率。其二是初级商业学校,在 20 世纪 30 年代,文法中学的女生 16 岁毕业后既进不了大学又缺乏专业技术,而初级商业学校培养出来的学生正好符合伦敦郊区服装业的需要。所以商业学校受到女孩子的欢迎。第一所商业学校建立于 1904 年,附设于布郎多科技术学院,教授马甲和连衣裙制作。到 1913 年,伦敦建成 26 所商业学校,其中 6 所专门教授连衣裙、女帽制作。此外还有女子家政学校,女子家政学校是一种更为专业化的商业职业学校。20 世纪 30 年代中期英国有 14 所这类学校。学校给女孩们提供缝纫、烹调或家庭服务等培训。从 20 世纪 30 年代中期 4 所女子家政学校毕业生就业的情况来看,学习缝纫的学生的就业率平均都在 70% 以上。

四、第二次世界大战后服装职业教育的发展

在第二次世界大战后,英国政府颁布了《1944

年教育法》，1948 年颁布了《雇用与训练法》，1964年颁布了《产业训练法》，1973 年颁布了《就业与训练法》。上述法律具有重大意义。它们以法律的形式确定了职业技术教育的地位。使得服装教育在英国义务教育、中等教育和继续教育中都有较大发展。

义务教育阶段：在义务教育的最后两年，在综合中学内开设的技术选修课中普遍设立"裁缝"这一科目，每周 2~4 节课，这些学生在年满 16 岁离校后可参加"普通中等教育证书"考试，考试结果为社会所承认，可作为学生今后升学或就业的参考依据。由于战后英国服装业的发展，每年都有以女孩子居多的几百人参加裁缝课程的教育证书考试。

中等教育阶段：在英国的教育体制中，义务教育结束后，为 16~19 岁的年轻人在第六级学院中开设职业、专业团体的考试课程和证书课程。如："伦敦市区成人教育协会"为期一年的 CGLI（伦敦技术学院）基础课程，这些课程是依据一组互相有联系的职业和产业而设计的，如纺织、服装。在课程结束时，考试合格者可以获得一种详细表明个人能力的证书。

继续教育：1964 年，政府颁布了《产业训练法》。该法不但确立了新的原则，还设立了产业训练委员会。1970 年底，纺织产业训练委员会成立。根据该法纺织产业训练委员会必须履行两项法律义务：第一，确保纺织部门中的每个人，从管理者到从事最低级体力劳动的工人，都接受适当的训练；第二，委员会必须强行向管辖的企业征税，用税收充当训练费用。这些训练可在继续教育机构（如各高等院校）、产业训练中心或某些企业以及委员会自己设立的训练中心进行。同时在服装企业，企业培训也提到了议事日程。服装企业内职工的职业技术培训一般也是以参加各种培训机构所提供的有关职业技术课程或训练计划为主要途径。一些大的服装企业则有自己的培训中心。企业职工一般以学习"连续性间断脱产学习制"和"完全夜间制"课程为多。

英国政府建立和推行的国家职业证书制度（NVQ制度）也对服装职业教育的发展起了很大的促进作用。英国的职业证书制度起源于行业协会，历史上自发形成了数量繁多的职业证书颁发机构，但各种证书标准不统一。自 1986 年以来，英国政府开始在许多行业建立和推行国家职业证书制度。该制度将全国职业资格从低到高划分为五个等级，用以划分从刚工作的新手到高级行政管理人员的技能和知识层次。职业资格的标准由全国不同行业的专家和企业家共同制订。这一标准是职业技术教育机构制订教学计划、组织教育培训、企业招聘人员及资格考核和发证的依据。在英国服装行业的就业大军中，目前约有 80% 的雇员获得了不同等级的职业资格证书，其中有 50% 达到了职业资格证书 2 级，其余大都是 1 级或 3 级，达到 4 级、5 级的人数还比较少。大多数服装企业大量需要同时具有学历文凭和职业资格证书的人。职业技术资格证书与普通教育证书相通。持有这种文凭或证书的青年渴望进入高等院校深造。

五、启示

多年来服装职业教育为英国培养了大批服装业所需的技术人才，造就了大批合格的劳动力，为英国经济发展做出了重要的贡献。和英国相比，我国发展服装教育的历史很短，所以有必要对英国服装教育的经验加以总结并借鉴。通过英国服装发展历程的研究，至少可以发现如下启示：

（1）在不同层次的教育机构中设立服装教育课程。在义务教育、中等职业教育、高等教育、成人继续教育及企业培训等各级教育机构中设置服装教育课程。

（2）建立职业资格证书与普通教育证书等值等效的制度。英国的职业资格证书与普通学院教育文凭在地位上有对等的关系。如服装职业资格证书 NVQ4级，大体相当于学士学位，5 级大体相当于硕士学位，同时可以相互转换。获得职业资格证书 NVQ3 级的青年，可以申请进入大学学习学士学位课程。考上大学的学生，也可以转入服装职业资格证书体系中进行学习培训。职业证书可以取代文凭。

（3）服装院校与企业行业建立紧密的合作关系。在英国，大多数服装教育院系和企业界、用人单位都建立了紧密的合作关系。服装教育部门和企业在以下几个方面进行合作：输送学生，提供教师，协商课程，管理学生，提供场地、设备和经费。

（4）建设一支良好的服装专业培训的教职工队伍。让活跃在时装业第一线的著名设计师、高层管理人员到学院给学生授课、开设讲座和研讨会。将企业中的能工巧匠及设计师聘为培训教师。

（5）建立纺织服装行会组织参与制度。纺织服装行会组织决定所属部门就业培训需求，参与现代学徒计划的课程和服装职业资格标准的开发。

（6）为学生提供灵活的授课形式。服装职业教育的课程形式可分为全日制、工读交替制、部分时间制和夜间时间制。各服装院校提供的课程层次应从高到低，从证书教育到非证书教育，以最大限度地满足人们终身学习的需要。

服装职业教育的发达程度及普及状况，是形成时尚之都的重要因素之一。多年来，英国在把服装职业教育从中学一直贯通到高等教育的各个领域等方面做了很多努力，并取得了丰硕成果，这对刚刚开始发展服装职业教育的中国，无疑具有值得借鉴的经验和启示。

参考文献：

［1］BREWARD CHRISTOPHER. The London Look：Fashion from Street to Catwalk ［M］. London：Yale University Press，2004.

［2］ANDY GREEN. Education and State Formation ［M］. London：The Macmillan Press LTD，1990.

［3］BRIAN SIMON. Education and the Social Order 1940－1990：British Education since 1944 ［M］. London：Lawrence and Wishart，1999.

［4］COTGROVE S F. Technical Education and Social Change ［M］. London：Allen&Unwin，1958.

［5］STEPHEN F COTGROVE. Technical Education in Britain ［M］. London：Reference Division Central Office of Information，1962.

［6］IAN FINLAY，STUART NIVEN，STEPHNIE YOUNG. Changing Vocational Education and Training：an International Comparative Perspective ［M］. London：Routledge，1998.

［7］RICHARD ALDRICH. An Introduction to the History of Education ［M］. London：University of London，2000.

［8］PENNY SUMMERFIELD，ERIT J EVANS. Technical Education and the State since 1850 ［M］. Manchester：University of Manchester，1990.

美国运动装的发展历程及其启示❶

王德庆　祝思黔

摘　要：美国在运动装的技术水平、设计理念、品牌建设、营销策略等方面均处于世界领先水平。运动装被称为是美国对服装设计史的最大贡献。本文在对相关资料进行整理和归纳的基础上，概述了美国运动装的不同发展阶段的特点，并对我国运动装的发展现状进行了分析。

关键词：美国；运动装发展；启示

History of American Sportswear and the Enlightenment

Wang Deqing & Zhu Siqian

(Department of Foreign Languages, Beijing Institute of Fashion Technology, Beijing 100029, China)

Abstract：America's techniques, design, brand building and marketing strategy in sportswear are all advanced in the world. Sportswear is also regarded as the biggest contribution to fashion design by America. The authors, by collection and analyzing data, describe the development stages of sportswear and their features. The present situation of Chinese sportswear is also discussed.

Key word：America; sportswear development; enlightenment

一、美国运动装发展历程简析

随着人们生活水平的提高，运动服装已不仅是专业体育用品，它已经成为人们日常生活中的基本服装形式，在服装行业中占据举足轻重的地位。科技的发展，社会的进步，树立企业形象战略意识的增强以及国际贸易的飞速发展使我国运动服装产业有了很大的进步。特别是 2008 年北京奥运会的举办，更是促进了中国运动服装市场的快速发展。与此同时，我们也清楚地看到，中国虽然是生产运动服装的大国，国际市场上相当一部分运动服装都是"中国制造"，但这些运动服装多数是由国外授权，在中国加工后出口，所贴标签仍然是国外名牌。与美国运动服装产业相比，我国运动服装产业整体的水平仍存在一定差距。

19 世纪时，美国的体育运动具有鲜明的阶级性。不同阶层的运动装和体育运动的进行方式都有差异。源于有闲阶级的运动，如马球、高尔夫球等，有明显的贵族色彩，也是当时上流社会的社交活动，因此带有礼仪性质。其运动装注重款式、质料、细节，高贵而优雅，也是身份的象征。而来自劳动阶层的运动项目，如拳击、摔跤等，比较粗野，身体接触频繁，有很强的刺激性，因此其运动装较为轻便实用，多是由背心、短裤组成。这一时期上层阶级的趣味掌握着主导权，运动装的主要特点为贵族式的、优雅精致，并且两性差异明显。19 世纪中期，女式运动装主要分为两类，分别适用于室外运动和室内运动。当时运动根据性别分开进行，而室

❶本文为北京市教育委员会专项资助项目（JD2011-09）成果之一，曾发表在《山西师大学报》2012 年第 39 卷，P111-113。

内运动所受的影响和限制要小很多。当时女性很少参加室外运动。"当男人们在户外进行健康的体育活动时女人们却多在室内进行不那么让人兴奋的运动。"然而19世纪中期槌球的传入改变了女人的运动空间,"它是第一个让女性走到室外与男人一同参与的体育运动"。但是女性在打槌球时,"要遵守严格的行为准则,在运动时要注意礼仪和保持优雅的姿态而不是把心用在如何取胜上"。因为在户外进行的运动也是一种社交活动,因此女士的运动装要"得体、端庄,并且尽可能时髦",与日常服装区别不大。她们会穿上裙撑、长裙,戴上羽毛和缎带装饰的帽子,像是要参加一个聚会。这时,女子的室外运动服更多是出于外观上的考虑,很少会考虑它的功能性。然而,19世纪60年代左右,一些前卫的女性在裙子里面穿上了灯笼裤,它无疑更为轻便和舒适,减轻了当时运动装的重量,这也是早期女裤的起源。90年代,一些新兴体育运动让女子的运动装摆脱了束缚。"19世纪90年代的新室内运动,尤其是女子篮球,让女子摆脱了维多利亚时期着装的束缚。从此以后,舒适实用的风格越来越受欢迎。"1910年,校园体育活动中出现了长及膝盖的裙子。而到了20世纪20年代,及膝裙在运动装中开始普及。

20世纪30年代,美国凭借着其在运动装设计上的成就,摆脱了法国服装设计的影响,建立起一种新的现代风格标准,即简约、实用、大方。运动装体现着美国的民族精神——坚毅、自由、民主、独立。运动装之所以成为美国的创举并得到快速发展正是因为美国人民对体育运动的热爱。体育运动是美国民族文化的一个重要组成部分。就像美国人民所说的一样,"我们需要运动就像我们需要梦一样……运动与我们的生活息息相关,让我们重新燃起希望,运动会施魔法"。

帕特丽夏·坎贝尔·华纳(Patricia Campbell Warner)在描述20世纪运动装时这样写道:"如果说运动在19世纪激发了人们的想象力,那么在20世纪它开始蓬勃发展"。纵观整个服装历史,20世纪是服装发生变化最大也是发展最快的一个时期。在这一时期中,服装完成了其现代化进程。而第二次世界大战也把服装的功能性提到了前所未有的位置。这一时期,体育运动作为一种休闲方式得到了更多的重视,运动装的主流审美趣味也由贵族趣味向大众趣味转变。运动装的阶级分化也因对功能性和实用性的追求而减弱,舍弃了一些繁琐不便的部分。这一时期的运动装轻便了很多。与此同时,运动装的两性差异开始逐渐消失。而这时期的运动装主要是由有弹性的面料制成,且更为轻便和舒适。

从20世纪70年代开始,美国人对体育运动的热情急剧升温。与此同时,人们对外形的关注也在升温。女人为了苗条疯狂地减肥节食。而对健康的追求和身材的重视催生了一个巨大的产业。"1975—1987年间,美国体育品的销售从89亿美元增长到了275亿美元。……1987年一年,美国人在运动鞋上花费了40亿美元。健身俱乐部的数量也从1968年350个增加到了1986年的7000个。而1987年的收入总额达到了6亿5千万美元。为了满足他们对于健康和体型的追求,美国人需要许多体育用品和服装"。随着体育产业的蓬勃发展,人们对运动装的需求也急剧增长。

这时的运动装变得更加简单、舒适、随意。一部分年轻人已经将其列为日常着装。除此之外,运动装也向着多元化方向发展,其款式、色彩、图案更加丰富精彩。

进入21世纪后,体育事业得到了飞速发展,这就必然会带来运动装的蓬勃发展。现在,运动装已经延伸至运动范围之外,成为人们日常生活中的基本服装形式之一。如今,运动装在整个服装行业中占据着举足轻重的地位。"在美国,1999年体育产业产值已达2125.3亿美元,占国民生产总值2.4%,成为继房地产、零售业、健康保险业、银行业、交通业之后的第六大支柱产业"。"根据美国棉花公司零售调查,2009年第一季度的调查数据显示,运动服饰已成为日益重要的商品,占2009年美国服饰第一季度零售总供应量的13%。根据JUST-STYLE的统计数字,从2003年至2008年,美国运动服饰市场约增长了8.5%,消费总量从130亿美元上升至141亿美元。"而随着经济的快速发展,生活水平的提高,人们对休闲活动的需求也在增加。人们越来越重视健康的生活方式,更多地参加到体育活动当中。现在运动已经成为人们生活的一部分。

二、中国运动装发展现状分析

作为一个起步较晚的运动装生产大国，我国运动装产业与美国运动装产业相比有很多的不足。主要表现为以下几方面：

1. 技术开发投入不足，自主研发能力弱

我国所生产的运动品技术含量不高，所生产运动品主要为日常运动品。这是因为我国是运动品的加工大国，一直以来依靠加工作为生存基本。技术研发上投入少，加之科技人才匮乏，导致了我国运动品科技含量低。国家体育总局局长刘鹏在接受媒体采访时说，"中国已经是体育产品世界第一制造大国，当然，数量是第一，但我们有些高精尖的产品还很少，自主品牌还不够"。而美国拥有雄厚的资金支持，有先进的设备和专业开发人员，侧重于技术含量高的"设备密集型"运动品，对技术含量低的日常大众运动品，如运动装则投入较少。"但是除了在大众日常运动品具有竞争优势外，中国在 2004 年已经将它的竞争力扩散到技术含量高的运动品上。这和过去十年中其快速工业化进程有关"。尽管如此，与美国等发达国家的技术开发和研制水平相比，我国仍有一定差距。

2. 品牌意识薄弱

"一般来说，服装发展可分为四个阶段：工业化阶段、自然品牌阶段、品牌阶段和多元化阶段。显而易见，中国运动服装正处于第二阶段，有些先行企业有向品牌阶段转化的趋势。"我国运动装企业有 5000 多家，但大多处于二三线水平。它们之间的共性便是缺乏品牌意识，基本还停留在对其他品牌商标、标语、产品设计的抄袭和模仿的初级阶段。这正是因为缺乏品牌意识，从而不重视自主设计研发能力的培养，只是进行简单的模仿和抄袭。这样的产品只能拥有极小一部分消费者，并且消费者也只是在根据价格筛选产品，没有忠诚度可言。这样的品牌迟早会被竞争激烈的市场淘汰。

3. SA8000 认证意识薄弱

SA8000（Social Accountability 8000），即社会责任标准，是根据国际劳工组织公约、世界人权宣言和联合国儿童权益公约制定的全球首个道德规范国际标准。1997 年 10 月公布，其宗旨是确保供应商所提供的产品，皆符合社会责任标准的要求。这一标准要求企业不得使用强迫性劳动，工作时间要严格遵守当地法律，付给员工的工资不应低于法律或行业的最低标准，以及为员工提供安全健康的工作环境等。因此，此标准的实施对劳动密集型产业，如服装业，尤其是依靠丰富劳动力资源进行加工生产的中国服装业来说产生了很大影响。同时，也影响了我国的出口贸易。目前，美国已经开始强制推广 SA8000 标准认证。他们不仅已遵守此标准，而且要求生产合作企业也要遵守此标准。这对我国的运动装产业来说是个挑战。虽然 SA8000 给企业和工厂带来了压力，但是获得这一认证的企业无疑会赢得消费者的认可，得到社会更多的支持。因此，获得此标准认证也是运动装未来发展的必备条件。

三、小结

美国不仅是体育强国，也是运动装大国，拥有很多国际知名运动品牌，如耐克、匡威、纽巴伦等。运动装是 20 世纪乃至今天最重要的服装形式之一。美国运动装无论是服装技术、设计，还是品牌的文化内涵、营销策略都已经非常成熟，对我国运动装的发展具有一定借鉴意义。与美国运动装产业早期发展环境不同，我国运动装产业起步晚，发展迅速较快，已经取得了令人瞩目的成绩。但与美国运动装产业水平相比，仍存在一定差距。我国虽然是运动装的生产大国，但以代工生产为主，即由国外品牌授权，进行生产加工，贴牌后再出口到国外。因此，运动装产业存在技术开发投入不足、自主研发能力弱、品牌意识薄弱、SA8000 认证观念不足等问题。但同时，我国运动装产业也拥有其独特的优势环境，主要表现为生产成本低、市场规模大、发展空间广阔、国家体育实力日益增强、全民体育热情高涨、市场繁荣发展。目前，我国的一些运动品企业如李宁已经认识到了自己的不足和优势，引进国外先进技术，不断加大产品研发力度和科研投入，并雇用国外知名设计师，增强产品的设计理念，提升产品的时尚度，同时积极建立品牌战略意识，增加产品文化附加值，与此同时，摒弃传统价格战策略，采用创新、先进的营销策略来获得消费者青睐。现阶段人们对体育活动的热情持续升

温，运动装消费市场不断扩大。尤其是 2008 年北京奥运会的成功举办，给我国体育市场带来了无限商机。因此，如何在新的历史时期里进一步推动我国运动装产业的发展，打造更多的国际运动装品牌，成为我国服装业要思考的问题。

参考文献：

[1] PATRICIA CAMPBELL WARNER. When the Girls Came Out to Play：The Birth of American Sportswear ［M］. MA：University of Massachusetts Press，2006.

[2] MALCOLM BARNARD. Fashion as Communication ［M］. London：Routledge，2002.

[3] LIGAYA SALAZAR. Fashion V Sport ［M］. London：V&A Publishing，2008.

西欧宫廷文化对法国当代服装风格的影响[1]

史亚娟

摘 要：中世纪以来的西欧宫廷贵族文化对法国当代服装风格和着装态度的影响主要体现在如下三个方面：一、树立宫廷典范和高贵举止的要求；二、王公贵族、名媛贵妇的大力倡导和亲身参与；三、宫廷贵族所颁布的各种礼仪规约及服装法令。

关键词：法国；宫廷文化；服装；风格

The Influence of European Court Culture on Contemporary French Fashion Style

Shi Yajuan

(Department of Foreign Languages, Beijing Institute of Fashion Technology, Beijing 100029, China)

Abstract：The influence of European court culture in the Middle Ages on contemporary French fashion style and clothing attitude can be discussed from the following three aspects：firstly, the requirement of establishing court paragon and noble manners；secondly, the initiation and participation of the nobles and their followers；thirdly, the rules and orders on apparels mandated by the Kings and lords.

Key words：France；court culture；clothing；style

服装风格来自于个体及群体对某种服装款式及穿着方式的普遍性认同。服装风格首先表达的是一种服装态度。服装心理学研究表明，在不同的环境下，人们如何穿着，穿什么服装，最终是由其服装态度决定的。服装态度是指服装主体对一定服装对象相对稳定的心理倾向。首先，服装态度的形成来自一种群体的期待和规范。服装群体的群体压力、群体成员之间的互动作用、群体的暗示，都影响着个体对群体规范及群体的价值导向的态度。其次，服装态度来自于价值，价值是态度的核心。服装对人的价值主要包括经济价值、知识价值、审美价值、权力价值和社会价值，其中权力价值主要反映人的社会地位、权力和角色。

在宫廷贵族社会中，人们的穿着打扮，是贵族的精神风貌、文化修养、审美情趣的直接反映，是宫廷文化的直接投射，并直接影响到整个上层社会服装态度的形成和服装价值的确立。同时，贵族阶级的文化理想直接决定了当权者的穿衣打扮，当权者所追求和推崇的服饰理所当然也使下层普通民众心向往之，成为一种楷模，争先效仿。反过来，当权者又利用手中的权力对此加以限制，从而进一步加强了贵族服饰的权力价值。

纵观法国服装文化史，法国时装所独有的奢华、气派、优雅的风格除了与20世纪诸种现代主义和后现代主义美学思想密不可分外，西欧中世纪以来的宫廷贵族文化也如殷殷流淌着血液的蓝色脉络，千

❶本文原载于《艺术与设计》2012年第10期，P116-117。资助项目：北京市教育委员会专项资助（JD2012-09）。

年流淌不息，滋养着法国及其他欧洲国家包括绘画、音乐、装饰、建筑、时装等一切艺术形式，而时装作为其中最为靓丽、与民众生活最为息息相关的艺术形式，而成为一道永不落幕的风景线。具体来讲，西欧宫廷贵族文化对法国当代服饰风格和着装态度的影响主要体现在如下三个方面。

一、树立宫廷典范和高贵举止的要求

法国高级时装一贯的优雅、奢华和气派直接来自于西欧中世纪以来的宫廷贵族文化。

在等级社会里，服装是统治的标志，是皇家威严和气派的重要组成部分。华丽的服装充分体现了宫廷社会的自信和对自身社会地位的满足感，豪华气派的着装是树立宫廷典范和得体的宫廷礼仪的重要组成部分。12~13世纪的贵族在服饰上的奢华可谓前无古人，其最大特点是颜色鲜艳、布料考究和装饰繁多。他们用黄金、珍珠和宝石点缀服装，有时浑身上下金光闪闪。例如，披风是中世纪流行于宫廷贵族中的一种常见服装，修长的披风既可象征法官的威严和权力，也可以尽显优雅的宫廷气派。在西欧中世纪的骑士文学《埃涅阿斯传奇》中描述过迪多女王打猎时的服饰："女王身穿一件昂贵的紫红色衣服，整个上身和袖子都镶有金缕。外面披着一件撒满金点的昂贵披风。她用金线装扮头发，头上缠绕着一根金丝带。"

高贵的举止和优雅的宫廷服饰是分不开的。1247年的一枚法兰西女性印章上刻着一位贵妇，她一只手钩着披风的搭扣，另一只手撩开披风，露出昂贵的皮毛衬里。这种撩开披风的姿势就是宫廷典范和高贵举止的象征。在中世纪，对于热心于向贵妇献殷勤的骑士来说，最大的荣幸就是他为之奋斗的贵妇取自己的衣袖作为礼物相赠。当时，宫廷女性服装上最引人注目的创新式样是长长的华丽衣袖，这种长袖11世纪就已经出现，12世纪已经是宫廷流行时装的决定性因素。

路易十四时期，宫廷礼仪更加严格，名门望族都必须依照礼仪来穿衣。面料需要按季节来分类：冬天使用丝绒、缎子、粗花呢、毛呢，夏天使用塔夫绸，在春秋两季使用轻薄花呢。甚至连蕾丝也有季节之

分，比Malines蕾丝厚不了多少的英国织绣蕾丝只能用于赛马季节，毛皮要在秋天的节气中才能开始穿戴；而复活节时，毛皮手套必须脱掉，即使当时天降大雪也不能再戴；进宫时，40岁以上的女性必须佩戴黑色蕾丝头饰等。

二、王公贵族、名媛贵妇的大力倡导和亲身参与

在等级社会里，某种服饰的流行在很大程度上得力于王公贵族、名媛贵妇的大力倡导以及身体力行，他们身先士卒，迅速影响了社会普通民众对服饰的态度和当时的流行趋势。诺曼底修士O.维塔里1140年前后曾指出，12世纪初法兰西的年轻一代彻底改变了自己的社会面貌。青年贵族头上梳着长长的卷发，脚上穿着细长的尖嘴鞋，热衷于奇装异服。长后襟和长垂的衣袖成为当时的流行式样。到了15世纪，勃艮第大公成为欧洲各国宫廷中服装奢华的贵族之一，他们拥有巨大财富，追求服装的华丽壮观，以彰显自己的权威、尊严和阔绰。1477年以后，法国王后布列塔尼被誉为改进多种服装的革新大师。她所佩戴的布帽，是对以往头冠的一种大幅度改变，一扫过去那种高大笨重的外形，而成为紧贴在头上的白色布帽，后来竟成为女天主教徒的专用服式。

到了路易十四及以后的法国，上流贵族社会对服装时尚发展的引领和影响就更加明显了。据说身材矮小的路易十四为了让自己看起来更高大、威武和自信，让鞋匠为他的鞋装上4英寸高的鞋跟，并把跟部漆成红色以示其尊贵身份。其实，高跟鞋最初是为了方便人们骑马时双脚能够扣紧马镫，在国王的亲自引领下到16世纪末高跟鞋成为了贵族时尚的重要部分，17世纪则开始成为普通男女时装的一个重要元素。蓬巴杜夫人则是一位著名的曾经左右18世纪中叶服装风格的贵妇。她是路易十五的情妇，也是社交名媛、艺术爱好者和广为人知的文学艺术赞助人，她在服饰及室内装饰等方面的审美情趣和标准极大程度地影响了当时的时尚潮流。她梳过的发式和穿过的印花平纹绸以及她亲自设计的一种宫内服装，甚至她喜欢的扇子花色、化妆品和丝带等，都被人们以她的名字来命名。她的服饰风格成为贵族乃至全社会妇女效仿的楷

模，与布歇一起被誉为是推动洛可可服装风格的"两个轮子"。

1397年，法国王后、查理六世之妻伊莎贝拉送给英国女皇一个真人大小的洋娃娃，并给它穿了一身法国最新时装。1404年又送了一个按英国女皇自己的尺寸设计的时装娃娃。以后，欧洲各国互相交换时装娃娃，以此表示对皇后的敬意，并就此成为一种习俗。正是通过这种方法，各国的女子时装在欧洲的上层社会得到交流，随后普通百姓也开始用这种方法交流时装信息，并一直持续到真人时装模特出现之前。

三、宫廷贵族所颁布的各种服装法令

与宫廷贵族、名媛贵妇的提倡和身体力行相比，法国宫廷所颁布的服装法令对于服装潮流发展和服装风格形成的影响有时更加直接有力。从12世纪开始，欧洲宫廷贵族就开始用法令形式保障其着装特权。据《皇帝编年史》1150年记载，这一年查理大帝在加冕后颁布了一项法令，禁止农夫穿高贵的服装。1279年法王腓力三世颁布了法兰西最早的着装禁令。规定无论是神职人员还是俗士，任何人，包括公爵、高级教士、伯爵和男爵一年内不得置办或拥有四件皮外套。只有最尊贵的人每年才允许拥有五件皮衣，等级较低的贵族只许有两到三件；财产没有达到一千镑的普通市民禁止穿皮衣。这些禁令的效果如何历史上没有记载，但足以说明当时社会的奢华之风已经到了必须用法律来约束的程度，同时也是贵族阶层从制度方面确

保其服装特权的开始。路易十四则颁布过这样一条法令："年轻贵族女子应该享有自由挑选裁缝师性别的权利，所以应该容许女裁缝师为之服务。"这项法令方便了不愿意让男裁缝师为自己量体裁衣的贵族女性，同时也提高了女裁缝师的社会地位。

1804年，拿破仑称帝，为了尽快恢复国力，他采用鼓励奢华来推动经济的发展，一方面大兴土木营造宫殿，复兴天鹅绒、丝绸和蕾丝等纺织工业；另一方面在着装方面追求华美的贵族趣味，使法国宫廷的男服又回到路易十六时代。他让画家为自己设计衣服，不允许女性在同一场合穿相同的衣服。法国宫廷再次掀起了一股豪奢的风潮。不过这些措施确实促进了法国纺织业的发展，给许多手工业者提供了就业机会。

在任何社会中，人们的服装风格和着装态度都是密切相关的。人们的某种着装理念或者说着装态度一旦形成，是很难改变的，稳定性是服装态度最重要的特征之一。所以，欧洲中世纪宫廷贵族文化对法国宫廷贵族及普通民众的着装态度和风格具有深远的影响。贵族宫廷文化所提倡和推崇的服饰理想，一方面以制度的形式不断得到巩固、强化从而留存下来；另一方面作为一种普通人可遇不可求的理想，以一种观念的形式延续下来，内化于每一个普通人中的着装理念之中，成为一种内在的本质化的态度和情绪，成为代代相袭的传统和价值观的一部分，从而使这种形成于宫廷骑士时代的奢华、气派、优雅的着装态度和价值观依然完好地呈现于当今法国的时装设计之中，并不断与时俱进。

参考文献：

[1] 上海服装行业协会，中国服装大典编委会. 中国服装大典［M］. 上海：文汇出版社，1999.

[2] 布姆克. 宫廷文化：中世纪盛期的文学与社会［M］. 何珊，刘华新，译. 北京：生活·读书·新知三联书店，2006.

[3] 戈巴克. 亲临风尚［M］. 法新时尚国际机构，译. 长沙：湖南美术出版社，2007.

[4] 华梅，王鹤. 玫瑰法兰西［M］. 北京：中国时代经济出版社，2008.

[5] 张乃仁，杨蔼琪. 外国服装艺术史［M］. 北京：人民美术出版社，1992.

浅析 18 世纪法国女服形制变革的文化内涵[❶]
——以法国里昂丝绸博物馆藏品为例

宫秋姗

摘 要：从 1715 年"太阳王"路易十四集权的衰落，1792 年法国大革命最终的爆发，到 1815 年拿破仑一世波旁王朝复辟的最终失败，整个法国社会在这约 100 年间经历了前所未有的巨变。这一点，从法国女装形制的变革中就有所体现。从某种程度上说，服装形制的变革就是一个社会政治变革、文化发展的最好体现。本文以里昂丝绸博物馆馆藏为例，试图从女服形制的改变中窥探当时法国社会的发展。从服装具象出发，总结社会宏观上的一些发展态势，将有助于我们更加清晰地了解当时社会的发展脉络。

关键词：18 世纪；法国；女装形制；文化内涵

Cultural Connotation of the French Women's Clothing Evolution in the 18th Century
——A Brief Study Based on the Collections of the Silk Museum in Lyon, France

Gong Qiushan

(Department of Foreign Languages, Beijing Institute of Fashion Technology, Beijing 100029, China)

Abstract：France experienced an unprecedented change during the 100 years (1715—1815), including the decline of the centralization of the "Sun King" Louis XIV in 1715 and the French revolution in 1792, and the final defeat of the Bourbon Restoration of Napoleon I in 1815. These changes were all reflected in the French women's wear. To some extent, clothing evolution is the best embodiment of a country's political and cultural development. This paper trys to help us to have a clear understanding about the development the French society in the 17th century by studying French women's clothing changes in that period. Our analysis is based on the collections of the Silk Museum in Lyon.

Key words：the 18th century; France; women's wear; cultural connotation

一、引言

　　18 世纪的法国处在一个大变革的时期。这里首先须对本论文所论述的"18 世纪"，即 1715 年至 1815 年作一些解释：这段时间正好包括了两个时代，路易十四（Louis XIV）时代和拿破仑·波拿巴（Napoleon Bonaparte）时代，这是文化意义上两个史诗性的时代。更进一步说，这也是文化史上的两个顿号。1715 年，批判精神开始发扬光大，旧时代的思想意识趋向衰弱，逐渐促使新政治体制原则的诞生。从某一时候起，批判精神和由这些原则产生出来的文化发生矛盾，帝国统治为此提供了一个明显的例证。而在法兰西帝国逐渐衰落，资产阶级逐渐崛起的岁月里，法国女装形制的改变让我们"眼见为实"，从细微处看到

[❶]本文曾发表于北京服装学院学报艺术版《艺术设计研究》2012 增刊，P28-30。

了一个新时代的到来。本文将以里昂丝绸博物馆馆藏为例，试图从女服形制的改变中窥探当时法国社会的发展。

二、古典主义影响的延续

1715年9月1日，在位72年、亲政达54年的路易十四驾崩。随着"太阳王"的陨落，法国历史上最长的统治时期宣告结束。从1715年到1723年，为奥尔良公爵摄政时期。他上台后，力图改变路易十四高度专制集权的作风。一个帝王的陨落是一刹那的，一个政权的交替也可以是转瞬间完成，但他们所遗留下来的时代印记却是清晰可见。从服装形制的缓慢变革中，我们不难窥探出时代交替的丝丝斑驳痕迹。路易十四时代的主流文化是古典主义文化，它在17世纪的法国最为盛行。法国古典主义的政治基础是中央集权的君主专制，哲学基础是笛卡儿的唯理主义理论。虽然法国的古典主义在路易十四继位之前，具体地说就是17世纪30年代开始萌发，但它的繁荣却是在路易十四时期；18世纪开始衰落，并最终被启蒙主义和浪漫主义思潮所击败。古典主义❶的两大特征：即为王权服务的鲜明倾向与理性至上（主要表现为以理性克制情欲）可以非常清楚地从路易十四时代的服装中体现出来。

路易十四为了稳定与秩序，需要驯服贵族，倡导凡尔赛宫的时尚文化政治，其所倡导的就是这种身份意识。王公贵族也各自追求豪华，讲究排场，表现他们的权势和社会地位、政治身份的相对优势，一时这种时尚文化政治蔚然成风。在一个强调地位等级身份的社会中，女性更不能幸免。如里昂丝绸博物馆馆藏编号为MT29831的宫廷女士晚礼服就充分说明了这种文化政治：女装上对性特征的强调和情色的诱惑功能体现了女性对男性的献媚态度。路易十四时期的法国风女装再次使用紧身胸衣：紧身胸衣用鲸须作骨，包以绸缎，从胸部指向腰部呈现V字形，背后系带。紧身胸衣的这个指向性器官的V字形常常被指出其明显的情色诱惑功能。箍裙再次流行，裙撑是向后翘起的"巴斯尔臀垫"。外裙从前面打开，分别从两侧向后面折，在臀垫处系结，形成一个更加蓬起的臀部突起。造型上女性体形之前突后翘的性感特征得到了强调。外裙有一个法式裙裾，形成一种雍容华贵的气派。裙子打开处展露出丰富装饰的里裙。紧身的胸衣底边与裙勾相连。外裙采用与上衣相同的面料。服装上上下下、里里外外采用滚边、滚条、花边、缎带、蕾丝及刺绣等装饰方式，繁缛华丽。该时期蕾丝十分流行。

"太阳王"驾崩后的十几年中，也就是奥尔良公爵摄政时期（1715~1720），法国女服仍遵循具有古典主义审美形态的三件套形制：衬裙、长至脚踝带有裙撑的罩裙和鲸鱼骨肋条状的束胸，服装的领口处高至脖颈，袖口处也是扎紧的，反映出了皇权统治下的繁文缛节。但我们从里昂丝绸博物馆馆藏编号为MT27963的女士晨礼服中也不难发现女服上的一些改变：胸前处的鲸鱼骨肋条状束胸被打开，这与过去的形制形成了鲜明的对比。按照传统的着装要求，束胸要被完全收紧，从而更加凸显出腰身的纤细。这种经过改良的三件套女服于1715~1718年间第一次出现在巴黎的街头。另外值得一提的是，罩裙内的裙撑开始逐渐缩小，整个罩裙的形状犹如一个细长的椭圆形吊钟。1725年后这种女服样式开始在法国街头广泛流行，成为法国普通女性的典型穿着。但紧身胸衣的逐渐放宽松使我们不难发现：法国高度集权的皇权统治时代已经一去不复返了，启蒙时代的脚步已然坚定地印在了法兰西这片六角形的土地上。

三、从洛可可风格到新古典主义风格

如果从路易十四"太阳王"时代衰退的角度，将奥尔良公爵摄政时期的女服特点称作"古典主义的落日余晖"的话，那么从新时代的启蒙运动角度出发，也可将其称为"洛可可风格的黎明期"。洛可可风格起源于18世纪的法国，最初是为了反对宫廷的繁文缛节而兴起的。因风行于路易十五统治时期，亦称"路易十五式"。1743年，路易十五亲政，用围场狩猎、追逐女色与对外战争谱写了他"无道昏君"的28年统治。政治上毫无建树、阶级矛盾日益激化、对外战争几乎拖垮了这个本来就残败不堪的君主制国

---

❶古典主义（Le Classicisme），17世纪流行在西欧、特别是法国的一种文学思潮。这一潮流是特定历史时期的产物，因它在文艺理论和创作实践上以古希腊、古罗马文学为典范和样板而被称为"古典主义"。

家，尤其是1756年到1763年的七年战争中，法国不仅把绝大部分海外殖民地拱手交给英国，而且在欧洲大陆上也降到了二等国家的地位。或许他唯一值得大家悼念的理由就是和他的情人蓬巴杜夫人为洛可可艺术的发展充当了忠实而尽责的守护者角色：在蓬巴杜夫人的倡导下，产生了洛可可艺术风格。洛可可艺术相对于路易十四时代那种盛大、庄严的古典主义艺术，17世纪太阳王照耀下有盛世气象的雕刻风格，被18世纪这位贵妇纤纤细手摩挲得分外柔美。这种变化与法国贵族阶层的衰落、启蒙运动❶的自由探索精神（几乎取代宗教信仰）以及中产阶级的日渐兴盛有很大关系。

从18世纪90年代开始，法国女服中的洛可可风格最终走向了衰落。随着路易十六及王后玛丽·安托瓦内特的继位，女服中的奢华风格越来越多地被简单样式所替代。里昂丝绸博物馆馆藏编号为MT29796的丝绸刺绣女士礼服设计完全印证了这一服装样式上的改变：洛可可风格的车轮状裙撑被缩小了，（女服中）衣裙的多层边饰褶裥也被去掉了，取而代之的是这种简单的松紧式袖口；裙子和上衣为一件套装，不同于以前的三件套装束。腰身处更加合体，不再通过束胸勒紧，而且束胸也只是宽松地套在衣服里面，失去了洛可可风格时期那种塑形的功能。另外，从腰线处到长裙的过渡也更加柔和。从丝绸的颜色也能看出，这一时期的服装比起之前提到的服装颜色相对素雅，而不是过去那些符合贵族审美趣味的艳丽颜色。

自18世纪中叶起，由于意大利、希腊和小亚细亚地区古代遗址的发现、勘察以及考古研究的兴起引起了人们对古代新的科学的兴趣，在文艺思潮上形成了新古典主义。这种新古典主义作为对洛可可风格那种装饰过剩的反动，注重古典式的宁静和考古式的精确形式，这种艺术趣味从18世纪末一直持续到19世纪中叶。作为一种新的哲学观念，在某种程度上，它与启蒙运动和理性时代相适应，与英国的自然主义相呼应，体现了通过采纳古典形式重新建立理性与秩序的意图。法国大革命在政治上摧毁了路易王朝的封建专制制度，大革命后法国人民在思想上接受了这种新古典主义思潮，形成了与洛可可时代截然不同的服装风格。

里昂丝绸博物馆馆藏编号为MT29754的高腰帝政样式长裙是1804年至1810年流行于法国的宫廷女装样式，这一时期被称为"帝政样式"女装。这一时期的基本造型特点是强调胸高的高腰身，细长裙子，白兰瓜形的短帕夫袖，这种帕夫袖也被称作"帝政帕夫"，方形领口开得很大、很低。另外，这种短短的帕夫袖主要用于仪式礼服、宫廷宴会服等，当时的皇宫贵族通常会戴长及肘部的手套以配合着装的需要，而这种装束也成为体现没落贵族优雅风范的一种符号性象征。

四、结语

综上所述，我们不难看出，18世纪的法国社会是一个旧制度逐渐没落的年代。女装形制及样式上的变化，更是将政治上的这种追求自由的资产阶级意志和启蒙思想体现得淋漓尽致。虽然在路易十五当政的六七十年代，奢华且样式繁冗的洛可可风格盛行一时，但最终还是在法国大革命这一巨大的历史车轮中消失殆尽，新古典主义的简洁最终得到了时代的认可，也符合整个启蒙时代的发展规律。服装，就如同一个世界，穿着的人们在经历着自己的时代，而看的人们似乎也从一件件风格不一的色彩斑斓的服装中触摸到了那段久远的历史痕迹。

---

❶法国启蒙运动是18世纪法国资产阶级领导和发动的一次波澜壮阔的思想解放运动，它的斗争对象是封建专制制度和它的精神支柱——天主教派反动邪恶势力。启蒙运动是法国大革命的前夜，它在政治上、思想上和理论上为西方后来的经济社会高速发展奠定了坚实的基础，对整个西方近代文明产生了深远、关键的影响，最终使法国走入现代文明发达国家的行列。

参考文献：

[1] 吕一民. 法国通史［M］. 上海：上海社会科学院出版社，2007.

[2] 王忠和. 法国王室［M］. 天津：百花文艺出版社，2007.

[3] 克鲁瓦，凯尼亚. 法国文化史［M］. 傅绍梅，等译. 上海：华东师范大学出版社，2006.

[4] 勒夫隆. 凡尔赛宫的生活［M］. 王殿忠，译. 济南：山东画报出版社，2005.

21 世纪初英国服饰品牌的发展及启示[●]

何　赟

摘　要：20 世纪 90 年代，英国本土的服饰品牌面临设计沉闷、款式过时、市场占有率下降等诸多问题，而在 21 世纪初始，这些英国服饰品牌通过一系列革新取得了新的发展，重新塑造了品牌形象，扩大了市场规模。本文通过对 21 世纪初英国服饰品牌的发展进行详细分析，探索其成功发展背后的原因及其对我国服装品牌发展的启示。

关键词：英国；服饰品牌；巴宝莉；玛宝莉

The Development of British Fashion Brands in Early 21st Century and Its Enlightenment

He Yun

(Department of Foreign Languages, Beijing Institute of Fashion Technology, Beijing 100029, China)

Abstract：In 1990s, the British fashion brands faced such problems as boring designs, outdated styles, dropping market share. In the beginning of the 21st century, after a series of reform, the British clothing brands have achieved new development through reshaping the brand images and expanding the market. In his paper, we do a detailed analysis of the development of some British clothing brands in the beginning of the 21st century, and explore their successful reasons and their enlightenment to the development of China's clothing brands.

Key words：British；clothing brands；Burberry；Mulberry

21 世纪初，包括巴宝莉（Burberry）、玛宝莉（Mulberry）等一些知名服饰品牌在内的英国传统服饰品牌得到了一次巨大的发展。在 20 世纪，这些百年服饰品牌在传统特征、款式风格和产品质量方面都很有口碑，但在国际范围内却算不上是领先的服饰品牌。20 世纪后期，对于一些寻求保守服饰风格的英国中年人以及偏好保守英伦款式服装的海外顾客来说，英国的这些服饰品牌很有吸引力，然而从另一个角度来说，这些传统的英国服饰品牌在不断兴起的年轻人市场上并不十分成功。但是，在 21 世纪初始这种状况发生了很大变化——许多英国服饰品牌为了吸引更多的年轻人，并在广阔的国际市场上与其他国际品牌一争高下，它们不断重塑形象，获得了成功。本文就 21 世纪初英国服饰品牌得到巨大发展的情况进行了分析，阐述其成功的原因。

一、英国与其他国家服饰品牌发展的比较

"当今，巴宝莉、玛宝莉等一些英国服饰品牌已被国际媒体统称为'英伦时尚'"（Angela McRobbie，1998）。"这些服饰品牌不断地巩固其固有的市场外，不断地扩大年轻人市场，把自身的品牌时尚不断地推

❶本文发表于《山西师大学报》（社会科学版）研究生论文专刊，2011 年第 38 卷，P112-115。

向全球"（Alison L. Goodrum，2005）。这些英国服饰品牌取得巨大成功的原因之一在于它们很好地利用明星塑造品牌新形象，以达到推广时装品牌的目的。现在在国际范围内，越来越多的年轻消费者非常关注服饰品牌形象，而服饰品牌邀请明星代言对于消费者而言也是一种良好的促销手段。"一幅幅明星们代言服饰品牌的广告图片告诉人们何时何地该穿什么、该怎么穿，通过这种方式，明星们帮助品牌起到引导市场消费的作用"（Uche Okonkwo，2007）。

像英国电影和英国艺术一样，英国服装设计师和英国服饰品牌一直在不断地吸引着来自全世界媒体的目光，然而英国服饰产业有一个不容忽视的问题：服饰产业规模比较小。与英国主要的国际竞争对手法国、意大利和美国服饰产业规模相比较，英国的服饰产业规模相对小很多，"根据英国官方给出的数据，1996 年英国服饰产业创造了大约 6 亿英镑的产值，而意大利和美国的服饰产业分别创造了高达 15 亿英镑和 50 亿英镑的产值"（Catherine McDermott，2002）。产值相差甚远的背后，一个很大的原因就是英国服饰产业规模较小。意大利的主要服饰品牌有阿玛尼（Armani）、普拉达（Prada）、古琦（Gucci）、范思哲（Versace）等，而美国的主要服饰品牌有拉夫·劳伦（Ralph Lauren）、卡文·克莱（Calvin Klein）、唐娜·卡伦（Donna Karan）等。这些国际知名品牌为意大利和美国的服饰产业带来了巨大的收入。另外，在国际市场竞争上，意大利和美国等服饰品牌强国也领先于英国。例如，"意大利服饰品牌乔治·阿玛尼在全球 100 多个国家和地区有产品销售，其 82% 的销售额来自于海外国家"（Tony Hines and Margaret Bruce，2007）。

此外，在英国，六个主要的服饰零售商负责了全英国 70% 的服饰销售，而其他较小的服饰零售商负责了剩下的 30%。但是在意大利和美国等其他发达国家，情况刚好相反：众多的服饰零售商负责大部分服饰零售，这使得国外竞争者很难进入到本国的服饰市场。

在全球范围内，作为世界第二大服装出口国的意大利在服饰产业方面绝对称得上是一个模范。在意大利，除了本土大大小小的服饰品牌得到共同发展以外，纺织面料产业也和服饰品牌休戚与共。意大利服饰产业的一个强项——它不仅生产时尚的服饰，还生产品质极佳的面料。除此之外，意大利国内市场为面料生产商提供了许多便利的机会：面料生产商通过为普拉达、范思哲等意大利知名服饰品牌提供面料达到提升面料品牌自身的知名度。这样一来，无论是国内需求还是海外销售都尽可能地使用意大利面料。

在整个欧洲，意大利以拥有最大最先进的面料和服装加工基地而闻名。恰巧相反的是，英国正缺乏这种高质量的服装加工基地。在英国，高端服饰品牌几乎垄断了较大的服装面料供应商，致使英国本土一些小的服饰品牌不得不从海外进口除亚麻、羊毛和精纺毛纱之外的服装面料。

为了在全球服饰产业上取得良好的新发展，英国开始向意大利和美国等主要竞争者学习。一些英国本土的服饰品牌开始从服装质量、服装设计和市场推广方面着手，以达到在全球市场范围内推广英国服饰品牌的目的。其中英国设计师在 21 世纪初英国服饰品牌新发展的过程中起到了重要的作用。例如玛宝莉启用了斯科特·亨歇尔（Scot Henhall），达克斯（DAKS）启用了新的创意总监泰姆蒂·埃弗里斯特（Timoty Everest），而英国其他小众服饰品牌也纷纷仿效。

本文就以巴宝莉和玛宝莉两个英国服饰品牌为例，阐述 21 世纪初英国服饰品牌如何实现革新以求得品牌新发展。

二、英国服饰品牌发展的成功案例分析

1. 巴宝莉（Burberry）

英国服饰品牌的一些产品，例如防水雨衣、花呢夹克、运动休闲服装，都折射出原汁原味的英国式风情。"不同的自然环境和社会环境对人们的穿着方式有一定的影响"（赵平、吕逸华、蒋玉秋，2004）。这种英国式时尚和面料也反映出了英国湿冷的天气特征。而在众多的英国服饰品牌中最能代表 21 世纪初英国服饰品牌新发展特点的就是巴宝莉。"巴宝莉众多产品中最有名气的就是具有防水雨衣特征的巴宝莉风衣"（华梅，2007）。在 20 世纪，巴宝莉风衣的设计像军装外套，衣身上有品牌直纹纹样标志，成为当时最著名的时尚服饰之一。然而，巴宝莉的起源可以

追溯到 1856 年，那时候巴宝莉品牌的创始人托马斯·巴宝莉（Thomas Burberry）正开始经营他的服装生意，生产出一件舒适轻便的防水衣服。到 20 世纪早期，巴宝莉风衣已成为一种重要的室外活动服装，并逐渐被运动者和勘探工接纳。甚至连当时在南极进行探险研究的南极探险队都穿上了巴宝莉特制的防风服装。直到最近三十多年，作为英国经典时尚的巴宝莉风衣才受到了创建于 19 世纪的服饰品牌巴伯尔（Barbour）的短巴伯尔夹克的挑战。像巴宝莉一样，巴伯尔同样也以生产防水外套而闻名于整个英国。但是相比之下，巴宝莉风衣的种类更加多样化，巴宝莉风衣对男性女性都具有吸引力，并且巴宝莉还生产出风格类似的学生制服。巴宝莉风衣传统经典，又不失性感张扬，因此在当时的电影中，经常可以看到穿着有系带和上翻衣领的巴宝莉风衣的英雄人物形象。但是到了 20 世纪 90 年代，质量尚佳的巴宝莉风衣开始变得有点过时和乏味。而 21 世纪初，巴宝莉的革新发展成为服饰品牌推广界的一个众人仿效的经典案例。

1998 年，一个名叫露丝·布莱沃（Rose Bravo）的美国人成为巴宝莉品牌的董事长，开启了巴宝莉新的发展道路。布莱沃深知巴宝莉想重新得到认可发展就必须积极面对当下的全球市场，因此她将当时的美国式品牌推广模式带到了巴宝莉。布莱沃首先请来了全世界著名的艺术总监法比恩·贝伦（Fabien Baron）为巴宝莉重新设计品牌标志，并且去掉了原先公司名称中的字母"S"，变成了现在的名称"Burberry"。此外，布莱沃在巴宝莉品牌中推行一系列的广告活动，将巴宝莉塑造为英国贵族式品牌风格。摄影师马里奥·特斯蒂诺（Mario Testino）在 1999 年使用了知名模特史蒂娜·坦娜特（Stella Tennant），在一处英国乡村房屋前拍摄了一系列的巴宝莉广告。另外，巴宝莉还聘用了吉尔·桑达（Jil Sander）男装设计师罗伯特（Robert）为巴宝莉手袋重新进行设计，并创建了一个新的品牌珀松（Prorsum）。巴宝莉现任设计师，也是古琦的前任设计师——克里斯托弗·贝利（Christopher Bailey）受到 19 世纪巴宝莉为英国军队制作制服的启发，设计出一款新的服装。这款服装采用的灵感来源于帆布帐篷的新面料，带有军用式金属圈和纽扣，混合了柔软的丝绸和带有蕾丝的皮革。克里斯托弗·贝利的这季服装系列现在收藏在位于邦德

街的一家新的旗舰店内。这家旗舰店由著名室内设计师兰德尔·瑞德里斯设计，旗舰店外部蚀刻的玻璃面、涂漆的橡木架与巴宝莉品牌的永恒古典相得益彰。旗舰店外部的木质框架上还印有"战壕衣：我们发明了它，并且重新发明了它"的口号。这样一来，一个美国人通过这种方式，将地道的英国服饰品牌巴宝莉的历史和传统融入服饰设计当中。而像这样的旗舰店遍布于世界各地的机场和购物中心，帮助巴宝莉塑造了一个良好的国际形象。

2. 玛宝莉（Mulberry）

在英国众多的服饰品牌中，玛宝莉算是一个相对年轻的品牌。1971 年，玛宝莉品牌由罗格·索尔（Roger Saul）创建，建立初期是为一些女装店设计腰带和手袋。在 20 世纪 80 年代时，其零售业务包括男女成衣、家居设计以及涵盖手袋、腰带、行李箱在内的皮质服饰，而这些现在仍是玛宝莉品牌的核心产品。

2001 年，玛宝莉创始人罗格·索尔与新加坡服饰企业家克里斯提娜·欧和其丈夫欧本生合作，使得玛宝莉获得了七百多万英镑的资金注入，开始在美国市场上推广玛宝莉品牌，其中包括 2002 年春季在纽约曼哈顿岛上开设一家玛宝莉旗舰店。此外，玛宝莉还聘用了新的设计师斯科特·亨赫（Scot Henhall）为玛宝莉重新打造"英伦风格"的形象。斯科特·亨赫从玛宝莉 20 世纪 70 年代的作品中汲取灵感，设计出新款的玛宝莉女装系列，无论从颜色方面还是纹理方面都能看到极简主义的影子。这个系列既继承了玛宝莉的传统风格，又创造了新的风格样式——将古典沉稳的外表与新的流苏装饰融合在一起，模糊了正式与休闲的界限。在旗舰店装修方面，玛宝莉也做了大胆的尝试——2001 年 10 月耗资四百万英镑来装修位于邦德街的这家旗舰店。旗舰店前面为铜色店面装饰和落地式橱窗，内部为皮革镶嵌的墙面和朱古力色的石灰岩地板。这种旗舰店设计理念在以后的伦敦玛宝莉旗舰店、阿姆斯特丹玛宝莉旗舰店中都得到了展示。

玛宝莉品牌利用名人代言也为玛宝莉品牌的推广起到了重要作用。玛宝莉最开始在 2002 年请到著名摄影师亨利·邦德（Henry Bond）为演员夫妇安娜·弗莱（Anna Friel）和大卫·舒里斯（David Thewlis）拍摄了一则玛宝莉广告，之后玛宝莉又邀请了一系列

明星为其代言。这样一来，玛宝莉逐渐获得了更大的国际声誉。后来，一些明星使用玛宝莉产品的报道又相继出现在媒体上，例如罗比·威廉姆斯（Robbie Williams）在他的音乐录影带中穿着玛宝莉的正装、乐队西城男孩中的布莱恩（Bryan）穿着玛宝莉的奶油色灯芯绒外衣、辣妹维多利亚·贝克汉姆（Victoria Beckham）使用玛宝莉的红色皮箱等。这样一来，玛宝莉在年轻消费者心中逐渐树立起一个前卫、时尚的品牌形象。玛宝莉也由此从众多的英国服饰品牌中脱颖而出，成为消费者的"必备"服饰品牌之一。

纵观中国服饰品牌及服装体系，中国服装产业近些年来稳步发展，在服装生产和出口量方面已经多年位居世界第一，本土服饰品牌也迅速成长，但是总结下来中国服饰品牌仍有以下几点不足：第一，品牌延伸性较低，自主服饰品牌产品质量不高，高附加值产品不多。第二，品牌宣传力度不够，消费者认知度较低。第三，国内设计师号召力不够，缺乏知名服装设计师（刘漳，郭平建：2008）。21世纪初，英国服饰品牌取得新的发展历程为中国服饰品牌的发展提供了以下几点启示：第一，21世纪初的英国服饰产业向意大利、美国服饰产业学习，扩大服饰产业规模，优化服饰产业结构，增强海外市场竞争力。第二，"使用形象代言人，让代言人的个人特性投射到品牌中来，形成差异化，利用该代言人对目标消费者的影响力来提升品牌的形象"。（王跃明，覃晓光：2008）。英国服饰品牌玛宝莉正是利用了明星效应为品牌重塑良好的形象，为服饰品牌的推广起到推动作用，扩大了年轻消费者市场。此外，巴宝莉改善装修品牌旗舰店，提高品牌终端店面设计，美化品牌形象和传播品牌意识。第三，巴宝莉、玛宝莉聘用新的设计师提升了服饰品牌产品设计，因此中国服饰品牌也应该紧跟当今国际时尚，鼓励服装设计上的创新意识，注重服装设计师在服装品牌发展方面的作用。

参考文献：

[1] 刘漳，郭平建. 日本时装大师在法国的成功经验及其启示 [C]. 刘元风. 首都服饰文化与服装产业研究报告 2008—2009. 北京：同心出版社，2010：116-138.

[2] 赵平，吕逸华，蒋玉秋. 服装心理学概论 [M]. 北京：中国纺织出版社，2004.

[3] 华梅. 21世纪国际顶级时尚品牌 [M]. 北京：中国时代经济出版社，2007.

20 世纪 20 年代中西方女性服饰对比研究[1]

张丽帆

摘 要：20 世纪 20 年代被认为是现代社会的开端，也是中西方服饰的交汇时刻，中西方服饰都发生了巨大的变化。本文通过对中西方 20 世纪 20 年代服饰风格与服饰文化的异同点进行比较，对现代服饰发展初始阶段的东西方服饰变革进行了分析与思考。

关键词：20 世纪 20 年代；中西方服饰；变革；实用性

A Comparative Study of Chinese and Western Women's Clothing in 1920s

Zhang Lifan

(Department of Foreign Languages, Beijing Institute of Fashion Technology, Beijing 100029, China)

Abstract：The 1920s is considered to be the beginning of the modern society. Great changes have taken place both in Chinese and Western clothing. The thesis compares the similarities and differences of Chinese and Western feminine clothing style and apparel culture in 1920s and analyzes and reflects on the changes in the initial stage of modern costume development.

Key words：the 1920s；Chinese and Western clothing；change；practicability

1920 年代社会进入转型期，无论西方社会还是中国社会，无论是意识形态、文化思潮还是妇女的地位都出现了前所未有的变化。服饰，作为这些社会变化的最明显载体，充分地表现了当时的社会语境。

一、20 世纪 20 年代中西方社会背景

20 世纪 20 年代的西方社会被称为"咆哮的 20 年代"。20 年代是充满变革的十年。1910 年代的第一次世界大战给世界带来了巨大的灾难，进入 20 年代后，西方政局趋于稳定，经济发展迅速，经济上的繁荣使西方社会生活充满了欢乐与时尚的氛围。同时，由于

科技的发展，大量节省劳动力的家用产品进入了人们的日常生活，把妇女从繁重的家务劳动中解放出来。汽车的普及更是进一步改变了人们的生活方式，20 世纪 20 年代西方社会的现代化进程以前所未有的速度在推进。更重要的是，电影、收音机、杂志等传媒手段的产生与壮大，将时尚的生活方式在大范围里传播、扩散。第一次世界大战时，由于男人去前线参战，女人广泛参与了社会活动，同时也面临着很多性别歧视，因此女性平等意识觉醒，积极要求平等权。20 年代女权运动轰轰烈烈，女性争取自由与权利的斗争自此大规模地展开。社会的进步与富裕、传媒的发展以及女性自我意识的觉醒，这些都使得时尚的流行

❶本文系北京服装学院科研项目"20 世纪西方时尚文化资源库建设"及北京服装学院大学生互动项目"观赏时尚大片提高服装专业学生英语输出能力"成果之一。

成为可能。

而远在大洋彼岸的中国也处在巨大变革之中。国人的衣、食、住、行正从传统向现代转变。中国被迫向世界开放，西方事物如潮水般涌入，一些中国工商业者纷纷以"爱国""挽回利权"的名义，投资于新式机织业。而此时，由于第一次世界大战的牵制，西方各国无暇东顾，对华倾销的商品骤减，反而对中国的物资需求大增，原本被列强控制的中国国内市场得到了自我发展，这为中国民族工业带来了春天。同时，由于国门被打开，中国出现了大量外国租界，使国人有更多的机会接触到西方文化，人们的思想观念产生了巨大的变化。知识分子为了救国，大量吸收西方的民主思想，新文化运动的思想也渗透到普通人的日常生活中。在西方文化的冲击下，妇女运动愈演愈烈。妇女们显现出极强的妇女地位解放意识，一些知识女性开始接受西方的审美意识，使得西方服饰文化对中国服装现代化产生了深刻的影响。但是，1920年代中国社会风俗、风尚转变的格局表现在农村落后于城市，中小城市落后于大中城市，内地落后于沿海。

二、20世纪20年代中西方女性服饰风格

1. 西方女装由繁变简从"重衣"到"轻衣"，东方女装从"宽衣"到"窄衣"

西方女装的传统是服装层层叠叠，繁复妖娆，巨大的裙撑和臀垫把女性装点成一个巨大的"可以移动的花园"。20世纪初西方女装仍然流行S型式样，紧凑的上身，宽大的裙子，强调胸部，臀部突出，小腹平直，戴装饰着羽毛的庞大的帽子，女性特征明显。而在1920年代，时尚发生了翻天覆地的变化。"男孩风貌"大行其道。"男孩风貌"服饰又称为"管状外观"，指的是有意压平乳房，腰部放松，腰节下移，呈H型轮廓，这种"管状女装"刻意避免了胸、腰、臀的自然落差，避免女性特征的显露，使穿着者像未发育完全的孩子，充满了年轻的气息，"男孩风貌"由此得名。1920年代，在现代主义理论和女性主义浪潮的冲击下，人们逐渐意识到身体要获得自己应有的地位，服装的地位就要相对退后，要表现身体，服装必须简化（李楠2012：124）。1920年代西方服饰的轻装化，不光是时尚的变迁更是思想领域的进步。轻

装化的1920年代是现代服装史的发端，具有划时代的意义。

中国女装一直沿袭着自古以来的宽松、肥大的造型。"宽衣博裳"一直是中国女装最明显的轮廓特征。中国女装不以塑造人体为目的，在裁剪时以直线为主，很少使用弧线和曲线，讲究横平竖直、左右对等的规则。正如林语堂所说："中西服装哲学上之不同，在于西装意在表现人身体型，而中装意在遮盖身体。"随着新文化运动等思想解放运动，中国女性开始觉醒，中国女性开始追求自由、平等、男女平权，同时她们受到西方审美观念的影响，这些都体现在她们对着装的追求。1920年代中国女装的简朴、美观，反对繁复琐碎。从"文明新装"和近代旗袍的演变可以看出中国女装的简化，从宽衣到窄衣的轨迹。

在1920年代，中西方女装都呈现出直线风格，但西方女装更强调直线型，相比而言中国女装则强调自然适体。

2. 20世纪20年代中西方女装中的"裸露"意识

李当岐指出："1920年代这种裸露，是女装迈向现代化的至关重要的一步，也是女性摆脱传统观念的束缚，求得自身解放的重要组成部分。"1920年代，中西方女装都不同程度地增加了裸露的比例。在1925年前后，西方女装的下摆已经升到膝盖下方，1927年至1928年裙长缩短到膝盖附近，这时候的女式裙装已经成为名副其实的短裙。同时，手臂也被裸露出来，无袖裙装比较普遍，特别是很多夜礼服领口的开领极低，有时甚至能够低达腰部，身体在其中显得尤为赤裸。

西方的裸露时尚在中国同时期的服装中也有所体现。从1920年代中期开始，旗袍的下摆逐年缩短，"1926年，旗袍的下摆一升再升，至1929年升至膝盖处，女子大方地露出她们的小腿。随着旗袍长度的变短，旗袍的开衩却骤然提高，原本只有几寸的开衩开始升至大腿，使得女性的秀腿在开衩的位置时隐时现。1920年代末，高开衩甚至能露出里面的蕾丝花边衬裙，妖冶妩媚，极富诱惑力和挑逗性"（李楠2012：120）。

3. 20世纪20年代发型的变化

发型一直是女性性别符号的重要表征。无论中国

还是西方，盘发都是典型的女性造型。但是 1920 年代出现的波波头，彻底颠覆了女性的传统发型。当时，这个具有革命性的发型更像是一个象征女性独立和追求平等的标志。这种男孩式的齐耳短发遭到保守人士的强烈反对，但是在电影明星和时尚人士的明星效应下得以广泛流行。香奈尔为了配合这种短发造型，设计了钟形帽，为 20 世纪 20 年代的短发时尚增添了浓墨重彩的一笔。

中国女性也通过剪发来表达她们对女性解放身体观念的认同。通过与西方的广泛接触，很多知识女性认识到女子剪发令头发易于梳理，节省时间，方便活动，还与男女人格平等紧密相连，通过剪短头发，女子可以给人精明强干的印象，因此可以与男子争得平等的地位。与西方一样，中国女性短发的流行也与电影明星的推广有很大关系。1926 年，上海《良友》杂志上就出现了第一个短发女明星黎明晖的照片，此时中西方的时尚基本同步了。

4. 20 世纪 20 年代实用性女装的流行

随着第一次世界大战的爆发，人们的服装理念也发生了翻天覆地的变化。战争使得男子去参军，而以前只作为家庭主妇的女性则不得不走上社会。从花瓶到参加工作的劳动者，这一角色的转变使得她们的服装从装饰性走向功能性。此时的穿衣观念终于由原来的以身体将就服装造型变化为以服装适应人体。女性也终于改变了她们只是作为男人附庸的一种存在的着装法则，开始了为自己穿着的时代。而 1920 年代女装功能化的推手就是赫赫有名的设计师香奈尔。她选用柔软且具有弹性的针织面料，通过简洁大方的独特设计，创造出实用、清爽的女装，还把男装中的设计因素大胆地运用到女装设计中，通过简洁的造型、单纯的色彩、实用的功能，把 1920 年代的功能化女装推向顶峰。

中国女性的功能性服装也得到了进一步发展。并且中国女装的实用性转化是与女权运动息息相关的，而中国的女权运动又起源于中国当时多舛的国运。进步女性为了救国，接受西方的先进思想，追求平等权利，向男权社会观念提出挑战，很多中国女性甚至穿着男士长裤。无论中国还是西方，实用性女装的流行在女装时尚领域中是一个巨大的进步。

三、影响 20 世纪 20 年代女装变革的因素

1. 现代性思潮对于 20 世纪 20 年代女装变革的影响

1920 年代被看作是一个分界点。自 1920 年代起，现代性的社会模式开始起步、形成。现代性是指建立在理性主义、人道主义理想和机器文明的基础上，以市场经济和现代民主制度为标志，以实现"经济繁荣、生活基本保障、生活质量的总的提高"为目标，与科学技术同步增长所确立的"中心化、组织化、专业化、制度化"的文明发展的基本原则。由于现代性奠基于近代启蒙思想理性、进步的价值观，其所追求的是"为人类普遍解放提供合理性"的基础和实现途径，因而体现出超越历史与文化传统差异的精神力量，特别是在现代市场经济和科学技术等物质力量的推动下，确立了现代性作为人类文明发展具有普遍意义价值观的独特地位。现代性具有全球扩张的特点，全球化可以说就是在全球范围内建立一种理性的秩序。这使得中西方女装在很多方面具有了一些共性。现代性使得社会劳动分工逐渐细化，劳动的组织形式被改变，妇女突破了传统的分工界限，进入社会劳动领域。而第一次世界大战后男性人口数量的减少更进一步促成了女性进入就业市场，这为女性服装的功能性改变提供了机会。

2. 女性主义思潮对于 20 世纪 20 年代女装变革的影响

现代社会带来了女性在劳动分工和两性权利上的双重变革（李楠 2012：23）。女性主义始于 19 世纪中叶的西方，一般被理解为以结束性别主义、性别剥削和压迫，促进性阶层平等为目标的社会理论和思想运动。20 世纪 20 年代的女性在政治、经济、文化、社会实践等方面都在进行维权的努力。1920 年代，美国国会正式批准第十九修正案，确定了妇女拥有投票权，是女性主义运动取得的巨大胜利。女性主义在五四时期也传入中国，对于中国的女性解放运动起到了重要的指导作用。1920 年代中西方女装流行的巨大变革就是女性主义理论的外化的结果。

第一次世界大战后由于更多的女性参加工作，并有了固定的收入，女性地位得到提升，她们争取个人权利的愿望愈加强烈，同时也大大增强了向传统道德

挑战的勇气，她们要求独立，追求全新的生活，动摇了西方以男性喜好为标准的审美习惯。而中国女性对自由解放的追求则是与救国民主愿望紧密相连的，她们希望通过争取女权进而得到民权。从女权运动的参与者来说，西方女性参与女性解放运动的规模较大而参与女权运动的中国女性多来自有产阶级知识分子家庭，广大的劳动妇女较少参与进来。

3. 现代设计运动对于 20 世纪 20 年代女装变革的影响

装饰运动是 20 世纪 20 年代最盛行的艺术风格。装饰运动结合了机械美学，以较机械式的、几何的、纯粹装饰的线条来表现，如扇形辐射状的太阳光、齿轮或流线型线条、对称简洁的几何构图等，并以明亮且对比的颜色来彩绘，例如红色、粉红色、蓝色、黄色、橘色以及带有金属感的金色、银白色、古铜色等。装饰运动中常见的几何造型和绚丽的色彩在 20 世纪女性服饰中有广泛的表达。另外，现代建筑的包豪斯主义推崇简化建筑装饰，注重设计上目的、内容和形式的统一，注意建筑与周围环境和谐等观点，对 1920 年代的服装产生了巨大的影响。

现代设计运动对于西方女装的变革产生了巨大的影响。20 世纪 20 年代的女装体现出了强烈的装饰艺术风格以及简洁、实用至上的功能主义倾向。西方的设计运动也在一定程度上影响着中国女性服饰的变革。西方绘画的立体观和写实法直接推动了中国女装的改变，使中国女装由不重形体到开始凸显形体（李楠 2012：44）。

4. 现代生活方式对于 20 世纪 20 年代女装变革的影响

（1）新的科学技术的普及

科学技术是推动服装现代化发展的绝对力量。1910 年美国开始大规模生产人造纤维，1889 年电动缝纫机的发明，使服装生产速度大幅提升，使服装工业化成为可能。19 世纪后期，缝纫机和熨斗引入中国，中国也出现了"前店后厂"的作坊式服装生产模式，随着科技的发展，大机器生产取代了分散的手工生产，服装生产技术更加先进，生产规模更加庞大，这些与服装现代化发展和成衣业的兴盛都有很大关系。同时，高科技的家用电器把女性从繁重的家务劳动中解放出来，使女性有更多的空闲时间参与时尚生活，使得户外体育运动活跃起来，这也促成了运动服及泳装的发展。

（2）媒体的发展促进女装的变革与普及

从 19 世纪中期开始，时尚类报刊成为时尚信息的主要载体。到了 20 世纪初，各种女性刊物大量出版，如 Vogue、Harper's Bazaar 等极具影响力的时尚刊物。中国虽然没有出现专门的时装杂志，但是通过杂志及月份牌广告中使用的时髦女郎的形象有效地推广了时尚。时装杂志及时传播服饰信息，缩短了流行周期，加速了流行，同时引导了审美方向，推广了新的生活理念和装扮技巧，逐步改变了女性的审美观。

中国的媒介传播主要发生在上海等传媒较发达的大城市，在相对闭塞或经济不发达的内地，女性接触不到服饰信息，交流也相对滞后，这也是中国服饰变革较西方滞后的一个重要原因。

（3）电影对于时尚的影响

电影对时尚起到巨大的推动作用。电影的普及使女性更加关注自己的形象和身体，同时也在一定程度上唤醒了女性的自我意识。同时，女明星也代替了贵妇成为时尚的代言人，把时尚推广开来。20 世纪 20 年代梳着波波头戴着钟形帽的美国影星布鲁克斯是典型的时代偶像。在中国，电影明星也同样起到了时尚代言人的作用，影星杨耐梅一直是那个时代女性追捧的对象。

（4）新的生活方式对女装变革的影响

首先，汽车成为代步工具，导致过于庞大不便的服装退出了历史舞台，使方便灵活的短款服饰得以流行。其次，体育运动的流行促使运动服装和休闲服装得到普及。最后，舞蹈的盛行对于服装的变革也具有不可忽视的作用。20 世纪 20 年代，美国的爵士乐、查尔斯顿舞所营造的夜夜笙歌的气氛以及邓肯等现代舞蹈家的演出服装也成为服装设计师的灵感来源。中国在 20 世纪 20 年代也出现了交际舞厅，舞蹈成为热门一时的娱乐，电影明星与社交名媛流连舞厅，舞厅也成为女性展示着装的舞台。

（5）百货公司开启了消费之门，使时尚大行其道

朱莉安娜·布鲁诺认为，"百货公司的出现使女性改变先前被观察的客体地位，成为城市文化的观察主体及其参与者和建设者"。之前，女性作为男性观察与欣赏的对象，着装是为了取悦男性，而伴随着商

业社会的发展，女性的着装有了更多的主动权，女性成为时尚的主动参与和建构者。消费推动了时尚的进程（李楠 2012：61）。

中西方女装在 20 世纪 20 年代都出现了重大的变革，但是变革的初衷、影响范围以及流行的方向都不尽相同。西方女性时尚的变革源自于女性意识的觉醒，女性要求自身的民主与权利的愿望，而中国女性更多的是为了救国，从服装民主做起，积极争取民主救国。西方女装的变革受到现代主义以及各种艺术流派的影响，而中国女装的变革更多的是西风东渐的结果。服饰文化作为西方的先进文明被中国女性知识分子吸收利用并作为思想解放的工具。在传播范围上，中国与西方也远远不能同日而语。中国的时尚流行仅限于以上海为中心的大城市，大面积的内陆地区由于远离时尚中心而没有卷入流行风潮，较西方的大范围时尚变革差距很大。20 世纪 20 年代，作为现代时尚的发端完成了女装的现代化，对于现代时尚的发展具有举足轻重的作用。20 世纪 20 年代的女装变革使得女性着装更为多元化和人性化。

参考文献：

[1] 舒湘鄂. 现代服饰与大众文化学研究 [M]. 成都：西南交通大学出版社，2006.
[2] 李楠. 现代女装之源：1920 年代中西女装比较 [M]. 北京：中国纺织出版社，2012.

20 世纪西方高跟鞋变迁的文化内涵对中国高跟鞋发展的启示❶

罗 冰

摘 要：高跟鞋作为服饰文化表现形式之一，在不同历史时期具有不同的文化内涵。20 世纪西方现代高跟鞋传入我国并发展至今，融合了中西方文化。文章通过梳理 20 世纪西方高跟鞋变迁的文化内涵，分析中西文化融合对中国高跟鞋发展的影响，并对我国高跟鞋设计的民族化起到启示作用。

关键词：高跟鞋；文化内涵；历史变迁；发展启示

The Cultural Connotation of Western High-heel Shoes in the 20th Century and Its Inspiration for Chinese High-heel Shoes

Luo Bing

(Department of Foreign Languages, Beijing Institute of Fashion Technology, Beijing 100029, China)

Abstract：As one of the manifestation of costume culture, high-heel shoes have different cultural connotations in different periods of history. The western high-heel shoes were introduced into China in the 20th century and developed all the way to blend Chinese and Western cultures. Through probing into the cultural connotation of the high-heel shoes variation in the twentieth century, this thesis analyzes the influence of cultural blending on the development of Chinese high-heel shoes, thus inspires the nationalization of the design of Chinese high-heel shoes.

Key words：high-heel shoes; cultural connotation; historical evolvement; development inspiration

高跟鞋经历了漫长的发展历史，它的存在远远超越了实用意义（图 1~图 7）。高跟鞋的发展变迁蕴涵着不同历史时期的文化内涵，尤其 20 世纪是现代女性高跟鞋发展变化最重要的时期。

一、西方 20 世纪高跟鞋发展的文化内涵

20 世纪初是社会动荡期。第一次世界大战结束后，随着战争阴影的消退，人们开始放松自己。女性的裙子由战前的长至脚踝发展为短至膝盖，这时出现了后底窄小的鞋跟，设计师把裸露的凉鞋与高跟鞋结合起来，晚宴高跟凉鞋成了 20 世纪道德解放潮流的一种诠释。高跟、细长和优雅的线条是这一时期高跟鞋的重要特征。

20 世纪中期，第二次世界大战使这一时期成为高跟鞋发展的重要时期。战争期间，人们不再注重穿着，高跟鞋的设计无足轻重，而鞋跟高而重的厚底橡胶鞋成为那一时期的高跟鞋代表。战争结束后，经济的复苏促动了时尚的巨大发展，钢钉技术改革了高跟鞋的制作。战后初期，女性化被强调，社会鼓励女性回归家庭，女性极度需要一种方式来展示女性的性感美，从而得到男性的青睐。这时，匕首跟、尖头、鞋跟极细极高成为高跟鞋的主流，为时尚女性所推崇，极大地显示了女性的性感美。性感女神玛丽莲·梦露曾

❶本文曾发表于《艺术教育》2015 年 02 期，P105-106。

经说过："我不知道谁最先发明了高跟鞋，但是所有女人都应该感谢它，高跟鞋对我的事业有极大的帮助。"

图1

图2

细高跟的匕首鞋作为时尚女性必备高跟鞋的统治地位在20世纪60年代受到了挑战。青年运动迎来了可爱风时尚，以短裙和低跟鞋为代表。迅速发展的妇女解放运动使妇女渴望平等权利，象征了压迫的高跟鞋被女性摒弃，因为它强化了关于女性的性别传统观念。无跟的芭蕾舞鞋、方跟鞋和圆头鞋成为当时的时尚。

图3

20世纪70年代涌现的无束缚的迪斯高文化再一次把时尚与性感结合起来。鞋跟越来越高，同时，高跟鞋重新回到男人时尚中，很多摇滚男明星在舞台上穿着极高的厚底鞋，梳着长发，塑造出放荡不羁的时尚形象。而到了20世纪八九十年代，在女权主义的再次冲击下，更多女性开始在职场上与男性竞争。女性开始穿中性的服饰，这时候的高跟鞋折射出一种意识，即职业女性无论在经济上还是性感上都是激进的，甚至是控制性的。坡跟鞋一度流行，但最终被漏斗形塔状细高跟鞋所替代。

图4

图5

二、中国20世纪高跟鞋发展的文化内涵

中国是个传统文化根深蒂固的国家。辛亥革命后，裹脚制度被废除，西方高跟鞋传入我国。我国开始了现代高跟鞋的历史。到了20世纪30年代，高跟鞋逐渐在上海兴起，以张爱玲为代表的上海洋派风情开始流传。高跟鞋与开衩旗袍相得益彰，掀起了中国现代的时尚美。新中国成立以后，经历了"文革"，女性产生了不爱红装爱武装的观念。这阻碍了高跟鞋的发展。直到20世纪80年代改革开放，年轻一代将叛逆性格和标新立异当作时尚，一部分具有叛逆精神的女孩为了标榜自己的与众不同，在西方性解放的思潮理念下选择穿着这一对男性具有巨大诱惑力的经典高跟鞋。那时的中国，高跟鞋似乎被赋予了一种"邪恶的魅力"，象征着过分性感，以至于让大多数女性敬而远之。进入多元化的90年代以后，中国高跟鞋的发展与西方并驾齐驱，中西方的高跟鞋在现代设计上逐渐融合。

图6

三、高跟鞋文化内涵的启示

高跟鞋本身是一种文化，有着自己的语言。其作为女人外在穿着的选择，体现着女人的内涵、品位、追求和对生活的理解。纵观西方高跟鞋的发展史，其变迁无不体现了西方文化的变迁。我国现代高跟鞋设计几乎是对西方设计的全盘接受。经历了改革开放初期的"叛逆"大潮后，中国女性对高跟鞋的追求也逐渐归于理性，在高跟鞋的选择上也越来越趋于中国文化的体现。中国传统上追求平和舒适的生活方式，于是与高跟鞋相结合的运动鞋和休闲鞋的设计成为中国

现代女性的时尚，从盲目跟随西方，追求性感美变为追求舒适感，而部分仍偏爱鞋高度的女性则选择了厚底鞋，即松糕鞋，而且鞋底越加越厚，越加越高。现今，高跟鞋已变为职业女性在正式场合穿着的职业鞋。

由此可见，高跟鞋诉说了文化的发展变迁，同时也受文化发展的影响。我国的高跟鞋设计如何突破西方的框架，必须从中国特有的文化中寻求答案。中国在以孔孟之道为文化内核的思想指导下，对鞋的文化追求也力求稳重、平静，有助于形成安宁、融洽的人际关系。随着社会文化的变革，高跟鞋产品作为释放载体会被人们短期内追为时尚。中国传统的纹饰图案造型体现了丰富的中华文化底蕴，正如民族元素在2014北京APEC领导人服装中的成功运用一样，中国传统文化元素在高跟鞋设计中的运用也必将使中国高跟鞋文化领先于世界。

图7

参考文献：

[1] 李运河，王璐琨. 西方鞋履文化历史变迁 [J]. 皮革科学与工程，2008（4）.

[2] 姜舒文. 鞋的型态文化论 [J]. 装饰，1998（2）.

[3] 兰菲. 高跟 [M]. 北京：中国轻工业出版社，2007.

[4] 周飞跃. 鞋的艺术 [M]. 长沙：湖南美术出版社，1999.

[5] 吴昊. 中国妇女服饰与身体革命（1911—1935）[M]. 上海：东方出版中心，2008.

民族服饰文化研究

北京牛街回族妇女服饰的变迁及发展趋势[❶]

郭平建　林君慧　张春佳

摘　要：北京牛街回族妇女的服饰随着政治、文化、经济、宗教的发展而发展变化。在当前保护性民族政策的实施以及文化和经济互动发展的形势下，研发既能体现民族风格、又有时代气息的民族服饰，能很好地促进民族特色街区建设，更好地展示民族风貌并发挥其象征性功能。

关键词：回族；妇女；服饰文化；北京牛街

The Change and Development Trend of Hui Women's Dress in Niujie, Beijing

Guo Pingjian, Lin Junhui & Zhang Chunjia

(Department of Foreign Languages, Beijing Institute of Fashion Technology, Beijing 100029, China)

Abstract：The article studies the general situation of the change of Hui women's dress in Niujie, Beijing and the influence of politics, culture, economy and religion on the change. With the implementation of protective national policies and the interaction between culture and economy, the article studies the feasibility to research and develop national costume that represents the national style and the time flavor in order to promote the building of streets and districts of national characteristics and to exhibit the national features and to give full play to the symbolic function.

Key word：Hui nationality; women; dress culture; Beijing's Niujie

　　"服装是一个窗口，透过这个窗口可以探究一种文化，因为服装清楚地承载着这种文化所必需的思想、观念和体系"琳达·B. 阿瑟（Linda B. Arthur, 1999）。中华民族是一个由 56 个民族组成的大家庭，通过绚丽多彩的民族服装这个窗口，可以看到一个民族鲜明的民族特色、宗教信仰、文化内涵、社会变迁等。有关民族服饰的研究，尤其是对与宗教结合得比较紧密的民族服饰的研究在我国开展得很少，所以全国政协民族和宗教委员会主任钮茂生 2004 年 12 月在北京服装学院举办的"文化遗产与民族服饰"学术研讨会上，曾呼吁与会的学者们加强我国的民族宗教服饰研究。

　　回族服饰充分体现了伊斯兰教义的精神。有关回族服饰的研究比较少，而且主要集中在对我国西北地区回族服饰的研究，如白世业的《试论回族服饰文化》、刘军的《伊斯兰教与回族服饰文化》、陶红的《回族服饰文化》等。关于大都市中回族服饰文化的专门研究几乎没有开展，所以这次对北京回族服饰的研究具有一定意义。对北京牛街回族妇女服饰变迁的研究，能发现影响回族服饰变迁的因素，发掘回族服饰文化的独特价值，预测北京回族服饰文化的发展趋势，为北京"时装之都"的建设以及 2008 年奥运会

---

❶本文为北京市哲学社会科学"十一五"规划重点项目（07AbWY037）和北京市教育委员会基金项目（JD2006-05）资助成果之一。曾发表于《内蒙古师范大学学报》2007 年第 5 期，P133-137。

相关服饰文化产品的研发提供参考。

一、牛街与伊斯兰教

回族是北京市 55 个少数民族中人口最多的一个。据 1990 年第四次人口普查，北京共有回族人口 20.7 万人。牛街是北京著名的回民聚居区，作为现代都市中历史悠久的少数民族聚居区有着自己独特的文化，极具代表性。牛街位于北京西城区（原宣武区），占地 1.39 平方公里，据 1990 年统计总人口为 5.4 万，共有汉族、回族、满族、朝鲜族、蒙古族、维吾尔族等 28 个民族，其中回族人口 1.2 万，占人口总数的 23%，占全市回族人口的 6.25%。牛街的礼拜寺得名于牛街地名，建于公元 966 年，是北京历史最悠久、规模最大的礼拜寺。另外，在牛街附近有中国穆斯林全国性的宗教团体——中国伊斯兰教协会，有北京唯一的、也是全国最大的回民医院，还有新中国成立以来第一所回民学校。在牛街，不论是公共建筑还是楼房都具有阿拉伯风格，以白色为主，绿色为饰。牛街两侧分别有牛街街道办事处、牛街清真超市和多家清真餐馆等。再进入胡同，还有牛羊肉市场，整个牛街地区极具回族特色。

据统计，每天来牛街礼拜寺礼拜的人数超过 200 人。2006 年 9 月底，女寺已开始正式启用，礼拜的人数也在逐步增加，主麻日和贵月[1]，礼拜的人数则远远超过 200 人。

从宗教角度看，它通过对其追随者身体（主要是着装）的控制来使其保持对宗教的虔诚。伊斯兰教对信士、信女的着装是有要求的，圣典《古兰经》中明确规定："你对（男）信士们说，叫他们降低视线，遮蔽下身，这对于他们是更纯洁的。真主确是彻知他们的行为的。你对信女们说，叫她们降低视线，遮蔽下身，莫露出首饰，除非自然露出的，叫她们用面纱遮住胸膛，莫露出首饰，除非对她们的丈夫，或她们的父亲，……，叫她们不要用力踏脚，使人得知她们所隐藏的首饰。"可以看出，伊斯兰教对妇女的着装

要求比对男士更加严格。总体归纳为两点：一是要宽松，二是要覆盖面广。用阿訇的话来解释，这是出于对穆斯林妇女的保护，因为宽松不易显出体形，遮盖面大不易露出"羞体"[2]，以免引起男人们的非分之想。但是回族服饰经历了历史的演变，尤其是近几十年政治、经济与文化的巨变，渐渐退出了日常装的舞台，变成一部分人的礼仪服，只在礼拜或节日的时候穿着。

二、牛街社区变迁及其对服装的影响

服装是一种文化。服饰文化的变迁是政治、经济、社会、科技、宗教等各种因素共同作用的结果。同时，服装又是人们日常生活中的必需品。当社会或一个地区、社区发生变迁时，生活在这个社会或地区、社区的人们的着装也一定会随之发生变化。所以研究牛街回族妇女服饰文化的变迁不能脱离牛街回族社区这一历史背景。良警宇在研究了牛街回族社区变迁的诸多因素，如国家与社会、国家政策和民族政策的指导与作用、文化因素、文化与经济的互动以及市场经济条件下资本与政府、民众的需求互动等后，在其专著《牛街：一个城市回族社区的变迁》中，将牛街回族聚居区的变迁划分为三个明显不同的阶段：1949 年，聚居区形成，牛街相对独立封闭的寺坊社区的形成发展阶段；1949 年至 1978 年，牛街寺坊社区解散阶段；1978 年以后，牛街开放性象征社区的发展阶段。

周传斌、马雪峰在其论文《都市回族社会结构的范式问题探讨——以北京回族社区的结构变迁为例》中，对由地理—居住、宗教—教育、经济—职业、家系—婚姻结构四部分构成的寺坊制这一传统的回族社会结构的分析，将北京回族社区结构的变迁分也为三个阶段：传统回族寺坊社区在 1840—1949 年近代以来的适应性努力；它在 1949—1978 年社会政治运动中破产；1978 年改革开放以来全球化、都市化和城市重建。

---

[1] 主麻日：阿拉伯语"聚礼日"的音译，为"聚会日"。伊斯兰教规定星期五为聚礼日，通称"主麻"。这一天正午后教徒举行的集体礼拜称主麻拜。穆斯林习惯称一周为一个主麻。贵月：斋月、是一年中最吉祥、最高贵的月份。根据《古兰经》规定，斋月从回历 9 月新月升起的当天开始，直到下个月新月再升起时结束。斋月是伊斯兰教历第九个月。根据伊斯兰教教义，斋月期间，所有穆斯林应从每日的日出到日落这段时间内禁止一切饮食、吸烟和房事等活动。
[2] "羞体"范围的界定，伊斯兰教律规定：男子从肚脐至膝盖为羞体，女子除脸和手以外均为羞体。

据以上研究，我们将牛街回族妇女服饰文化的变迁也分为三个阶段：新中国成立前，新中国成立后至"文化大革命"结束，改革开放以来。

1. 新中国成立前

穆斯林的日常生活与宗教生活紧密联系，他们往往在长期居住地建筑清真寺，围寺而居，形成聚居区——寺坊。牛街回族社区的形成可以从牛街礼拜寺的始建开始。根据常见的一种说法"辽宋说"，牛街礼拜寺始建于宋至道二年或辽统和十四年（996 年）。最早生活在牛街的穆斯林可以追溯到辽代，在金末元初逐渐形成了回民聚居区，可以说牛街的回民是正宗的"老北京"。

政治方面：有功于元、明王朝的建立，这两个朝代的回族人政治地位比较高，而到了清朝时其地位则"江河日下"。为了保护自己，甚至被迫提出，"争教不争国"的口号。以蒋介石为首的国民党政府推行大汉族主义，甚至根本不承认回族的存在。牛街的回族也同全国的回族一样，经历着压迫与贫困。

经济生活方面：牛街回民继承了回族祖先的经商习俗，以小本买卖为生计，以家庭为单位，代代相传。解放前，牛街还有"父母在世，绝不分家"的说法，这不仅是儒家思想影响的结果，更是由当时的经济形式所决定：个人依赖家庭，家庭成员通过家庭教育来获取谋生技能，同时又是主要的劳动力。

宗教方面：礼拜寺是回民生活的中心，也是权力中心。阿訇则是权力的拥有者，婚丧嫁娶必须由阿訇来主持，牛羊等必须由阿訇念经后方可宰杀。

教育方面：鸦片战争以前，他们排斥汉文化，认为学习汉文化就会反教，以不接触汉文化的方式来抵御汉文化，防止被同化，很多对《古兰经》比较有造诣的阿訇都不认识汉字。此时的礼拜寺，不仅是权力机构，同时担负着教育任务。寺内设有小学、中学、大学。鸦片战争以后，回族的上层人士和知识分子开始办学，与汉族一样学习汉语言文化。1925 年 4 月，回族的有识之士创立了成达师范学校，其宗旨不仅是造就回汉兼通的宗教及教育人才，并旨在造就在三民主义领导下富有国家意识的有为人才。经堂教育影响很大，学校教育的普及率很低。总体来说，牛街回族聚居区从明末清初形成到新中国成立前已发展成为一个寺坊社区。这一社区"发展到清末民初，在弱国家强社会关系下，寺坊在政治、教育、经济和日常生活等方面都相对独立于主体社会"。

有关解放前牛街的回族妇女服饰缺少专门的论述。牛街只是北京大社会的一个比较特殊的小社会，大社会服饰文化的变迁在一定程度上也会影响小社会的服饰文化。有关穆斯林、回族和回族的服饰，原中国伊斯兰教协会的马贤副会长曾叙述说，明代前穆斯林还保持穿阿拉伯服装。伊斯兰教宗教义没有规定穿什么服装，主要是男子穿得比较整齐，比较宽松，女子得戴头巾，把头发遮住，不能露出手、露出脚。在这些要求下，各个民族采取不同的方式。中国有 10 个民族信仰伊斯兰教，如新疆的维吾尔、塔吉克、哈萨克等民族都是先有民族，后有信仰，所以他们保持了自己民族的服装。明代曾经下令，要完全汉化，不能穿胡服（泛指来自国外的服装）。内地的人（穆斯林）明朝以后形成回族。现在说的没有统一服装指的是回族，从那时就开始汉化了。

解放前的回族服饰深受满、汉民族服饰的影响，不过仍保留一些民族特色。据受访者回忆，当时（刚解放之前）牛街的回族男士服装与汉族相似，但根据社会身份的不同有不同的着装。知识分子和有产阶级穿长袍马褂，劳动人民穿粗布短褂，主要的区别是帽子。回族妇女的着装不同于汉族，汉族的城市服装已经向收身款式过渡，开始出现改良的紧身旗袍。而牛街穆斯林妇女一律穿着宽松衣袍：左大襟，衣长及膝，袖长及腕，裤长及踝，衣服两边的开衩较小，旨在保证行动方便，基本没有装饰的作用，裤子的腰头为松紧带，劳动妇女的裤脚为了防风用带子绑住。家庭稍微富裕一点的穆斯林妇女喜欢在面料上绣花，家庭贫困的基本都是以土布、粗布为主。牛街的回族妇女还喜欢穿坎肩，这在满族和汉族服饰中，一般为男士服装。最能体现回民身份的是头饰，这时候牛街的回族妇女戴盖头的已经少了，而是用能包住头发的礼拜帽来代替。平时，有的穆斯林不戴，只在做礼拜时穿上礼拜服、戴上礼拜帽或围上头巾。牛街的洪乡老说，伊斯兰教要求（妇女的）服装不能紧、露、坦、小，但是没有规定服装的样式，只要符合这几个标准的服装回族妇女都可以穿着❶。陈乡老说，在新中国成立前，也不是说人人都这么穿，都戴礼拜帽，而是天天做礼拜的人才戴。那时候，只要礼拜时间到了，无论在干什么都要就地做礼拜，所以老戴着，方便啊。要不是做礼拜的人，就不穿了，不过总体上来看，总归比现在人多。别人一看，能看出来穆斯林妇女跟别人不一样，特别端庄、飘逸、潇洒。

2. 新中国成立后到"文化大革命"结束

1949 年中华人民共和国成立以后，回族被国家正式确认为中国 56 个民族中一个单独的民族共同体。伊斯兰教与基督教、天主教、佛教、道教则成为新中国并存的五大宗教。政府十分重视民族工作，以各民族平等为准则。《中华人民政治协商会议共同纲领》规定：中华人民共和国境内各民族一律平等，实行团结互助。1952 年 2 月，政务院颁发了《关于保障一切散居的少数民族成分享有民族平等权利的决定》。北京市政府还制定了一系列针对回民的优惠政策。随着国家力量的全面渗入，传统的牛街回族寺坊社区逐步取消，出现了强国家弱社会的格局，社区内个人生活的所有方面都被纳入到国家管理之中。清真寺在社区的核心地位被动摇，聚居区居民在职业、教育、社会生活等方面迅速融入主流社会，民族文化和民族特征被压抑。原以清真寺为权力中心的较为完整的小社会，开始逐渐解散，人文意义上的回族社区的界限开始逐渐模糊，一部分回民被纳入了国家的行政机构之中。同时，政府也培养了一批以马列主义武装起来的少数民族干部，从而对回民社区起到了从上而下的渗透作用。

1958 年，宗教制度开始改革，"北京伊斯兰教界学习委员会"成立，废除了世袭的伊玛目❷掌握制度和旧的清真寺管理制度。同时，政府逐步引导回族与伊斯兰教分离，改变了政教不分的传统。经济上，为实现北京市第一个五年计划，使北京"由消费城市向生产城市转变"，对个人独立经营作坊和小商贩进行了社会主义改造，形成集体经济。减少个人对家庭的依赖而依靠国家，国家实现了对回民小区的控制与管理。教育方面，牛街回民从 20 世纪 50 年代开始接受全面学校教育，带"穆"字头的学校设有阿拉伯语课

和教义课。不久取消了学校的宗教课程和宗教活动。家庭在传承民族文化的方面发挥着决定性的作用。

回民的政治地位提高了，民俗文化得到了尊重，国家对回民的服饰没有做出要求。更多的妇女参加到政府和社会工作中，她们穿上与汉族一样的服装。这一着装又影响了家庭妇女和年轻的回族女性。当时汉族服装也是以朴素、简单为主，与回教教义接近，所以这样的服装易被回族妇女所接受。只有部分老年人和家庭妇女还保持着原有的着装习惯。随着的确良面料在中国的流行，也受到穆斯林妇女的青睐，许多穆斯林妇女都渴望有一件的确良的礼拜服。

从 20 世纪 50 年代末到 1978 年，受"左"倾思潮、反右扩大化以及"文革"的冲击，国家的民族政策、宗教政策被破坏，回族的风俗习惯和宗教信仰受到批判和践踏，甚至有人提出消灭伊斯兰教。这期间使一些回民的宗教与民族概念进一步产生分离。由于回民的民族习俗与宗教紧密相连，与汉族有不同的习俗，此时几乎都被禁止了。着装直接与阶级意识形态、政治倾向联系在一起，所以牛街回民没人敢戴礼拜帽、穿礼拜服。军装和中山装是当时最理想的着装，服装颜色均以青、蓝、灰、草绿为主。据马贤副会长回忆，当时"汉族也这样（穿着两种服装），其他民族也这样，穆斯林也这样"。

3. 改革开放以来

改革开放后，党的民族和宗教政策被重新落实，少数民族的习俗、文化和宗教信仰得到尊重，民族特征重新开始强调。1979 年，恢复了麦加朝觐活动，并由国家统一组织、统一前往。1980 年 7 月，北京市人民政府批准恢复了对信仰伊斯兰教的 10 个少数民族实行节日放假，补助油、面。在教育方面，出台了对少数民族学生升学降低分数线等照顾政策。1982 年 3 月，国家颁发了《关于我国社会主义时期宗教问题的基本观点和基本政策》。1987 年 9 月，宣武区政府为了保护清真饮食业、副业的发展，颁发了《关于重申饮副食行业执行民族政策若干措施的通知》。20 世纪 80 年代以来，在国家对民族经济的扶持下，牛街的牛羊肉业和清真饮食业得到迅速发展。但是，"随着市场经济体制的逐步建立和完善，国家通过单位对社会

---

❶这是指经常去清真寺做礼拜和参加各种宗教活动的回族妇女。
❷指伊斯兰教中有教职比较高的人，一般负责管理一个地方或一个寺内的宗教事务。

成员进行全面控制的情况在逐渐减弱，强国家弱社会关系的格局也在发生着变化，社区成员的自主程度不断提高，社会流动增强，突出表现是社区回族人口在不断减少"。特别是1998年和2003年牛街分别实施了两次危房改造，改善了牛街回族居民的居住条件，促成民族聚居区进一步杂居化，改变了社区成员之间的互动机制和凝聚力。现在的回族家庭与汉族家庭一样，以小家庭为主，个人对家庭的依赖性与家庭对成员的约束力减弱，并出现了较多的团结户❶。"族内婚比例减少，异族通婚比例增加，如异族通婚的比例由1987年的36.4%增长到了1996年的56.7%，9年间增长了20%以上"。现在的牛街再也不是一个封闭、独立的社区，而是一个开放的、动态的、界限已经模糊和扩大的社区。

由于上述种种因素，平时在牛街街头很少能看见戴盖头、穿宽松大袍的穆斯林妇女，偶尔能看见戴白色礼拜帽、穿着普通的老年妇女。有一些去麦加朝觐过的女哈吉❷会选择盖头或头巾和大袍。在牛街清真寺的宗教活动比较频繁的时候，去清真寺参加礼拜的妇女就相对比较多。来礼拜寺做礼拜的，都按教义穿着礼拜服、戴礼拜帽或围头巾。由于参加礼拜的人中老年人居多，服饰的颜色以深颜色或者素颜色为多，面料则采用各种免熨材料。而平时上班的回族妇女，着装上与汉族一样，也美容、烫发、文眉。有的回族妇女认为虽然信仰伊斯兰教，但服饰上遵守《古兰经》规定有一定难度；而有的回族妇女已经不是穆斯林。通过调研，发现所有被试，在选择是否会选择人物或动物图案的服装这个问题时❸，都选择了"否"。可见伊斯兰教对回族服饰还存在着一定的影响。穆斯林服饰在宗教活动场所仍扮演着非常重要的角色。笔者曾在贵月期间，看到一家祖孙三代人来礼拜寺，姥姥和外孙女穿戴整齐进入女殿做礼拜，女孩的妈妈却没有进去，只在殿外听经，问及原因才知道她刚下班没有准备礼拜服。在牛街清真寺门口竖着一个铜牌，上面写着：穿裙子和短裤者禁止入内！礼拜寺的大殿门口也竖着一个铜牌，上面写着：非穆斯林禁止入内。如有穿着不达标准的，寺里的管理人员就会出

面阻拦，而这时只能从着装上来分辨他是否是穆斯林。

三、回族服饰发展趋势展望

在对牛街进行了深入调研之后，良警宇指出："随着市场化程度的加深，保护性民族政策的实施，文化和经济的互动发展，文化认同和全球化趋势的影响，使这一社区将越来越显示出一种开放性的特征。"牛街作为展示民族风貌的窗口，正"转变为对北京市乃至对中国穆斯林、来华的外国穆斯林有影响力的象征性社区以及北京市穆斯林民族的文化和经济服务中心"。从历史的角度看，牛街回族聚居区繁荣的主要原因，一是有牛街礼拜寺的声名远扬，二是有很多有名的珠宝玉器商行，也就是说穆斯林宗教（文化）和经济起了作用。牛街今后的发展也离不开加强民族文化建设和发展民族特色经济。

牛街特色新街区的建设，不仅需要具有民族特色的建筑，还需要能体现回族所信仰的伊斯兰文化的民族服饰。在我们针对牛街穆斯林（或家属）妇女的28份小规模调研问卷中，其中有12人有礼拜服，有5人计划买；有10人平时都戴礼拜帽，有8人做礼拜时戴，有9人偶尔/过节戴；有18人认为，伊斯兰教义对女性服饰的要求应该遵守；22人认为在穆斯林节日的时候应该穿着自己民族特色的节日服装；22人认为，在牛街开展回族服饰风情节是可取的。从这些数据可以看出，牛街回民仍有一部分妇女在遵守教规的同时十分渴望有自己民族特色的回族服饰。另外，有12位被调研者在建议和意见的空白处，写下了对回族服饰的看法和期望。其中一位女青年写道："现在社会上的很多服饰太过暴露，对于虔诚的穆斯林女性来说，有时买衣服很难，希望你们早日为穆斯林打造出更适合中国穆斯林的服饰。"我们在牛街了解到，在牛街附近共有两家经销穆斯林服饰的商店，一家叫"优苏福"，以经销外国进口的巴服和西北厂家生产的穆斯林服饰为主；另一家叫"阿依莎"，是一家自产

---

❶由穆斯林和非穆斯林组成的家庭。

❷指已经完成朝觐功课的穆斯林。

❸伊斯兰教义规定，不能有偶像崇拜，所以穆斯林家里，一般没有人物画像，服饰上也不允许出现人像和动物像。

自销的小型穆斯林服饰加工公司，同时也承接朝觐团统一朝觐服的加工。但是当地的回族穆斯林一致反映，款式不多，过于舞台化，价格也偏高。所以现在牛街的穆斯林妇女，一般是托朝觐或经商的朋友从穆斯林国家或西北地区代买衣服。买衣难成了穆斯林妇女比较普遍的现象。有的人就自己想好的样子，或者仿照别的乡老的款式，自己买料让裁缝加工，但是加工的地方不能绣花，因此不能满足一些乡老的要求。另外，为了进一步了解回族服饰开发的可能性，我们还于2006年8月走访了甘肃、青海、宁夏和内蒙古四省区的兰州、临夏、西宁、银川、吴忠以及呼和浩特等城市的回族聚居区，与回族群众、清真寺的阿訇、穆斯林服饰商店售货员、民族服饰企业老总、负责民族宗教事务的政府官员以及回族服饰文化研究人员进行了访谈。调研发现，有一定数量的回族群众希望能购买到既能体现民族风格、又比较时尚的回族服饰。但从所采访的两家民族服装企业看，他们不仅缺乏高素质的管理和营销人员，更缺乏既了解伊斯兰文化又懂设计的高级服装设计师。因此，研发能体现民族风格和时代气息的回族服饰产品，不仅可以丰富回族人民的服饰文化，展示民族风貌，而且有着比较乐观的商业前景。仅从国内来看，回族目前共有人口900多万，除去日常装，单单礼拜服和节日服就是很可观的一个数量。

四、结束语

北京牛街回族妇女的服饰变迁随着牛街社区的变迁而变化。牛街这个具有特色的回族聚居区，在政治、文化、经济、宗教等多方面因素的作用下，经历了相对独立封闭的寺坊社区的形成、发展阶段和寺坊社区取消阶段，现在已进入到开放型、象征性社区的发展阶段。回族妇女的日常装早已汉化，随着北京服饰大环境的变化而变化。但她们的礼拜服和节日服则一直（除特殊时期之外）遵守着伊斯兰教的精神，保持长而宽松的原则，只是服装的面料在变化。在调研中发现，许多回族妇女虽然不穿传统的回族服饰，但内心仍然深信着伊斯兰教。在当前保护性民族政策的实施以及文化和经济互动发展的形势下，不仅要建设民族特色街区，而且要研发既能体现民族风格、又有时代气息的民族服饰，这样的街区或社区才能更好地展示民族风貌，更好地发挥象征性功能。

参考文献：

[1] 古兰经［M］. 马坚，译. 北京：中国社会科学出版社，1996.

[2] 良警宇. 牛街：一个城市回民社区的形成与演变［M］. 中央民族大学出版社，2006.

[3] 刘东升，刘盛林. 北京牛街［M］. 北京：北京出版社，1990.

[4] 周尚意. 现代大都市少数民族聚居区如何保持繁荣——从北京牛街回族聚居区空间特点引出的布局思考［J］. 北京社会科学，1997（1）：76-81.

我国西北地区回族服饰文化发展趋势调研报告[1]

郭平建　林君慧　张春佳

摘　要：本文通过对甘肃、青海、宁夏和内蒙古的一些城市中回族聚居区的调研分析，探索了回族聚居地区的社会经济发展与服饰、回族的伊斯兰教教育与服饰、国家和政府部门对民族文化和民族服饰发展的重视与支持以及回族服饰市场的现状与展望等几方面的问题，为进一步深入开展回族服饰文化研究提供一些启示。

关键词：回族；伊斯兰教；服饰文化

A Survey Report on the Development Trend of Hui People's Dress Culture in North-West China

Guo Pingjian, Lin Junhui & Zhang Chunjia

(Department of Foreign Languages, Beijing Institute of Fashion Technology, Beijing 100029, China)

Abstract：This paper, through a survey of some Hui communities in the cities in Gansu, Qinghai, Ningxia and Inner Mongolia, explores such issues as social and economic development and clothing, Islamic education and clothing, government support to the ethnic culture and dress as well as the present Hui people's clothing market, which provides some inspiration for further studies on the dress culture of Hui people.

Key words：Hui people；Islam；dress culture

　　回族是中国少数民族中散居全国、分布最广的民族。根据 2000 年第五次全国人口普查统计，回族人口数为 9816802 人，在 55 个少数民族中仅次于壮族和满族，主要聚居于宁夏回族自治区、甘肃和青海省[2]。回族是我国十个信仰伊斯兰教的少数民族之一[3]，其服饰充分体现了伊斯兰文化，因为"每一种文化都包含了某种宗教形式"。但是在物质文明日益发展、传媒产业空前发达的今天，回族服饰在与大众服饰的碰撞和融合中会有什么样的特色？同时，又有多少回族穆斯林现在还穿着能够体现伊斯兰教精神的民族服装呢？为了对当前的回族服饰文化的状况有所了解，并探讨有关民族服饰开发的可能性，我们于 2006 年 8 月走访了甘肃、青海、宁夏和内蒙古的兰州、临夏、西宁、银川、吴忠以及呼和浩特等城市的回族聚居区，与回族群众、清真寺的阿訇、穆斯林服饰商店售货员、民族服饰企业老总、负责民族宗教事务的政府官员以及回族服饰文化研究人员进行了访谈。现将调研情况总结如下。

[1]本文为北京市哲学社会科学"十一五"规划重点项目（07AbWY037）和北京市教育委员会基金项目（JD2006-05）资助成果之一。曾发表于北京服装学院学报艺术版《饰》2007 年第 4 期，P38-40。

[2]数据来自于 www.cnmuseum.com（中国民族博物馆）提供的"全国人口普查民族人口表"和"中国少数民族主要分布地区表格"。查阅时间为 2006 年 10 月。

[3]中国信仰伊斯兰教的民族共有 10 个，分别是回族、维吾尔族、哈萨克族、柯尔克孜族、乌孜别克族、塔吉克族、塔塔尔族、撒拉族、东乡族和保安族。

一、回族聚居地区的社会经济发展与服饰

因为穆斯林的日常生活与宗教生活联系紧密，他们往往在长期居住地建筑清真寺，然后围寺而居形成聚居区。这种聚居区又带动着周边的经济发展，形成了一个个经济文化圈，这些文化圈有着相对独立的特点。甘肃、青海、宁夏和内蒙古的省会以及穆斯林聚居的城镇都有大小不一的清真寺，或古老或崭新，形态各异。在素有"中国的小麦加"之称的甘肃省临夏市，一条主要街道上就能看到数个规模宏大的清真寺。在甘肃省兰州市和宁夏回族自治区的吴忠市，还有不同寻常的新型寺院建筑——清真寺高高在上，寺院临街却开设有门市店铺，售卖与伊斯兰教有关的一些生活用品或者礼品，类似于高层住宅的底商。随着经济的发展和思想意识的开放，穆斯林在保持清真寺的至高无上的神圣地位的基础上，出租门面收取租金，达到以寺养寺的目的，从一定程度上缓解了教民的经济压力。而在宁夏回族自治区银川市的南关清真寺，则通过向游览者出售参观门票来弥补开支。从西北各地清真寺的修缮和兴建中我们看到了当地经济、社会的发展和伊斯兰文化的发展。

由于社会经济文化的迅速发展，除了清真寺的变化，还有更多的回民尤其是女性来到以汉民为主的城市工作（伊斯兰教教义不鼓励女性外出工作，但也不反对），从着装尤其是盖头上就体现出独特性；但是，这部分穆斯林妇女却不能像全职的穆斯林家庭主妇那样按照规定去做礼拜。因此，为了方便工作和生活，她们逐渐改变了自己的生活习惯，而这种"改变"往往就是从拿下盖头开始。在西北的城市街道上总能看到中老年妇女穿着穆斯林传统的宽松衣衫、戴着严实的盖头，但却少见青年人如此穿着。银川市南关清真寺为游客导游的两位回族女讲解员都没有戴盖头，更没有穿穆斯林服饰。她们说："我们心里都明白，可是穿着不方便，也热，所以不愿意穿。"那些坚持穿着传统服装的穆斯林主要分为两大类：一类是无需外出上班，在家务农或专职家务的家庭主妇；另一类则是高素质的虔诚的伊斯兰教教徒。

在1979年中国恢复朝觐之后，每年都有一大批虔诚的穆斯林（约8500人）去麦加朝觐。当中国人在服装上经历了全国上下一片灰、蓝、草绿后，回族服装也已经找不到能代表伊斯兰教义的服饰特征了；而那些去朝觐的人很自然地就把找寻传统服饰的目光转向阿拉伯国家，从他们的服装上寻找答案，不停地把国外的穆斯林服饰带回中国。这就形成了一种状况：款式、面料、颜色等整体品质较好的服装都是从国外购买的。国内生产的穆斯林服装服饰在设计和面料等方面都跟国外产品有着一定的差距。

在清真寺附近开设的穆斯林用品商店内出售的穆斯林服饰，国内产品价位一般在70～100元，而进口产品一般在130～300元（均指夏装）。在这次考察中，很多穆斯林反映：如果有专为穆斯林设计的服装，价格稍高一些也可以接受。可见回民聚居区经济的发展使得回民的消费能力有了很大的提高，从另一方面也说明了回族人民渴望拥有自己的民族服装的迫切心情。

二、回族的伊斯兰教教育与服饰

《古兰经》教义教育所有的穆斯林：应该不断学习，只有这样才能避免愚昧，因此回族历来重视教育。从唐宋时期开始的蕃学发展到今天，经历了蕃学、元代回回国子学、经堂教育、新式教育等不同的历史时期和教育形式，而现在所有的以穆斯林和回族命名的公立学校都与普通学校一样，按区域招收适龄学生，不开设有关伊斯兰文化的课程。所以，为了学习和传承伊斯兰文化，回族人民在接受国家普及教育的同时还保留着自己的教育方式，包括经学院教育和清真寺办学两大类。经学院的教育属于国家教育，等同于普通高等院校的大学本科教育，培养的是未来的阿訇，学院拥有学士学位授予权；而清真寺则针对不同年龄段的人定期举办免费学习班，基本以教授阿拉伯语和《古兰经》教义为主，譬如兰州市的西关清真大寺以培养未来阿訇和经学老师为目标，对学生进行分班级教育。大多数培训班只是为了教化民众，让人们更加了解《古兰经》和伊斯兰文化；其中有些培训班也教授回族女孩缝纫之类的生活技能。

由于本次调研的时间刚好是学生的暑假期间，因此在内蒙古呼和浩特市的小寺里我们有幸看到所举办的从幼儿到高中生参加的暑假阿拉伯语和英语学习班，老师（义务的）在教授语言的同时加入了《古兰经》教义的内容。小寺的管委会主任还热情邀请我们

参加了暑假班的毕业典礼，使我们得以感受庄重而浓郁的伊斯兰文化气氛，这不仅是因为学生们所表演的节目充满了伊斯兰教文化内容，而且更重要的是所有出席此次典礼的学生和大部分家长都穿着能体现伊斯兰教教义的服饰——传统回族服饰。在这次典礼上，一个高中毕业生讲述了她在学习班里所经历的深刻的心理变化过程：从排斥伊斯兰教到接受再到最后信仰的过程，这都是寺院教育的力量。

显而易见，如今伊斯兰文化的延续与传播，主要是通过家庭教育和清真寺的学习班以及定期做礼拜来达到。而伊斯兰教义对穆斯林着装的要求同样也依赖于家庭和清真寺的教育与约束，如果没有人注重和要求，年轻的穆斯林在着装上肯定与汉民无异。

三、回族服饰市场的现状与展望

中国境内回族人口众多，将近 1000 万，但生产、加工回族服饰的公司却寥寥无几。随着回族地区经济和社会的发展，回族人民想购买既能体现时代风貌又符合本民族特点的服装的需求很难满足，成为民族服装企业和民族服饰研究人员亟待解决的一个问题。这种供需矛盾的突出成为当前回族服饰发展状况的关键点。在我国服装产业总体迅速发展的形势下，民族的特色服饰生产依然存在着大量的空白需要填补。在我们的调研中，常能听到当地人们因难以购买到特别合适的服装而发出的抱怨声。

虽然从整体上讲，我国的民族服饰市场很不完善，但是其中也有几家具有代表性的企业在为发展中国特色的民族服饰而努力。青海省伊佳布哈拉集团有限公司作为亚洲乃至全世界最大的穆斯林服饰生产商，原先主要生产穆斯林帽子、头巾和拜毯等，从 2006 年春季起开始生产穆斯林服装，产品主要销往国外（中东等地）。伊佳布哈拉集团的韩董事长在接受采访时说，他们很想把服装市场做好，但是缺少人才尤其是优秀的设计人才和管理人才，这成为企业发展的一个瓶颈。吴忠市的万绦旎服饰有限公司是一家中等规模的专门生产回族服饰的公司，同样为没有专业的设计师而头疼。而一些规模更小的作坊式的小公司更是几乎不可能拥有自己的服装设计师，基本上就是把不适合大部分人日常穿着的"巴服"经改动后，进

行批量生产。

在开发回族服饰方面，与其说我们是在传承回族服装，不如说是在复兴。这不是单纯的复制而是在原来的基础上加入时代的元素，设计出符合当代回族人民穿着的民族服装。伊斯兰教义虽然对着装有比较严格的要求，但从来没有规定具体样式。因此，复兴就是在这种基础上对服装进行再创造，使它既符合民族传统习惯又符合现代人的审美要求。

四、国家和政府部门对民族文化和民族服饰发展的重视与支持

新中国建立以来，国家一直重视少数民族工作，特别是改革开放以后，在政策上更是给予一定力度的扶持。由于回族人口众多、分布广泛，又有着自己独特的信仰和风俗，因此回族地区的民族工作，尤其是民族特色的建设工作显得十分重要。内蒙古呼和浩特市的回民区通道南路伊斯兰民族风情街，历史上就是回族聚居区。然而发展到现代，这一民族特色在很长时间内没有得到充分彰显，街道两侧除了几座寺院外都是清一色的平顶矮楼。2006 年 3 月，国家和呼和浩特市回族区政府共同投资 6500 万元，并聘请一家美国建筑规划设计公司重新设计打造了这条伊斯兰建筑特色景观街。由政府进行大规模投资，兴建如此壮观的民族特色街，在国内可以称得上是首创。

吴忠市是全国重要的清真食品、穆斯林用品产业基地，7 大类 280 多个花色品种的清真小吃使吴忠市成为"中国清真美食之乡"。最近几年，宁夏回族自治区政府和吴忠市政府在促进清真饮食业发展的同时，也同样重视回族服饰文化建设。吴忠市重视民族服饰文化的发展与该市民族宗教事务局丁局长的一次"尴尬"遭遇分不开。2005 年在参加一次全国性民族会议时，丁局长作为 56 个民族代表中唯一的一位回族代表穿了一套临时购买的"巴服"在人民大会堂受到胡锦涛总书记的亲自接见。当胡主席问她是什么民族的时候，她感到十分尴尬。从这件事情上，丁局长深刻体会到本民族服装的重要性和发展回族服饰的迫切性。于是，丁局长开始邀请一部分服装企业和歌舞团来吴忠市举办回族服饰的静态展览和表演展示，并大力扶持当地的服装企业生产具有中国特色的回族服饰。

青海的伊佳布哈拉集团有限公司 1998 年成立时注册资金仅有 25 万元，经过短短的 8 年时间发展到现在的 2.68 亿元资产。伊佳布哈拉集团不仅为我国西部大开发、促进西部经济发展作出了贡献，也为弘扬民族文化和伊斯兰文化增添了一份不可或缺的力量。胡锦涛、曾庆红等党和国家领导人曾亲临视察了伊佳布哈拉集团，足以证明国家对民族服饰企业的重视和支持。

五、结束语

从这次调研中我们看到，我国西北民族地区的经济、社会在发展，当地穆斯林民众享受着更大的宗教信仰自由，伊斯兰文化和民族教育在发展，国家和各地政府对民族文化的建设和民族服饰企业的发展给予了极大的重视和支持。我们也发现在回族服饰日趋汉化的同时，有相当数量的回族民众呼吁复兴本民族服饰，非常希望能开发出具有中国特色的回族服饰来填补国内市场的空白。因此，研发既能体现伊斯兰文化和民族风格、又颇为时尚的回族服饰，不仅能进一步丰富广大回族人民的日常生活，使优秀的民族服饰文化得以传承，而且具有很好的市场前景。

参考文献：

[1] 巴格比. 文化：历史的投影 [M]. 夏克，等译. 上海：上海人民出版社，1987.
[2] 古兰经 [M]. 马坚，译. 北京：中国社会科学出版社，1996.
[3] 铁国玺. 浅论中国伊斯兰教教育 [J]. 回族研究，2002（1）：70-74.

天方之纹[1]

——从设计开发的角度浅谈我国穆斯林传统服饰的传承现状与发展

张春佳

摘　要：自 2006 年始，北京服装学院穆斯林服饰研究项目组一行走访调研了宁夏、甘肃、青海、内蒙古、新疆等地的穆斯林聚居区，了解穆斯林服装服饰的现状，进行以回族为代表的穆斯林服饰文化的研究。现代穆斯林服装的实验性设计是我们回族服饰文化整体研究的一个重要部分，旨在传承和弘扬优秀的民族服饰文化。由于设计所拟定的着装对象为中国信仰伊斯兰教的穆斯林人群，所以服装设计过程中充分考虑了其民族性与宗教性的融合。而同时，在新时期大力弘扬优秀传统文化的氛围中，从设计的角度来探讨传统穆斯林服饰的传承和发展问题也具有一定的现实意义。

关键词：穆斯林；民族；服饰；传统；传承；发展

On the Inheritance and Development of the Traditional Muslim Dress in Our Country from the Perspective of Design

Zhang Chunjia

(Department of Foreign Languages, Beijing Institute of Fashion Technology, Beijing 100029, China)

Abstract：The experimental design of modern Muslim dress is an important part in our research of the dress culture of Hui people, the aim of which is to inherit and promote our splendid ethnic dress culture. Since the design is supposed for the Chinese Muslims, the integration of ethinicity and religion are taken into consideration in the process of design. Therefore it is meaningful to explore the inheritance and development of the traditional dress of the Hui people from the perspective of design in the period of florishing traditional Chinese culture at present time.

Key words：Muslim; ethnicity; dress; tradition; inheritance; development

《四夷馆考》："回回在西域，地与天方国邻"。

一、我国穆斯林民族现状

作为信仰伊斯兰教的民众的通称——穆斯林，在中国大陆地区的分布以西北为主，他们自古通过陆路从西亚迁移而来；另外，在东南沿海也有从海路迁入的一部分。千百年来，穆斯林在中国大陆地区与汉族、维吾尔族、苗族等不同区域的民族混居，融合，从物质生活到意识形态均有不同程度的变化，从而更加接近当地人口数量占优的民族；当然，这些穆斯林民众也同时影响了周边的人群，在信仰方面也同化了一部分其他民族。如今，中国境内信仰伊斯兰教的民族包括回族、维吾尔族、撒拉族、东乡族、柯尔克孜族、哈萨克族等十个，穆斯林的数量也远远超过两千万人。这样庞大的群体在传统宗教习惯的联系下，尽

[1]本文为北京市哲学社会科学规划办"十一五"规划重点项目（07AbWY037）成果之一，曾发表于《艺术设计研究》2013 年增刊，P4-7。

力保持着服饰、饮食等传统习惯，但是，在漫长的历史发展进程中和社会不断飞速发展的情况下，与其他文化的融合也是不可避免的。就本研究项目组走访的西北和华北等地的清真寺而言，如呼和浩特市清真大寺——其建筑形式就与中国汉族传统建筑有着美妙的融合，寺内在保留原有的功能性设施的同时，装饰形式上大量采用了传统中式建筑的飞檐斗拱。坐落于北京牛街的清真寺，创建于辽圣宗统和十四年（996年），主要建筑有礼拜大殿、邦克楼、望月楼和碑亭等，均于明清时期修筑，也是采用汉族传统建筑形式修建的清真寺的典型实例。寺内比较著名的"四无图"玉石浮雕，绘有钟、如意、棋盘和香炉等，"钟"通"忠"，如意的"意"通"义"，"棋"通"齐"，香炉的"香"通"襄"，这四个字合起来就是"忠义齐襄"，即忠义双全的意思。考虑到修筑年代，可以想象，这是当时穆斯林将伊斯兰教与汉族传统礼义融合的完好例证。

除却清真寺的建筑形式，在服装服饰方面，能够完整保持传统的阿拉伯特色对于大多数穆斯林来说已经非常困难了，尤其是在城市中工作和生活的人或者年轻人。项目研究组自2006年开始的调查研究中，将服饰作为调研的重要组成内容，针对不同地区和不同年龄段，大量取样，走访了众多穆斯林家庭，针对很多现实生活中的着装问题以及对传统服饰的传承保留与他们进行了深入交流。

二、对于传统服饰的坚守

1. 服装款式上传统与现代的对抗

为了遵从《古兰经》的规定，中国穆斯林男子在礼拜时都穿着长袍、戴头巾、戴斯塔尔或者白帽子；女子戴头巾遮蔽上身，通体宽松长袍，无曲线，只可露出脸和手。

当今的中国社会，无论是物质还是文化思潮都经历了几多变革。从民国时期对穆斯林的打压政策，到解放中国时众多穆斯林兄弟的参与奋战，到"文化大革命"时期对传统宗教文化的破坏摧毁，再到改革开放初期无视传统文化的虚无时期，这些起起伏伏的变革都影响着、改变着中国穆斯林的生存状态。服饰文化作为生活的重要组成部分，在传统伊斯兰教的多种

约束下，不断地承受着来自各方面的冲击。譬如席卷全球的西方时尚流行——从各个细节改变着大多数人的审美标准，对于年轻一代的穆斯林有着巨大的冲击力，使得众多的年轻穆斯林们开始抛弃传统，在日常生活中将自己融入社会主流时尚。

这种来自欧洲的时尚潮流，带给中国传统社会文化的冲击是多方面的——服装的款式、色彩以及着装规范，更包括西式服装背后的人文精神，如强调女性解放、言论自由等。在全球同化的今天，中国穆斯林的各阶层都不同程度地受到影响，以北京为例，老年人在固守传统，但是非礼拜日也不会一直穿着长袍或戴面纱，只是头戴白帽；中青年人在工作日很少穿着传统民族服饰，无论是由于人们的趋同从众心理还是政府部门、国际化公司的办公氛围，都在改变着传统的着衣习惯，仅仅从服装表面已很难辨识民族特征。未成年人的服装款式基本上只有在传统节日或者进入礼拜寺之时才遵从传统习俗。根据采访过的案例，很多穆斯林年轻人表示，如果非礼拜日，着装会和汉族无异，因为传统的长袍或头巾会将他们与大众生活隔离开，将他们的民族或宗教身份过度地强调出来，使他们不能很好地融入社会生活；而且传统长袍在日常生活中，尤其是运动时，也多有不便。同时，从另一个角度谈及款式所受的同化影响时，以婚礼服为例，众多穆斯林婚纱也在显露新娘的腰身，半透明的白纱覆盖在手臂和肩部，这在传统教义看来都是应当禁止的。但是正因为有了年轻人对西方文化的这种向往心理，才出现了众多的迎合设计；而这种向往之心，追溯源头，也可以从低端文化向高端文化流动的路线中找寻一些佐证。自古以来，中华大地占统治地位的汉民族几次为少数民族所征服。但是文化上却几乎都出现了反征服。尤其以清朝为例，历代皇帝几乎都在学习汉文化，以儒家思想为轴来建立思想统治体系。而今，大众所见的西方科技高度发展所带来的社会全面发达，也将服饰文化远播异土。虽然，不能简单地将西方服饰文化作为发达的例子举证，但西欧的服饰发展体系已然成为世界主流，民族性的服饰作为历史传承的文明果实，只能在某些特定场合闪烁其光芒，无论是汉族传统服饰还是穆斯林传统服饰也都只能退居其次了。

2. 服装色彩上对传统的突破

穆斯林崇尚的传统色彩为"绿色、白色、黑色"，

这是穆斯林世界的三原色。绿色象征和平、生机，白色象征纯洁，黑色象征哀伤、掩盖和庄重。

而每年变幻多姿的国际流行色随同国际时装流行趋势一起为中国的社会生活带来了巨大的影响，波及的范围不只服装领域，还包括生活的其他方面，如室内设计、工业产品设计等。穆斯林服装用色在广泛的比较中略显单调，但是很多进口自东南亚的穆斯林服装"巴服"，在一定程度上打破了这种单调，呈现出高纯度色彩为主的状态，如浓艳的大红、玫瑰红、土黄、松石蓝、土红等色彩。但是，相较于色彩丰富的国际流行色系，从冷色到暖色，从高纯度到灰色系，缤纷异常，同服装的款式一样，这些都带给穆斯林民众巨大的冲击。中国自先秦时期到21世纪，历经变迁，崇尚的色彩也多有不同，从明朝到现在，象征吉祥的红色和皇家的明黄、贵胄的紫色等一直都是备受推崇的，在人们的生活中扮演着富丽堂皇的角色。现今所见的穆斯林婚礼服，还有非常多的传统礼服都采用了大红的颜色，这是《古兰经》不认可的。

三、传统服饰活跃的局限性

1. 不同年龄层人群对传统服饰的热衷程度不一

无论是穆斯林民众还是其他民族，对本民族传统文化热衷的普遍性往往都是以年龄为阶梯划分的——年长者对待传统的事物会有更多的认同，年轻人则往往向往更多的变革。同样，对于穆斯林传统文化，包括起居规范、衣着行为，年长的穆斯林会更多地按照《古兰经》来要求自己、看待别人。在本项目组调研的过程中，有穆斯林老人对年轻人及周围习俗的变化表示无奈，他们希望自己的子女后代能够与他们一样遵从教义，但是年轻人通常很难严格按照教义选择自己的着装。以北京牛街回族老人为例，在清真寺周围生活，平日也穿着长衫，头戴白帽；女性年长穆斯林会在清真寺内穿着长袍，头戴围巾，平日则基本与汉族无异，偶尔能见到头戴白帽者。他们的子女基本上是在礼拜日进入清真寺时穿着传统服饰，平时的着装大多与汉族相同，没有教义禁忌。

2. 从地域角度看传统服饰的保留

传统服饰文化除了在年长人群中得到更多的保留之外，在穆斯林集中聚居地区也会有更完整的体现。青海、内蒙古、甘肃、宁夏这四省或自治区的穆斯林居住更为集中，数量较多，无论年长年轻，头戴帽子或围巾均比较普遍。其中以甘肃临夏为例，临夏位于甘肃省会兰州东南，历史悠久，是古丝绸之路的必经要道，回族占总人口的51.4%左右，境内还有保安族、东乡族、撒拉族等，是全国穆斯林人口比例最高的城市。从兰州到临夏，沿途经过的150多公里的路程，随处可见戴头巾和帽子的年轻穆斯林。未婚女孩基本戴彩色头巾，已婚年轻女子往往戴黑地墨绿花纹的类似烂花绣头巾，年长女性穆斯林则多戴纯黑或纯白头巾；但是，女性日常的服装，也并没有如《古兰经》规定的那样为蔽身长袍，而是普通汉族服装，只以头巾来区分。男性穆斯林不分年龄都是清一色的白色绣花帽，衣着也与汉族无异。这种民族气息浓郁的氛围使得当地居民的穿着能够从局部上比较明确地体现教义规定，虽然日常装只是头部装饰的区分，但是从全国范围内比较来看，这已经是特色鲜明了。

3. 穿着场合对于传统服饰的重要性

除了刚才提到的日常生活着装以外，在一些重大节日期间，大部分穆斯林还是会身着长袍、头戴围巾或帽子进入礼拜寺。就如开斋节期间的北京牛街清真寺，所见之处，无论中外穆斯林，都穿着各色长袍，只是款式或者颜色有不同之处。由此可见，如同世界上很多有特色的民族服饰一样，穆斯林服饰也只能在节日庆典时向世人展示它的本来面貌。而汉文化强大的融合力已经从很久远的年代就开始作用于穆斯林，居于其中的回族、东乡族、撒拉族、保安族等也早已将不同的民族特色，与东西方不同的文化特点融为一体，混合出中国现代穆斯林的特有状态。乐观的是，毕竟还是有这样的一些人群、地区、场合仍保留着穆斯林的传统，可能这些传统从时间或地域角度来审视的话并不十分连贯，但是这些现存的传统元素仍然有着非常旺盛的生命力。很多学者相信，在民族信仰的支撑下，穆斯林服饰一定会不断地延续下去。

四、穆斯林服饰的传承与发展

有学者曾经这样提出："向我展示一个民族的服装，我就能写出它的历史。"穆斯林服饰距离它的发源地已经非常遥远，它所代表的地域性特征和历史性元素在进化的过程中已经慢慢地为远迁者所忘却——新的地理环境、新的人文环境都在悄无声息的改变着他们。可以坚守传统，可以在思想上继续朝圣，但是语言、建筑、服装都已经发生了重大变化。而对于逝去的一部分文化意义，现今的穆斯林或是穆斯林后辈们能够怀念多少呢？

"只有把某种艺术品放在它所存在的制度布局中，只有分析它的功能，亦即分析它的技术、经济、巫术，以及科学的关系，我们才能给这个艺术品一个正确的文化的定义"（费孝通译《文化论》）。

在传统文化的传承与保护方面，众说纷纭，其中不乏对立的观点，譬如，有人认为传统文化应该传承，但不宜发展，只存在于纪念意义中即可，因为其只能代表历史，博物馆是最妥当的存留之处；也有人认为，传统文化不但应该传承，而且应当继续发展下去，以新的姿态导入到当代文化当中，并赋予其具有时代感的、新的价值和意义。穆斯林服饰有着悠长的发展历史，作为异域文化在中国本土生根的果实，代表着多重的价值观与评判标准，拥有大量的载体——数量庞大的穆斯林人口，在穆斯林集中居住地又有着广泛而寻常的认同。在新时期，穆斯林民众将国际流行资讯融入本地生活的同时，现代与传统的碰撞，其结果并不一定要其中一方败北，而是可以兼收并蓄，加之中华文化历来以博大精深著称，承载着这些局部的变革，将其收纳怀中，从而导出的应当是一种多重文化交织的混合体。将传统文化束之高阁的做法虽然是对历史的肯定，然而却在同时否定了这种文化艺术在今日的价值，这是无法在不同年龄层的社会群体中引起共鸣的。作为新时期弘扬优秀传统文化的有力佐证，传统服饰艺术的传承和推广有着鲜活的现实意义。由此，我们是否可以这样认为：穆斯林服饰的存在代表着大量的历史和宗教意义，不能将它强制推广于穆斯林日常生活之中，尤其是对年轻人，具体来讲，这种服饰自身鲜明的特点似乎更适用于一些特定场合，如民族节日、庆典、大型集会等活动，在这样的服用条件的限定下，穆斯林服饰的出现会显得更为自然和得当。

将中华传统文化与穆斯林民族传统相结合，这在历史的发展脉络中一直是不露痕迹地自然进行着，而今，谈及传统服饰的传承与发展，除了对传统的肯定以外，如何合理地进行发展、妥善推广，其难度更大一些。由于前文所说的种种现状，本项目组在进行穆斯林服饰设计开发的过程中，以走访调研所取得的一手资料为基础，并研究诸多的当代穆斯林文献，将中国传统元素与穆斯林服饰结合，在尽力符合基本教义的前提下，力图将设计与主流时尚接轨，尤其希望从年轻一代的穆斯林身上找寻突破，争取更多地认同。在设计项目开发完成之后，于北京服装学院举办了作品展览。在众多观者中，尽管有着不同的观展感受，但是归纳起来，积极方面大致如下：其一，大家往往没有意识到穆斯林服装会如此多姿多彩；其二，能够看得出设计作品中所蕴含的传统文化元素；其三，作品体现了一定的时代感，更为贴近现代人的生活。整体来讲，反响还是比较乐观的，但是，由于一定的条件限制，展览本身的局限性在于举办场所是在非穆斯林聚居地，虽然争取到的意见中有穆斯林的参与，但大多数观众非穆斯林。无论如何，还是希望这些作品能够真正成为一次民族传统服饰文化与现代设计理念相结合的有价值的尝试。

五、结论

穆斯林服装的传承与发展牵动着多方面因素，诸如宗教、艺术、历史等，人文环境在不断地发生着变化，传承的条件也就随之改变。在统一信仰的支撑下，在人们着装需求的前提下，在社会大力提倡弘扬传统文化的氛围下，穆斯林服饰在新时期的发展之路也希望有新的宽度和方向。如果将民族传统服饰看作是艺术的话，在特定环境下，这种艺术的传承和发展也是这一民族所衷心希望看到的。如果能够从设计的角度给予这种希望以一定的支持，或许正是设计创新进行的意义所在。

参考文献：

[1] 马林诺夫斯基. 文化论 [M]. 费孝通，译. 北京：华夏出版社，2002.
[2] 海勒. 色彩的文化 [M]. 吴彤，译. 北京：中央编译出版社，2004.
[3] 刘元风，胡月. 服装艺术设计 [M]. 北京：中国纺织出版社，2006.
[4] 王新生.《古兰经》与伊斯兰文化 [M]. 银川：宁夏人民出版社，2009.

展览照片 1

白色花朵头饰搭配缎质
堆褶曳地长裙

手绘贴花装饰长裙

花瓣装饰红绿渐变色堆褶曳地长裙

白色镶黑边带印花头饰
分体塔裙

棉质水墨印花长袍

展览照片 2

湖蓝渐变色印花并贴花
装饰连帽长裙

层叠式黑色绣花上衣及
头巾

北京回族服饰文化研究❶

郭平建　陶萌萌

摘　要：本文以实地调研为基础，总结了北京回族服饰文化的现状，分析了影响北京回族服饰文化变迁的因素，展望了北京回族服饰文化的未来发展趋势，并对研发北京回族服饰的可能性进行了探讨。

关键词：北京；回族；服饰文化

A Study on the Dress Culture of the Hui People in Beijing

Guo Pingjian & Tao Mengmeng

（Department of Foreign Languages，Beijing Institute of Fashion Technology，Beijing 100029，China）

Abstract：This paper，based on the data collected form the field work，has made a summary of the present situation of the dress culture of Beijing's Hui people，analyzes the factors that influenced the change and continuity of the dress culture，forecasts the future of the dress culture，and discusss the possibilities to research and develop the dresses for the Hui people to satisfy their needs.

Key words：Beijing；Hui people；dress culture

北京自元代以来就一直是中国的政治中心，回族也正是自唐代开始，经过元末明初逐渐形成了民族。明代前穆斯林还保持穿着阿拉伯服装。伊斯兰教没有规定必须穿什么服装，只要男子穿得比较整齐、宽松；女子戴头巾，把头发遮住，不露出手和脚就可以。因此，中国信仰伊斯兰教的民族，如新疆的维吾尔族、塔吉克族、哈萨克族等民族，由于其是先有民族，后有信仰，所以保持了自己民族的服装。为了了解当前北京回族服饰文化的现状，我们选取了北京四个清真寺社区为主要调查范围，调查对象以北京本地的回族为主，也包括现在生活以及工作在北京的外地回族，这样有利于分析族群内部不同文化群体对服饰文化的影响。

一、北京回族服饰文化的发展

调研发现，北京回族的服饰较之西部的回族服饰更多地受到现代都市文化的影响，日常服饰已经和汉族没有任何区别，72%的人已经不穿戴任何民族服饰，19%的人（中年人居多）表示在民族节日的时候还会戴帽子，只有9%的人（均为年纪在50岁以上退休的人）还在坚持穿着民族服装。民族节日服装一般只在过开斋节、古尔邦节以及圣纪的时候，或者是社区活动、小范围的集体活动中会有人穿。例如每年过开斋节的时候，在牛街的大街上可以看到一些穿着各式各样民族服装的人。在其他的清真寺穿着民族服饰的人就更少了。随机调查发现，近一半的回族人认为，其传统服装中的宗教属性更加强烈。他们普遍接

---

❶本文为北京市哲学社会科学"十一五"规划重点项目"北京回族服饰文化研究"（07Ab WY037）最终成果的主要内容，曾刊登在北京市哲学社会科学规划办主办的《北京社科》2010年第11期，P14-19。

受了民族与宗教相分离的观念。

回族对礼仪比较重视，在类似结婚这样生命中的重要时刻，都会有相应的礼仪活动。其礼仪服饰具有宗教特征，体现在盖头和帽子上。例如，结婚办喜事时，证婚的阿訇还有少数几个年龄比较大的乡老都要穿戴具有回族特点的白衫、白帽；回族的丧葬制度与宗教紧密相连，不易改变。回族的丧葬服饰分为孝服和殓服两个部分，孝服是生者为了悼念亡者而穿着的服饰，殓服则是指亡者穿着的服饰。调研观察得知，由于伊斯兰教的影响，在殓服的样式、规格、要求等方面，北京回族的殓服与全国其他地区的回族殓服大体相同。孝服却变化较多，愈加地简化，都是日常装扮（男、女都戴白帽，只是不穿短袖衣和短裤），突出了伊斯兰教对丧葬从简的规定。

伊斯兰教对回族服饰文化的形成和发展有着很深的影响，表现为宗教服饰在回族服饰中占有相当重要的位置。回族的宗教服饰可以分为三个部分。第一部分是每年朝觐的服饰，不论是神职人员还是信教人士，所有人在朝觐中的服饰都是一样的。第二部分是伊玛目（神职人员，也称阿訇）在礼拜时穿戴的服饰，也是最明显的体现宗教特征的服饰。采访调查发现，北京地区的阿訇宗教服饰的头饰基本上都是白色的"戴斯塔尔"，夏天身着白色长褂，冬天穿着藏蓝色长大衣，也有穿米色的，长及膝部。也有部分阿訇喜欢穿巴基斯坦或者马来西亚的服饰。第三部分是回族男、女在上寺做礼拜时穿着的服装。这部分服饰对女性的要求是"宽、松、遮"，所戴的盖头为白色，穿裤装，不穿裙子礼拜，即便是长裙也不行。男性的服饰要求为庄重，最低限度是遮盖男子的羞体，必须是干净的，颜色清淡；一定要戴一顶无沿圆帽，防止头发散乱；禁止男扮女装，不可使用女性的首饰，但是由于北京的多元文化环境，回族男性青年中也有不少人戴装饰性的耳环。可以看出，伊斯兰教在宗教礼仪服饰上的要求不只针对女性，对男性的服饰要求也很多。

二、影响北京回族服饰文化变迁的因素分析

第一，回族文化具有多族源性。回族不是由单一民族发展而来，而是由多民族融合而成。回族不仅有波斯民族、阿拉伯民族、中亚各民族等外来民族的成分，还有蒙古族、维吾尔族、汉族等本土民族的血统。可以说民族融合一直伴随着回族的形成与发展。

第二，北京回族服饰文化受到的影响大。资料显示，经过明清两代民族融合，北京的回族为了能够在北京这个中国传统儒家文化的腹地保持自己的文化特征，不断强化伊斯兰教作为民族文化的核心价值观的作用，在逐渐借用汉民族服饰的形制基础上，尽量遵守宗教中对服饰的基本要求，保留"戴帽"这一能够被社会主流文化接受的着装习惯。

第三，西方服饰文化的影响。随着当今世界经济一体化、文化多元化的进程，北京已发展成为重要的国际文化交流中心和全世界各个民族文化自我展示的舞台，同时也成为多种文化融合和冲突的重要场所。西方服饰文化对北京回族服饰文化的影响，体现在有些正式场合很多回族人士会选择西服作为正装，以表示对他人的尊重。

第四，变迁中的中国传统服饰文化的影响。虽然最初的回族服饰有其自身的特点，但在清末回族服饰已经依附于中国传统服饰。今天，中国传统文化在北京这个现代化的大都市中，正在悄悄地发生着变化。中国传统服饰文化的变迁是传统文化对服饰文化影响逐渐减弱的表现，也是中国传统文化对当今社会影响力的减弱，这对北京回族服饰文化来说有了更广阔的可发展空间。

第五，伊斯兰服饰文化的影响。由于明清两代"闭关锁国"的外交政策，回族基本失去了与伊斯兰世界的联系，直至清代后期，回族信仰的伊斯兰教在北京地区开始出现类似于世袭掌教的中国化现象。这种"中国化"的过程在回族的服饰文化变迁中表现得尤为突出。清末时期的回族服饰都已经不同程度地采用了汉族、满族或者周边少数民族的服装以及色彩偏好。北京的回族服饰更是如此，服饰的民族特征几乎消失，保留下来的都是那些与宗教精神息息相关的部分，如头饰已成为回族身份的表征。

第六，北京回族中群体服饰文化的影响。北京作为全国各地文化汇聚的城市，吸引了来自各地的回族同胞。在北京流动的穆斯林人口和北京当地的回族之间逐渐形成一个被包含在伊斯兰世界之内的精神社区。使得北京的回族能够积极借鉴全国各地回族服饰

文化的特点以及外来穆斯林服饰文化的特色，逐渐构建其具有北京地域特点的回族服饰文化。

第七，社区变化的影响。从广义上讲，北京回族的城市化由来已久，可以追溯到元代建都。从狭义上看，1949年以后中国进入真正意义上的城市化，北京回族也就顺其自然地开始了城市化进程。北京的回族文化经过长期的变化、融入，已能够与以汉族文化为主的北京文化和谐相处并相互渗透，达到了和谐。为了保持和传承自己的民族文化，或者说为了保护能够在精神上被"认同"的群体存在，北京的回族更加依赖于由同质的人组成的有共同日常生活的社区。中国的现代化和城市化引起的社会变迁，也引起了回族社区地缘、家庭结构及妇女社会角色、教育环境、传统回族服饰审美观以及宗教文化环境等方面的变化，从而导致了现代北京回族服饰文化的变迁。

三、北京回族服饰文化的发展趋势

从历史上回族文化的变迁来看，回族文化具有较强的适应能力，在坚持文化最核心部分的同时不断地变通和融合，使得回族虽然处于汉族文化的腹地，却仍然能够具有相对的独立性。面临城市的加速发展，北京的回族服饰文化该如何继续传承呢？也就是说会有什么样的发展趋势呢？根据调查和实地观察，发现有以下五方面的趋势：

第一是礼仪化。这里的礼仪化指的是民族服饰更多地在民族礼仪场合被穿戴。例如回族的主麻日、民族宗教节日以及婚丧等礼仪场合。调查中40%的人表示他们会在开斋节、古尔邦节这样的民族节日时戴白帽或带盖头。在上述礼仪场合中，按照与事件的相关程度来看，事件的主角最注意自己的着装。这是北京回族服饰文化的一个趋势，也可以说是现今都市化背景下大部分民族存在的共性。

第二是符号化。民族服饰一个很重要的特性，即标注个体的民族身份。在城市化过程中民族服饰迅速退出少数民族的日常生活，使得民族服饰已经变成标注个体民族身份的简单符号。在调查中，当要求对印象中回族的民族服饰进行描述时，100%的人写了白帽和马甲。帽子已经变成男女都能戴的民族服饰以及宗教文化的象征。可见在人们的认识中，传统回族服饰已经成为极为简单的特征，变成了一种民族文化的符号。

第三是时尚化。现如今凡是在文化繁荣、交流频繁的地区，都会有时尚存在。民族服装的发展同样也受到现代时尚文化的影响。对于北京回族服饰而言，生活在北京这个文化都市中，回族的日常服饰也受到了世界时尚潮流的影响。即便是在参加宗教节日的时候，也可以见到不少戴传统头饰，却配以现代时尚装束的人，有的女性烫着卷发戴帽子，也有穿着一般运动服的年轻人，在做礼拜的时候也有穿着帽衫的，用连衣的帽子代替礼拜帽，这是现代北京回族服饰时尚化的一个重要表现。另外，有不少人选择"巴服""马来服"，以及国外来的一些盖头、帽子，这也是一种时尚潮流，这些潮流因素就来自于纷繁的各穆斯林民族服饰文化。其中来自国外的穆斯林服饰对回族服饰的影响比较明显。

第四是多样化。由于北京地区的文化具有较大的开放性，使得这里的回族有了更多的对外文化交流的机会，也更容易接受新的文化形式，为北京回族服饰的多样化提供了现实的可能性。北京回族服饰的多样化一方面因为现代服饰文化多样性的影响，另一方面由于北京回族服饰文化本身就较为匮乏，而在回族内部有文化回归的需求，使得不少有意要保护民族文化的人致力于多样化的回族民族服饰的开发。北京回族服饰的色彩、花纹图案以及款式上都不同程度地吸收着来自各个方面的文化养分，不断地创新，逐渐走向多样化。

第五是服饰中民族性与宗教性逐渐分离。伊斯兰文化中民族与宗教信仰是很难分开的，表现在信仰伊斯兰教的民族服饰上就是服饰的民族性与宗教性结合，回族的民族服饰也不例外。回族服饰中民族性指服饰中体现了民族文化意识的部分，而宗教性则指服饰上体现了宗教信仰的部分。总体上看，服饰中宗教的元素总是表现出严肃性、稳定性和较强传承性，民族的元素则体现为多样性、多变性和可发展性。也就是说在回族的主体服饰中同时蕴含了宗教和民族两种元素。调查结果显示，回族服饰的宗教性要多于民族性。在现代城市中，民族服饰的宗教性表现更加明显，而代表民族性的部分由于本身就比较欠缺而逐渐被人遗忘。

四、北京回族服饰研发的可行性

北京是全国的文化中心，北京回族的服饰文化无疑会影响其他地区的回族服饰，尤其是西北相对比较闭塞的地区。随着西北的回族与北京回族之间交流不断加深，为北京回族文化的发展带来了传统文化的气息。北京的不少回族青年都逐渐对自己的民族文化有了兴趣，并且产生了学习本民族文化的愿望。在牛街的学习班以及南下坡清真寺的学习班上都能看到一些年轻人的身影。北京的多个回族或穆斯林的网站也成为新时代青年学习民族文化的新途径，出现了民族文化在回族青年中的"回归"。因此，作为一个民族文化最明显标志之一的服饰，就成为北京回族彰显自己民族身份的重要方式。在全国回族服饰文化的发展过程中，北京的回族服饰文化应该成为回族服饰文化发展的领头羊，发挥其文化交流的优势，为回族服饰文化的传承找到一条出路。另外，回族是中国少数民族中城市化程度非常高的一个民族，城市中回族服饰文化如能得到很好的发展，将会为保护和发展其他少数民族服饰文化起到示范作用，对推动整个中国民族文化的繁荣与社会和谐产生积极作用。

北京宽松的文化环境和丰富的文化交流为回族服饰提供了广阔的发展空间。在针对回族服饰市场的调查中发现，有70%的人表示希望有专门卖回族服饰的商店出售令人满意的服装，不过这70%的人中有半数以上为50岁以上。根据市场调研和所观察到的情况，在回族服饰的研发方面提出以下一些建议：

第一，在服饰设计的定位上应该偏向于成年人服饰，尤其是老年人。在针对老年人服饰的设计中不要太多的装饰，款式要符合传统服饰审美以及宗教的"宽、松、遮"三个基本要求。这主要考虑到老年人在生活上和民族习俗上的需要。而针对成年人的服饰，应该依据实际情况，制作高质量的，能够在礼仪场合表现个人民族身份的服饰。

第二，要充分认识到，虽然民族文化有回归的趋势，但是民族服饰礼仪化的趋势仍然是主流。购买民族服装的人不会在日常生活中经常穿戴，所以服装的民族性一定要体现，但是也不能太过张扬，要既能够融入现代服饰文化，也能够表现出民族特点，舞台元素要少用，贴近生活才有可能渐渐融入日常生活。

第三，在挖掘传统的回族服饰元素的同时，设计中也可以加入其他穆斯林民族的图案色彩等元素。虽然同属于穆斯林民族，但北京的回族受到汉文化的影响较大，比较喜欢汉族传统的花卉图案和几何图案，也不排斥作为服饰的装饰图案使用，不过老年人依然不会选择带有龙、凤之类动物图案的服装。民族认同不是单向的，一方面要本民族认可，另一方面也要其他民族认同。现在新设计的回族服饰虽然本民族可能认同，但是其他民族却可能较难认可，还需要经历很长的时间来考验、沉淀、达成共识。

第四，现代服饰文化中的一些时尚元素也可以用到回族服饰的设计中，但是颓废的、邋遢的、另类的风格则不可以使用。素雅的、庄重的、落落大方的服饰审美在回族中仍然有很深的文化基础。

第五，在针对年轻人的设计中，可以选择鲜亮色彩和多样的材料。棉麻以及编织类型的布料都可以选择，但是太薄太透的材料不可以单层使用，女性的服饰还是要具有遮蔽的效果，不能刻意暴露。可以有一定的曲线，但是不可以过于紧绷，裙装可以加入设计，但超短裙是不能采用的。

第六，在设计女性服饰的时候也要注重男性服饰的设计。现代的服饰设计中多偏向于女性服饰。女性的服饰具有更多的创作空间，男性的服饰变化较少这是不争的事实，但并非说男性的服饰不重要。笔者在调查中发现，男性服饰的需求其实是有的，只是很少有人关注。在设计中可以加一些花纹的装饰，但是同样不能使用动物的图案，且男性的服饰多注重用料、颜色和裁剪，款式上冬天多偏向于长款的大衣，夏天则偏向于透气舒适的白褂。目前就所掌握的资料来看，这部分的需求比较分散，不易统计。

第七，设计要与市场结合。从民族服饰的设计研发到生产、销售，都需要有一个比较顺畅的渠道，否则即便是设计出来服装，如果无人知晓，供需之间的信息不够通畅，民族服饰也无法做到真正的推广。在设计方面应该多利用首都高校的设计队伍，并根据市场的反馈进行调整；在生产方面，可以考虑利用浙江、青海、宁夏等地的企业，无需非要在北京地区开设生产线；在销售方面，可以选择多种销售渠道，如清真寺的穆斯林用品店和清真寺周边的民族用品商店都是较好的销售场所。由于现在城市中的回族都不像以前那样聚居在一个社区，而是分散在城市的各个角落，所以除了比较受欢迎的卖民族服饰的实体店外，也不妨尝试一下网络销售这种新的形式。

总体来说，回族服饰的设计一定不能脱离实际，既要体现民族风格，又要具有时尚性，这样才能有市场，才能发展。

回族从形成、发展到现在，仍然能够坚持自己的文化传统，是因为回族能够在坚守自己传统文化的同时，吸收新的事物，不断向前发展。不论是回族的形成，经历的变迁，或是当前传统文化的回归，伊斯兰教都是回族文化得以传承和发展的核心力量。城市化已经是现代化的必经之路，与其他民族一样，回族也必然要接受这样的外部环境变化。北京的回族服饰文化在城市的现代化过程中，也不可避免地因为传统社会结构的解体而不得不面临传统文化难以传承的危机。如果丢失了传统文化，回族的服饰文化不仅会在伊斯兰文化圈中失去自己民族服饰文化的独立性，也会在这个服饰文化多元化的世界中失去自己的立身之地。如今无论是在官方还是在民间，中国文化与伊斯兰文化之间都在积极对话，国务院总理温家宝的外访和伊斯兰文化的著名学者的来访，都给信仰伊斯兰教的回族提供了一个更好的文化交流和民族文化回归的契机。回族服饰文化要很好地利用现有的机会，积极传承，向更广阔的空间发展。

云冈石窟艺术中的服饰文化研究❶

刘 芳

摘 要：云冈石窟是我国著名的世界文化遗产，它开凿于北魏，经历了早、中、晚三个时期，每一时期雕像服饰风格各异，呈现出形式与内容的变化。本文通过分析实地调查、访谈所得信息，探索了云冈石窟不同时期服饰文化的特征，并分析了影响云冈服饰文化变化的三个主要因素：社会变革与文化思潮、宗教、文化交流。认为云冈石窟雕像是北魏时期社会服饰乃至政治、经济、文化发展进程的缩影，表现了我国古代服饰历史上民族间、地域间、国与国之间的交汇融合；雕像外观及服饰中充满乐观、力量、华丽和铺陈的艺术风格，深藏着对人生命运的强烈欲求和留恋，是服饰与政治、宗教巧妙结合的典范。

关键词：云冈石窟；艺术；服饰文化

A Study on the Costume Culture of Yungang Grottoes

Liu Fang

(Department of Foreign Languages, Beijing Institute of Fashion Technology, Beijing 100029, China)

Abstract：Yungang Grottoes is a famous world heritage site. It was excavated in the Northern Wei Dynasty and has experienced early, middle and later periods, showing a change in form and content. Through analyzing the field survey and collected information, the article is to explore the costume culture of Yungang Grottoes in different periods and analyze the three main factors which influence the change of Yungang Costumes: social change and cultural trends, religions and culture exchanges. Yungang Grottoes is a miniature of Northern Wei fashion and the political, economic, cultural development of miniature, showing the unprecedented integration between ethnics, regions and countries in China's ancient fashion history. The appearance of the statues shows great optimism, strength, and elaborate artistic style, implying the strong desire and nostalgia of the fate. It is an ingenious integrative example of an integration of clothing with politics and religion.

Key words：Yungang Grottoes；art；costume culture

1 前言

作为世界文化遗产，我国著名的四大石窟群之一的云冈石窟，自北魏开凿以来，在漫长的岁月中，为世人留下了一座不朽的佛教石窟艺术丰碑。千百年来，这颗犹如镶嵌在黄土高原上的璀璨明珠，以其古朴的塞上风貌与无与伦比的石刻技艺，不仅使我们感受到中华文化的辉煌与神圣，而且为我们了解祖先思想的博大精深和创造力的鲜活丰盈提供了不可多得的历史信息。不断挖掘云冈石窟宝库中的珍藏，破译古人留下

---

❶本文曾发表于刘元风主编的 2010 年"中国概念 & 创意产业"国际服饰文化暨教育研讨会（ICCEC）论文集《传承文化 创意未来》，中国纺织出版社，2010 年：P150-155。

的重要"信息"不仅是历代艺术研究工作的重要任务之一，也是今天弘扬和传承云冈文化的时代要求。

云冈石窟是了解和研究我国古代社会政治、经济、文化、艺术以至宗教信仰等方面的珍贵资料，也是追溯古代中西文化交流和人民友好往来的实物佐证。中外有关云冈石窟的研究有很多，这些研究从历史、艺术、宗教等不同的视角探讨云冈石窟，如国内最早研究云冈石窟的学者陈垣先生于 1919 年发表《记大同武州山石窟寺》，从史料学的角度较全面系统地考证了云冈石窟；中国营造学社梁思成、林徽因、刘敦桢于 1934 年在《大同古建筑调查报告》一书中发表《云冈石窟中所表现的北魏建筑》，从建筑学的角度系统分析了云冈石窟所保存的北魏建筑样式，指出了云冈北魏建筑的西方因素和汉地传统因素。

对于云冈石窟，从服饰文化角度进行的研究很少。首次从服装角度对石窟佛像的服装特征进行研究的是山西大同云冈石窟文物研究所王恒，主要论著有《试论云冈石窟佛像服装特点》《云冈石窟菩萨像的宝冠和服饰佩饰》；副研究馆员李雪芹在其论著《试论云冈石窟供养人的服饰特征》中，也从服饰的角度对云冈石窟雕塑进行研究，通过对石窟雕像中供养人服饰的调查分析反映北朝的社会特征。其他有关研究还包括赵昆雨的《云冈石窟造像服饰雕刻特征及其演变》以及陈小鸣的《云冈第二十窟佛造像的浑和美——先秦美学在北魏的成熟》等。本文从服饰文化的角度出发，运用服饰文化史、社会学、宗教学、美学等诸学科知识，对云冈石窟早期、中期和晚期的服饰文化特征进行探讨，对影响石窟服饰文化变迁的社会变革与文化思潮、宗教、文化交流三个主要因素进行分析，以期更为深入地探讨我国的佛教服饰文化。

2 云冈石窟雕像各时期服饰文化特征

北魏社会服饰制度是研究云冈雕像服饰不可忽视的重要因素。云冈石窟开凿过程经历了早、中、晚三个时期，编号为 16~20 的五窟（也称"昙曜五窟"）为早期作品，中期主要开凿了第 1、第 2 和第 5~13

窟，第 20 窟以西即第 21~45 窟为晚期作品。这三个时期的雕像外观及服饰风格各异，呈现出形式与内容的变化。这些服饰形态的演变不仅反映了北魏平城时期代服饰流行变化的趋势，也反映了当时社会审美观念的变化以及多元文化之间的相互渗透与相互影响，是北魏平城不同时期人们思想意识和精神风貌的体现。

2.1 云冈石窟早期雕像服饰：异域古风　皇家气度

云冈早期雕像即"昙曜五窟"开凿于公元 453 年，是北魏时高僧昙曜在皇帝授意下主持开凿的。在这五个像窟之中，第 16 窟是本尊释迦立像，面相清秀，英俊潇洒；第 17 窟是交脚弥勒佛像，窟小像大，咄咄逼人；第 18 窟为身披千佛袈裟释迦立像，气势磅礴；第 19 窟为释迦坐像；为云冈第二大造像；第 20 窟为露天造像，也是云冈石窟的代表作，主像为释迦坐像，造型雄伟，气势浑厚。五个像窟中的主像姿态各异，实则为当时北魏五个皇帝，也就是依次以文成帝、景穆帝、太武帝、明元帝、道武帝为参照摹体的佛造像。

在对异邦佛教文化的吸收和消化过程中，北魏政权采取了在吸收中加以改进的政策。在佛像的着装上，采取以洋为新与自主创新的完美结合，既继承外来佛教造像服饰的特点，又符合中国的国情和风俗习惯。具体来讲，在吸收方面，人像"承袭了希腊传统形式，人像的姿态和衣纹处理方式也是希腊式的，其衣饰褶纹优美，襞路清晰"。从佛像外观来看，"昙曜五窟"中每一窟中佛像皆双肩齐挺，胸部厚实，体型健壮，体现了较多的秣菟罗❶佛像艺术风格。再从服饰角度观察，早期佛像皆着紧贴身躯的袒右肩服装，这是明显的印度早期佛像服饰风格，另一种佛像之服饰则是被称为通肩袈裟的服装，如第 20 窟东胁持佛像、第 17 窟西壁立佛、第 18 窟东西两壁立像等，这种服装源于犍陀罗❷艺术创造出的第一个佛像。第 20 窟露天大佛作为云冈石窟的标志，所具有的广额丰颐、高鼻深眼、雄健昂扬的上部身躯以及服装的厚

❶秣菟罗：现在名马图拉，梵名 Mathurā，乃中印度之古国，为佛陀时代印度十六大国之一。又称摩偷罗国、摩度罗国、摩突罗国，位于今朱木那河（Jumna）西南一带，其都城为秣菟罗城，位于今摩特拉市（Muttra）之南。
❷犍陀罗：古时地名，即现在的巴基斯坦之白沙瓦及毗连的阿富汗东部一带。

重、右袒和举折纹线，都表现出了两者的融合。在改进方面，主要考虑了以下两个因素：一是地理气候状况。北方的气候干燥、寒冷，不适合穿薄的袈裟，其结果就是云冈早期雕像：佛像面料质感厚重，是羊毛或亚麻的质感。二是伦理道德。中国的封建礼教在服装上有着严格的等级制度，服装都是封闭的，不能外露，男子在公开场合免冠、袒衣露体都是不规矩的行为。因此同样是袒右肩，中国的佛像右肩并未完全裸露，而是用衣襟稍稍遮住，露出与左斜披边饰同样的衣纹，正是所谓的"因复左肩，右开右舍"，第18窟、第20窟主尊佛像就是身着这种中国式厚重的袒右肩服装。

云冈早期雕像外观及服饰风格反映了这一时期北魏社会的繁荣与发展。来自广阔草原的拓跋鲜卑人心如平原逐马，在思想、文化和宗教信仰等社会意识形态领域采取了一种开放自由的态度，对待宗教兼容并蓄，"助王政之禁律，益仁智之善性"。在各类雕像中，服饰作为石窟艺术重要的表现内容之一，淋漓尽致地展现了北魏早期的社会风貌以及鲜卑人的民族风情与审美心理，简言之，就是粗犷豪放的民族气概、强烈的异域风情与雄伟的皇家气度，其最高主题则是表达"人佛合一"的思想，其实质则是追求一种精神的永恒。"昙曜五窟"中每一洞窟之主像所具有的雄健、伟岸的力量之美，便是帝王外貌与权力的象征，更为深层的文化个性和独特品貌就是文献所言的"令如帝身"，即北魏王朝的五位帝王像。其中，最典型的当属第18窟主像，其所着的"千佛袈裟"被赋予了更多的含义，由于其象征的太武帝"灭法"，因此在文成帝复法为爷爷造像时，昙曜法师巧妙地设计和精雕出一件堪称千古绝唱的"千佛袈裟"，代表让那些在"灭佛"中死在太武刀下的和尚永远压在他身上惩罚他，而已是太武帝象征的大石像也将自己的左手放于胸前做出一个忏悔的姿势，并且永远站着。在宗教意义上，石窟造像通过巨大与微小、佛与人的强烈对比形成"佛的尊大与人的卑微"的宗教情愫，在雕像外观及服饰上，则表现出后人对大石像的一种尊敬与谴责的矛盾心理。

2.2 云冈石窟中期雕像服饰：缤纷佛国 华丽世俗

雕像服装的演变，往往伴随着时代的变迁。在雕像外观及服饰方面，中期各种雕像华丽典雅、和谐自然、体貌优美，出现了着褒衣博带服装的佛像，有非常普遍的佛教意义和审美观赏效果。这些塑像不仅显示出端庄秀丽的太和风韵，也是北魏文化生活汉族化的重要例证，如大量世俗供养人并列整齐的形象，表现了北魏中期民族融合特有的精神风貌。丰富多姿的护法形象不仅作为宗教的护法来说明佛教教义，同时又作为艺术画面的装饰内容被大量运用。

中期雕像一方面反映出佛教思想对传统服饰文化的浸润，另一方面又表现出这一时期佛教服饰发展的世俗化，共同反映出胡汉交融的服饰艺术审美倾向。这种浸润不仅反映了佛教徒对佛陀的尊敬与热爱（使其穿上最好的衣服），更反映了这一时期北魏社会的服装形态及其服装审美观念的变化，显示出北魏社会在服饰方面已有了流行的概念。第6窟作为孝文帝为祖母文明皇太后祈福所开凿的洞窟，雕刻了较为完整的佛教故事，歌颂佛母和表现释迦摩尼一生成佛传教经历，被学者们称作云冈石窟的"第一伟观"。30余幅佛传故事围绕中心塔柱和四壁依次展开，如"右腋诞生""九龙灌顶""抱子返城""出游四门""逾城出家"等，这些故事和雕像服饰所表现出的佛教思想与传统服饰的相互影响、融合，说明从印度传入中国的佛教为顺应中国风俗而适度改变了传统的服饰，接受了世俗服装的影响。

反过来，佛教服装也深深影响了世俗服装，主要表现在以下两个方面：一是个别服装款式的产生，二是服饰纹样中出现与佛教有关的内容。如宝相花是佛教庙宇中最庄严的装饰，它被移植到织锦上，成了衣衾的花纹。宝相花的原型是莲花，称其为"宝相"就是因为它象征无比庄严的佛之宝相，中国人对莲花的喜爱和佛教对莲花的崇拜，在佛教艺术中融合起来。仔细分析，这些精美无比、具有特殊象征意义的装饰纹样虽然是宗教性的，但它们又不可能被封闭在宗教的狭小空间中，而是随着千万香客信徒流传到世俗中，甚至以它们"时髦"的样式而引领装饰潮流。

从服饰文化的心态层面分析，中期雕像服饰特征反映出北魏社会胡汉交融的实用主义艺术审美趋向。具体来说，大部分雕像无论从其外观还是所着服饰都表现出明显的汉化特征，甚至有的完全汉化，但仍有胡服的元素保留。如第11窟建于公元489年，该窟的佛造像相貌及体形都已经是汉族清秀的形象，衣着上也改为汉族的服饰，但部分雕像如窟东壁供养人依然着胡服。第10窟、第12窟等窟中的佛像虽然身着通肩大衣，但在细节上有了些变化，即佛像身上的衣服更为宽大，领口也出现了"V"字形。再如第5窟北壁中央佛像是高达17米的释迦摩尼佛坐像，该佛像双肩挺阔，身穿双领下垂、内衣束结的褒衣博带式袈裟，这样的服装当是南朝士大夫的常服样式，它是北魏孝文帝在太和十年（公元486年）进行"始穿衮服"这一汉化改革的形象体现，不仅为云冈石窟的佛像服饰增添了新的色彩，同时也体现出地域文化和时代的特征。

2.3 云冈石窟晚期雕像服饰：秀骨清像 民间气息

由于整个社会的政治、经济和文化全面汉族化，云冈石窟晚期在艺术风格上也进一步汉族化，甚至走向极端而出现奇装异服。在人物形象的塑造方面，晚期造像表现出沉静淡然的精神风貌，形象以清瘦、修长、柔弱和衣服褶皱纹理的繁复为主要特征，美术史家和艺术理论家将此称之为"秀骨清像"。在造像种类方面，出现了音乐树乐伎人物和民间百戏杂技人物形象，反映了北魏晚期世俗社会服饰的流行状态。因此，如果说云冈早、中期雕像服饰所代表的是占统治地位的、决定上层社会服饰走向的服饰大传统，那么，云冈晚期雕像服饰则更多地表现了民间服饰的天地，即服饰的"小传统"，是北魏后期民众审美心态的自然流露。

具体来说，这个时期各种人物服装雕刻更加长垂繁缛，坐佛像的下垂衣襀往往披至佛座前，褶皱华丽而复杂，尤其表现在佛像衣服的下摆处，似乎在刻意表现富足、奢华、瑰丽的生活状态，在这种萦绕不去的刻意宣示中，表现出繁复沉闷的特点。如第30窟西部上层中部佛龛中的坐佛、第35窟附1窟西壁下层中的坐佛以及第38窟西壁佛龛的坐佛等，都非常典型和清晰地体现出这一点。云冈晚期造像服饰中繁复堆砌、颜色怪异的现象是北魏社会全面汉化的进一步体现，同时预示了北魏走向末路的历史命运，是孝文帝迁都洛阳后平城社会衰微的生活状态以及人们扭曲的审美心理的写照。这种扭曲的心理是复杂的，可

以从以下几个方面来理解：一是反映了当时留守贵族对往日奢华生活的留恋以及对今日和未来命运的无奈；二是表现了民间富人借助宗教信仰为自己造像而故意显阔；三是隐含了对孝文帝全面汉化的不满与讽刺；四是统治阶级虽然以法律形式强调民众在衣着服饰方面屈从于严格的制度，但却不能压制潜藏于人民内心深处对美的渴望；五是民间造像的随意性和非专业化。

3 云冈石窟服饰文化变化的主要影响因素

综观云冈石窟各个时期服饰特征及其演变，可以看出影响其变化的三个主要因素：社会变革与文化思潮、宗教、文化交流。以下分别对这三个影响因素进行阐释，一方面试图对云冈服饰文化进行更高层次的探索，另一方面将通过石窟这一文化载体揭示北魏社会文明发展的动态，并顺其发展变革的脉络，窥见中国北魏时期朝野的政治、军事、经济、文化、民俗、哲学、伦理等诸多风云变幻之轨迹。

3.1 影响因素之一——社会变革与文化思潮

历史上，社会变革与文化思潮对服饰的影响至关重要。云冈服饰在不同时期的特征与变化较好地印证了这一点，雕像外观及服饰经历了由早期鲜卑本族特色与异域风格之结合到中期的推行汉化再到后期的全面汉化，可以说，社会变革和文化思潮这条主线贯穿于云冈各个时期雕像服饰变化之中。

鲜卑拓跋部建立的北魏政权，在多年战乱后首先统一了北方。面对广袤土地上的千万汉族居民，靠掠夺起家的鲜卑贵族认识到，要想巩固自己的统治，首先得接受在汉族社会已经根深蒂固的文化思想与政治制度。公元493年，孝文帝亲自率领大军，迁都洛阳，全面开始了政治文化的改革，改革则首先从代表国家外部形象的相对独立的标志——服装起步，不但制定了与汉族相同的五等冠服，还改革常服，这同时也反映出鲜卑少数民族对汉文化的仰慕。北魏改行汉族衣冠以后，具有典型游牧民族特色的服装就被既宽松又典雅的汉族衣冠所代替。云冈雕像不同时期的风格特征变化体现了北魏不同时期服装的变化及流行趋势，更为深层的则是体现了北魏社会变革与文化思潮

的发展轨迹。

以早期洞窟为例,虽然早期雕像只突出帝王,但仍然可以从五窟的开凿顺序发现服装汉化的细微渐变,如第16窟是早期开凿的最后一个洞窟,雕像外观及服饰已明显体现出汉族化倾向。在中期洞窟开凿中,汉化政策已经开始实行并处于兴盛时期,汉化服装成为社会时尚,这个重大变化在中期造像作品中充分表现出来,表现最为突出的是第11窟南壁拱门与明窗间的"七立佛",七个佛像着"褒衣博带",个个神采奕奕。事实上,在当时,雕像在发挥它自身功能的同时也起到了大力宣扬服装改革思想的作用,表现出北魏王权利用开凿石窟维护其统治以及通过造像外观及服饰推行其改革政策的良苦用心。

3.2 影响因素之二——宗教

服饰与宗教信仰的问题包罗内容很多。宗教信仰作为服饰社会性必不可少的外因之一,与所有社会性的活动相辅相成,并有着千丝万缕的联系。佛教作为北魏时期的主流文化,使服饰审美具有了明显的宗教意味,而雕像服饰作为北魏时期文化的表征,不仅在宗教仪式上不可或缺,在宗教感情上更有着不可替代的地位。

根据服饰社会学,宗教创始人或受崇拜的偶像的服饰形象在宗教信仰中所起的作用至关重要,且随着年代推移和地区变异而发生变化,变化趋势则与当时当地人的着装形象相近。云冈石窟不同造像服饰及其整体着装形象与北魏社会文化背景相吻合,说明佛教支持者深谙民众心理,在整个宗教传播过程中,通过服饰这一最容易取得信徒信任的外在物质与精神的混合物来缩短宗教与现实的距离,以获得民众的支持,同时也实现了支持者自己精神上的追求。在云冈石窟中,北魏政权通过佛教开凿石窟一方面为其统治取得合理的精神支撑,另一方面为其推行政治变革、服装汉化进行宣传。总结三者的关系,即服装、佛教与政治相互辅佐、相互利用。

云冈石窟所塑造的各种佛教人物形象承载了众多的佛教思想与感情,这些思想与感情通过雕像外观与服饰得以表达并传播,主要包括:佛像从头到脚每一迥异和美妙之处都是宗教对善对美的至高追求与表达:形象多样的菩萨像一方面被以佛陀的形象进行美

化,另一方面被赋予世俗内容,更接近于社会生活;佛弟子和供养人表明当时社会各阶层对佛教的追求,同时又是佛教思想普及的手段与形式;飘逸的飞天与灵动的夜叉形象在佛教意义上表现的是一种人类对自由的追求以及对美好生活的向往。

3.3 影响因素之三——文化交流

云冈石窟的开凿处于北魏文化交流的活跃时期,一方面是国内地区与地区间即鲜卑族与汉族的交流,一方面是国家与国家之间即中国北朝与朝鲜半岛诸国、日本、中亚、西亚以及地中海沿岸诸国等国家的交流。这种交流带动了中国服饰文化中不同地域、不同民族间以及同其他国家服饰艺术间交流的展开,在客观上促进了中国服饰艺术的蓬勃发展,成为北魏服饰发展的重要驱动力。

具体来讲,胡服服饰上最重要的变化之一就是改左衽为右衽,分析其心理因素,潜在的原因就是少数民族对汉文化的仰慕;变化之二便是穿汉族统治者所制定的华贵的服装,因为他们本民族习俗穿着不足以表现其身份地位的显贵。与此同时,汉族服装也接受了在实用功能方面比他们所穿的宽松肥大的服装优越的胡服,在多种文化交相辉映之中胡服成为一道亮丽的风景线,不仅在劳动阶层得到推广,甚至在上层人士中流行。这种本国地区间文化的交流与碰撞形成了北魏独特的汉服与胡服并行、互为时尚的服装流行状态,也形成了云冈石窟雕像汉服与胡服并行不悖的面貌。

在北魏胡汉文化交流的同时,其对外经济和文化交流也频繁地发生着。北魏王朝开放大气,来自西亚波斯(今伊朗)、中亚天竺(今印度、尼泊尔等地)、粟特(今锡尔河和阿姆河之间)、东北地区的高句丽(今中国辽宁、吉林和朝鲜一带)、百济(今韩国)等国及西域各国的商人、高僧纷沓平城,与此同时,官方有组织的商贸活动使北魏时期丝绸之路的内外交往达到了前所未有的繁荣。云冈石窟在这样的背景下开凿,加上外国各地工匠云集平城,其造像风格与服饰表现自然融合各国雕像之形态。此外,由于中原汉民族对异域文化的新鲜感和猎奇心理古来有之,尤其在古代服饰长期缺少变化的环境下,吸收异族的某些成分以改变固有样式的情况就在不同国家间服饰文化的交流中自然而然地发生了。

4 结论

云冈石窟在服饰文化上所表现出的特色化和内涵化的品质，不仅反映了公元 5 世纪以前东西方文化艺术交流中所融会贯通的思想内涵和艺术精神，也折射出中国北朝社会服饰发展变化的缩影。从社会学的角度看，它是北魏政治、经济、宗教相结合作用于雕刻艺术的文化表现体，反映出社会变革与服饰的紧密结合；从宗教学的角度看，它记录了印度及中亚佛教艺术向中国传播以及佛教造像在中国逐渐世俗化、民族化的过程；从美学的角度看，云冈雕像服饰是北魏时期社会审美观念与价值的真实体现，是中国不同地域和民族间、中国同不同国家间文化交流的艺术结晶，反映了审美主义、理性主义、实用主义的美学思想。这些内涵和精神通过雕像的外观及服装得以表现，成为人类艺术中最积极向上和能够激励人们不断奋进的组成部分之一。

参考文献：

[1] 陈小鸣. 云冈第二十窟佛造像的浑和美——先秦美学在北魏的成熟 [J]. 南京艺术学院学报，2004（2）：130-132.

[2] 华梅，董克诚. 服饰社会学 [M]. 北京：中国纺织出版社，2005.

[3] 凯瑟. 服装社会心理学 [M]. 李宏伟，译. 北京：中国纺织出版社，2000.

[4] 李雪芹. 试论云冈石窟供养人的服饰特征 [J]. 文物世界，2004（5）：15-23.

[5] 沈从文. 中国古代服饰研究 [M]. 北京：商务印书馆，1981.

[6] 王恒. 云冈石窟佛教造像 [M]. 太原：书海出版社，2004.

[7] 王恒. 试论云冈石窟佛像服装特点 [J]. 文物世界，2001（4）：24-27.

[8] 王恒. 云冈石窟菩萨像的宝冠和服饰佩饰 [J]. 文物世界，2004（4）：13-16.

[9] 王建舜. 北魏云冈 [M]. 太原：山西古籍出版社，2004.

[10] 王其钧. 至尊佛陀 [M]. 重庆：重庆出版社，2007.

[11] 徐清泉. 中国服饰艺术论 [M]. 太原：山西教育出版社，2001.

[12] 赵昆雨. 云冈石窟造像服饰雕刻特征及其演变 [J]. 文物世界，2003（5）：16-22.

[13] 诸葛凯. 中国服饰文化的历程——文明的轮回 [M]. 北京：中国纺织出版社，2008.

[14] 竺小恩. 中国服饰变革史论 [M]. 北京：中国戏剧出版社，2008.

富宁汉族女性传统服饰的美学透视[1]

孙　清

摘　要：云南富宁汉族女性服饰经历了明清、民国、新中国成立和改革开放几百年的历史变迁，依然保留着明朝屯军文化的影子和大明时期江南一带汉族移民的风俗习惯。服饰是一种审美符号，它除了御寒蔽体的功能之外，还具有审美意义，能够满足人们的审美需求。本文从服饰美学的角度，透视富宁女性汉族传统服饰的美学价值以及汉族人的审美情趣、审美习惯和审美理想，希望从中找出一些可以让我国服饰美学研究者以及服装设计者借鉴的经验，推进我国在该领域的研究与发展。

关键词：富宁；汉族女性；传统服饰；审美

An Analysis of the Aesthetics of Female Traditional Costumes of Han People in Funing County

Sun Qing

(Department of Foreign Languages, Beijing Institute of Fashion Technology, Beijing 100029, China)

Abstract：The female traditional costumes of Han people in Funing County, Yunnan province, experiencing a history of hundreds of years including the Ming and Qing Dynasties, the Republic of China, the founding of new China and the reform and opening period, still remain the features of garrison troops in the Ming Dynasty and the manners and customs from Han immigrations in the regions along the Yangtze River in the Ming Dynasty. Clothing is a kind of aesthetic symbol. In addition to the function of protection against the cold, clothing has its aesthetic significance, satisfying the aesthetic needs of people. From the perspective of clothing aesthetics, this paper makes an analysis of the aesthetic value of female traditional costumes in Funing County and the aesthetic tastes, aesthetic habits and aesthetic ideals of Han people in order to provide references to the researchers in clothing aesthetics areas and fashion designers, hoping that researches in this area in China could be developed and prompted.

Key words：Funing County; female Han people; traditional costumes; aesthetics

富宁地区的汉族在祖国边陲繁衍生息十几辈，仍然固守着大明时期迥异于边塞的汉族文化，以一种几近凝固的姿态传承着原生的汉族文化，汉族女性传统服饰依然保留着明清的遗韵。服饰是一种符号，它不仅可以标示人们的性别、年龄、身份地位等，还可以折射出人们的审美观。它作为人体装饰，美化人自身，不但是一种客观存在的特性，也是自古以来人们的追求，以至于形成了多姿多彩的服饰艺术。本文通过文献查阅和田野调查，梳理了富宁汉族的历史文化渊源，分析描述了服饰的演变以及服饰的外在显现，

❶本文为北京市教委特色教育资源库建设项目（编号：KYJD020140205/004）、北京服装学院创新团队项目（编号：PTTBIFT-TD-001）成果之一，曾发表于《艺术设计研究》2014年增刊，P56-59。

并从服饰美学的视野对富宁汉族女性传统服饰的美学价值进行探讨，旨在为我国民族服饰的保护、传承与创新做出自己的一点贡献。

一、富宁汉族的历史渊源

富宁县地处云南省东部，属于文山壮族自治州。富宁境内居住着汉、壮、苗、瑶、彝、仡佬等6种主体民族，少数民族占总人口的76.4%，其中壮族占54%，而汉族仅占23.6%。汉族分布在县内及各个乡镇，主要聚居在富宁南部如田蓬镇、里达镇、睦伦乡及木央乡。

《富宁县民族志》记载：现籍富宁的汉族，都是明朝以来流入，迁入原因有八种，随军戍守、移民屯田、游宦、逃难、充军、经商、文化传播、新中国成立后国家安排。洪武十九年（1386年），沐英向朝廷提出："云南土地甚广，而荒芜居多，宜置屯，令军士开垦，以备储待"。明太祖朱元璋同意，二十二年（1389年），"携江南江西人民二百五十余万人入滇，给以种籽、资金，区别地亩，分布于临安、曲靖……"等路府，按明制，卫所军丁一人一户，称"军户"强制随带家眷，共同屯垦，不得改变，不得返回，不得与当地民户混居，实行"七分屯垦，三分戍守"。在富宁屯垦约30户，多户江西籍，军户初隶广南卫，永乐元年（1403年）转隶临安卫。正德后，军屯渐废，军户变为民户，军屯变为民屯，屯地变成居民新村。卫所军屯制自明洪武时期一直持续到永乐年间，中原地区大批军队不断被征调到云南，大兴屯田，课农桑。清中期，赣、贵、黔、川、滇中的灾民逃荒而来，辟居上山地。

笔者在富宁田野调研期间，在田蓬镇麻赖村遇见一吴姓村民，他介绍说祖籍是从江西宁江府逃荒而来，在当地已经繁衍了十代，并给我们看了家传的家谱，上面记载：江西宁江府望里八甲镇、贵州绥阳县石麻保街小地名石碓舀分身到云南省广南府宝宁县属下麻赖居住为业。详细记载了其历史来源。

二、富宁汉族女性传统服饰的演变与现状

服饰是一种历史和社会符号，无论是从历史的纵向法则还是从社会的横断剖面来看，服饰都是人类文化的重要组成部分。云南富宁汉族女性服饰经历了明清、民国、新中国成立和改革开放几百年的历史变迁，由于其特殊的历史来源以及所处环境，加之独具特色的民俗文化和以口承文化为主要样式等特点，使得富宁汉族女性服饰既有别于主流汉文化的服饰样式，又在与周边不同少数民族文化交流过程中吸收他族的服饰文化，是一个不断吸收、融合与创新的过程。

1. 富宁汉族女性传统服饰的演变

根据上述富宁地区汉族人的历史来源，本文将从明朝开始对富宁地区汉族女性传统服饰进行梳理。明代妇女的服装主要有衫、袄、背子、比甲和裙子等。衣服的基本样式一般都要用右衽。一般仕女穿着的长袄的形式是右衽、窄袖，领、袖、襟多有缘边为饰，衣身窄长至膝，腰不束带，下穿瘦长的百褶裙，尖足小履。明代缠足之风盛行，成为新的审美标准。服饰上多以团花为饰，喜用紫、绿、桃红及各种浅色，大红、黄色等只有皇室贵族才能使用。

清代服饰是一次服饰融合的典范，在汉、满交流过后，出现了以满族的高领、襟缘边、袖口宽大、衣长至膝的长褂配合汉人的发型、长裙、绣花鞋而成的新造型。高领右衽、无袖的夹衣，领、襟、衣缘同样绣着宽大的缘边，下穿宽口裤，足穿尖头绣花鞋，也是很典型的造型之一。汉族缠足之风亦十分盛行。

民国时期至新中国成立汉族女性传统服饰，1992年富宁县出版的一册志书中记载：妇女仍包头帕，衣用黑、蓝布镶边，平领，衣到膝盖，下着宽裆裤。青年妇女喜系花围腰，中年妇女喜在白带围腰间打结于腰后，两头垂于后。喜戴银链、银镯、银戒指、扁簪等饰物。里达、睦伦、木央、田蓬一带的妇女，七八岁就缠足，新中国成立后已消除这种陋习。少年儿童喜用银制的十八罗汉像钉于花帽上，左右两边挂铃铛。未婚的妇女头发梳成牛尾辫，剪刀型垂于脑后，辫子上下扎红、绿毛线，结婚后，辫子挽髻于脑后。中年妇女头裹青、绿色纱巾，身穿黑布衣，系腰带，下着大裆裤，脚穿刺绣花鞋。

2. 富宁汉族女性传统服饰的现状

富宁汉族女性大多身穿右襟直领蓝布及膝长衫，

着长裤，包一条叠成三角形后绕的头帕，外系一条用五颜六色丝线绣满牡丹、果实、禽鸟等图案的"凸"字形围腰，长衫两袖另镶有七八道花边，滚满牙子的衣袖渐肥渐短，脚上穿着宽口绣花布鞋，十分古朴奇特（图1）。

图1　富宁汉族女性传统服饰（孙清拍摄于2014年4月）

衣服整体造型结构为上衣下裤，老年人多穿及膝棉布长衫，袖子为半袖，到肘部以上，且袖口较大，袖口另外镶有滚边和花布边。颜色以蓝、黑为主，胸前的围腰也以黑色居多，并且没有色彩鲜艳的图案装饰。头上包裹着一条黑色头帕，有些人在黑色头帕外面再裹一条从市场上购买的色彩较鲜艳的头帕。老年人的裤子较宽松，大裆裤，但不再用绳子系着，而是从市场购买的用皮筋做成的腰头的裤子，前后不分。年轻一些的中年妇女穿着的上衣短一些，盖住臀部，形制基本保留传统的工艺，右衽斜襟，布纽扣，不同之处在于袖子为长袖且袖口较合体，面料有金丝绒布及棉布，五颜六色，领口多加了一个尖领，且没有了七八道的滚边，整体造型结构更简便、合身。下着裤的基本样式相同，除了穿着皮筋裤，还有穿着右边系带子的裤子，颜色多为蓝色和黑色。年轻女性则穿现代主流西式服装，衣服外面系一条围腰，有些人不包头。

当地俗语"系的住围腰，管得住家"，也许正是这种文化内涵，当地的女性不管老少都系着围腰。围腰颜色多样，基本造型是"凸"字形，中间用五颜六

色的丝线绣着各种图案，有花鸟果实等，除了审美效果，还富含当地人们的一种美好祝愿。脚穿的绣花鞋大多数是自己手工制作，当地人称毛边鞋，是用当地的粽叶做底，再用布一层一层纳缝，鞋面上绣着各种图案的花纹，如童子踩莲、鸟语花香、年年有余等富有深刻意蕴的图案。

三、富宁汉族女性传统服饰的美学透视

美学就是关于美的艺术的哲学，美学是研究人对现实的审美关系，研究人的审美意识和审美观点，研究美以及与美有关的问题的学科。服饰美学是近代美学发展的产物，服饰美学是研究服装审美价值的学科。

1. 富宁汉族女性传统服饰款式造型美

富宁汉族女性服装的基本结构部件是上衣下裤（或裙），整体结构和局部结构的变化都是围绕着这基本构架展开的。其服饰造型主要是宽大式，并向紧身转变。在服饰款式构成中，点、线、面、体起着极其重要的作用，传统汉族服饰，由于点、线、面、体的不同移位，形成了右衽衣、对襟衣、直襟衣和曲襟衣等形制；而下装，也因点、线、面结构的移动而出现宽裆宽筒裤、宽裆窄筒裤等。富宁汉族传统服饰，其款式形态不再停留在实用的基础上，更多地考虑对美的追求。在款式形态上追随对称与均衡、局部与整体等形式美法则。对称是事物中相同或相似形式因素之间的组合关系所构成的绝对均衡。汉族女性服饰中的对称既表现为服装样式的对称，又表现为饰物的对称，也表现为纹样、图案的对称。如富宁汉族女性的右襟直领及膝长衫，结构为五片，以后中缝为中心，左右两衣片连着袖子，形成对称。衣两侧开衩，长衫两袖镶有七八道滚边；下装着一条皮筋腰带长裤，不分前后，各部分比例合理，平衡均匀。外系的"凸"字形围腰，中间用五颜六色丝线绣满牡丹、果实、禽鸟等图案，其图式花纹结构更是运用了均衡的法则，两侧装饰花边或绣有Z字形线条的装饰花边，都给人一种匀称平稳的视觉美感（图2）。

图 2　富宁田蓬镇麻赖村汉族女性传统服饰

（孙清拍摄于 2014 年 4 月）

2. 富宁汉族女性传统服饰色彩和谐美

奥斯瓦尔德在他的《色彩入门》中提到："使人愉快的色彩中间自有某种有规律的、有秩序的相互关系可寻，缺少了这个，其效果就会使人不愉快或全然无感觉，效果使人愉快的色彩组合，我们称之为和谐。"和谐美是色彩统一、搭配协调，具有柔和感、优美感。富宁老年妇女上衣基本上以蓝色为主色调，偶尔有绿色，领围一圈和袖子用黑色，中间镶嵌蓝色的滚边或袖口用蓝色底带花的装饰布点缀，如果是绿色为主色调，其袖口装饰宽布则采用绿色底带花装饰。中年人目前流行穿着的形制相似的右衽短款上衣，采用单一的颜色，再配上一个色彩不同的领子，突出服饰色调的主导性或倾向性。根据色彩规律，把比较类似的色彩，经过组合，安排好各色的主次、分量比例，构成一个和谐的色彩整体。老年人着装倾向于冷色调，总体色彩感觉黯淡、含蓄、稳重。而年轻一点的中年妇女着装则相对明朗活泼一些。服饰与围腰色调也讲究一致性，老年人的围腰大部分是黑色且不用彩色图案装饰，两边也只带有"Z"字形或其他线性图案的装饰。中年妇女佩戴的围腰则色彩鲜艳，如穿着红色的右衽上衣，佩戴着黑色底上面绣着色彩鲜艳图案的围腰（图 3），满足整体服用效果和艺术效果。

图 3　围腰图案（孙清拍摄于 2014 年 4 月）

3. 富宁汉族女性传统服饰图案艺术美

图案是一种艺术形式，它不但可以增加服饰的美感，还能够满足人们的精神寄托和美好愿望。富宁汉族女性所系的围腰、穿的绣花鞋上的纹样比较单一，鞋垫和儿童背带上绣的图纹则丰富多样。围腰图案纹样是自然现象的反映，大部分利用自然中的花卉等图案，以示性情，显示着阴柔之美。自然界的花草，色彩俏丽，姿态多样，给人带来美好的感受，所绣花卉是在自然美的基础上进行改造，显示出高度的图案艺术美。笔者在调研时询问当地妇女有关图案的名称和意义，她们都回答说不知道，只是好看，反映出人们追求美的心理。从设计形式来看，围腰上的图案应用了单独图案结构和二方连续。主体图案结构体现了对称均衡的原则，根据一个中心线左右的纹样相同，或是上下相同，或是上下、左右均相同，体现对称美。依据中心线上下左右变化，按照平衡的原理进行组织和创作。围腰图案纹样在"凸"字型的特定范围内，应用适合图案结构，达到形象完整、结构严谨、布局匀称、主题突出。围腰两边的带状装饰图案则采用了二方连续图案结构，即一个循环单位向上下或左右排列，无限延长，作反复连续的图案，多采用左右连续的横式结构，表现出节奏美和韵律美，为服饰增添了艺术魅力。鞋垫和儿童背带的图案更加丰富，除了图案还有一些吉祥词如"吉祥""平安""好运来"等，图案结构采用三大类型：单独图案、二方连续和四方连续。四方连续图案结构是指以一个单位形象进行上下左右的四方排列，在儿童背带图案装饰中较为普遍，背带上四方形图案中出现的植物图案有梅花、牡丹花、太阳花等，动物图案有凤凰、仙鹤、鸳鸯、孔雀等（图 4）。按照美的形式的规律，对图案进行高度提炼、概括、夸张，从而使花、草、鸟、兽组成的"孔雀开屏""百鸟朝凤""牡丹富贵""凤穿牡丹""鸳鸯戏莲"等传统民族图案富于幻想，更具艺术魅力。

图 4 儿童背带图案（孙清拍摄于 2014 年 4 月）

四、结语

富宁汉族女性传统的"衫裤制度"，不但继承了中原文化传统的精神，也显示了传统汉族民族所固有的生命哲学的态度，体现出三种不同的服饰审美价值：（1）讲究实用性的性质。富宁汉族女性在田野工作以及平时日常生活或赶集走亲戚，所穿的是同一款式的服装，只是新旧不同，这无疑反映出所深含的实用性经济观。（2）表现朴拙之美的特性。传统衫裤在色彩上以蓝、黑两色为主，布料是以棉布为主，装饰图案也相对简单，这种朴素节俭、不喜浮夸、以勤俭为美德的民风，象征了其衣饰文化着重内在、淡雅、简朴之审美价值观。（3）崇尚自然和谐的本质。富宁汉族女性传统服饰衫裤的款式构成，表现出宽松舒适的效果，也表现出汉族传统服饰追求自然和谐、不主张矫饰的美学观。

然而，受到当今主流文化的影响，一种强调重视时尚、表现流行、追求虚华的价值观，也成为富宁地区各民族所共同期望的理想目标，这也使得汉族以及周边少数民族传统优良的服饰观面临淘汰的命运。我们应该以一种发展的眼光对待传统服饰的保护传承，保留中国传统服饰文化优秀的文化内核和审美理念，并加以运用，促进我国服饰文化产业的特色发展。

参考文献：

[1] 农艳. 文化文山·富宁 [M]. 昆明：云南人民出版社，2013.

[2] 陈丽琴. 壮族服饰文化研究 [M]. 北京：民族出版社，2009.

[3] 云南省富宁地方县志编纂委员会. 富宁县志 [M]. 昆明：云南民族出版社，1997.

[4] 叶立诚. 服饰美学 [M]. 北京：中国纺织出版社，2001.

[5] 吴永. 服饰美学 [M]. 哈尔滨：黑龙江教育出版社，1995.

泸西汉族传统服饰的人文精神体现[1]

王亚楠

摘　要：泸西汉族传统服饰沿袭了传统服饰"上衣下裳"的基本形制以及平面造型的艺术价值，体现了泸西汉族鲜明的文化特色及艺术特征。服饰作为一种文化，其体现的是民族的物质和精神两个层面的实质与内涵。本文从泸西汉族传统服饰的基本现状入手，探讨其蕴含的人文精神。

关键词：泸西汉族传统服饰；人文精神；文化寓意

Study on the Humanist Spirit Conveyed through the Han Traditional Costumes in Luxi County

Wang Yanan

(Department of Foreign Languages, Beijing Institute of Fashion Technology, Beijing 100029, China)

Abstract：The Han traditional costumes in Luxi County follows the "two-piece (coat on the top and skirt on the bottom)" system from the traditional costumes and the values from graphic arts, revealing the distinct cultural and artistic characteristics of the Luxi Han people. Clothing, as a form of culture, embodies the essences and connotations of the national material and spiritual aspects. Based on the status quo of the Han traditional costumes in Luxi County, this paper explores the humanist spirits conveyed through the costumes.

Key words：Han traditional costumes in Luxi County; humanist spirit; cultural connotations

所谓"人文精神"，就是以人为本，表现为对人的尊严、价值、命运的维护、追求和关切，它是人类在漫长的历史生活和社会实践中形成的一种人文思想和精神文化。民族的人文精神是这个民族的价值观念、审美情趣、伦理道德、思想方法、行为方式、风俗习惯、宗教信仰的表征，亦是这个民族实践民族自我发展的主导意识的表现。民族的人文精神无形中指导着这个民族的价值取向和审美导向。作为与人的生活密切相关、服务于人的服饰来说，它是文化的产物，又是文化的载体，而且所有的服饰都是人类物质创造与精神创造的聚合体，体现着文化的一切特征。服饰作为一种文化，其体现的是一种精神内涵和人的精神指向，是一种人文精神。

一、泸西汉族传统服饰现状

泸西县位于云南省的东南部，为红河哈尼族彝族自治州的北大门，县内居住着汉、彝、回、苗、壮、傣六个民族，属于汉族与少数民族大杂居、小聚居的状态。泸西县历史悠久，源远流长，彝族是其最早的土著居民之一，自元朝在云南设立行省后就有部分汉、回、苗、傣先后进入县内，到明朝境内的民族人

❶本文为北京市教委特色教育资源库建设项目（编号：KYJD020140205/004）、北京服装学院创新团队项目（编号：PTTBIFT-TD-001）成果之一，曾发表于《艺术设计研究》2014年增刊，P60-62。

口结构发生了巨大的变化，汉族成为主体民族，彝族逐渐退居第二位。

泸西县处于我国西南边陲低纬度的高原上，地理环境十分复杂地势险峻，交通困难，使得泸西不仅仅在地理位置上处于封闭，同时文化上也形成一种内向性封闭文化，各民族之间相互交往受到很大限制。从文化圈的角度看，云南文化处在汉文化的西南边缘，青藏文化的东南边缘和东南亚文化的北部边缘，从这一特点可以把云南文化称为"边缘文化"。因此，泸西亦即处在中华文化圈的边缘地带，处于多种文化的重叠和交叉区域是其独特的地理位置决定的。但是，这种边缘文化具有一大优点，即早已消失的汉族文化在这里可以受到保护而保存下来。

泸西汉族女性的传统服饰一直保留着"上衣下裤"的形态和平面式的造型以及"交领、右衽"的特点，既不同于现代汉族服饰，又明显区别于周围的少数民族服饰，是泸西汉族文化的鲜明符号。女性头上裹着六尺纱帕，环形缠绕，或者是方形的帕子裹在头上，上穿面襟衣❶，下穿扭裆裤❷或者是现代的宽松裤子，裤管处扎绑腿❸，外穿围腰❹，脚穿绣花鞋❺（图 1）。因泸西山高皇帝远的特点，辛亥革命并未殃及于此，使"三寸金莲"也完好地保存了下来。而男性服饰受到现代化的影响，基本消失，在

图 1　泸西县既庶村"小脚"柔力球队传统汉族服饰
（王亚楠拍摄于 2014 年 3 月 28 日）

日常生活中被淘汰。服饰面料原先以自织土布为主，改革开放后以化纤面料和棉布为主，服装色彩以蓝色、黑色等深色为主，与传统汉族民间服饰无大差异。并且已经没有婚服、丧服以及节日礼服之分，简化为只有完整的一套服饰。

二、泸西汉族传统服饰体现的人文精神

服饰是服务于人的物质产物，是文化外显的符号。虽然只是一件衣服，其却是中华文化艺术的结晶和文化艺术的传承。张立文提到，"中华民族的服饰文化体现了以人为本的精神。它以人的生命、生产、生活为本，使人的生命充满意义，生产更为方便，生活更为美好；它以民族的审美情趣、价值观念，选取适合自己民族生活环境、生产条件所需要的服饰；它以对自己民族生命、生活的深切关怀，体现自己民族风格、民族精神的服饰来打扮自己；它是体现一个民族典章制度、宗教信仰、风俗习惯的标志。一个民族在发展中可以历经改朝换代，但作为一个民族的符号标志之一的服饰文化则会传承下来。"可见，服饰是一种文化现象，是民族精神的表征。2014 年 3 月笔者于云南泸西既庶村进行田野调研，从以下三个方面解读当地汉族服饰的文化内涵及人文精神。

1. 注重功能性

服饰既然服务于人，就应遵循"以人为本"的精神。在泸西汉族传统服饰深厚的文化内涵中，最主要的就是反映其优越的功能性。

从衣服的款式看，泸西汉族人不论春夏秋冬，头帕都是其服饰的主要部分。泸西汉族人生活在大山中，当妇女上山劳作时，盘好的发髻会被风吹散落而易遮住双眼，双手无暇归拢时，头帕便会充分发挥其作用，此时头帕还可起到防尘的作用。不仅如此，冬季可御寒保暖，夏季可防汗消暑，由此可见，仅仅一小小的头帕便可有如此强的实用性。而绑腿也是为方便爬山越岭和劳作所用。虽然是小部件，但都是为了

---

❶面襟衣：当地叫法，实为一种传统服饰，具有"立领、右衽、窄袖、下摆开衩、平面设计"的特点，与传统服饰无差异。
❷扭裆裤：也叫大裆裤，为直筒设计，穿着时将宽松的裤头布交叉折紧，再用带子将其束紧，带子上多余部分向下翻叠以防脱落。
❸绑腿：即为长条布，长度不定，用时将其在小腿上缠绕，现为将裤脚裹住固定。一般裹小脚的老人使用绑腿，没有裹小脚的老人没有此部件。
❹围腰：类似围裙，呈"凸"字形，胸前有刺绣，用以遮住胸部以下、大腿以上的身体。
❺绣花鞋：圆口、有鞋袢的圆头布鞋，鞋的前半部绣有图案。

在山区生产生活的需要而产生的。另一主体服饰是围腰，其实用功能甚多，在做家务和生产劳动时可保护衣襟，不易弄脏衣服，又可当抹布、擦手巾，还可将围裙角别在腰带上，当作袋子装东西；冬天可捂住腰腹，挡风保暖；夏天行路时可解下来搭在头上遮挡太阳。由于实用，人们喜爱这些款式，进而将这些款式发展为审美对象，不断将其美化，镶、绣各种图案花纹，使之在实用价值基础上增加审美价值。

从衣服的色彩来看，泸西汉族偏爱蓝色和黑色，这两种颜色都是崇尚与自然和谐统一而产生的，体现了泸西汉族"天人合一"的哲学思想。同时，从功能性上讲，蓝色、黑色耐脏，适合于农耕火种、田园劳作时穿着。并且，以往适逢干旱时，其耐脏性可减少水的使用。

2. 表达真实情感

生活是艺术的源泉，而服饰艺术则是对生活的真实写照，直接反映了穿着者的内心情感以及对生活的真实态度。

服饰中的各种花纹图案真实表达了泸西汉族对积极美好的生活的愿望。其中多采用吉祥的、美好的充满生机和诗情画意的题材，寄寓的情感内涵多是健康的、积极向上的，她们把对生活坚定乐观的信念和美好的愿望、理想倾注入服饰装饰图案中，使服饰物化了人的美好愿望和理想。譬如，围腰上绣有各种图案纹样，牡丹纹表现了对财富的看重，富贵、华丽；莲花纹比喻坚贞纯洁的爱情，高洁、优雅；梅花纹象征美德，坚强、高雅、忠贞；蜜蜂采花的图案，真实还原了泸西汉族辛勤劳作的场景；童子与莲的纹样造型多样，有时为童子坐在莲花上，有时为童子从莲花心向上探头，均表达了泸西汉族希望多子多福的传统观念，望后代繁衍昌盛。这些含有吉祥如意、幸福美好的色彩，表达了自由、幸福、爱情、长寿、多子、吉祥、平安、圆满等人类普遍的理想追求，寄寓了汉族人民热爱自然、热爱生活、热爱家乡、追求美好人生的愿望。

泸西汉族传统服饰基本都是手工缝制的，在制作的同时，除了获得物质上的满足之外，还可以得到精神上的慰藉与享受。从某种意义上说，她们是在制作自己的服饰，同时又是在勾勒自己的理想王国，创造自己认为的生活应具有的美好形象。

3. 体现民族精神

就泸西汉族来说，不论时间如何演变，都保有了原本所具有的传统美德，而这种精神也清楚地表现在传统服饰"面襟衣、扭裆裤"上。也就是说，泸西汉族不仅继承了汉族文化的精神，也显示了其固有的生命哲学的态度。

图 2　泸西县东山村汉族女性传统服饰
（王亚楠拍摄于 2014 年 3 月 26 日）

整体服装装饰及制作都相对简单，材料相对易得，体现了泸西汉族的朴拙美（图 2）。泸西汉族传统服饰在色彩上都以蓝、黑两色为主，鲜少采用鲜艳的颜色，在布料上也是以素面为主，装饰图案也相当单纯，这种朴素节俭、不喜浮夸、以勤俭为美德的民风，象征了泸西汉族着重内在、淡雅、简朴的民族精神。其平面剪裁的方法，保持服装宽松、飘逸的效果，掩盖本体、模糊性别，也表现出泸西汉族追求自然和谐、不矫揉造作的价值观。泸西汉族与少数民族杂居，避免不了相互往来，从而促进了汉族服饰吸收少数民族服饰的元素，偶尔会在服饰上看到少数民族的影子，如会在上衣袖口、领口添加少数民族的纹样，在围腰上可看见少数民族的装饰，这些都表明汉族文化对少数民族文化的包容性。

三、结语

泸西汉族传统服饰以其悠久的历史形制特征及意味深远的文化含义，展现出泸西汉族独特的审美观念和精神面貌，同时也有力地证明了我国汉族悠久灿烂而又多元统一的民间服装文化。由于现代化的迅速发展，泸西也修了公路，便捷了交通，这使"西风东渐"的趋势也渗透到大山里，大山深处也在慢慢受到时代文化变迁的影响，服饰已基本被西化，泸西汉族传统服饰整体呈现"老着少不着，女着男不着"的状态，只有少数老人依然坚守着传统的汉族服饰。一个民族的服饰反映的是一个民族的文化内涵和人文精神，是一个民族艺术价值的体现，因此，保护和传承正在消失的汉族文化势在必行。

参考文献：

［1］张立文.民族服饰与民族精神［J］.河北学刊，2006，26（4）：23-27.

［2］泸西县志编纂委员会.泸西县志（民族编）［M］.昆明：云南人民出版社，1992.

［3］刘小兵.滇文化史［M］.昆明：云南人民出版社，1991.

［4］陈曼平.广西少数民族传统服饰文化的人文内涵探析［J］.广西地方志，2005（4）：61-67.

"虎纹样" 在中国传统儿童服饰中的艺术价值[❶]

罗 冰

摘 要："虎纹样"儿童服饰，主要是指我国以"虎"为装饰意象的传统儿童服饰。虎形服饰流传久远，当之无愧是我国传统儿童服饰中最受欢迎、流行区域最广的服饰种类。"虎纹样"之所以广泛流传，与"虎"在我国传统文化中所承载的含义有着重要的关系。本文主要从民间服饰中的"虎纹样"服饰的造型、色彩及工艺入手，对"虎纹样"在中国传统儿童服饰中的艺术价值进行了探讨。

关键词：虎纹样；儿童服饰；艺术价值

On the Artistic Value of "Tiger Pattern" on the Traditional Chinese Children's Clothes

Luo Bing

(Department of Foreign Languages, Beijing Institute of Fashion Technology, Beijing 100029, China)

Abstract："Tiger pattern" children's clothing mainly refers to the traditional Chinese children's clothing with the decorative image of "a tiger". "Tiger pattern" has a long history and is well worthy of being one type of the most popular and widely spreading traditional Chinese children's clothing. The reason of its popularity is highly related with the weight that "tiger" bears in traditional Chinese culture. This essay analyzes the cloth style, color, and craft of "tiger pattern" children's clothing and discusses the artistic value of "Tiger pattern" in traditional Chinese children's cloting.

Key words：Tiger pattern；children's clothing；artistic value

众所周知，作为自然界中的猛兽，虎比很多动物更强悍。虎的这种自然生态特征以及人们安全感的缺失，使虎渐渐成为一种带有守护神意味的民俗类型。虎纹样在民间服饰中，尤其在我国传统儿童服饰中的应用历史悠久。随着现代社会经济、政治等的发展，"虎纹样"服饰已经转化为民间民俗中的一种常见的艺术类型，给人们的生活带来了无限乐趣和审美情趣。在旧时的中国农村，几乎每一位母亲都会给自己的孩子做各种各样的"虎纹样"服饰。作为儿童服饰中应用最广泛的一种类型，"虎纹样"儿童服饰一方面考虑了儿童穿着的舒适度，另一方面"虎纹样"儿童服饰在造型上样式多样，十分丰富。与其他服饰相比，立体造型是"虎纹样"儿童服饰的最突出特点，主要体现在虎头鞋与虎头帽的造型上，这种立体造型不仅形象逼真，而且惟妙惟肖。"虎纹样"儿童服饰在色彩上以纯度较高的蓝色、大红色以及黑色为主，老虎的面部五官则以红、蓝、紫、黄、绿五种颜色为主。布贴绣与填充是"虎纹样"儿童服饰在工艺上的主要手法，同时施以滚边，在具有装饰作用的同时，能够固定服饰的边缘，防止服饰出现脱散的状况。形式美

❶本文为北京市属高等学校人才强教深化计划"中青年骨干人才培养计划"项目（编号：PHR201108193）成果之一，曾发表于《大舞台》2013 年 09 期，P121-122。

与内容吉祥相统一，是对我国装饰纹样的传统要求，"虎纹样"完全符合这种要求，这也是其流传广泛的原因之一。此外，"虎纹样"在中国传统儿童服饰中被世代沿袭下来的主要原因在于其独特的文化艺术价值。

一、驱邪避灾的民俗文化价值

一直以来，虎被人们认为是自然界中的灵兽，它们长相忠厚，身形矫健却又威猛无比。我国是虎族的故乡，自古以来，虎就是人们崇拜与敬畏的对象，我国当之无愧也是虎文化的发源地。在我国黑龙江、内蒙古等地发现的很多古岩画中都出现过虎的形象，经过考古学家与文学家的研究发现，虎在壁画中的大量出现是因为当时先民把虎当作自身部落的图腾。虎在古代象征着强有力和凶猛，人们对虎的神威与机灵有着无限崇拜，并从对虎的膜拜中获得勇气，认为虎能够消除灾难。通俗一点来说，虎就是当时先民的"保护神"。东汉应劭所著《风俗通义》中记载说"虎者，阳物，百兽之长也，能执搏挫锐，噬食鬼魅"，由此可以看出我国虎文化内涵的形成主要源于从原始社会承袭而来的对虎这兽中之王的敬畏和对虎的神威力量的推崇之情。历代以来，人们都保持着这种传承，把虎当成灵物，并赋予虎避邪镇恶、保佑安康的象征意义，进而使虎成为我国民间审美的重要对象。

在我国传统社会中，无论是江南还是江北，为了驱邪避灾，人们都会给儿童穿戴"虎纹样"的服饰，并成为一种传统的习俗被保留下来。在旧社会，民众的生活水平与医疗技术水平普遍比较低。三岁之前的幼儿抵抗力一般都很差，很多婴幼儿在这一时期会因为感染疾病而夭折，所以家长希望借助虎的凶猛力量吓走灾难和病害，保佑幼儿能够健康成长。孩子在出生刚满一个月的时候，按照我国传统民俗都要给孩子过"满月"，在庆祝孩子出生的同时，使孩子接受更多长辈的祝福，祝愿孩子在成长的过程中更加健康顺利。在庆祝"满月"的当天，孩子一般都要穿戴全套的"虎纹样"服饰，包括虎头帽与虎头连脚裤，假如孩子满月在冬天，这些服饰中还会加入棉的虎头斗篷。"虎纹样"服饰中最显著的特点是其中端正的"王"字以及大大的虎眼。幼儿头上戴着龇牙咧嘴的虎头帽，身上穿着虎头连脚裤，身边堆着以及手里拿

着虎头枕、布老虎等玩具，活脱脱地展现给人们一个憨憨傻傻的"虎子"形象。"虎子"这个词在这里一语双关，一方面带有"虎头虎脑"之意，另一方面则带有"虎虎生威"的意味。

"虎纹样"服饰并不只是在特定的民俗节日中才能穿着，我国大部分地区民间的三四岁的孩子在日常生活中也经常会穿戴"虎纹样"服饰，尤其是比较具有实用性的"虎头鞋"与"虎头拌"。在东北民间，孩子出生后第一双鞋必须要穿虎头鞋，他们认为，虎头鞋有一双虎虎生威的眼睛，穿上它孩子聪明勇敢，一辈子都不会走瞎道儿。豫北地区的孩子出生后需要连续穿红、蓝、紫三色的三双虎头鞋，蓝色表示拦住生命，不让孩子中途夭折；红色在民间一直是辟邪的颜色，带有免灾的意味；紫谐音子，代表着孩子一定能够长大成人。山东文山湖畔的渔民按照传统习俗，外婆都要亲手给孩子做"虎头拌"。先要根据"虎纹样"做好绣片，在绣片上穿一条大红色的长布带子，再在带子尾端缀菱角或者大鱼，使用时把虎头贴胸悬挂在孩童胸前，布带上的菱角或大鱼则是代表"防止孩子落水"的意思。从各个地区的民间风俗来看，"虎纹样"在儿童服饰中的应用，无一例外都是希望借助虎的象征力量，驱邪避灾，以保佑儿童能够健康茁壮地成长。

二、和谐自然精神的认知及审美艺术价值

儿童虎形服饰主要是以"虎纹样"为主要构型内容的传统手工工艺品，儿童服饰中经常见到的各种各样的样式独特、精致美观的虎头造型是通过各种跨时空的、非写实性的巧妙手法制作出来的，是中国传统女性自身观念的一种写照。马克思曾说："在人类的历史中，一般都会对人类社会的产生过程有一定记载，这种记载中形成的自然界其实是人的现实的自然界。"换句话说，就是人们在生产和生活的过程中，通过自己的精神与意志将自然对象化，在不知不觉中把自然变成人类自己的"现实的自然界"。我国传统社会的一些女性，在劳作中逐渐形成了以家庭生活为中心的审美情趣与文化场域。经过手工创作，她们把自然界中令人敬畏的老虎制作成形态各异、憨态可掬的工艺虎，当然这种工艺在当时并不能称为工艺，只

是常态生活中的一种，多见于儿童服饰中。在"虎纹样"儿童服饰中，构型的基础是虎头形象。劳动妇女按照虎头的框架进行创作，最终产生了个性化和信仰以及人文意蕴十足的"虎纹样"儿童服饰。"虎纹样"儿童服饰在素材上一般都会选取虎头的形象与自然界的花草植物等进行简单的组合。

"虎纹样"儿童服饰的多样性，在反映了妇女手艺高超的同时，也表现了传统妇女对美好生活的热爱与追求，也是她们在自然生态中的认知观念的具体体现。在对"虎纹样"的借用与转换过程中，不仅是女性意识关照下的万物和谐交融观念的生动体现，还是对温馨甜美、和谐融洽的生活氛围的一种营造。民间的女红制作看起来是一种被实用所拘束的活计，但实际上却饱含着劳动人民在生活上的情感与自由精神。从某种意义上来说，民间女红中普通衣物的缝制确实还停留在"用"的阶段。但这些充满想象力与构型艺术、稚拙可爱的"虎纹样"儿童服饰则完全超出了"实用"的范围，带有一种自由的精神境界。对孩子来说，"虎纹样"的鞋子、帽子等在他们的眼中都是玩具对象，通过对这些颜色鲜艳、造型别致的"虎纹样"服饰的关注，能够使孩子也感受到这些生动造型文化中的和谐与融洽的精神内核。

在传统社会中，人们常常用女红工艺的高低来评价一个女人是否具有妇德，这种传统文化对促进女红艺术的发展有重要的推动作用。"虎纹样"儿童服饰的多样性也是传统妇女比量女红的标准之一，"虎纹样"服饰的好坏也有其审美原则。比如在造型上必须要注意"虎纹样"服饰整体的端庄效果，在色彩上要着重强调和谐性，在图案的组合上对从善而美的原则比较讲究。这些不仅是为了更好地表现兽中之王的稳健端庄的气质，更是我国传统审美标准的一种外在表现。"虎纹样"儿童服饰中鲜艳的色彩，会给幼儿带来最初的色彩感，为其以后的审美观的形成奠定一定的基础。"虎纹样"儿童服饰在造型上的吉祥与朝气，是很多艺术形式无法比拟的，是对民间人们真善美朴实心理的一种展现。"虎纹样"儿童服饰一般都是在孩子出生前就做好，这种服饰伴随着他们度过最弱小的时期，凝聚着女性对幼儿的无比关爱。其中蕴含的大量文化功能与审美价值，会对儿童有潜移默化的影响，使他们从直觉上感受到美与幸福。

"虎纹样"在中国传统儿童服饰中的广泛应用，主要是因为其实用价值与辟邪免灾兼具自由与审美的艺术价值。"虎纹样"儿童服饰已经成为我国传统民俗中的一种，其不仅在传统社会受到追捧和喜爱，在现代社会仍然以其深厚的艺术价值受到大众的欢迎。在我国，这种实用性与艺术价值并存的"虎纹样"儿童服饰将会一直传承下去，其对我国传统文化的建设也有重要意义。

参考文献：

[1] 汪玢玲. 中国虎文化 [M]. 北京：中华书局，2007.

[2] 高格. 细说中国服饰 [M]. 北京：光明日报出版社，2005.

[3] 谷鹏飞. 从美学角度看民俗的现代传承与重建 [J]. 河南教育学院学报，2009，8（22）：58-59.

[4] 唐家璐. 民间艺术的文化生态论 [M]. 北京：清华大学出版社，2006.

[5] 冯东，陈俐燕，李丹. 民间美术色彩的表现功能与文化意义 [J]. 郑州大学学报：哲学社会科学版，2007，10（21）：161-162.

[6] 胡平. 遮蔽的魅力：中国女红文化汇 [M]. 南京：南京大学出版社，2008.

[7] 崔现海，孙宁宁. 虎纹样在民间服饰中的形式美感 [J]. 服装服饰，2010，9（18）：70-72.

[8] 孙宁宁，张竞琼. 民间"虎"服饰的文化特征 [J]. 纺织学报，2008，4（10）：108-110.

服饰文化翻译研究

全球化视阈下的服饰文化翻译研究从"头"谈起[●]

张慧琴　徐　珺

摘　要：作为"人类文化百科全书"的服饰，在中华传统文化的传承中意义重大、影响深远。全球化视阈下服饰文化翻译研究从"头"谈起，聚焦"帽子"翻译，对比中西方"帽子"文化的历史差异，挖掘英美习语中"帽子"的文化内涵，承认翻译可译性限度的客观存在，以"冠、幞、巾、帽、帻"为例，运用"适译"生态文化观为指导，力求最大程度实现和谐生态多元文化。

关键词：适译；帽子；文化；服饰

On Translation of Fashion Cultural Differences in "Hat" under Globalization

Zhang Huiqin & Xu Jun

(Department of Foreign Languages, Beijing Institute of Fashion Technology, Beijing 100029, China)

(School of English Studies, University of International Business and Economics, Beijing 100029, China)

Abstract：Fashion as the encyclopedia of people, which plays an important role in the development of traditional Chinese culture. How to begin with the study of Chinese fashion culture? Especially the word "Maozi" which is difficult to get the corresponding dictions between English and Chinese. The paper focuses on the translation of "Maozi", comparing the traditional differences between Chinese "Maozi" and the western's, explores the deep meanings of western idioms of "Maozi" with the application of "Fit translation" culture idea, and analysizes the version of "Guan, fu, jin, mao and ze" from different aspects, which is just to illustrate that, with the globalization, cultural understanding is promoting from every aspect, too much domesticating should be avoided in translation. Nowadays, it should be aware that how to adopt the "fit translation" considering the proper time, proper amount of changes, proper adjusting between the original and the version, and even from the proper aspects etc., so that to realize the harmonious, multiply, creative and the ideal cultural zoology.

Key words：fit translation；Maozi；culture；fashion

一、引言

中国服装协会报道，2011 年我国服装出口总额已达 1532.2 亿美元，服饰翻译意义重大。业内目前虽然也有关于服饰翻译的研究，但大多集中在服饰商标/品牌的翻译或典籍作品中的泛服饰文化研究，包括蒋梦莹、吴梦宇和王若愚（2011：35-37）、钱纪芳（2008）、沈炜艳（2009）和梁艳（2008）的学位论

[●]教育部社会科学规划课题"汉文化经典外译：理论与实践"（11YJA740103），"对外经济贸易大学学术创新团队资助项目"和"对外经济贸易大学'211 工程'三期建设项目"成果之一；中国纺织工业协会教育教学改革课题（中纺协函［2011］74 号）、北京服装学院"基于生态翻译学的服饰文化研究项目"（2011A-23）以及北京服装学院服饰文化研究创新团队的阶段性成果。曾发表于《中国翻译》2012 年第 3 期，P109-112。

文以及华梅（2001）的服饰文化研究专著等。针对某专题展开的服饰文化协调翻译研究则迄今鲜见。本文拟在全球化视阈下，从"头"开始，聚焦"帽子"的文化翻译，"适译"文化生态翻译观为指导，承认服饰文化可译性存在的限度，协调处理文化差异，实现多元文化生态和谐。

二、帽子在中西方文化中之管见

中西方服饰文化中对于美的追求，大都从"头"开始。古代中国把头上戴的"冠"称作"首服"，男子在 20 岁要举行冠礼，当时的"冠"只有狭窄的"冠梁"，不像现在的帽子能遮住全部头顶。冠帽有别，贫贱无身份的人不准戴冠。发展到汉代，"冠帽"大体类似，"冠"与"头帕"配合，劳动者只能戴"头巾"，未成年者只能戴"空顶头帕"。在文明起源和发展过程中，冠的礼制功能日渐突显，帽子逐渐成为人格和尊严的象征，用以区分官衔的品级和地位。

无独有偶，国外在古时也曾将帽子当作一种权利与地位的象征。早期的罗马，帽子是自由合法公民的标志，奴隶只能头顶块儿布以"遮天度日"。到了中世纪，帽子的等级观念更加明晰：破产者戴黄色帽子，国王戴金制皇冠，囚犯戴纸质帽子，公民戴暗色的帽子等。据说在西方，20 世纪初如果女性不戴帽子便犹如向人宣称"我是不正经的女人"。难怪过世的"帽子女王"伊莎贝拉·布罗（Isabella Blow）曾说，"帽子是我的武器，拒那些无聊人于千里之外……"。时至今日，在英国百年传统爱斯科（Ascot）皇家赛马会上，从皇室到平民百姓，每位前去的女士都不惜代价，佩戴着独特风格的帽子，力求在"帽子盛会"上博得喝彩。

如今的帽子，在东西方已经少有等级的差别，但仍有依照学业或职业划分的不同帽子。如：学士帽、硕士帽和博士帽，律师帽，护士帽，军帽和警帽，甚至包括某些特制的"厨师帽"等。中外帽子可谓各自承载着厚重的历史，这无疑给服饰文化翻译带来诸多困难。

三、服饰文化中"帽子"翻译之理据

面对"帽子"翻译中的诸多文化因子，文化学派的代表、美国学者安德烈·勒菲弗尔（Andre Lefevere）认为："翻译的首要任务是要使译文读者看得懂。理想的翻译既能表达原文的意义，又能表达原文言外意义的力度。但在实践中，一般往往只能完成第一个任务。"（陈光祥，2003：60）因此，在翻译中要承认不可译的存在，但又不能轻易妄下不可译的结论，而应坚持"适译"文化翻译观，协调处理文化差异。

"适译"文化生态翻译观倡导"人类厚生文化万事"（张立文，2006：635），强调"同则不继"与"生万物"，文化之间如果只是在"近亲"（同种、同族、同类）之间交流，则有退化与灭种的危险；相反，适当比例异质因子的"和合"则有利于物种的进化。"适译"文化生态翻译观的本质是"适量"、"适宜"与"适度"的和谐统一，是译文和原文彼此跨越文化差异，实现诸多矛盾和谐统一的结局。这其中最难的是对"度"的把握（张慧琴，2009：23）。"适量"翻译要从本土文化生态系统的稳定性与和谐性出发，在通过翻译进行的对外文化活动中做到"适量吸收、以我为主"，捍卫民族文化的主权与完整，保证本土文化的创新，抵制与反对强势文化的侵略与殖民；"适宜"翻译要有本着保护目的语文化生态系统发展与创新的文化因子，避免引进容易导致目的语文化生态系统产生极大混乱或巨大破坏的内容，杜绝引进的内容直接替代目的语文化生态的文类系统或价值体系，尤其是核心的文类与价值；"适度"翻译对适宜的文化适量引进，使适宜翻译和适量翻译协调统一（吴志杰，2011：12，略有改动）。这就意味着译者在翻译过程中要当好"读者"——准确地理解原文；当好"判官"——得体地衡量翻译生态环境；当好"伙伴"——合作地兼顾"诸者"（如作者、读者、出版者、资助者、委托者、译评者等）（胡庚申，2004：123）。同时，译者在文化立场上应明确自己的国家身份、民族身份和地域身份，在翻译策略上必须把对语言的字面转换拓展为对本土文化内涵的阐释，促进本民族文化不断更新、与时俱进（张景华，2003：129，略有改动）。在"物相杂而生生不息"理念的指导下，实现和谐、多元与创生的文化生态理想。

四、把握文化空缺词，"适译"各种"帽子"

物质文化的不同造成词汇表达的差异，文化空缺词的存在给翻译带来了障碍。"所谓文化空缺词指的是只为某一民族语言所特有，具有独特的文化信息内涵，既可以指在历史长河中逐渐形成的词，也可以是该民族独创的词。"（徐珺，2001：79-82）例如：英语中的 bowler（常礼帽）、topper（高顶礼帽）、stetson（宽边的软呢帽、牛仔帽、斯泰森毡帽）、fez（红毡帽、土耳其毡帽、圆筒形无边毡帽）、panama（巴拿马帽）和 skull-cap（无檐帽）等。中国多数读者恐怕只相对于西方的"礼帽"还算熟悉，其他帽子即使给予解释，也还是不知其"长得什么样子"，如扁软帽（flatcap）、猎鹿帽（deerstalker）等，我们只好借助网络技术，将不同款式的西方礼帽以图文并茂的方式呈现给读者，以方便理解。

文化空缺词翻译的主要问题并不在于字面是否可译，而在于这些词汇即使按照字面翻译过来，也还是不能产生它们在原文里的效果，译不出原有的文化意义（张春柏，2003：208）。正如上文中英美人看到 bowler（圆顶硬礼帽），就会想到英国上流社会人士；读到 topper（大礼帽），则会想到旧时彬彬有礼的绅士以及诸如宴会等正式场合。但是当这些含有某种文化意义的词分别译成"圆顶硬礼帽"和"大礼帽"后，译文看似可以解释，但它们在原文里引起的联想在译文中大都丧失。又如：同样是贝雷帽（beret），蓝色贝雷帽是联合国维持和平部队的标志；而绿色贝雷帽则是游击队或忠肝义胆军人的专利。在西方，甚至万圣节送给亲人或爱人一顶普通的红色或白色的帽子也成为必要的礼节。再如：西方电影中正派英雄常戴白色帽子，反派角色则常戴黑色帽子；而在计算机行业，黑帽子则被用作俚语，比喻黑客、网络入侵、计算机病毒等阴谋诡计。黑客聚会称作 Black hat（黑帽子）大会，不同于普通的 bowler hat（黑色礼帽）。同样，我国为小学生道路交通安全特制的"小黄帽"（yellow cap）；车站搬运行李的义工（porter）有时被称作"小红帽"（red cap）；在北京送水上门的称作"小蓝帽"（blue cap）；某些地方称回民为"白帽"（white cap），甚至骂人叫"傻帽"（dumbass），吹捧恭维别人是"戴高帽子"（flattery），丈夫被妻子背叛是"戴绿帽子"（to be a cuckold），而英文中的"have/wear a green bonnet"（破产）也同样不能直接按照字面意思翻译为"戴绿帽子"。面对承载着丰富文化内涵的"帽子"词语，翻译时就应着眼于各自不同的历史背景，注重生态环境，适合时宜、事宜地进行"适宜"翻译，适度给予解释协调，才能建构和谐生态多元文化。

五、挖掘英美习语内涵，传神再现"帽子"文化

英美语言中有些与帽子相关的习语，在翻译时要追本溯源，挖掘内涵。例如在英国俚语中，a bad hat（坏帽子）指坏蛋（rascal）、流氓或不务正业的人，美国人则用 a bad hat 称呼蹩脚的演员，形容那些无用的人。At the drop of a hat 的字面意思是"一旦帽子落地"，源于以前的决斗，裁判员突然把举着的帽子往地下一扔，作为决斗双方可以开始开枪的信号，而实际上该习语是用来指一个火暴脾气、一触即发的人。同样作为几百年前留传下来的俗语 Hat in hand，字面意思是手里拿着帽子，旧时暗指普通百姓面对权贵，脱帽致敬的礼节。这一点与中国礼仪传统有着惊人的相似，但现代欧美已将其蜕变为"不得已，难以启齿以求人帮忙"。反倒是 to take one's hat off（脱下帽子），从古到今一直保留着"脱帽致敬"的本意。再看 to wear two hats at a time 也绝非是"一个人同时戴两顶帽子"，其实际含义是一个人同时担任两个职务。而 to pass the hat 原指美国教堂在礼拜结束前，挨个传递帽子为教堂募捐，现在则指日常生活中"让大家捐钱为一个同事解决意外的灾难"。再看 talk through one's hat 和 eat one's hat，前者指"说大话，说蠢话"，后者指"让听者感到吃惊，荒谬"。而 touch one's hat（手触帽边）则表示打招呼；当遇到高兴的事时，喜欢用 throw up one's hat（把帽子抛向空中），在英国也是常有的事。如此种种，需要译者以开放的心态，和谐的心理，接纳西方文化，怀揣真诚和善意，以"适译"之笔传神再现其文化魅力。

六、传承中华传统文化，"适译"各类"帽子"

冠是中国古代帽子的总称。冠有冕、幞、巾、帽、帻、弁之分，冕是帝王、诸侯、卿大夫戴的礼帽。冠两边有帽带，叫缨。弁是一种仅次于冕的礼帽，周朝自天子至士，不同阶层的人在一般场合都可以戴。秦始皇统一中国后，冠式成为官员和品秩的标志；到了魏晋南北朝时期，头巾开始在上层流行；隋朝时期，开始了冠梁多少各不相同的进贤冠制度；直到明朝，冠冕成为皇亲国戚举行隆重典礼时的专用，就连皇帝在日常也仅戴"翼善冠"，百官则头顶乌纱帽。清朝则以帽顶的顶珠数量、颜色与质地的差异来区分官级的大小。正因为此，承载着厚重历史文化的帽子，在我国典籍作品中时有描述。下面以冠、幞、巾、帽、帻分别为例，剖析翻译中文化差异的协调处理。

（一）传承中华传统文化，"适译"多种"冠"

中国古代帽子又名"冠"。凤凰冠是冠的一种，也称银冠，是畲族姑娘出嫁必戴之物品，如果只是对照字面意思翻译为 phoenix crown 或 phoenix coronet（凤凰王冠），就无法帮助西方读者全面理解其深刻的文化内涵，但是通过增补"贵族阶层、妇女或新娘戴的帽子"等具体信息，翻译为 Phoenix cornet for a woman of noble rank 或者 a headgear for a lady or bride，则使文化信息的内涵明显丰富。类似的"朝冠"被译为 court hat、crown 或 hat of ceremony，凸显其穿戴的庄重场合；"皇冠"被译为 emperor's court hat decorated with gold dragons，表明该帽饰有金龙，非常高贵，为皇帝专用；而"皇后朝冠"同样也可以翻译为 empress' court hat decorated with gold phoenixes，表明此帽为皇后专用，饰有金凤凰，而 court hat worn by the emperor（empress）in winter（summer），则表明该帽属于帝（后）冬夏朝冠；再如：吉服冠（formal hat；hatworn with formal dress）、常服冠（ordinary hat；hat worn with ordinary dress）、行服冠（traveling hat；hat worn with traveling dress）、品官朝冠（official's court hat with different top decoration and feather streamer diversified according to the rank）以及官吏冬/夏朝冠（winter／summer court hat for the official），这些貌似不可译的特色词汇，通过不同修饰语，从时空两方面定位，

借助其使用的时间或场合，帮助读者理解。甚至极具象征性的中国特色民族社会化符号"喜字冠"，也同样被巧妙地翻译为 imperial bride's hat decorated with the character "shuangxi"（double happiness）。在传承中华文化的诸多有关帽子的翻译中，正是通过适时、适量的解释性翻译，将不同帽子的形状与喻意充分呈现于读者面前。类似翻译都是译者着眼于中华文化的维护和传播，考虑到译文读者在新的生态环境中对中华文化的接受心理、接受程度而采取的"适译"。

（二）弘扬中华文化，"适译"特色词汇"幞、巾、帽和帻"

面对中国传统文化中关于帽子的不同表达，如何将"幞、巾、帽、帻"这些传统特色的文化信息适当、适量、适宜地传达给西方的读者，同样需要采取"适译"的翻译策略。如：

（1）原文：应天府尹大人带着幞头，穿着蟒袍，行过了礼立起身来，把两把遮阳遮着脸。（吴敬梓《儒林外史》第四十二回）

译文：The mayor of Nanking in sacrificial headdress and serpent-embroidered robe bows, stands up and hides his face behind two umbrellas.（杨宪益、戴乃迭译）

剖析：原文中的幞头，从北周兴起，起初由一块民间的包头布逐步演变成衬有固定的帽身骨架和展角的完美造型，后来进入上层社会并加以美化，在唐代演变为帽身端庄丰满、虚实动静结合、脱戴方便的帽子，到宋代成为官场指定的服饰。译文中的幞头依据当时环境、情景被翻译为 sacrificial head dress（献祭所用的头巾或头饰），暗示了故事发展的场景，帮助读者更好地理解原文。

（2）原文：当下，果然到船上取了一件布衣服、一双鞋、一顶瓦楞帽，与他穿戴起来。（吴敬梓《儒林外史》第二十三回）

译文：He bought him some clothes garments, a pair of shoes and a tile-shaped cap.（杨宪益、戴乃迭译）

剖析：元代男子首服，冬帽而夏笠。笠也称"瓦楞帽"，有方、圆两种样式，顶中装饰有珠宝。圆形，称作"笠冠"，方形的则形似瓦楞，有四角、六角等几种。原文中的瓦楞帽被译为 a tile-shaped cap（瓦片形状的帽子），但是结合上下文语境，特别是原文中

后一句"这帽子不是你相公戴的，如今且权戴着"。因此，笔者建议可以尝试将瓦楞帽补译为 a tile-shaped cap, common man's hat with depression in middle 或者 corrugated common man's hat（瓦片形状，普通人戴的，中间低洼，有褶皱的男帽）。既说明了帽子的形状，也暗示了帽子主人的身份，在一定程度上有助于输出中华传统文化。

七、结语

各民族生活方式、风俗习惯和宗教信仰等的不同，其服饰用语也就不可避免地出现差异。正因为如此，作为服饰文化研究从"头"开始的帽子，有时很难在英汉语之间找到彼此对应的概念或表达方式。只有承认可译性限度的客观存在，以"适译"生态文化观为指导，协调文化差异，不断缩小可译性的限度，才能不断加强各民族间的理解和沟通。在多元化、多样化、多层次的现代文化融合氛围中，逐步构建人类文明和谐生态多元文化。

参考文献：

[1] 陈光祥. 可译性与可译度 [J]. 外语研究，2003（3）：57-60.

[2] 陈美林. 吴敬梓研究 [M]. 南京：南京师范大学出版社，2006.

[3] 邓云乡.《红楼梦》导读 [M]. 成都：巴蜀书社，1991.

[4] 胡庚申. 翻译适应选择论 [M]. 武汉：湖北教育出版社，2004.

[5] 华梅. 服饰与中国文化 [M]. 北京：人民出版社，2001.

[6] 蒋梦莹，吴梦宇，王若愚. 论美学与文化对服饰品牌翻译的影响 [J]. 语文学刊，2011（4）：35-37.

[7] 钱纪芳. 和合关照下的服装文字语言翻译 [D]. 上海：上海外国语大学，2008.

[8] 梁艳. 美的传达——论《红楼梦》中杨译本的人物外貌描写 [D]. 上海：上海外国语大学，2008.

[9] 吴敬梓. 儒林外史 [M]. 杨宪益，戴乃迭，译. 长沙：湖南人民出版社，1999.

[10] 吴志杰. 和合翻译研究 [J]. 中国翻译，2011（4）：5-13.

[11] 沈炜艳. 从衣饰到神采——《红楼梦》服饰文化翻译研究 [D]. 上海：上海外国语大学，2009.

[12] 徐珺. 文化内涵词——翻译中信息传递的障碍及其对策 [J]. 解放军外国语学院学报，2001（3）：79-82.

[13] 张春柏. 英汉——汉英翻译教程 [M]. 北京：高等教育出版社，2003.

[14] 张慧琴. 翻译协调理论研究 [M]. 太原：山西人民出版社，2009.

[15] 张立文. 和合学——21世纪文化战略的构想（上下卷）[M]. 北京：中国人民大学出版社，2006.

[16] 张景华. 全球化语境下的译者文化身份与汉英翻译 [J]. 四川外语学院学报，2003（4）：126-129.

[17] YANG HSIEN-YI, GLADYS YANG. A Dream of Red Mansions [M]. Beijing：Foreign Language Press，1978.

《红楼梦》服饰文化英译策略探索[❶]

张慧琴　徐　珺

摘　要：中华服饰文化源远流长。本文选取《红楼梦》两个全译本（杨宪益和戴乃迭夫妇译本与霍克斯先生译本）中关于王熙凤服饰描写的片段，从文化协调的角度，探究如何遵循适时、适量、适度的文化协调翻译原则，把握分寸，协调服饰翻译中的文化矛盾，实现服饰文化的和谐翻译，加强不同文化之间的了解、尊重与借鉴。

关键词：文化协调；翻译；和谐；服饰

On Translation Strategies of Fashion Culture Translation of A Dream of Red Mansions

Zhang Huiqin & Xu Jun

（Department of Foreign Languages，Beijing Institute of Fashion Technology，Beijing 100029，China）

（School of English Studies，University of International Business and Economics，Beijing 100029，China）

Abstract：Chinese Fashion culture has a long history，the two authentic versions of A Dream in Red Mansions have been chosen，the one is achieved by the couple of Yang Xianyi & Dai Naidie，and the other is by David Hawkes. The paper focuses on cultural differences reflected in the two versions，studies how to stick to the cultural coordinate translation principles to deal with cultural differences and achieve the harmonious relationship between the original and the version，so that to promote mutual-understanding and further development of fashion culture at the same time.

Key words：Cultural mediator；translation；harmonious；costume

1. 引言

中华服饰文化历史悠久，独具特色，是世界服饰文化园地中的瑰宝。《红楼梦》中人物的衣着配饰，无不蕴含着丰富的文化底蕴。全球化语境下如何以崭新的视角重新审度《红楼梦》译本中关于服饰文化的翻译，反思服饰文化输出中"为何译"（翻译的目的）、"选何译"（翻译内容的取舍选择）和"怎么译"（翻译策略）的问题，将折射出服饰文化翻译的目的性、倾向性与翻译策略。本文选取《红楼梦》最具代表性的两个译本，即杨宪益和戴乃迭夫妇1999年的译本（以下简称杨译）、霍克斯1973年译本（以下简称霍译）第三回中关于王熙凤服饰[❷]描写的片段，拟从文化协调的角度，探究如何树立服饰文化翻译协调观，遵循适时、适量与适度的文化协调翻译原则，

❶教育部社会科学规划课题"汉文化经典外译：理论与实践"（11YJA740103）和对外经济贸易大学"211工程"四期建设项目"开放经济背景下的商务翻译服务与中国文化传播"之成果之一；中国纺织工业协会教育教学改革课题（中纺协函［2011］74号）、北京服装学院"基于生态翻译学的服饰文化研究项目"（2011A-23），北京市教育委员会社科计划面上项目"全球化视阈下典籍作品中服饰文化英译研究"（SM201310012003）以及北京服装学院服饰文化研究创新团队的阶段性成果。曾发表于《中国翻译》2014年第2期，P111-115。

❷笔者在"文化语境视角下的《红楼梦》服饰文化汉英翻译探索"一文中曾经就《红楼梦》王熙凤服饰翻译做过探讨（详见《山东外语教学》2013年第5期），但本文研究的语料及其视角与之不同。

把握分寸，协调服饰翻译中的文化矛盾，实现和谐翻译，加强不同文化之间的了解、尊重与借鉴，推动中华服饰文化的传播和发展。

2. 文化协调翻译观

翻译作为一种社会现象，孕育于社会环境中，译作的产生、接受与传播必然受当时社会环境中诸多因素的制约。这些因素相互联系，斡旋互动，彰显各自在翻译过程中的功能，使翻译成为"受社会调节之活动"[赫尔曼斯（Hermans，2007：10）]。同时，"翻译是一个自我适应性强，自我调整和自我反省，并能自我再生的系统"[赫尔曼斯（Hermans，1999：141-142）]。作为社会系统的子系统，"深嵌于社会、政治、经济和文化环境里，构成整个系统内部的一种操作力量"（李红满，2007：9）。因此，当两种或多种文化相遇时，有交流、有汇流、有融合、有分解、有斗争、有抗拒、有接受、有拒绝，形态各异，很难用一两句话说清。一国文化传入另一国后，往往要经历一个适应过程。适应就意味着要改变，依据新环境进行调整以适应当地之需（季羡林，2006：27-28，略有改动）。任何一种文化在被植入另一种文化时，都要做相应的本土改造，找到与原文对应，又能为本民族读者理解或接受的词语来进行置换。任何翻译在一定程度上都是文化协调的翻译（孟华，2000：199）。

事实上，早在 20 世纪 80 年代，西方学者霍尔兹·曼塔利（Holz-Manttari，1984）就以跨文化合作（intercultural cooperation）来看待翻译；勒弗菲尔（Lefevere，1992）把翻译看作是"文化交融"（acculturation）；而斯奈尔·霍恩比（Snell-Hornby）则认为翻译是一种"跨文化的活动"，并建议从事翻译理论研究的学者抛弃"唯科学主义"态度，把文化而不是文本作为翻译单位，把文化纳入翻译理论研究中[参见根茨勒（Genzler），1993]。我国学者杨仕章（2000：67）则认为翻译是一种跨文化交流；翻译的目的是突破语言障碍，实现并促进文化交流；翻译的实质是跨文化信息传递，是译者用译语重现原作的文化活动；翻译的主旨是文化移植与文化交融。陈历明（2006）也同样认为，翻译看似只是从事语言文字的转换，实则总是要跨越时空，在两种文化的夹缝中穿

行游走，为两种文化的和谐对话，不断协调，牵线搭桥。作为译者，在原作与读者之间来回调解、平衡，决定对话中的话轮趋向，其承担的不仅是两种语言的内容、形式、风格的调解者，更是两种处于不同时空的文化对话、交锋、融合、斗争与妥协的调解者与协调者。究其实质，正如孙艺风（2012：20）所述，文化翻译是一种文化互动而不是简单的同化。翻译的衍生性和调节作用意味着跨文化翻译是阐释的具体化，而不是文化形式的直接转换，是文化协调的结果与结局。人类文化的千差万别使历史上没有哪种文化能仅靠自身的力量生存、发展、壮大。文化的对话源于彼此的需要，各文化间共性的存在，即文化"共核"（common core）是文化对话的基础，也是文化协调翻译进行的前提。译者正是通过对整个社会环境中各种矛盾的文化协调，使社会环境中的不同文化在千差万别中和谐并存。

3. 文化协调翻译观指导下的《红楼梦》服饰翻译剖析

《红楼梦》中"许多词句言简意丰，经受了历史文化的积淀，反映了汉民族的社会状况、宗教信仰、价值观念等，蕴涵着丰富的文化涵义……"（李文革，2000），具有鲜明的地域性和民族性特征。在实际的翻译过程中，翻译活动受多种因素制约。文化渊源的不同，不同时代的政治需求、读者需要、舆论导向、出版商的趋同等，都使服饰语言的文化信息载荷存在着显著的缺位或错位。那么，作为文化使者的译者，应该协调处理文化差异，尽量传递源语文化中的文化意蕴，不断协调文化翻译，实现不同程度的"文化再现"（cultural reappearance）（白靖宇，2000），在适当时间加入适量的服饰文化异域因子，最大限度完美再现中华服饰文化，以满足当今全球化语境下文化交流的需求。本文选取《红楼梦》第三回中关于王熙凤服饰描写的片段，对比《红楼梦》的杨译（1999）和霍译（1973）两个全译本，坚持文化翻译协调观，探索服饰文化翻译策略（表1）。

为方便研究，下面对本文选取的杨译和霍译（部分译文转换为黑体是笔者所加），从（1）到（7）中的中华传统服饰文化特色译文，逐一剖析如下。

表1 《红楼梦》第三回中对于中华服饰特色表达原文与译本对照表

《红楼梦》第三回	中华传统服饰文化特色表达节选	杨宪益、戴乃迭夫妇译本	霍克斯译本
这个人打扮与众姑娘不同，彩绣辉煌，恍若神妃仙子；头上戴着金丝八宝攒珠髻，绾着朝阳五凤挂珠钗；项上戴着赤金盘螭璎珞圈；裙边系着豆绿宫绦，双衡比目玫瑰佩；身上穿着缕金百蝶穿花大红洋缎窄裉袄，外罩五彩刻丝石青银鼠褂；下着翡翠撒花洋绉裙	（1）金丝八宝攒珠髻	Her gold-filigree tiara was set with jewels and pearls	Her chignon was enclosed in a circlet of gold filigree and clustered pearls.
	（2）朝阳五凤挂珠钗	Her hair-clasps, in the form of five phoenixes facing the sun, had pendants of pearls	It was fastened with a pin embellished with a flying phoenixes, from whose beaks pearls were suspended on tinny chains
	（3）赤金盘螭璎珞圈	Her necklace, of red gold, was in the form of a coiled dragon studded with gems	Her necklet was of red gold in the form of a coiling dragon
	（4）豆绿宫绦，双衡比目玫瑰佩	She had double red jade pendants with pea-green tassels attached to her skirt	此句霍先生没有相应的译文，或许有意省译。
	（5）缕金百蝶穿花大红洋缎窄裉袄	Her close-fitting red satin jacket was embroidered with gold butterflies and flowers	Her dress had a fitted bodice and was made of dark red silk damask with a pattern of flowers and butterflies in raised gold thread
	（6）五彩刻丝石青银鼠褂	Her turquoise cape, lined with white squirrel, was inset with designs in colored silk	Her jacket was lined with ermine. It was of a slate-blue stuff with woven insets in colored silks
	（7）翡翠撒花洋绉裙	Her skirt of kingfisher-blue crepe was patterned with flowers	Her under-skirt was of a turquoise-colored imported silk crêpe embroidered with flowers

特色表达（1）分析：原文中凤姐的"金丝八宝攒珠髻"是用金银丝穿珠翠制成美丽的八宝发髻配饰，作为假髻戴在真髻上面。"髻"的本意是"结"，将头发拘束盘结在头颅后边或头顶。"八宝"是指金银饰物上镶嵌的各色珍珠、玛瑙、碧玉等，因镶嵌的八种饰物均以金丝串结，故称"金丝八宝"。"攒"是簇聚，"珠"是珠饰，"攒珠"意为以金银丝串结珍珠并缠扭而成各种花样。查阅 LONGMAN DICTIONARY OF CONTEMPORARY ENGLISH（《朗文当代英语词典》）（1978：1157）发现，"tiara"是指"a piece of jewellery that looks like a small crown, worn on the head by women at formal dances, dinners, etc."（妇女在晚宴等正式场合，头上佩戴的珠宝，好似皇冠）；"chignon"是指"a knot of hair worn by a woman at the back of the head"（女性头后的发结）（同上，1978：178），而"circlet"则指"a narrow round band as of gold, silver, jewels, etc., worn（esp. by women）on the head, arms, or neck as an ornament"（用金银珠宝等制成的圆环，作为装饰品戴在妇女的头上、胳膊上或脖子上）（同上：186）。杨先生夫妇把"金丝八宝

攒珠髻"翻译为"gold-filigree tiara was set with jewels and pearls"（装饰有珠宝的"冕"状头饰）；霍先生的译文是"Her chignon was enclosed in a circlet of gold filigree and clustered pearls"（由金丝和珠翠围绕的脑后发髻）。两个译本都没有凸显"八宝"的内涵。查阅《汉英文物考古词汇》（2005：281，401）发现，"金嵌花八宝双凤盆"被解释为"Gold basin embossed with design of Eight Treasures and double phoenix"；而"八吉祥"则被解释为"The eight Buddhist emblems of good fortune"。因此，不妨对杨译采用括号加注给予适度协调，翻译为"gold-filigree tiara was set with jewels and pearls of eight Buddhist emblems of good fortune"；霍译则可如法炮制，以帮助西方读者理解服饰中"八宝"的文化内涵，避免与类似"八宝粥"中的"八宝"混为一谈。

特色表达（2）分析：头饰五凤冠（five phoenixes）属于王熙凤的专用首饰，有学者认为《红楼梦》里连贵为皇妃的贾元春都没戴过。因为通常女性凤钗是一只凤，口衔珠串。王熙凤的凤钗是五凤形，凤口各衔珠串，凤跟"朝阳"关联，则更不简单。据《诗

经·大雅·卷阿》记载："凤凰鸣矣，于彼高冈。梧桐生矣，于彼朝阳。"凤鸣朝阳常被看作是稀世之瑞，后人据此用以比喻俊才。这或许含有小说家对凤姐脂粉英雄才能的赞赏（转引自季学源，2012）。而上述文化内涵，在杨译（five phoenixes facing the sun）和霍译（flying phoenixes）中均未给以适度体现。我们不妨将百鸟之王，与中国贵为天子的"龙"有着几乎同样尊贵的"凤"，在文化内涵方面给以补充，把"朝阳五凤挂珠钗"适量协调翻译为"in the form of five phoenixes paying their homage to the sun, had pendants of pearls"。

特色表达（3）分析：颈饰"赤金盘螭璎珞圈"是指用赤金、珠玉扭成的飞龙形状的项圈，类似现在的项链。在《文选·鲁灵王光殿赋》（汉王文考作品）中就曾有过"盘螭宛转而承楣"（转引自季学源，2012）。螭（a hornless dragon）指古代传说中一种没有角的黄龙，古代常仿其形雕刻为饰品；"盘螭"（coiling dragon 或 coiled dragon）是指盘龙，"璎珞"原为古代印度佛像颈间的一种装饰，后随佛教一并传入我国，唐代时被爱美求新的女性所模仿和改进，变成珠玉穿成的项饰。形制较大，在项饰中最显华贵。"圈"是指作为清代大家闺秀主要饰物的项圈。在上述的杨译和霍译中，都没有通过对"龙"的文化内涵的阐释来彰显佩戴者身份的尊贵。笔者以为，随着文化交流的不断深入，中国"龙"与前面的"凤钗"相比，已经在国际上得到很大程度的认同。因此，不但不需要解释"龙"的内涵，甚至在此处都没有必要强调"in the form of…"，只需要适度协调为"Her necklet was a coiling dragon of red gold（studded with gems）"，就足以使读者理解该饰物的贵重。

特色表达（4）分析：首先，我们对腰饰"豆绿宫绦，双衡比目玫瑰佩"进行解读。"宫绦"是指腰上挂一条以丝带编成的带子，一般在中间打几个环结，然后下垂至地；有的还在中间穿上一块玉佩，借以压裙幅，使其不至露羞。"衡"是佩玉上部的小横杠，形如残环，用以系饰物。"比目玫瑰佩"是用玫瑰玉片雕琢成的双鱼形的玉佩；"比目"是蝶形鱼类的总称，此鱼被认为只有一只眼睛，必须两两相并才能游动。鱼在中国古代一直被视为吉祥物，是富裕、财富的象征。玫瑰并非玫瑰色或玫瑰花，而是美玉。

汉代司马相如的《子虚赋》中就有"其石则赤玉、玫瑰"。也有说玫瑰是指珍珠。汉代史游《急就篇》："璧碧珠玑玫瑰罋"。颜师古注："玫瑰。美玉名也……或曰，珠之尤精者曰玫瑰"。霍译将该句省译，杨译则可以理解为"裙上那豆绿色流苏还配着一对挂坠"（double red jade pendants with pea-green tassels attached to her skirt），没有阐述"比目"的文化内涵。我们可以尝试将该译文补充协调为"double red fish-shaped jade pendants with pea-green tassels attached to her skirt"，使中华服饰中"鱼"的丰富内涵得以彰显。

特色表达（5）分析：上衣"缕金百蝶穿花大红洋缎窄裉袄"如何英译？"缕金"是一种窄片状真金线，是织锦所用材料，又称"片金"或"扁金"，此处指用金线织成的衣服。"百蝶穿花"是指用金线在大红软缎上或织或绣，形成生动有趣的纹样。"窄裉袄"则指紧身的棉袄。"裉"指衣缝。"窄裉"可以显示穿着者苗条的身姿。两译文均较好地将衣服的质地、图案以及紧身效果完美再现。但是仔细品味，两位大家对"袄"的理解不同，杨译为jacket，而霍译则为dress。查阅《现代英汉服装词汇》（2005：259），jacket指夹克、夹克衫、外套、短衣服、短上衣，早些年代被西方妇女穿在连衣裙外面，属于正式服装。而dress统指外穿服装、礼服、连衣裙、（适合特定场合下穿的）套裙服装。查阅《汉英服装服饰词汇》（2005：8），发现"袄"的英文翻译为coat或jacket。究其实质，霍译对原文的归化处理，在当时确实有助于西方读者理解，但是在一定程度上没有完美再现汉语"袄"的本意。其实，早在2001年的上海，各国首脑就曾身着"唐装"在APEC非正式会议上整齐亮相，世人瞩目，展现了中国"袄"的本来面目。因此，我们今天完全可以大幅度协调，尝试使用"Chinese ao"代替"coat"或"jacket"。从奥运会的"福娃，加油"到现在的"不折腾"，面对今天诸多汉语词汇的音译处理，我们应该适时将"袄"通过最为直接的音译，补加定语，使其大幅度协调翻译为"Chinese ao"。

特色表达（6）分析："五彩刻丝石青银鼠褂"中的"刻丝"本为"缂丝"，英译为K'o-ssu, Kesi或Chinese silk tapestry，是中国最传统的一种挑经显纬的欣赏装饰性丝织珍品。笔者认为可以适度、适量翻译为 Chinese silk tapestry in raised gold thread—Kesi，将文化内涵与中文名字融合在一起，传达给西方读者。同样，依照《汉英服装服饰词汇》（2005：192），原文本中"褂"是"short gown; Chinese style unlined upper garment"。全球化语境下，我们可以把音译和解释性翻译融为一体，适时、适度协调翻译为 Chinese style unlined upper garment—gua，分别替代两译文中的 cape 和 jacket，以帮助西方读者逐渐了解中华服饰。而对于"银鼠"这一名贵皮具，霍译为 lined with ermine（貂皮衬里），杨译为 lined with white squirrel（白色灰鼠皮内衬），或许霍先生大幅度协调的原因是认为貂皮比灰鼠皮更加贵重，但是在中西文化交流日趋频繁的今天，特别是针对服饰面料，笔者以为，忠实于原文更有利于中国服饰文化的对外输出。

特色表达（7）分析："翡翠撒花洋绉裙"是对凤姐裙装质地、颜色和图案的描述，翡翠底色，墨绿幽雅，浑厚圆润给人以玉的质感，杨译"kingfisher-blue"是翠鸟的颜色，不够鲜亮；而霍译"turquoise-colored"，指偏于青色的绿色，也不够准确。其实，英语中的颜色词汇"jade"，本身就表示"翡翠色"，此处完全可以空调，几乎不加协调地处理颜色词汇。撒花是云锦常用图案之一，小碎花在自由随意中满地铺陈，不同于团花（floral medallion; rosette）。有红学家认为，该图案暗示了王熙凤性格叛逆以及她在贾府的地位。杨译"patterned with flowers"与霍译"embroidered with flowers"，都忽略了"撒"字所折射的深层喻义，不妨补加"scattered"来修饰"flower"，便于读者对《红楼梦》作品中团花和撒花与人物性格塑造关系的理解和把握。同样，该句中对于"洋绉"的解释，学界观点不一。一则认为是经、纬用纯生丝经练染后的面料，因为经、纬丝线捻向不同，产生自然皱纹，故得此名"洋绉"。因为康雍乾时期，基本没有所谓的进口"绉料"，可能只是仿制日本进口缎匹的"倭缎"，属于是图案和花色上的舶来品。而洋绉之所以称"洋"，是因为道光年间，凡物之极贵重的，皆谓之洋。大江南北，莫不以洋为尚。因此"洋绉"实际属于上等丝绸，只被贵族服装专用，并非真正进口产品。再则认为小说第十六回里王熙凤说自己的爷爷单管各国进贡朝贺的事，粤闽滇浙各地所有洋船货物都是她们家的，这与霍译的"imported silk"

完全吻合。或许小说当时要体现的是该面料之贵重，虽然在今天，我们也会在一定程度上认同进口的就是高档的，但是还原历史，杨译虽用了 crepe 一词，但是从文化传播和发展角度剖析，补加 rare silk crepe 的协调翻译，相对而言是协调各种矛盾的和谐译文。

通过上述（1）～（7）不同译文的比照与解析，可以看出，无论杨译，还是霍译，其译文基本上表达了原文的内涵。但是，本文倡导的全球化语境下服饰文化协调翻译，在一定程度上有助于真实再现中华传统服饰文化，帮助西方读者从中华文化的角度审度凤姐的着装。事实上，凤姐从头上的凤饰到项上的龙饰和腰间的比目玉佩饰，再到巧夺天工的缕金工艺以及稀世之宝缂丝、银鼠皮材质和洋绉，无不彰显其富丽尊贵、气势非凡的特殊地位和霸气十足的鲜明个性，折射出中华服饰文化的深厚底蕴。

4. 服饰文化协调翻译启示

在全球化进程日益加快、多元文化共存的今天，每一个民族不仅要包容和理解其他民族的文化，更要努力保持自己的文化特色，重视文化传播，不断将本民族文化或外域文化介绍给本民族读者，缩短或消除不同民族之间存在的文化隔阂。

《红楼梦》作为反映清朝当时社会生活的百科全书，其涉及的服饰文化在一定程度上揭示了中华传统服饰之全貌。杨宪益、戴乃迭夫妇和霍克斯先生在翻译该部巨著时所付出的努力，永远值得尊敬。面对当今中华传统文化不断走向世界，重新审视《红楼梦》中服饰文化的翻译，应该充分考虑中华服饰文化的对外输出。在服饰文化协调翻译过程中，译者和作者彼此双方的诚意与包容是文化协调的前提，而"度"的把握则是协调文化差异的核心和关键。在协调文化矛盾时，要依照读者和社会的需要，采取适时、适度、适量的协调翻译，既不要不考虑文化需求，采取过度或过量的文化协调，使译文超越西方读者对中国文化的理解和接受，导致"消化不良"或"因噎废食"，也不要迁就部分西方读者"宾至如归"的不合理要求，而应该依据中西方文化差异的程度大小，依次采用大调、中调、小调、微调和空调（张慧琴，2009：23）。翻译时应从实际出发，中西文化差异越大，需要协调的幅度也就越大，需要进行大调；相反，文化差异越小，需要协调的幅度也就越小，只需要进行小幅度的协调；当彼此文化近乎相同时，几乎不需要协调，只要进行语言文字的对应转换，甚至是直接音译，即空调。虽然在一定程度上语言的"异质性"超越了主题的透明度，成为不可译的核心，致使不同语言体系之间的意义传递不可能时刻完整。但是翻译总是在试图探索文化协调的可能性，而协调产生的译文无疑是彼此妥协的结果与结局（Bhabha，1990：314，略有改动——笔者注）。

5. 结语

美国哈佛大学教授约瑟夫·奈（Joseph Nye）认为："文化是'软实力'，中国文化在许多方面都具有吸引力。中国的传统艺术、中国的饮食和传统服饰等，在美国都很受欢迎"（转引自李建军，2009）。面对正在加速的文化全球化过程中的机遇和挑战，不同民族文化处于冲突、协商、协调的状态。我们要充分发挥文化协调的作用，通过协调翻译，促成文化之间的交流、互动和融合，遵循文化协调翻译的原则，依照源语和译入语之间文化差异的大小，适度、适量、适时地协调翻译，协调处理不同层面的诸多矛盾。在译文里保留源语文化，是对源语文化的尊重；在译文里适度协调融入异域文化，是对目的语文化的丰富。在《红楼梦》服饰文化翻译中，译者有义务，也有责任，针对中华服饰特色词汇给予协调翻译，从而帮助目的语读者通过阅读译作来了解异域文化。正如许建忠（2009：94）所言，尽最大努力巧用大翻译语种（如英语），以达到世界范围内传播我们的优秀文化，缩小中外文化之间的差距。

　　*感谢南开大学左耀琨教授和美国太平洋大学陆洁教授提出的修改意见。

参考文献：

[1] 曹雪芹，高鹗. 红楼梦 [M]. 杨宪益，戴乃迭，译. 长沙：湖南人民出版社，1999.

[2] 白靖宇. 文化与翻译 [M]. 北京：中国社会科学出版社，2000.

[3] 曹雪芹，高鹗. 红楼梦 [M]. 长沙：岳麓书社，1987.

[4] 陈历明. 翻译：作为复调的对话 [M]. 成都：四川大学出版社，2006.

[5] 季羡林. 季羡林论中印文化交流 [M]. 北京：新世界出版社，2006.

[6] 季学源. 红楼梦服饰鉴赏 [M]. 杭州：浙江大学出版社，2012.

[7] 李红满. 布迪厄与翻译社会学的理论建构 [J]. 中国翻译，2007（5）：6-9.

[8] 李建军. 文化翻译论 [M]. 上海：复旦大学出版社，2009.

[9] 李文革. 中国文化典籍中的文化意蕴及其翻译问题 [J]. 外语研究，2000（1）：42-44.

[10] 孙艺风. 翻译与跨文化交际策略 [J]. 中国翻译，2012（1）：16-23.

[11] 许建忠. 翻译生态学 [M]. 北京：中国三峡出版社，2009.

[12] 王传铭，刘士莜. 汉英服装服饰词汇 [M]. 北京：中国纺织出版社，2005.

[13] 王传铭，刘士莜. 现代英汉服装词汇 [M]. 北京：中国纺织出版社，2006.

[14] 王殿明，杨绮华. 汉英文物考古词汇 [M]. 北京：紫禁城出版社，2005.

[15] 杨仕章. 文化翻译观：翻译诸悖论的统一 [J]. 外语学刊，2000（4）：66-70.

[16] 张慧琴. 文学翻译协调理论研究 [M]. 太原：山西人民出版社，2009.

[17] 张慧琴，徐珺. 文化语境视角下的《红楼梦》服饰文化汉英翻译探索 [J]. 山

东外语教学，2013（5）：98-101.

[18] BHABHA，HOMI K. Dissemination：Time，Narrative，and the Margins of the Modernation [A]. In Homi K. Bhabha（ed.）. Nation and Narration [C]. London：Routledge，1990：291-322.

[19] GENTZLER，E. Contemporary Translation Theories [M]. London and New York：Routledge，1993.

[20] HAWKES D. The Story of the Stone（Vol. 1）[M]. Bloomington London：Indiana University Press，1973.

[21] HERMANS，THEO. Translation in Systems. Descriptive and System-oriented Approaches Explained [M]. Manchester：St. Jerome Publishing，1999.

[22] HERMANS，THEO. The Conference of the Tongues [M]. Manchester：St. Jerome Publishing，2007.

[23] HOLZ-MANTTARI，J. Translatiorische Handeln，Theorie and Methode [M]. Helsinki：University of Helsinki，1984.

[24] LEFEVERE，A. Translating Literature：Practice and Theory in a Comparative Context [M]. New York：The Modern Language Association of America，1992.

[25] STEPHEN BULLON. Longman Dictionary of Contemporary English [M]. Longman Group Ltd. Great Britain at The Pitman Press，1978.

《红楼梦》中 "荷包" 文化协调英译探索●

张慧琴　陆　洁　徐　珺

摘　要：以中国典籍作品《红楼梦》中 "荷包" 及其别称 "香袋" 和 "香囊" 的英译为例，剖析特色文化词汇在译文中的体现，探索解释式、替代式和淡化式的代偿翻译策略，得出的结论是：译者应基于语境，遵循文化协调原则，注重体现文化内涵，以实现最大程度的文化 "保真"。

关键词：荷包；文化翻译；策略

On Cultural Translation Strategies of "Hebao" in Dream of Red Chamber

Zhang Huiqin, Lu Jie & Xu Jun

(Department of Foreign Languages, Beijing Institute of Fashion Technology, Beijing 100029, China)

(School of Contemprary Language and Literiture, the Pacific University, U. S. A)

(School of English Studies, University of International Business and Economics, Beijing 100029, China)

Abstract：The paper uses the example of translating "hebao" and its variants, such as "xiangnang" and "xiangdai", the traditional accessories in Dream of Red Chamber, to explore various translation strategies to bring out the cultural dimensions embedded in the original text. While examining the past translations of "hebao", "xiangnang" and "xiangdai", the authors investigate how the translation approaches such as interpretive strategy, replacement and reduction can effectively highlight the implicit cultural elements and accommodate cultural differences and changes, and conclude that the most meaningful and effective translation lies in the broad cultural as well as linguistic coordination between Chinese and English languages.

Key words：hebao; cultural translation; coordinated translation strategy

1. 引言

中华服饰文化源远流长。《红楼梦》中人物的衣着配饰，无不蕴含着丰富的文化底蕴，反映了当时的政治、经济、文化、习俗、审美、宗教以及社会形态等。正因为如此，《红楼梦》服饰文化翻译研究近年来逐渐引起了学界的重视。但是，关于《红楼梦》中配饰的翻译研究较为鲜见，探索 "荷包"，包括其别称 "香囊" 和 "香袋" 的文化翻译策略则更是凤毛麟角。本文基于代偿文化协调翻译策略，针对《红楼梦》两个全英译本中 "荷包" 及其上述别称典型译文的剖析，论证文化协调翻译在典籍作品英译中的具体运用。

───────────

●本文曾发表于《外国语文》，2013 年第 2 期，P143－145。基金项目：教育部社会科学规划课题 "汉文化经典外译：理论与实践"（11YJA740103）； "对外经济贸易大学学术创新团队资助项目" 和 "对外经济贸易大学 '211 工程' 三期建设项目" 之成果之一；中国纺织工业协会教育教学改革课题（中纺协函［2011］74 号）；北京服装学院 "基于生态翻译学的服饰文化研究" 项目（2011A-23）；中西方服饰与社会语言关系研究（2012-A14）；北京市教育委员会 "全球化视阈下典籍作品中服饰文化英译研究" 项目以及北京服装学院服饰文化研究创新团队的阶段性成果。

2. "荷包"文化溯源及其在《红楼梦》中的体现

"荷包"在中国有数千年历史，是民俗文化的重要载体，源于先秦时期满族先民狩猎时将弓箭和食物等装在缝制的皮囊里，挂在腰间的遗风（毛海燕，2005）。从春秋战国时期的羊皮袋囊、汉晋时期的锦囊、秦汉时期的锦袋、魏晋时期的梳子袋、宋明时期的经筒符袋、唐朝有名的盛物香包（承露囊）、南宋时期银锭形状的荷包，到元代彩绣折枝的葫芦形香包，再到流传到明清时期的香袋，逐渐成为"女红"艺术的经典之作，并因其形制、纹饰和工艺的不同，式样各异，种类繁多，俗有香囊、香袋、顺袋、锦囊、香包等之称，而"荷包"的说法则更为流行。

作为我国传统服装佩饰的"荷包"，蕴含情意，寄托期望，是传情达意的重要媒介。在清代，宫廷和民间都习惯佩戴"荷包"，或盛放香料或作为佩饰。上对下赏赐东西，下对上进贡、呈送东西，都会用到"荷包"。各地督抚每年都要进贡给宫里成百上千甚至上万的荷包。逢年过节，皇上也要例行赏赐给臣下荷包，以示眷宠。在《红楼梦》中，贾元春端午节颁赏，即有上等宫扇、红麝香珠和荷包等物品。事实上，不单是端午，几乎所有的年节、所有的礼仪活动中都有荷包的影子。由于"荷包"承载着丰富的文化内涵，曹雪芹在《红楼梦》中着意描写了形态各异的荷包及其引发的故事。据笔者不完全统计，《红楼梦》中"荷包"前后出现共计22次，分别出现在第8回、17回（出现两次）、18回、19回、27回、30回、42回（出现两次）、43回（出现两次）、51回、53回（出现两次）、64回（出现3次）、74回、77回、90回、94回和117回等。与"荷包"类似的"香囊"分别出现在第73回和第87回，共计两次；而"香袋"则分别出现在第17回（出现3次）、19、28回、32回、67回（出现两次）、74回（出现4次）和87回等，共计出现13次。由此可见，"荷包"及其别称"香囊"或"香袋"在《红楼梦》原文中竟累计出现37次，其功用不仅包括"赏赐小厮的物品""男女定情信物""钱包"以及"香料包和护身符包"，而且在推动故事情节的发展方面也起到了至关重要的作用。正如红学家季学源（2003）所言，"荷包"既衍生出美妙曲折的爱情故事，也造成了玉殒香消、风流云散的人生惨剧。既有借"荷包"传递隐情的少女，也有以"荷包"调情的恶少；既有官场中别有用心的赏赐，也有下层民众之间情感真挚的馈赠。本文拟结合语境，剖析荷包（儿）、香囊和香袋（儿）在两个全英译本（杨宪益、戴乃迭译本与霍克斯译本）中的不同体现（pouch，sachet，perfume-sachets，purse，embroidered pouches Perfume-bag），探索特色佩饰在不同语境中的文化翻译。

3.《红楼梦》中"荷包"文化协调翻译策略

配饰"荷包"既是特殊的文化载体，更是中华民族特色文化的体现。"荷包"的翻译属于文化翻译。文化翻译是一种文化互动而不是简单的同化。翻译的衍生性和调节作用意味着跨文化翻译是阐释的具体化，而不是文化形式的直接转换（孙艺风，2012：20），是文化协调的结果。当两种或多种文化相遇时，有交流、汇流、融合、分解、斗争、抗拒、接受、拒绝，形态各异。一国文化传入另一国后，往往要经历一个适应过程。适应就意味着要改变，依据新环境进行调整以适应当地之需（季羡林，2006：27-28）。孟华（2000：199）认为，任何一种相异性，在被植入一种文化时，都要做相应的本土改造。找到与原文对应，又能为本民族读者理解或接受的词语来进行置换。站在文化的角度，任何翻译在一定程度上都是文化协调的翻译。正如刘宓庆、章艳（2011）所述，文化翻译比较复杂，在理论原则上只能采取描写主义态度，按照语言现实和文化审美现实，在纷繁的语言文化现象和翻译事实中寻找带有规律性的参照规范而不是原则，任何"非此即彼"的规定都是无济于事的。源语和译语之间的文化经验相同或相似的可能性越大，彼此契合或对应的可能性也就越大，反之亦然。文化词语流行的程度（使用频度和流通版图）越大，模仿或直译的条件也就越充分。笔者曾着意从国内买了很多制作精巧、类似"荷包"的小饰品，在美国送给了某大学不同层次的学生以及教辅人员，并有意识地针对不同人群进行有关"荷包"的交流，发现"荷包"在多元文化并存的美国，目前只是工艺品，甚至有人以为应该当作耳环、头饰或是项链吊坠儿来佩戴。即使在国内，对其文化内涵知之者也是非常有限。显然，通过直译和音译来输出"荷包"的文化概念，在一定程度上无法实施。跨文化转换中彼此对应的理想状态——"契合"与"模仿"并不适用于"荷包"的翻译。

代偿翻译（刘宓庆、章艳，2011）实质包括三种类型的翻译：解释式翻译（解释翻译长短不限，短时可以在其音译后面加上一个范畴词语）、替代式翻译（在契合对应缺位时，以大体相当的词语来代替）和淡化式翻译（不得以几乎完全放弃专有名词的文化内涵）。代偿翻译处理翻译中的文化差异要充分考虑到翻译中的多重复杂关系与矛盾，特别是这些因素相互联系与斡旋互动。依据源语文化和译语文化之间差异程度的大小，分别采取代偿翻译中的解释式、替代式和淡化式三种协调策略。同时，翻译是一个自我适应性强、自我调整和自我反省，并能自我再生的系统（Hermans，1999：141-142）。作为社会系统的子系统，"深嵌于社会、政治、经济和文化环境里，构成整个系统内部的一种操作力量"（李红满，2007：9）。

因此，翻译看似只是从事语言文字的转换，实则总是要跨越时空，在两种文化的夹缝中穿行游走，为两种文化的和谐对话、不断协调进行牵线搭桥。作为译者，在原作与读者之间来回调解、平衡，决定对话中的话轮趋向，其承担的不仅是两种语言的内容、形式与风格的调解，更是两种处于不同时空的文化对话、交锋、融合、斗争与妥协的协调（陈历明，2006）。正是基于语境的不同程度的文化协调，使不同服饰文化在千差万别中和谐并存。

4. 文化协调指导下《红楼梦》中"荷包"的翻译实践

4.1 《红楼梦》中"荷包"及其别称译文归类对照与思考

首先将杨宪益和戴乃迭的译文与汉学家霍克思译文中关于不同语境"荷包/荷包儿""香袋/香袋儿"特色词汇的译文进行统计并列表如下（为方便起见，本文对两个全英译本简称为杨译和霍译）：

译文	荷包（不同译文及其频次）				香袋/香袋儿（不同译文及其频次）				香囊（不同译文及其频次）	
	pouch	sachet	purse	bag	pouch	bag	purse	sachet	sachet	purse
杨译	19	1	1	0	5	0	0	6（1次 Perfume-sachets）	1	0
霍译	3	2	12	4（1次 embroidered bag，1次 Perfume-bag）	0	3	3	4	1	1

从上表的杨译和霍译中发现：就"荷包"一词，杨译共有19次翻译为pouch，包括有1次翻译为embroidered pouches，还有1次分别翻译为purse和sachet，第77回中出现的荷包没有明确翻译；"香袋"一词，共有5次被翻译为pouch，6次被翻译为sachet，包括其中1次被翻译为Perfume-sachets；而原文中两次出现的香囊，1次被翻译为sachet，1次则没有翻译。相比之下，对应于同一文化特色词汇的"荷包"，霍译则有12次翻译为purse，3次翻译为pouch，两次翻译为sachet，4次翻译为bag。其中包括两次分别翻译为Perfume-bag和embroidered bag，对第77回中出现的荷包也同样没有明确翻译；"香袋"一词，共有4次被翻译为sachet，3次被翻译为purse，3次

被翻译为bag；而原文中两次出现的香囊，1次被翻译为sachet，1次翻译为purse。面对相同的特色词汇"荷包"，为什么会选取不同的词汇进行翻译，其理据是什么？

杨译频繁选用pouch一词，体现出"荷包"的质感和功能。特别是在第42回中的embroidered pouches，突显作为赏赐礼物的精致与实用。第8回中贾母送给宝玉一个黄金铸成的魁星神像和荷包。魁星本是奎星，北斗第一星，因汉代纬书《孝经援神契》中有"奎主文章"之说，后遂以此星为掌文运之神。此处的"荷包"也许因为抱住金像魁星，寓意文星和合，预祝功名顺利，就被翻译为purse（钱包），毕竟里面装存的是黄金制品。第117回中的"荷包"被翻

译为 sachet，也许被认为是随身存放香料的小挂件儿。但是，如果仅以上述标准递推，很多场景下被翻译为 pouch 的"荷包"，则并不完全符合本意。"香袋"和"香囊"的翻译似乎就更加随意。因为霍译在大多数情况下把"荷包"翻译为 purse，也许霍先生个人认为随身携带的最应该是 purse（钱包）。但是，试想在大观园里，又有几位需要随身携带钱包？而现代美国，则对女性随身携带的小包一律称为 purse。因此，我们应该结合语境，通过文化协调翻译，使"荷包"及其别称的译文最大程度实现文化传真。

4.2 《红楼梦》中"荷包"及其别称典型译文代偿翻译文化协调剖析

"荷包"在《红楼梦》中具有多种用途。贾宝玉佩戴"荷包"用来装零食——"香雪润津丹"；尤二姐用"荷包"装槟榔，但是在送给贾琏的同时，则成为彼此"心照不宣"的信物。同样，当黛玉误以为自己精心缝制的荷包被宝玉的小厮抢走时，因"荷包"引起的误会也恰恰验证了彼此的爱意；刘姥姥离开贾府，鸳鸯给她整理要带回去的东西，特地从"荷包"里掏出两个"笔锭如意"的金锞子给她瞧，还开玩笑说："'荷包'拿去，这个留下给我罢！"此时的"荷包"被用作装散碎银两或金银锞子的钱包。惹起事端的"荷包"莫过于丫鬟傻大姐拾到的绣春囊，即绣有"春宫图"的"荷包"。在古代，新娘出阁前，母亲往往会用"绣春囊"对新娘进行性启蒙，而未出嫁的女子若与此物有关，就是淫秽罪。《红楼梦》中也正是该"荷包"导致了连夜的查抄，使大观园从此结束了自由欢乐的生活。如此内涵丰富的"荷包"，在杨译和霍译中体现不一。我们不妨先对《红楼梦》中有关"荷包"及其别称的典型译例剖析如下。

例如：宝玉已见过这香囊，虽尚未完，却十分精巧，费了许多工夫。今见无故剪了，却也可气。因忙把衣领解了，从里面红袄襟上将黛玉所给的那荷包解了下来。（《红楼梦》第十八回）

杨译：Although the sachet had not been finished, the embroidery on it was very fine and she had put a lot of work into it, so he was annoyed to see it spoilt for no reason. Quickly undoinghis collar, he pulled out the pouch he was wearing over his tunic.

霍译：Although it had not been finished, Bao-yu could see that the embroidery was very fine, and it made him angry to think of the hours and hours of work so want only destroyed.

剖析：《红楼梦》中黛玉误以为自己送给宝玉的"荷包"（男女定情的信物）已被众小厮哄抢，非常生气，甚至把正给宝玉精心缝制的香囊也剪破了。针对这两个文化特色词汇，杨译"香囊"为 sachet（盛放香料的小袋、囊），译"荷包"为 pouch（小袋、囊、烟草袋、钱包、邮袋、弹药袋、育儿袋、肚囊、下眼睑的垂肉或眼袋）。查阅相关资料，"香囊"可以翻译为"sachet、perfume bag、pomander"，但较为读者接受的是拼写简洁的"sachet"。"荷包"可以翻译为"small embroidered handbag、pouch、purse"。霍译则直接用 embroidery（刺绣工艺）来指代"香囊"，可以理解为是淡化式翻译（不得以几乎完全放弃专有名词的文化内涵），但是如此译文，即使是结合语境，也无法帮助西方读者明白这刺绣工艺的具体指代。笔者以为此处的"香囊"可以替代翻译为 sachet，用近乎相应的法文词汇来代替契合对应缺位的文化词汇，而"荷包"则可以通过文化协调，采取解释式的翻译策略，翻译为 pouch that Daiyu made for him，方便西方读者理解其文化内涵。

又如：无事时便入园内来玩耍，正往山石背后掏促织去，忽见一个五彩绣香囊。（《红楼梦》第七十三回）

杨译：Today she had been catching crickets there when she saw behind a rock a gaily embroidered sachet.

霍译：On this occasion she had gone into the Garden to look for crickets behind the rocks of the artificial mountain just inside the gate, and in doing so, had come upon a beautifully embroidered purse.

剖析：原文中的五彩绣香囊，绝非普通的香囊。杨译为 gaily embroidered sachet，其中的 gaily（Something that is gaily coloured or gaily decorated, is coloured or decorated in a bright, pretty way）是指艳丽、花哨、华丽，将五彩绣香囊的华丽借助解释式翻译再现。而霍译对此解释翻译为 a beautifully embroidered purse，则因其主干词语 purse 容易误导读者忖度或许因为捡到一个小袋子（钱包）里面装有很多钱，所以就要展开大搜查。深谙中华文化内涵的杨先生当然明白此处香囊之特殊内涵，故只作浅层解释式翻译，为下文留下悬念，给读者以想象的空间。

再如：只见王夫人含着泪，从袖里扔出一个香袋来，说："你瞧!"凤姐忙拾起一看，见是十锦春意香袋。（《红楼梦》第七十四回）

杨译：Then Lady Wang with tears in her eyes produced a sachet from her sleeve. "Look at this!" Xifeng took it and saw the indecent embroidery on it. Very shocked she exclaimed.

霍译：Lady Wang, who appeared to be on the point of weeping, drew an embroidered pouch from her sleeve and threw it on the kang. "Look at that!" Xi-feng hastily picked it up and found herself, to her great surprise, looking at a lewd picture, beautifully embroidered in silks.

剖析：针对特色文化词汇"香袋"，杨译为 sachet，而霍译为 pouch。结合上下文语境，sachet 与后面"十锦春意香袋"的语意更加和谐一致，因此杨译更为贴切。针对契合对应缺位的文化词汇"十锦春意香袋"，杨译和霍译都通过替代式翻译，以大体相当的词语来代替源语，但是杨译（indecent embroidery on the sachet）和霍译（lewd picture, beautifully embroidered in silks）相比，杨译则更加含蓄而优雅地再现了"十锦春意香袋"的文化内涵，霍译则最终将香袋翻译为有着"淫荡图画的丝织品"，笔者认为不妨将霍译改为 amorous embroidery on the sachet，能在一定程度上相对含蓄再现其丰富的内涵。

鉴于上述特例剖析，在文化协调翻译"荷包"时，一般不提倡采取淡化式翻译，直接音译或放弃原有特色词汇的文化内涵，而应该依据其实际语境，协调翻译。充当钱包的功用时，可以翻译为 purse；表达普通意义的"荷包"时，则选用 pouch，同时可以结合其特殊含义添加定语，通过解释翻译来补充其丰富的文化内涵，方便西方读者阅读。对于"香囊或香袋（儿）"则最好翻译为法语词 sachet。当其具有特殊的内涵而又不便直接表达时，如"五彩绣香囊"或"十锦春意香袋"，则应坚持代偿式的文化协调翻译策略，尽量传递源语特色词汇的文化意蕴，基于语境，实现不同程度的"文化再现"（白靖宇，2000）。

5. 结语

语言的文化特征化是不争的事实，其特征化的形成取决于文化环境对主体的心理刺激与影响，而文化环境则属于复杂的、多重的外部世界，人则是复杂的多重文化的主体。翻译者作为特殊的文化主体，要具备相当的文化协调能力，在译文里保留源语文化，体现对源语文化的尊重。同时，译者也有义务、有责任让目的语读者通过阅读译作了解异域文化。在解释式、替代式和淡化式三种代偿文化协调的翻译实践中，我们应该尽量采取解释式和替代式，避免直接使用淡化式翻译而造成的文化缺损，以更好地促进中华文化的传播。

参考文献：

[1] HAWKES, D. The Story of the Stone（Vol. 1）[M]. Bloomington London：Indiana University Press，1979.

[2] HERMANS, THEO. Translation in Systems. Descriptive and System-oriented Approaches Explained [M]. Manchester：St. Jerome Publishing，1999.

[3] YANG, X. Y. A Dream in Red Mansions（Vol. 1）[M]. Beijing：Foreign Language Press，1994.

[4] 白靖宇. 文化与翻译 [M]. 北京：中国社会科学出版社，2000.

[5] 曹雪芹，高鹗. 红楼梦 [M]. 长沙：岳麓书社，1987.

[6] 陈历明. 翻译：作为复调的对话 [M]. 成都：四川大学出版社，2006.

［7］季羡林. 季羡林论中印文化交流［M］. 北京：新世界出版社，2006.

［8］季学源. 红楼梦服饰鉴赏［M］. 杭州：浙江大学出版社，2012.

［9］李红满. 布迪厄与翻译社会学的理论建构［J］. 中国翻译，2007（5）：6-9.

［10］刘宓庆，章艳. 翻译美学理论［M］. 北京：外语教学与研究出版社，2011.

［11］毛海燕. 香包文化研究［D］. 北京：北京服装学院，2005.

［12］孙艺风. 翻译与跨文化交际策略［J］. 中国翻译，2012（1）：16-23.

文化语境视角下的《红楼梦》服饰文化汉英翻译探索[●]

张慧琴 徐 珺

摘 要:《红楼梦》作为世界文化艺术之瑰宝,备受翻译者的关注。但是学界就其两个全译本中服饰文化翻译的研究却相对较为鲜见。本文选取王熙凤服饰描写的部分片段,从文化语境中影响译者判断的五个角度出发,剖析其在汉英翻译过程中对于中华服饰文化内涵表达的影响,探究如何在文化翻译中避免译者过分添加不必要的解释,恰到好处地补充、阐释中华服饰文化,以促进《红楼梦》服饰文化的传播。

关键词:服饰文化;翻译;语境

On Translation of Fashion Culture Indicated in A Dream of Red Mansions under the Cultural Context

Zhang Huiqin & Xu Jun

(Department of Foreign Languages, Beijing Institute of Fashion Technology, Beijing 100029, China)

(School of English Studies, University of International Business and Economics, Beijing 100029, China)

Abstract: This paper focuses on fashion cultural differences in two authentic versions of A Dream of Red Mansions (one is translated by Yang Xianyi and Dai Naidie, and the other is by David Hawkes). It discusses the five factors that impacted the translators' practice in fashion cultural translation of Wang Xifeng's dressing, and explores how to introduce traditional Chinese fashion culture in the global context, with some translation strategies, such as reducing redundant information and making annotations. All these just promote the spread of fashion culture.

Key words: fashion culture; translation; context

1. 引言

服饰是人类智慧的结晶,是"人的第二肌肤",是"无声的语言"(玛里琳·霍恩,1905)。典籍作品《红楼梦》中关于人物衣着配饰的完整描述有 26 次(胡文彬,2005)。全球化视阈下,中华服饰传统元素正不断为国际时装设计大师所借鉴,而与之对应的典籍作品中关于服饰文化的英译研究却在一定程度上没有得到应有的重视。本文选取《红楼梦》最具代表性的两个译本[杨宪益和戴乃迭夫妇译本(Yang & Yang, 1994)与霍克斯译本(Hawkes, 1979)]中颇具特色的王熙凤服饰描写片段,作为笔者"《红楼梦》中'荷包'文化协调英译探索"的续篇,拟从文化语境的角度,继续探究如何适度处理服饰文化汉英翻译中的文化差异。

[●]本文曾发表于《山东外语教学》2013 年第 5 期,P98–101。

2 文化语境下《红楼梦》服饰文化译文剖析

2.1 文化语境阐释

语境的研究最早起源于19世纪六七十年代，主要研究在特定情景中如何理解和使用语言。（何自然，1997）语境分为语言语境、情景语境和文化语境三种类型。其中，语言语境就是上下文，指语篇的内部环境；情景语境是指语篇产生时周围的情况、事件性质、参与者关系、时间、地点、方式等；文化语境是指不同民族历史文化和风俗人情等。

文化语境的概念最早是由英国人类学家马林诺夫斯基提出的（刘润清，1999），主要研究语言的使用和功能，某一言语社团特定的社会规范和习俗。正如黄国文（2001：124）所说："每个言语社团都有自己的历史、文化、风俗习惯、社会规约、思维方式、道德观念、价值取向。这种反映特定言语社团特点的方式和因素构成了'文化语境'"。韩礼德（转引自冯玉，2012：44）认为，在翻译过程中，文化语境影响译者的判断主要有五个因素，包括思维模式、社会文化背景、价值观、社会心理和地理历史传统。因此，语境理论指导下的翻译，我们应着力于从以上五个方面考虑词义的理解和语意的再现。在翻译中首先将原句放入上下文中进行分析，考察其字面意义，尝试直译；倘若发现字面意义在其上下文中无法理解，则要分析其文化语境，确定其确切的语用意义，尝试找寻能够传递相同字面意义的译文，并将这些译文在上下文中裁定，遵循文化翻译策略，通过对原文的补充阐释，恰到好处地协调译语文化和源语文化之间的文化差异，帮助译文读者更好地理解异域文化。

2.2 《红楼梦》英译本中服饰文化剖析

《红楼梦》中"许多词句言简意丰，经受了历史文化的积淀，反映了汉民族的社会状况、宗教信仰、价值观念等，蕴涵着丰富的文化含义……"（李文革，2000：42）。本文选取《红楼梦》中服饰描写的四个片段，对比《红楼梦》的两个全译本，探索服饰文化翻译过程中应该如何结合文化语境，适度补充阐释服饰文化异域因子，最大限度地避免因为思维模式、社会文化背景、价值观、社会心理或地理历史传统方面的不同而产生的文化误译，帮助西方读者正确理解中华服饰文化的深刻内涵。

《红楼梦》中服饰描写特色表达原文与译本对照表

《红楼梦》关于王熙凤中华特色服饰摘录（曹雪芹、高鹗，1987）	杨宪益、戴乃迭夫妇译文	霍克斯译文
（1）那凤姐儿家常戴着紫貂昭君套，围着那攒珠勒子（第6回）	Hsi-feng had on the dark sable hood with a pearl-studded band which she wore at home	Wang Xi-feng had on a little cap of red sable, which she wore about the house for warmth, fastened on with a pearl-studded bandeau
（2）穿着桃红撒花袄，石青刻丝灰鼠披风，大红洋绉银鼠皮裙（第6回）	She was also wearing a peach-red flowered jacket, a turquoise cape lined with grey squirrel and a skirt of crimson foreign crêpe lined with snow-weasel fur	She was dressed in a sprigged peach-pink gown, with an ermine-lined skirt of dark-red foreign crêpe underneath it, and a cloak of slate-blue silk with woven coloured insets and lining of grey squirrel around her shoulders
（3）一语未了，忽见凤姐披着紫羯绒褂笑嘻嘻的来了（第50回）	As she was speaking, Hsi-feng, in a purple woolen gown, made a smiling entrance	A purplish woolen gabardine was thrown loosely over her shoulders
（4）只见凤姐头上皆是素白银器，身上月白缎袄，青缎披风，白绫素裙（第68回）	Second Sister Yu saw that Hsi-feng had nothing but silver trinkets in her hair and was wearing a pale blue satin jacket, black satin cape and white silk skirts	She was dressed in half-mourning, with hair-ornaments of silver and white and a spencer of some black material with a silver thread in it over the palest of pale gowns. Underneath the gown she was wearing a plain white satin skirt

为方便研究，下面对本文选取的两个全译本（部分译文转换为黑体是笔者所为）分别称作杨译和霍译，从（1）到（4）中的中华传统服饰文化特色译文，逐一剖析如下（剖析中的划线部分为笔者所加）。

特色表达（1）："戴着紫貂昭君套，围着那攒珠勒子"。昭君套亦称包帽、齐眉、额子，系冬天用于额部保暖的无顶皮帽罩，传说昭君出塞时戴此罩，故名昭君套（季学源，2012）。勒子是指用金属、布帛或兽皮做成的女用条状额饰，戴时需要绕额一周，不施顶饰，上面嵌有珍珠的叫做"攒珠勒子"。"紫貂昭君套"在杨译中体现为 the dark sable hood…which she wore at home，隐去了历史人物昭君，把"昭君套"概括翻译为"兜帽"。"攒珠勒子"则翻译为 with a pearl-studded band，凸显其形质。霍译把"昭君套"翻译为 a little cap of red sable, which she wore about the house for warmth，理解为小巧的帽子，并突出其佩戴场合与功能。"攒珠勒子"则翻译为 fastened on with a pearl-studded bandeau，表明其材质与配饰之功能。事实上，hood 的本意不是帽子，而是兜帽。但在霍译中变成了帽子。同时，杨译和霍译的两个译文都没有译出"昭君"，没有重视文化语境中的地理历史传统因素。随着中国西域风土人情不断吸引西方游客的今天，我们有理由对原文的文化语境进行解构或重构，并将其尝试翻译为 the dark sable Zhao Jun styled hood。

特色表达（2）："穿着桃红撒花袄，石青刻丝灰鼠披风，大红洋绉银鼠皮裙"。"桃红"是指桃花那样的鲜红色彩。对照两个译文，杨译更加简洁准确。而霍译中的 sprigged 用来修饰 peach-pink gown，在一定程度上则属于冗长信息。同样，句尾用 around her shoulders 来补充 cloak 也略欠妥帖，甚至会产生误解，笔者建议可以删节。在文化语境下，特别是中华服饰文化正在走出去的大趋势下，重新审视"袄""披风"这类特色词汇。"袄"可以翻译为 Chinese ao，而"披风"则可以选取杨译的 cape 或者霍译的 cloak。

"石青刻丝灰鼠披风"是指石青色刻丝面子、灰鼠皮里子的外套。有单层也有双层或中间夹棉絮者，多用于冬天，滥觞于魏晋南北朝，元代以后称作披风。"大红洋绉银鼠皮裙"中的"洋绉"和"银鼠"都属于是对服饰材质的具体描述，从不同角度衬托衣者的身份和地位。这与小说第三回王熙凤"……外罩

五彩刻丝石青银鼠褂；下着翡翠撒花洋绉裙"中的服饰描写同出一辙。事实上，同样是两位大师的翻译，杨译为"Her turquoise cape, lined with white squirrel, was inset with designs in colored silk. Her skirt of king-fisher-blue crêpe was patterned with flowers"，而霍译是"Her jacket was lined with ermine. It was of a slate-blue stuff with woven insets in colored silks. Her under-skirt was of a turquoise-colored imported silk crêpe embroidered with flowers"。针对"银鼠"这一名贵皮革，霍译为 lined with ermine（貂皮衬里），杨译为 lined with white squirrel（白色灰鼠皮内衬），或许依照霍先生的价值观判断，貂皮比灰鼠皮更加贵重。但是相对于原文，显然杨译更加忠实。同样，对于"洋绉"的阐释，在两位大家的译文中也有不同体现，而学界对此也有分歧。一则认为经纬丝线捻向不同，产生自然皱纹，故得此名"洋绉"。原因是康雍乾时期没有所谓的进口"绉料"，只可能是仿制日本进口缎匹的"倭缎"，属于图案和花色上的舶来品，故称"洋"。二则认为，道光年间凡物之极贵重者皆谓之"洋"，"洋绉"实际属于上等丝绸。再则认为小说第十六回里王熙凤说自己的爷爷单管各国进贡朝贺的事务，粤闽滇浙各地所有洋船货物都属她家。因此，还原历史，考虑当时的社会心理，杨译与霍译都用了 crêpe 一词，略显不足，需要补加 rare silk crêpe，则可能是化解诸多不同争议的译文。

特色表达（3）："披着紫羯绒褂"，其本意是披着紫黑色的阉羊皮褂。"羯"的意思是黑色阉羊。杨译"in a purple woolen gown"容易使读者误以为是羊毛那种质地的衣服，这与原文的本意出入较大；而霍译的"a purplish woolen gabardine"是指略带紫色的羊毛华达呢，华达呢是英国人发明的，的确是用于制作大衣的面料，但在此处与原文也存在较大程度的出入。从社会心理学以及当时人们的价值观念来看，该句实际想要展示的是褂的皮质非常珍贵，既轻巧又保暖，非常舒服。因此，笔者建议将该句翻译为 in purple precious fur of wethers。

特色表达（4）："银器"是指头上的银白色钗、簪之类的头饰。"月白缎袄"是指浅浅的蓝色，如秋夜皎洁的月色缎子袄；"青缎披风"则是指青黑色绸缎的披风；"白绫素裙"则是指素色纹织物裙子。比

照杨译和霍译，杨译更加贴切简洁；霍译则在一定程度上添加了太多原文中没有的词，如 dressed in half-mourning, black material with a silver thread in it 以及 the palest of pale gowns。同时，霍译 plain white satin skirt，其含义不是浅蓝色，而是"清蛋白液"。笔者认为，译者应该转换思维模式，以当下的社会文化背景为依托，适度为读者介绍中华文化。但是如果只是按照个人的理解，恣意添加，从社会心理学角度反观，则可能因为无视读者的期待视野和阅读审美，最终导致画蛇添足。同样，针对特色文化词汇"袄"的翻译，在两位大师的译文中，被分别翻译成 a pale blue satin jacket 和 pale gowns。笔者建议仍采用本文特色表达（2）的翻译，从读者的社会心理需求出发，利于西方读者适度接受中国文化，尝试将其对应翻译为 a pale blue satin Chinese ao 或 pale Chinese ao。

通过上述（1）到（4）的文化语境下的翻译比较分析，译者应充分考虑文化语境下影响翻译判断的五个因素，包括思维模式、社会文化背景、价值观、社会心理和地理历史传统对翻译者产生的诸多影响，适度采用补充或删减的方法，有助于西方读者从中华文化的角度审度凤姐的着装，深刻理解中华服饰文化承载的丰富内涵。

3. 服饰文化翻译启示

典籍作品承载的文化厚重，这就要求我们在典籍作品服饰文化的翻译过程中，不仅要对中国服饰文化有正确的理解，而且要使文化的交流着眼于能真正影响普通人精神生活的层面。在文化语境下的服饰翻译中，一方面要注重文化差异，同时也要注重读者的感受。正如王东风所说："跨文化交际的目的之一是增进不同文化之间的了解，这一目的自然也要求我们在翻译中要注意反映民族文化所特有的规范或风情。仅仅追求内容上的同一性，而无视蕴含在不同形式中的

美学内涵和文化差异，一方面会抹杀原作者的艺术创造，另一方面也会模糊不同文化之间的差异，造成不必要的文化误解。"（转引自郭建中，1999：207）

事实上，作为服饰文化翻译的研究与实践者，首先应以平和的心态，坚持文化相对主义的立场，注重文化概念的译介。要适时、适度、适量地结合文化语境，不断进行文化协调（张慧琴、徐珺，2012：109），科学把握文化语境的解构或重构，既不要根据自己的理解，过分添加不必要的冗长解释，也不要因为想当然地认为读者理解原文文化而忽略对其丰富内涵的阐释，而应尝试着以原文的语境为横坐标，读者的阅读语境为纵坐标，探索横、纵坐标的"交汇点"，进行文化协调。基于语境，动态处理文化特色词汇，注重体现文化内涵，以实现最大程度的文化"保真"（张慧琴等，2013：144）。正如孙艺风（2012：20）所说，翻译的衍生性和调节作用意味着跨文化翻译是阐释的具体化，而不是文化形式的直接转换。在文化语境的翻译过程中，既要实现保留、传播、发扬本民族优秀的文化遗产，也要不断吸纳不同国家和民族的优秀文化，不断丰富、发展自身的传统文化。

4. 结语

全球化语境下，参照翻译中影响译者成功实现文化翻译的五个因素，反思《红楼梦》服饰翻译中特色文化词汇的处理，针对杨宪益、戴乃迭夫妇以及霍克斯先生就《红楼梦》中王熙凤服饰文化的翻译进行比照和评判，结合当今文化语境给予适度的补充、修正或删减。正是如此的学习反思、探索和实践，才更加深刻感悟到上述两位大师对"中华服饰文化走出去"的伟大贡献，而对文化翻译的不断探索也是历史赋予我们的责任。

在论文写作中，美国太平洋大学文学院终身教授陆洁老师给以悉心指导，在此表示感谢！

参考文献：

[1] HAWKES, D. The Story of the Stone (Vol. 1) [M]. Bloomington London：Indiana

University Press，1979.

[2] YANG H Y, G YANG. A Dream of Red Mansions（Vol. 1）［M］. Beijing：Foreign Language Press，1994.

[3] 曹雪芹，高鹗. 红楼梦［M］. 长沙：岳麓书社，1987.

[4] 郭建中. 文化与翻译［M］. 北京：中国对外翻译出版公司，1999.

[5] 冯玉. 文化语境视角下中国文化负载词的翻译研究：问题与方法［D］. 湖南：湖南大学，2012.

[6] 黄国文. 语篇分析的理论与实践［M］. 上海：上海外语教育出版社，2001.

[7] 何自然. 语用学与英语学习［M］. 上海：上海外语教育出版社，1997.

[8] 胡文彬. 红楼梦与中国文化论稿［M］. 北京：中国书店出版社，2005.

[9] 季学源. 红楼梦服饰鉴赏［M］. 杭州：浙江大学出版社，2012.

[10] 李文革. 中国文化典籍中的文化意蕴及其翻译问题［J］. 外语研究，2000（1）：42-44.

[11] 刘润清. 西方语言学流派［M］. 北京：外语教学与研究出版社，1999.

[12] 霍恩. 服饰：人的第二皮肤［M］. 乐竟泓，等译. 上海：上海人民出版社，1991.

[13] 孙艺风. 翻译与跨文化交际策略［J］. 中国翻译，2012（1）：16-23.

[14] 张慧琴，徐珺. 全球化视阈下服饰文化翻译研究从"头"谈起［J］. 中国翻译，2012（3）：109-112.

[15] 张慧琴，陆洁，徐珺.《红楼梦》中"荷包"文化协调英译探索［J］. 外国语文，2013（2）：143-146.

《论语》"以'礼'服人"服饰文化英译探索

张慧琴

摘　要：《论语》作为中华儒家文化的经典，自面世就借助翻译开始其传播历程，目前各种形式的英译本已经达到 60 种以上。本文选取里雅各、林戊荪和威利的三个不同译本，按照着装色彩、着装场合以及着装款式的礼制要求，针对其不同章节中关于服饰的阐述重新梳理归类剖析；基于"真善美"和谐统一的协调翻译策略，探究文化差异的协调，论证孔子"以'礼'服人"的中华传统服饰文化内涵。

关键词：《论语》；礼；文化；协调

An Inquiry into the Strategies Employed in the Translation of the Dressing Etiquettes in The Analects of Confucius

Zhang　Huiqin

（Department of Foreign Languages，Beijing Institute of Fashion Technology，Beijing 100029，China）

Abstract：As the symbol of classical Chinese and Eastern civilization，The Analects of Confucius has had more than 60 English versions up to now. The paper chooses three different versions from James Legge，Lin Wusun and Arthur Waley respectively，focuses on the description of ritual requirements in dress color，dress style and dress occasions，and analyses their translation strategies. Further more，the author uses the coordination translation principles to explore the coordination of cultural differences in their translation and to demonstrate the inner connotations of traditional Chinese dressing etiquettes.

Key words：The Analects of Confucius；etiquette；culture；coordination

一、引言

《论语》是孔子的弟子记叙孔子言行及谈话的记录，是中华文明的结晶和体现，自面世就借助翻译开始其传播历程，各种形式的英译本达到 60 种以上。但是除了林语堂和少数汉学家对《论语》原文章节进行重组的编译本在西方产生了一定的影响外，"《论语》留给西方人的印象，基本是两点：一是缺乏深度；二是没有逻辑"（钱宁，2012：序）。著名翻译家丰华瞻先生访美期间，曾经听到"你们作为经典的诗，原来也不过如此"（王榕培，1997：232）的批评声。面对中国文化走向世界的今天，本文拟对孔子在《论语》不同章节中关于服饰的阐述，按照着装色彩、着装场合以及着装款式的礼制要求，归纳整理，并选取三个具有代表性的译本逐一剖析；基于"真善美"和谐统一的协调翻译策略，探究不同译本对于文化差异的协调处理，论证孔子以"礼"为核心的服饰文化观，充实《论语》译文中"以'礼'服人"的中华传统服饰文化内涵。

二、《论语》英译研究与服饰文化翻译文献回顾

纵观国内学术界对于《论语》的英译研究，主要集中在三个方向。一是译本比较研究（刘重德，2001：15-17；何刚强，2007：15-17；陈旸，2009：49-52；王琰，2010：70-73），将翻译重点集中在分析对比不同译本的风格特点与可接受程度，评价特定译本的翻译得失，甚至认为《论语》的经典诠释对于形成中国和东亚的知识与文化传统起到了决定性作用（Makeham，2006）。二是从学科视角研究（何刚强，2005：15-19；崔永禄，2007：43-46；陈旸，2010：105-109；黄国文，2011：88-95；2012：64-71），分析译文的功能语言、篇章结构等特点，试图从哲学、社会学和历史学等角度探索翻译。三是从文化翻译的角度，选取典型案例，包括特色词汇的理解与翻译，就译者主体、翻译目的、翻译策略、译本特色等对译本进行全面剖析，探索典籍翻译之道（刘重德，2001：62-63；许渊冲，2006：70-72；儒风，2008：50-56；钟明国，2009：256-257；李红梅、唐述宗，2009：92-93；曹威，2010：109-113；王琰，2010：24-32；徐珺，2010：61-69；王宏印，2011：7-11；杨平，2012：101-109；孟健、曲涛、夏洋，2012：104-108；肖家燕、李儒寿，2013：109）。

国外对于《论语》翻译的研究成果，正如王琰（2010：70-73）所言，也主要是集中在译本的比较和研究上，如杜润德（Stephen W. Durrant，1981）综合评价了刘殿爵的译本，指出其存在的不足，并探讨了中国哲学典籍翻译需要注意的问题；史景迁（Jonathan D. Spence）针对里雅各、西蒙·利斯和柏应理（Philippe Couplet，1623—1693）的三个不同译本进行对比分析，就译者的主体意识、翻译风格与翻译目的给予剖析；郑文君（Alice W. Cheang，2000）则在比较《论语》的四个译本的基础上，认为这些译本只是译者个性化的体现，其结果导致孔子本人的声音经过了各种过滤而未被传达。还有学者亨德森（Henderson，1999）、森舸澜（Slingerland，2000）、谭卓垣（Cheuk-Woon Taam，1953）、梅约翰（John Makeham，2006）、凯利·詹姆斯·克拉克（Kelly James Clark，2006）、费乐仁（Lauren Pfister，2002）和诺曼·J. 吉拉尔多（Norman J. Grardot，2002）等也都从历史和哲学的角度探究《论语》的翻译文本，结合译者所处的历史环境重新考量文化特色词语的翻译。

与此同时，目前国内外也有学者着力《论语》中有关教育理念的翻译研究，主要集中在《论语》的教育理念对现代大学的影响（徐珺、张慧琴，2013：19-24）以及针对孔子教育哲学五个基本理念给予重新解读与英译（陈国华，2013：50-56）。而聚焦其他领域的有关《论语》的翻译研究，特别是针对服饰文化翻译的相关研究则相对鲜见。事实上，国内服饰文化翻译已经形成三个框架，一是美学和文化差异的框架内，探索服装品牌文化翻译策略（刘春华，2007：70-72；蒋梦莹、吴梦宇、王若愚，2011：35-37；孙艳霞，2009；孙蕾，2011：80-82；李建福、李晓红，2011：127-129；徐珺，张慧琴，2011：57-60）；二是在语言文字分析的框架内，探索典籍作品服饰文化翻译（黄莉萍，2011：104-106；史晓翠、刘洪泉，2007：186-188；石文颖，2000：70-71；钱纪芳，2008）；三是在文化翻译的框架内，探索中华传统服饰文化内涵英译，主要包括从传统服饰色彩、质料与款式的文化内涵及其英译，探索论证服饰文化的直译、意译、改译和解释性翻译的方法等（卢红梅，2008；沈炜艳，2008，2011；张慧琴、徐珺，2012：109-112，2013：98-101，2013：143-146；郭平建、张慧琴等，2013）。但是这些研究大多是结合文化语境，重新审度《红楼梦》典籍作品中的服饰英译，而对于《论语》服饰文化的翻译探索似乎无人问津。

相对于国内学界的研究，国外近几年才开始重视服饰文化翻译研究，认为服饰文化本身就是翻译，就是交流（Michael R. Solomon ed.，1985；Malcolm Barnard，2002），服饰的功能就是一种编码或语言，为我们提供视觉线索、身份认同，个性、价值或其他的社会意义。服饰与文化密不可分（Susan B. Kaiser，2012），服饰翻译就是文化翻译（Patrizia Calefato，2010：343-355；Melissa Taylor，2005：445）。但是，国外学界对于服饰文化翻译的研究中如何减少文化差异，特别是基于《论语》服饰文化的翻译研究，同样缺乏有针对性的探索。

三、"真善美"和谐统一服饰文化翻译策略

服饰文化翻译是一项特殊的文化艺术翻译实践，集中展现"真善美"的和谐统一。这与"美在真、美在善、美在真善"的观点完全一致。古希腊毕达哥拉斯认为，美就是内外和谐的契合；法国古典主义美学家布瓦济认为，美即真；先秦哲学家庄子强调"法天贵真"、"原天地之美而达万物之理"。古希腊哲学家苏格拉底认为："美在善"；18世纪法国唯物主义美学家狄德罗认为："真、善、美是紧密结合在一起的。在真或善上加上某种罕见的、令人注目的情景，真就变成美了，善也就变成美了。"（转引自叶立诚，2007：27-28）在翻译实践中，服饰的美需要通过译者的慧眼去发现、匠心去品味、妙手去描绘。但最终展示服饰美的前提是译者尊重原作的求真态度（翻译实践的前提）、协调原作和译作之间微妙关系的善解人意（基于"真"实现"美"的桥梁），以及追求完美的实践能力（"真"和"善"协调统一的结果）。"真善美"三者之间辩证统一，是翻译奉行的法则和准绳，（张慧琴，2009，有改动）也是"信达雅"在新时代的体现（高健，2009）。

服饰作为特殊的文化载体，不同文化之间的对话，就是不要以本位文化作为文化的起始点和归宿（求真），而是要以平等的态度、开放的心态互相学习（求善）、取长补短，提高对"他者"的敏感度。了解文化"他者"，无疑有助于"自我"反省和"自我"完善，以便加强"自我"意识，更好地"自我"定位。研究"他者"，最终目的在于更好地理解发展"自我"（求美）（李智，2013，括号部分的"真善美"为笔者所加）。在服饰文化翻译中，要深入探究原文的本意，虚心求教，最大程度求真；同时，满怀善意，换位思考，充分考虑读者的需求、接受能力和社会发展的主旋律，要为社会的进步输入正能量；只有这样才有可能成就忠实于原文、协调源语文化和译语文化之间差异、体现中华传统服饰文化内涵美的理想译文。

四、对《论语》中服饰文化翻译的剖析

伟大的思想家孔子的《论语》又是一部体现"礼"的"仁学"。据杨伯峻先生《论语译注》统计，

在《论语》中，孔子关于"礼"的讲述共75次，其中从服饰文化角度阐述"以'礼'服人"的核心思想的共计16次。下面将分别以英国詹姆斯·里雅各（James Legge，1861）、林戊荪（2011）和亚瑟·威利（Arthur Waley，2000）的三个译本为例，杨伯峻先生的注释为本，探究服饰文化翻译策略。为方便研究，笔者对不同译文分别借助姓氏给以标注，对于译文中涉及的服饰文化关键词汇，加以粗体字。

1. 着装色彩与色彩搭配体现以"礼"服人

例1：君子不以绀緅饰，红紫不以为亵服。（10-6）

里雅各译：The superior man did not use a deep purple, or a puce color, in the ornaments of his dress. Even in his undress, he did not wear anything of a red or reddish color.

林译：The man of honor does not use reddish black or dark grey for borders, nor red or violet for casual clothes.

威利译：A gentleman does not wear facings of purple or mauve, nor in undress does he use pink or roan. (Usually translated "purple". But the term is applied to the coasts of horses and cannot mean anything that we should call purple. These colours were reserved for times of fasting and mourning.)

剖析：原文本意是君子不用（近乎黑色的）天青色和（近乎赤色的）浅红色作布镶边，浅红和紫色的布不用来做平常家居的衣服。其背后的原因是我国自进入奴隶和封建社会以后，服饰色彩不仅作为实用及审美功能引起人们的重视，而且成为区分贵贱、等级的标志。赤、黄、青、黑、白视为正色和高贵色，青白之间的碧、赤黑之间的紫及熏、緅、缁、黄黑之间的骝黄等称之为间色和低贱色。按照西周礼制，朱（大红）、紫都是显贵的颜色，只有贵族才能享用，"绀"（深青透红）、"緅"（黑中透红）、"红"、"紫"这四种颜色都是古时正式礼服的颜色，用做镶边或亵服既不庄重，也不体面，绝非"君子"所为（张国伟，2012：17-19，有改动）。

三个译文对服装颜色"绀"（深青透红）、"緅"（黑中透红）、"红"、"紫"都采用直译，但是对于"饰"的理解则存在差异。查阅《现代英汉服装词汇》发现，ornaments 侧重体现装饰、点缀，borders

则指女装的滚边、镶边，而 facings 指衣服的贴边、翻面衣里和贴条（王传铭，2006）。相对而言，威利译文基于原文，通过补加注释，对颜色的禁忌使用给以说明，在"真"和"善"之间协调，客观地完美再现了原文本意，既不谈镶边的功能，也不分适用对象的性别，更加方便西方读者对中国服饰文化"温柔居中""中庸"之美的理解，也充分体现出孔子以"礼"服人的着装理念。

例2：缁衣羔裘，素衣麑裘，黄衣狐裘。（10-6）

里雅各译：Over lamb's fur he wore a garment of black; over fawn's fur one of white; and over fox's fur one of yellow.

林译：（In winter,）he wears a black gown over a black lambskin, a white gown over a fawn skin robe and a yellow gown over yellow fox fur.

威利译：With a black robe he wears black lambskin; with a robe of undyed silk, fawn. With a yellow robe, fox fur. (cf. our black tie with black waistcoat.)

剖析：原文的本意是穿黑色的衣服，配羔羊皮；穿白色的衣服，配小鹿裘；穿黄色的衣服，配狐裘。衣服的内外搭配要和谐得体。因为西周时期，达官贵族通常穿着锦衣狐裘。狐裘中又以白狐裘最贵，为天子所服；黄狐裘为诸侯所服；大夫、士服青狐裘。而羔裘则属于朝服，穿黑色的外衣，需配黑色的羔裘；穿白色的外衣，则需配白色的麑裘；黄色的外衣，需配黄色的狐裘。古时人们穿皮衣，毛向外，叫"裘"，外面必有罩衣，叫"裼衣"。里外的配装与颜色要相称。不同颜色、质料的搭配有一定的规范，这不仅是舒适和审美的需要，更是礼制的要求。因为在讲究礼仪的场合，裘不能用作外套，裘外至少要罩一件衣服，既要起罩衫的作用，又要露出里面的裘皮。

三个译本都将古代服饰颜色搭配的规则清楚表达。但是相比较，林译增加了着装的时间，有助于西方读者了解原文强调色彩搭配的时令性，而威利译文则因为括号部分（好比黑色领带搭配黑色西服背心）的注释，在一定程度上通过类比协调的翻译方法，考虑到西方读者的着装习惯。笔者尝试基于林译，将其翻译为：（In winter,）he wears a black gown over a black lambskin, a white gown over a fawn skin robe and a yellow gown over yellow fox fur to make sure the colors

matched well based on the etiquette. 将色彩搭配要求与孔子的着装礼仪结合，加大文化输出，帮助西方读者理解色彩搭配的礼仪要求。

2. 内外着装和款式长短体现以"礼"服人

例3：当暑，袗絺绤，必表而出之。（10-6）

里雅各译：In warm weather, he had a single garment either of coarse or fine texture, but he wore it displayed over an inner garment.

林译：In the heat of summer, he wears an unlined gown made of hemp or linen, making sure it covers the undergarment.

威利译：In hot weather he wears an unlined gown of fine thread loosely woven, but puts on an outside garment before going out-of-doors. (To do otherwise would be like going into the town in one's shirtsleeves.)

剖析：原文强调了夏季穿衣的规矩。古代的夏天没有空调和电扇，酷暑难当，人们用蔓生植物葛的内皮纤维织成粗细程度不同的"絺"（细葛布）和"绤"（粗葛布）两种。细葛布薄透，用作内衣，但是外面一定要穿罩衣，防止因露或透而失礼。这与唐朝时期有意借助露或透而产生朦胧美不同。品读三个译文，里雅各和威利的译文都阐述了外面必须有罩衣，甚至威利的译文还补加了如若不穿外衣，则好比去集镇却只穿内衣一样。但是，只有林译表达了外衣的目的是盖住内衣，确保不会因为"透或露"而失"礼"。威利的注释对原文作出阐释，但并没有直接指出外衣的功用和礼节要求。笔者以为不妨将林译和威利译组合，协调翻译为：In hot weather he wears an unlined gown of fine thread loosely woven, but puts on an outside garment before going out-of-doors to make sure the undergarment covered.

例4：亵裘长，短右袂。

非帷裳，必杀之。

吉月，必朝服而朝。（10-6）

里雅各译：The fur robe of his undress was long, with the right sleeve short.

His under-garment, except when it was required to be of the curtain shape, was made of silk cut narrow above and wide below.

On the first day of the month, he put on his court

robes, and presented himself at court.

林译：His informal fur coat is long but with a short right sleeve.

For non-ceremonial occasions, his gowns are made shorter.

On the first day of the New Year, he invariably goes to the palace in full court attire.

威利译：On his undress robe the fur cuffs are long; but the right is shorter than the left. (To give him freedom of movement) (pseudo K'ung An-kuo).

Apart from his Court apron, all his skirts are wider at the bottom than at the waist.

At the Announcement of the New Moon he must go to Court in full Court dress.

剖析：原文的本意是为了保暖，居家穿的皮袄就要做得较长，而右边的袖子则要求短，以方便劳作。每月初一上朝和祭祀时，一定要穿整幅布折叠缝制的"帷裳"（礼服）去贺朝。如果不是上朝和祭祀，用整幅布裁剪衣服时就要节存一些布料，做到物尽其用，根据需要决定其长短用料。三个译本虽然将原句本意基本译出，林译最为简洁，然而威利的译文通过加注释对目的给以说明，帮助读者理解其合理性。笔者尝试综合三位大师的译文，将其协调翻译为：His informal fur coat is long but with a short right sleeve for the convenience at work. On the first day of every month, everybody has to put on "weishang" (that is, with a piece of whole cloth folded and sewed) to meet the emperor on the court. For non-ceremonial occasions, his gowns are made shorter, and the most important is that the fabric should be used thriftily, avoiding waste.

例5：子曰："……, 恶衣服而致美乎黻冕……"（8-21）

里雅各译：The Master said, "…, His ordinary garments were poor, but he displayed the utmost elegance in his sacrificial cap and apron…"

林译：The master said, "He wore coarse clothes but dressed magnificently on sacrificial occasions."

威利译：The master said, "…, Content with the plainest clothes for common wear, he saw to it that his sacrificial apron and ceremonial head-dress were of the ut-

most magnificence…"

剖析："黻冕"指的是礼服、礼帽，孔子认为禹虽然平时穿的衣服粗劣，但能够按照礼的规范要求，讲究祭祀礼服、礼帽的华美。三个译本中，林译最为简洁，用 dressed magnificently 指代了帽子和衣服的华美；而里雅各译文揭示了利用 cap and apron，使君子展示了儒雅；威利的译文则把礼服和帽子分别翻译为 sacrificial apron 和 ceremonial head-dress，将服饰文化的要求融入其中，含蓄深刻，耐人寻味。

例6：必有寝衣，长一身有半。（10-6）

里雅各译：He required his sleeping dress to be half as long again as his body.

林译：He requires his quilt to be one and half times his height.

威利译：His bedclothes must be half as long again as a man's height.

剖析：在原文中，寝衣就是被子，古代大被叫"衾"，小被叫"被"。睡觉一定要有本人身长 1.5 倍长的被子，以确保盖住身体，保持雅观，符合礼的要求。对比三个译本中"寝衣"的翻译各有不同，但是基本都表达了被子的长度是身体的一倍半，这一点与本文例4中根据需要，适度节约布料形成对比。笔者对其阐释的同时，结合孔子服饰文化观，对原句尝试协调翻译为：His bedclothes must be half as long again as a man's height to meet the requirements of courtesy. 在一定程度上更加方便读者理解其文化内涵。

例7：子曰："麻冕，礼也；今也纯，俭，吾从众。"（9-3）

里雅各译：The Master said, "The linen cap is that prescribed by the rules of ceremony, but now a silk one is worn. It is economical, and I follow the common practice."

林译：The master said, "A hemp cap is what is prescribed by the rituals (when one steps into an ancestral temple). But now, a silk one is used instead. I follow the former practice since it is more economical."

威利译：The Master said, "The hemp-thread crown is prescribed by ritual (for wear at the ancestral sacrifice; made of threads twisted from a very thin yarn, very costly to manufacture), nowadays people wear black silk, which is economical; and I follow the general practice."

剖析："麻冕"是指黑色礼帽，"纯"是指黑丝。古代用麻制作帽子，工艺繁琐，不如用丝绸更为节俭。当时虽然麻布的冠冕合乎礼节，但是孔子同意改用丝帛，降低了成本，更加节俭。对比三个译本，威利译文借助注释，在阐释冠冕服饰文化的同时，结合当时丝绸比麻布价位低的语言和语境，充分表达了中华传统服饰文化的内涵。

3. 饰品佩戴与场合的协调体现以"礼"服人

例8：羔裘玄冠不以吊。（10-6）

里雅各译：He did not wear lamb's fur or a black cap, on a visit of condolence.

林译：Lambskin coats and black caps are not to be worn at funerals.

威利译：Lambskin dyed black and a hat of dark-dyed silk must not be worn when making visits of condolence. (i. e., "plain" articles must be worn, approximating to those worn by the mourner. For these rules of dress, cf. Li Chi, XIII, FOL. 3)

剖析：据《郑风·羔裘》记载："羔裘豹饰，孔武有力"。羔裘是"日视朝于内朝"的朝服，每日朝会专用，不能用于"吊"的场合。而"玄"历来被视为尊贵的吉服颜色，"玄冠"是古代的一种礼帽，"羔裘玄冠"都是黑色，用作吉服，天子的大裘就是用黑羔皮做的，因此"羔裘"的材质与"玄"的颜色使"羔裘玄冠"不能用于"吊"的场合。对比三个译本，在最大程度"求真"的同时，威利译本通过注释，能够帮助西方读者更好地理解服饰文化的内涵。

例9：去丧，无所不佩。（10-6）

里雅各译：When he put off mourning, he wore all the appendages of the girdle.

林译：He places no restrictions on the kind of ornament he wears once a period of mourning is over.

威利译：Except when in mourning, he wears all his girdle-ornaments. Which are lucky talismans; or (in a more sophisticated vein of explanations) symbolic ornaments indicating his rank. Those of an ordinary gentleman were of jade.

剖析：按照礼仪规定，在服丧期满之后，就要佩戴玉佩等饰品，即"敬则以饰"。对比三个译本，里雅各译本强调佩戴所有饰品，林译暗示佩戴饰品不受限制，威利译则对饰品的内涵借助注释给以阐述，相对更为全面。

例10：齐（同斋），必有明衣，布。（10-6）

里雅各译：When fasting, he thought it necessary to have his clothes brightly clean and made of linen cloth.

林译：In period of fasting, he invariably wears a cotton bathrobe.

威利译：When preparing himself for sacrifice he must wear the Bright Robe, and it must be of linen.

剖析：原句的本意是斋戒沐浴后，一定要穿洁净的布制浴衣。三个译本都强调了浴衣的干净和面料，但只有威利的译文通过注释，帮助读者理解斋戒时穿洁净的浴衣是"礼"的体现。

例11：乡人傩，朝服而立于阼阶。（10-10）

里雅各译：When the villagers were going through their ceremonies to drive away pestilential influences, he put on his court robes and stood on the eastern steps.

林译：When an exorcism was performing in his village, he would attend in his court robe standing on the steps facing east (where the host usually stood to welcome his guests).

威利译：When the men of his village hold their Expulsion Rite (the driving away of evil spirit at the close of the year), he put on his Court dress and stands on the eastern steps. (The place occupied by one who is presiding over a ceremony.)

剖析："傩"是古时民间迎神驱疫的仪式，原句指每当乡里迎神驱疫鬼，孔子就郑重地穿戴好朝服，站在家庙东边的台阶上，表示对"乡人"风俗的诚敬。三个译本在对仪式的文化内涵给以阐述的同时，都对朝服给以阐释，但林和威利的译文则对穿朝服站立在东边的原因和方位给以清楚的表述，方便读者理解着装和站立方位都是"礼"的体现。

例12：疾，君视之，东首，加朝服，拖绅。（10-13）

里雅各译：When he was ill and the prince came to visit him, he had his head to the east, made his court robes be spread over him, and drew his girdle across them.

林译：When he was ill and the ruler went to see

him, Confucius made sure to lie with his head to the east (the direction from which the ruler would enter) with his court robe draped over him (to show his respect), the sash dangling.

威利译：If he is ill and his prince comes to see him, he has himself laid with his head to the East with his Court robes thrown over him and his sash drawn across the bed.

剖析：原句的本意是臣子生病在床，如果君王来探视，就要头朝东，盖上朝服，甚至把绅带放上，迎接君王。三个译本虽然都是忠实于原文，但是只有林译把朝服和绅带、甚至头朝东的文化内涵给以阐释，帮助读者更好地理解服饰礼节。

例13：子曰："……君子正其衣冠，尊其瞻视，俨然人望而畏之，……?"（20-2）

里雅各译：He adjusts his clothes and cap, and throws a dignity into his looks, so that, thus dignified.

林译：The man of honor dresses properly and looks dignified, his solemnity causing fear.

威利译：A gentleman sees to it that his clothes and hat are put on straight, and imparts such dignity to his gaze that he imposes on others.

剖析：该句的表层意思是君子要穿戴整齐，以示有文化教养，但其深层含义是强调衣冠整齐本身就是成为君子的起码礼节和必备条件。正因为如此，子路面对屠刀，从容整理衣冠，成为我国历史上"以身殉服"第一人。三个译本中，里雅各和威利的译文都对"衣冠"给以直译（clothes and cap/hat），只有林译将其概述为 dresses properly，相对简洁。但是，威利译文更为传神，再现帽子要戴正的规矩，并强调这是君子着装礼仪的文化内涵。

例14：子见齐衰者、冕衣裳者与瞽者，见之，虽少，必作；过之，必趋。（9-10）

里雅各译：When the Master saw a person in mourning dress, or any one with the cap and upper and lower garments of full dress, or a blind person, on observing them approaching, though they were younger than himself, he would rise up, and if he had to pass by them, he would do so hastily.

林译：When the Master saw people in mourning clothes or ceremonial robes, or when he saw a blind per-son, even if they were younger in age, he would rise. When walking past them, he would quicken his steps to show respect.

威利译：Whenever he was visited by anyone dressed in the robes of mourning or wearing ceremonial headdress, with gown and skirt, or a blind man, even if such a one were younger than himself, the Master on seeing him invariably rose to his feet, and if compelled to walk past him always quicken his steps. (a sign of respect)

剖析："齐衰"指丧服，"冕衣裳"是指帽子、上衣和下裳，指代做官的人。原句的本意是孔子遇见穿丧服的人、当官的人和盲人时，即使年轻，也要站起来，经过他们时，也要加快步伐以示尊重。对照三个译本，里雅各和威利的译文对衣服的阐述相对具体，林译则比较概括，但是威利的译文因其注释，更显翔实，直接指出这些都是礼仪的标志。

4. 内心的平和与外在服饰的和谐，体现以"礼"服人

例15：子曰："衣敝缊袍，与衣狐貉者立而不耻者，其由也与? ……"（9-26）

里雅各译：The Master said, "Dressed himself in a tattered robe quilted with hemp, yet standing by the side of men dressed in furs, and not ashamed—ah! It is You who is equal to this!…"

林译：The Master said, "If there is anyone wearing a worn-out gown standing beside a man dressed in fur and not feeling ashamed, I suppose it must be Zilu…"

威利译：The Master said, "Wearing a shabby hemp-quilted gown, yet capable of standing unabashed with those who wore fox and badger' That would apply quite well to You, would it not?…"

剖析："敝"是破旧，"缊袍"是旧的丝绵袍。"狐貉"指裘皮衣。原文的意思是穿着破旧的丝绵袍和那些穿着名贵裘皮大衣的人站在一起而不感到羞耻的人，可能只有仲由（即子路）。孔子认为服饰应分贵贱，曰之以礼，这是儒家服饰观的基本准则。对照三个译本，林译相对简洁，在强调衣服破旧的同时并没有关注其面料质地，但是面对当今的读者，就不一定会理解麻布在古代是价廉的面料，正如当今带洞的牛仔服是时尚的写照一样令人无法预测；而在里雅各

和威利的译文中，则都将棉麻面料具体化，特别是威利的译文，甚至对狐貉给以最大程度"求真"的阐释，并在语气上通过 capable of 的表达，帮助读者更好地理解如此着装、内心平和、举止坦然的人，恐怕只有具备一定修养、遵循礼制要求的子路才可以做到。

例 16：子曰："质胜文则野，文胜质则史。文质彬彬，然后君子。"（6-18）

里雅各译：The master said, "Where the solid qualities are in excess of accomplishments, we have rusticity; where the accomplishments are in excess of the solid qualities, we have the manners of a clerk. When the accomplishments and solid qualities are equally blended, we then have the man of virtue."

林译：The master said, "Substance without refinement is uncouch. But refinement without substance is pedantic. Only when substance and refinement are well blended can there be a man of honor."

威利译：The master said, "When natural substance prevails over ornamentation, (i. e. when nature prevails over culture) you get the boorishness of the rustic. When ornamentation prevails over natural substance, you get the pedantry of the scribe. Only when ornament and substance are duly blended do you get the true gentleman."

剖析：该句的本意是如果服饰质朴超过文采，就会粗野鄙陋；如果服饰文采胜过质朴，就会像掌管文书的吏官，辞多浮华。只有力求质朴和文采相均衡，才可以成为君子。体现了孔子要求"君子"在讲究服饰形式美的同时，强调要注重个人修养，时刻保持服饰的形式与内在心境的和谐，只有在具备合乎礼仪外在形式（服饰）的同时，掌握一种符合进退俯仰、给人以庄严肃穆美感的动作姿势（包括着装礼仪），才能真正实现"文"与"质"的和谐匹配。这是孔子服饰文化观的集中体现，也是其以"礼"服人的核心思想。三个译本中，林译和威利译都巧用了 Only，使语序倒装来加强语势。同时，三位大家对君子的翻译

也各有不同。但是，无论是 the man of virtue，还是 a man of honor，或是 the true gentleman，都从不同侧面体现了美德、光荣、修养是真君子的体现。对于"君子"许渊冲（2006：72）主张翻译为"intelligentleman"，以传达钱钟书先生创造的新词（"士"或"知识分子"）。这种凸显文化差异的"陌生化"处理（曾记，2012：23），也是当今文化翻译"忠实"于原文的体现，正如杨平（2012：101）所说的，《论语》翻译的诠释性非常突出，《论语》的理解是历史性的，解释是视阈融合的过程。

综上译文剖析发现，三位大家在处理服饰文化差异方面各有千秋，里雅各译文和威利译文接近程度较大，但是后者借助注释使文化内涵得以具体阐释，这可能与威利作为汉学家，并且设定的读者群是汉学研究者和中国以外大学中文系学生（肖家燕、李儒寿，2013：109）有关系。林译则相对简洁，在类似麻布等细节的处理上或许更多考虑到当今读者和未来读者的联想与认同。虽然如此，三位大家都是基于原文，时刻注重"求真"，忠实原文；"求善"，协调原文和译文之间的关系，尊重原文，预设读者的需求；在"真"和"善"的基础上，最终"求美"，使译文达到"和谐之美"。

五、结论

中华服饰自产生起就与文化密切相关，《论语》中的服饰已不仅仅是遮羞或御寒的工具，而是外化成为传统服饰文化"礼制"的载体和标志。无论其色彩、款式，还是面料，都会因人、因场合、因时节而千姿百态，尽显恪守"礼制"的君子风范。文中三位大家译文的解读，也终将不断跨越时空的界限，在"求真"—"至善"—"达美"的追求中，突破文化思维惯性，打破文化的趋同与单一，演绎异域之美、融合之美、促使人们勉力构建世界各民族和谐共存的文化生态（孙艺风，2008：9，略有改动）。

参考文献：

[1] 孔子，等. 论语 [M]. ARTHUR WALEY，译. 北京：外语教学与研究出版社，2000.

［2］ BARNARD, MALCOLM. Fashion as Communication（2nd ed）［M］. London：Routledge, 2002.

［3］ CLARK, KELLY JAMES. Three kinds of Confucian scholarship［J］. Journal of Chinese Philosophy, 2006（33）：109-134.

［4］ CHEANG, ALICE W. The master's voice：On reading, translating and interpreting. The Analects of Confucius［J］. The Review of Politics, 2000, 62（3）：563-581.

［5］ CALEFATO, PATRIZIA. Fashion as cultural translation：Knowledge, constrictions and transgressions on/of the female body［J］. Social Semiotics, 2010（20）：343-355.

［6］ DURRANT, STEPHEN W. On translating Lun Yu［J］. Chinese Literature：Essays, Articles, Reviews（CLEAR）, 1981, 3（1）：109-119.

［7］ GRARDOT, NORMAN J. The Victorian translation of China［M］. University of California Press, 2002.

［8］ HENDERSON, JOHN B. Review on The original Analects, Sayings of Confucius and His Successors；A New translation and Commentary by E. Brace brooks and A. taeko brooks［J］. The journal of Asian Studies, 1999, 58（3）：791-793.

［9］ MAKEHAM, J. A new Hermenutical approach to early Chinese texts：The case of the Analects［J］. Journal of Chinese Philosophy, 2006（33）：95-108.

［10］ MICHAEL, R. Solomon. The Psychology of Fashion［M］. Mass：Lexington Books, 1985.

［11］ SLINGERLAND, EDEARD. Review on The Original Analects by E. Bruce Brooks & A Taeko Brooks［J］. Philosophy East and West, 2000, 50（1）：137-141.

［12］ SUSAN, B. KAISER. Fashion and Culture Students［M］. London：Berg, 2012.

［13］ TAYLOR, MELISSA. Cultural translation：Fashion's cultural dialogue between commerce and art［J］. Fashion Theory：The Journal of Dress, Body & Culture, 2005（9）：445.

［14］ 曹威. 儒家经典翻译诠释学理论前提——以英译《论语》为例［J］. 外语学刊, 2010（6）：109-113.

［15］ 陈国华. 对孔子教育哲学五个基本理念的重新解读与英译［J］. 中国翻译, 2013（6）：50-56.

［16］ 陈旸.《论语》三个英译本翻译研究的功能语言学探索［J］. 外语与外语教学, 2009（2）：49-52.

［17］ 陈旸.《论语》英译本研究的功能语篇分析方法［J］. 外国语文, 2010（1）：105-109.

［18］ 崔永禄. 试论中国经典文献外译的几个原则性问题［J］. 外语与外语教学, 2007（10）：43-46.

［19］ 何刚强. 文质颉颃，各领风骚——对《论语》两个海外著名英译本的技术鉴定［J］. 中国翻译, 2007（4）：15-17.

［20］ 何刚强. 瑕瑜分明，得失可鉴——从 Arthur Waley 的译本悟《论语》的英译之道［J］. 上海翻译, 2005（4）：15-19.

［21］ 黄国文.《论语》的篇章结构及英语翻译的几个问题［J］. 中国外语, 2011

（6）：88-95.

[22] 黄国文. 典籍翻译：从语内翻译到语际翻译——以《论语》英译为例 [J]. 中国外语，2012，9（6）：64-71.

[23] 黄莉萍. 从《儒林外史》英译看服饰用语的可译性限度 [J]. 韶关学院学报，2011（1）：104-106.

[24] 蒋梦莹，吴梦宇，王若愚. 论美学与文化对服饰品牌翻译的影响 [J]. 语文学刊，2011（4）：35-37.

[25] 李红梅，唐述宗. 教育哲学典籍《论语》英译研究之一——论译者策略的选择 [J]. 语文学刊，2009（8）：92-93.

[26] 李建福，李晓红. 多元论影响下的品牌翻译 [J]. 河北理工大学学报：社会科学版，2011（4）：127-129.

[27] 李贻荫. 关于《论语》英译的几个问题 [J]. 中国外语，2006（1）：67-70.

[28] 李智. 当代翻译美学原理 [M]. 北京：知识产权出版社，2013.

[29] 刘白玉，扈珺，刘夏青. 中国传统文化元素翻译策略探讨——以《论语》的核心词"仁"英译为例 [J]. 山东外语教学，2011（4）：96-100.

[30] 刘春华. 服装品牌英汉互译中的美感再现 [J]. 武汉科技学院学报，2007（7）：70-72.

[31] 刘重德. 关于大中华文库《论语》英译本的审读及其出版——兼答裘克安先 [J]. 中国翻译，2001（3）：62-63.

[32] 刘重德.《论语》韦利英译本之研究——兼议里雅各、刘殿爵英译本 [J]. 山东外语教学，2001（2）：15-17.

[33] 林戊荪. 论语新译 [M]. 北京：北京外文出版社，1980.

[34] 卢红梅. 华夏文化与汉英翻译 [M]. 武汉：武汉大学出版社，2008.

[35] 孟健，曲涛，夏洋. 文化顺应理论视阈下的典籍英译——以辜鸿铭《论语》英译为例 [J]. 外语学刊，2012（3）：104-108.

[36] 钱纪芳. 和合翻译观照下的服装文字语言翻译 [D]. 上海：上海外国语大学，2008.

[37] 钱宁. 新论语 [M]. 北京：生活·读书·新知三联书店，2012.

[38] 儒风.《论语》的文化翻译策略研究 [J]. 中国翻译，2008（5）：50-56.

[39] 沈炜艳. 从衣饰到神采《红楼梦》服饰文化翻译研究 [D]. 上海：上海外国语大学，2008.

[40] 沈炜艳.《红楼梦》服饰文化翻译研究 [M]. 上海：中西书局，2011.

[41] 石文颖. 略谈《红楼梦》服饰的英译 [J]. 大同职业技术学院学报，2000（3）：70-71.

[42] 史晓翠，刘洪泉. 衣香鬓影——小议《红楼梦》服饰的翻译 [J]. 科技咨询导报，2007（1）：186-188.

[43] 孙蕾. 功能主义目的论指导下的服装品牌的翻译 [J]. 出国与就业：就业教育，2011（5）：80-82.

[44] 孙艳霞. 文化视域下的服装商标翻译研究 [D]. 大连：大连海事大学，2009.

[45] 孙艺风. 翻译与多元之美 [J]. 中国翻译，2008（4）：9-19.

[46] 孙芝斋. 论语今译 [M]. 杭州：浙江大学出版社，2008.

［47］王宏印. 译品双璧，译事典范——林戊荪先生典籍英译探究侧记［J］. 中国翻译，2011（6）：7-11.

［48］王榕培. 比较与翻译［C］. 上海：上海外语教育出版社，1997：232.

［49］王琰. 国内外《论语》英译比较研究［J］. 外语研究，2010（2）：70-73.

［50］王琰.《论语》英译与西方汉学的当代发展［J］. 中国翻译，2010（3）：24-32.

［51］肖家燕，李儒寿. 交流与传承——第二届《论语》翻译研究会综述［J］. 中国外语，2013（1）：109-111.

［52］许渊冲. 典籍英译，中国可算世界一流［J］. 中国外语，2006（5）：70-72.

［53］徐珺. 汉文化经典误读误译现象解析：以威利《论语》译本为例［J］. 外国语，2010（6）：61-69.

［54］徐珺，张慧琴. 全球化视阈下的服饰商标翻译策略探讨［J］. 商务英语研究，2011（3）：57-60.

［55］徐珺，张慧琴. 孔子和谐教育思想对当代教育之启示——基于《论语》的分析与思考［J］. 商务英语研究，2013（7）：19-24.

［56］杨平. 哲学诠释学视域下的《论语》翻译［J］. 中国外语，2012（3）：101-109.

［57］杨平. 评西方传教士《论语》翻译的基督教化倾向［J］. 人文杂志，2008（2）：42-47.

［58］杨平.《论语》核心概念"仁"的英译分析［J］. 外语与外语教学，2008（2）：61-63.

［59］杨正军，何娟. 国内1990—2012年《论语》翻译研究现状及不足［J］. 青岛农业大学学报：社会科学版，2013（1）：83-87.

［60］杨伯峻. 论语译注［M］. 北京：中华书局，1980.

［61］叶立诚. 服饰美学［M］. 北京：中国纺织出版社，2001.

［62］张国伟. 论孔子的服饰观及其社会教育意义［J］. 美育学刊，2012（3）：15-19.

［63］张慧琴. 翻译协调理论研究［D］. 上海：上海外国语大学，2009.

［64］张慧琴，徐珺. 全球化视阈下的服饰文化翻译研究从"头"谈起［J］. 中国翻译，2012（3）：109-112.

［65］张慧琴，徐珺. 文化语境视角下《红楼梦》服饰文化汉英翻译探索［J］. 山东外语教学，2013（5）：98-101.

［66］张慧琴，陆洁，徐珺.《红楼梦》中"荷包"文化协调英译探索［J］. 外国语文，2013（2）：143-146.

［67］张慧琴，徐珺.《红楼梦》服饰文化英译策略探索［J］. 中国翻译，2014（2）：111-115.

［68］曾记. 当代《论语》翻译研究的理论图景——兼评首届《论语》翻译研讨会［J］. 北京科技大学学报：社会科学版，2012（3）：22-27.

［69］钟明国. 辜鸿铭《论语》翻译的自我地方化倾向及其对翻译目的的消解［J］. 外国语文，2009（2）：256-257.

国内《红楼梦》服饰文化翻译研究综合分析[●]

付业飞　郭平建

摘　要：随着中华文化"走出去"战略的推进，学界开始重视我国文化典籍的对外传播，近年来，《红楼梦》服饰文化翻译的研究越来越受到学界的关注，并且逐渐成为红学研究的一个热点。为了对目前国内《红楼梦》服饰文化翻译研究现状有比较清晰的了解，笔者对相关文献进行了检索、整合、分类和总结，以期对今后《红楼梦》服饰文化翻译研究以及中华传统服饰文化的对外传播提供借鉴。

关键词：《红楼梦》；服饰文化翻译；研究综述

A Comprehensive Analysis on the Costume Cultural Translation of A Dream of Red Mansions

Fu Yefei & Guo Pingjian

(Department of Foreign Languages, Beijing Institute of Fashion Technology, Beijing 100029, China)

Abstract：With the promotion of Chinese culture "going out" strategy, the academic circles began to pay attention to the external communication of our cultural classics. In recent years, the study on the costume cultural translation of A Dream of Red Mansions was followed with interest by more andmore scholars, and is becoming a hot spot in the field of research on A Dream of Red Mansions. In order to have a clear understanding of the current status of the study, the authors have retrieved, integrated, classified and summarized to the related literature, expecting to provide reference for the future research in to the costume cultural translation of A Dream of Red Mansions and the external communication of Chinese traditional clothing culture.

Key words：A Dream of Red Mansions; costume cultural translation; research summary

1. 引言

在全球化背景下，各国间文化的交流日趋频繁，文化信息的传递变得至关重要，《红楼梦》作为我国乃至世界文化宝库中一颗璀璨的明珠，传承着人类的历史和文明。书中丰富翔实的服饰描写不仅体现了华夏民族的服饰文化特色，也是我国明末清初服饰的史实资料。这些具有审美意味的服饰描写对小说的情节发展和人物塑造起着推波助澜的作用，作者曹雪芹通过服饰的款式、色彩、质料、图案等来象征和暗示贾府里人物的身份地位、性格心理以及命运发展，这些丰富多彩的服饰描写不仅具有重要的作用和价值，而且也是小说中出彩且极富特色之处。《红楼梦》最著名的英译本有两部：一部是由我国著名翻译家杨宪益及其夫人戴乃迭合译的 A Dream of Red Mansions（以下简称杨译本），另一部是由牛津大学教授大卫·霍克斯（David Hawkes）和其女婿约翰·闵福德（John Minford）合译的 The Story of the Stone（以下简称霍译本）。这两部享

●本文为 2014 年度国家社会科学基金项目"中华传统服饰文化艺术翻译研究"（编号：14BYY024）阶段性研究成果。

誉中外的英文译著花费了译者近十年的时间，也是迄今为止翻译最完整全面的两个译本，杨译本被认为是异化翻译，贴近于中华文化，而霍译本被认为是归化翻译，贴近于西方读者。随着我国对中华文化"走出去"战略的不断推进，如何用准确的语言文字形式传递中华特色文化成为学界关注的热点，《红楼梦》服饰文化的翻译研究正是在这样的前提和背景下逐渐引起学者的关注。目前，对于《红楼梦》服饰的研究和《红楼梦》英译的研究已经形成了相对成熟的研究领域，但对《红楼梦》服饰文化翻译的研究仍处于初期阶段，本文搜集了相关文献，并通过了解这些文献研究了哪些服饰翻译内容，为什么做这些研究以及如何研究，这三个问题，特对搜集到的相关文献进行研究现状的总体分析，并对观点新、数量多的期刊论文进行研究内容、研究方法和研究目的三个方面的综合分析，以期对今后《红楼梦》服饰文化翻译研究以及我国传统服饰文化的对外传播有新的启示和借鉴作用。

2. 研究现状分析

在对《红楼梦》服饰文化翻译研究的内容进行总结之前，首先对《红楼梦》服饰文化翻译研究的整体概况进行了解，笔者通过中国知网（CNKI）、万方数据知识服务平台、中文科技期刊数据库等全文数据检索工具，对"《红楼梦》服饰翻译""《红楼梦》服饰英译"等关键词进行检索，得出的结果和数据见表1。

表1　《红楼梦》服饰文化翻译研究论文著作情况统计

期刊论文数量	硕士论文数量	博士论文数量	专著/论文集数量
30	6	1	1

目前有关《红楼梦》服饰文化翻译研究方面的专著只有沈炜艳女士所著的《红楼梦服饰文化翻译研究》（2011），此书是作者在其博士学位论文《从衣饰到神采——〈红楼梦〉服饰文化翻译研究》的基础上略微增减而成，这也是唯一一篇《红楼梦》服饰文化翻译研究的博士论文。沈炜艳女士收集了原著中大量的服饰文化词条、段落以及译例作为分析材料，挖掘了服饰文化翻译的技巧和方法，探索了文化翻译的有效途径。相关的硕士论文有6篇，都是由英语翻译专业的硕士研究生撰写，其中5篇是英文写作的，1篇是中文写作的。这6篇硕士论文是分别基于语料库、解构主义、顺应论、归化与异化以及翻译规范下译者的主体性等不同的翻译理论视角下所进行的《红楼梦》不同英译本的对比研究。著作及硕、博论文是强调对问题系统、深入、全面、细致地研究，它们发表的时间集中于2008至2014年，由此可见《红楼梦》等典籍服饰文化的翻译研究是近几年才受到重视并展开全面深入研究的。

在期刊论文方面，最早的一篇论文发表于2000年，截至2015年，共搜集到30篇相关期刊论文。以下对论文在各刊物上的发表量以及年发表量进行统计归整如表2（注：此篇论文写于2015年年初，因此对于2015年《红楼梦》服饰文化翻译研究论文发表数量的统计尚不完全）。

从表2中论文发表的期刊名称来看，除了山东外语教学、中国翻译、外国语文属于核心期刊外，其他都是一些非核心的普通刊物，说明这个时期的论文研究缺乏高度和深度，高水平的论文很少。此外，还看出2007年之前论文发表数量很少，自2009年以来以每年不低于2篇的数量在增长，说明学界已经开始关注并重视典籍中传统服饰文化的翻译研究。分析说明这15年来《红楼梦》服饰文化翻译研究的论文无论是在数量上、还是在质量上都呈现出上升发展的趋势。

表2　《红楼梦》服饰文化翻译论文发表时间、期刊名称与数量统计

年份	期刊名称	论文数量	年份	期刊名称	论文数量
2000	大同职业技术学院学报	1	2007	科技咨询导报 和田师范专科学校学报(汉文综合版) 林区教学 科技信息（科学教研）	4
2004	合肥工业大学学报（社会科学版）	1			

年份	期刊名称	论文数量	年份	期刊名称	论文数量
2009	湖南人文科技学院学报 内蒙古农业大学学报（社会科学版） 科技信息 考试周刊	5	2013	山东外语教学 海外英语 河北工程大学学报（社会科学版） 外国语文 遵义师范学院学报 河北工程大学学报（社会科学版）	6
2010	山东女子学院学报 青年文学家 大家	3	2014	中国翻译 魅力中国 东华大学学报（社会科学版） 语文学刊（外语教育教学）	4
2011	考试周刊 邵阳学院学报（社会科学版）	2	2015	海外英语 菏泽学院学报	2
2012	通化师范学院学报 英语知识	2			

3. 研究内容

期刊论文一般因篇幅所限，注重精炼，强调主题、观点、方法、模型的创新，而且它也是四类学术发表物中数量最多、初成体系的一类，因此下面就对期刊论文进行研究内容、研究方法、研究目的的研究。研究内容主要从论文题目，服饰内容，翻译理论、策略与技巧这三个方面进行具体分析。

3.1 论文题目

论文题目概括着文章的主要内容，揭示着文章的中心思想，也是文章的线索和作者立意表达的出发点。《红楼梦》服饰文化翻译研究论文的题目主要包含三个要素，即《红楼梦》、服或饰、翻译或英译；另外，每篇论文题目还有一些各自的特点，笔者根据这些特点把30篇论文分为宏观角度、人物着装、服饰色彩、章回服饰、服装配饰五类，并进行了统计（表3），论文数量分别为：18篇、5篇、3篇、2篇、2篇。

表3　《红楼梦》服饰文化翻译研究论文题目分类统计

题目要素	宏观角度	人物着装	服饰色彩	章回服饰	服装配饰
论文篇数	18	5	3	2	2

从宏观角度来命题的论文共18篇，占论文总数的60%，这些论文看起来题目大，但从译例内容上看，大多是从《红楼梦》整本书的范围内选取相应的服饰译例进行论述，因此还可以把这些宏观角度命名

的论文进一步划分为以下三类：第一类，从服饰的要素角度选取相应的服饰译例。如梁书恒（2009）的"《红楼梦》服饰英译对比研究"是从服饰质料、服饰色彩、服饰样式三个方面进行了服饰英译的对比。第二类，根据论文探讨的翻译理论、策略、方法和技巧等选取相应的服饰译例。如杨娟（2014）的"浅谈《红楼梦》服饰词语的翻译"是从翻译策略和翻译技巧两个方面选取相应的服饰译例。第三类，选取具体人物的服饰为译例。如梁爽（2015）的"文化自觉视角下《红楼梦》中的服饰翻译"选取的是第三回中贾宝玉的着装译例。因此，从宏观角度出发的论文与其他一些分类具有交叉性。

以具体人物着装为题的5篇论文，是围绕贾宝玉、王熙凤穿着的服饰所展开。作为小说的主人公，贾宝玉是曹雪芹在服饰上浓墨重彩描写的人物，其服饰描写最为详尽，相关论文有3篇。第一篇是沈炜艳（2012）的"《红楼梦》中贾宝玉服饰英译之误译举例"，主要分析了贾宝玉所穿着的箭袖、袍、褂和朝靴四个方面的服饰翻译。第二篇是杨春花（2013）的"不同的译者不同的服饰美——以《红楼梦》中贾宝玉的服饰为例"，从贾宝玉着装的颜色、质料、款式三方面对比了杨宪益、霍克斯的翻译。第三篇是孙媛媛、孙昊悦和荣栩（2014）的"浅析《红楼梦》服饰英译——以杨、霍两译本中贾宝玉服饰翻译为例"，探析贾宝玉的三句服饰翻译片段：（1）头上戴着束发嵌宝紫金冠，齐眉勒着二龙抢珠金抹额；（2）只穿一件茄色哆罗呢狐皮袄子；（3）宝玉只穿着大红棉纱小

袄子，下面绿绫弹墨裥裤，散着裤脚。作为"脂粉堆里的英雄"王熙凤，其服饰是《红楼梦》所有女性人物中描写最丰富、最精彩的，相关论文有两篇，即陈薇（2007）的"熙凤的 WARDROBE——浅议《红楼梦》杨氏译本中王熙凤服饰词汇的翻译"和沈炜艳（2014）的"从衣饰到神采——王熙凤服饰英译研究"。这两篇论文选取了三段相同的王熙凤服饰描写译例，不同之处在于前者是以杨宪益的译本为探讨对象，而后者是以杨、霍两个译本为研究对象，并把王熙凤这三个服饰片段的描写分成华丽礼服、家居常服、俏丽丧服三个不同场合的着装来探讨。

以服饰色彩为题的 3 篇论文，主要是围绕《红楼梦》中丰富多彩且富含深厚文化底蕴的服饰颜色词而展开，分别是：刘晓群（2007）的"浅议杨宪益《红楼梦》译本中服饰颜色词的翻译"、刘彦（2011）的"《红楼梦》里说颜色：《红楼梦》中人物服饰色彩词的英译"和周莹、王国英（2013）的"粉白黛绿——杨宪益、戴乃迭《红楼梦》英译本中的服饰颜色词翻译"。刘晓群于 2007 年发表的论文是最早的一篇有关《红楼梦》服饰颜色词翻译研究的论文，这篇文章为后面的相关研究奠定了一定的基础。文中在对我国古代常用颜色词概述的基础上重点探讨了杨宪益对"青"色的翻译，他多把"青"色译为"blue"，有时也译作"black"，基本符合"青"色这个模糊词本身的意思。作者根据构词法还将服饰色彩分为：限定式组合颜色词（如"水绿""油绿""银红"等）和实物颜色词（如"豆绿""鹅黄""玫瑰紫""石榴红"等），并对杨宪益的翻译特点进行了分析总结，认为杨对汉语基本颜色词大多采用直译，而在翻译英语中不存在的实物表示的抽象颜色词时则通常采用意译，如将"藕合色""秋香色"译为"light purple""greenish yellow"。其后的两篇文章无论是在服饰颜色词的分类方法方面，还是对服饰颜色词译例的分析方面都主要借鉴了刘晓群的论文。上述三篇对《红楼梦》服饰色彩翻译的研究主要局限于杨译本，缺少对英国汉学家霍克斯译本的研究以及对两位不同学者译本的对比研究，这是《红楼梦》服饰色彩翻译研究方面的空白，希望有学者今后能在这些领域进行深入研究探讨。

根据沈炜艳《红楼梦服饰文化翻译研究》一书中的统计："全书写到服与饰共有 51 回，这其中尤以第三回（20 条）、第六回（6 条）、第八回（9 条）、第四十九回（22 条）、第五十一回（6 条）、第五十二回（12 条）、第六十三回（9 条）、第七十回（6 条）写到的服饰的数量较多，且有意义。"所能查阅到的以章回为题的论文有两篇，即：麻晓敏（2010）的"《红楼梦》中服饰文化的翻译对比——从目的论角度浅析第三回之杨译本和霍译本"和杨春花（2012）的"不同的译者不同的服饰美——以《红楼梦》第四十九回为例"。第三回中重要人物纷纷登场，精彩的服饰描写让这些重要人物的出场与众不同，而第四十九回则是众姐妹身着不同款式、色彩的服饰齐聚稻香村共赏雪景的场景，呈现出一场"服饰盛会"，这两个章回的服饰描写丰富且有特色，为《红楼梦》服饰翻译研究提供了很好的素材。此外，笔者认为第八回（9 条）、第五十二回（12 条）、第六十三回（9 条）也是服与饰描写丰富的章回，同样值得探讨研究。

所谓服装配饰，是除主服外，为了修饰、点缀烘托出更佳的着装效果而增加的装饰性物件，包括各种首饰、包袋、鞋、帽等物件。《红楼梦》中的配饰种类繁多，丰富多彩，作为我国古代服装配饰除了起到装饰的效果外，还包含了丰富的寓意和文化内涵。以服装配饰为题的翻译研究论文仅有两篇，即张慧琴、陆洁和徐珺（2013）的"《红楼梦》中'荷包'文化协调英译探索"和朱学帆（2011）的"《红楼梦》两个英译本中配饰翻译的对比与鉴赏"。前者从个别出发，以配饰"荷包"为研究对象，统计了"荷包"及其别称"香袋""香囊"在《红楼梦》中出现的次数及其在杨、霍译本中不同的翻译，进而探析所采用的翻译策略和方法；后者从整体出发，列举了《红楼梦》中出现过的十四件配饰，从宗教文化差异、传统文化价值的差异、传统服饰装扮的差异三个方面对比了杨、霍译本中的配饰翻译。对《红楼梦》配饰翻译进行研究的论文很少，而且内容也不够广泛。

3.2　服饰内容

《红楼梦》是一部集中国古代服饰之大成的小说，其服饰描写之丰富、具体、详实、真切、生动，极富艺术魅力，是任何其他作品都无可比拟的。《红楼梦》服饰文化翻译研究论文中对人物服饰的探讨，主要涉及服饰的款式、材质、色彩、配饰、图案这五个方面，具体的统计数据如表4。

表4　《红楼梦》服饰文化翻译论文中探讨服饰要素的统计

服饰要素	服饰款式	服饰材质	服饰色彩	服装配饰	服饰图案
论文篇数	23	15	19	19	4

30篇论文中除5篇专门探讨服饰色彩、服饰配饰外，有23篇涉及对《红楼梦》中服饰款式翻译的探讨，占了论文总数的76.7%。探讨的服饰款式有"袄""褂""袍""裙""箭袖""斗篷""鹤氅""背心""膝裤""凫靥裘""猞猁狲大裘"等，其中"袄""褂"和"箭袖"的翻译是探讨最多的三种服饰，分别有13篇、11篇和7篇。"袄""褂"是我国传统的服装款式，属于人们的日常着装，期刊论文在探讨这两种服装款式时，都只列举了书中某一处出现的"袄"或"褂"。事实上在《红楼梦》中它们都以多种样式出现，如：袄有"窄裉袄""撒花袄""长裙短袄"等；褂有"对襟褂子""排穗褂""发烧大褂子"等。不同的"袄""褂"对应的杨、霍翻译是不一样的（表5），目前还没有相关研究是专门针对不同"袄""褂"翻译的。

表5　杨、霍对不同袄、褂的翻译情况

译文	窄裉袄	撒花袄	长裙短袄	对襟褂子	排穗褂	发烧大褂子
杨译	jacket	jacket	long skirt and bodices	gown	coat	coat
霍译	dress	gown	tunic sand trousers	great coat	jacket	coat

对于具有浓郁中国特色的传统服饰"箭袖"，杨译为"archer's jacket"，霍译为"narrow-sleeved, full-skirted robe"，对杨、霍两者的翻译，学者角度不同，评说各异，但根据自己的认识和理解，提出自己译文范例的只有沈炜艳（2012）和梁爽（2015）两位，沈将其译为 projecting U-shaped cuff；梁将其译为 robe with archer's sleeve。在北京故宫博物院从事文博英文笔译多年的王殿明、杨绮华两位先生编译的《汉英文物考古词汇》（2005）一书中，笔者发现"箭袖"被翻译为"horsehoof-shaped cuff"。"箭袖"是一种带箭袖袍服。原为便于射箭，在袖口接上一半圆形的袖头，似马蹄，满语"哇哈"（waha），俗称"马蹄袖"（周定一，1995：414）。根据"箭袖"的这一释义，

笔者认为"horsehoof-shaped cuff"是更为形象恰当的一种翻译。总体来看，目前对于《红楼梦》中服饰款式翻译探讨的论文涉及的内容比较零散，缺乏专门的、完整的研究。

涉及对《红楼梦》服饰材质翻译探讨的论文有14篇，具体材质包括"茧绸""倭缎""一斗珠""罗""羽纱""雀金呢""哆罗呢""洋绉""貂鼠（皮）""银鼠（皮）""黑灰鼠（皮）"等，这些服饰材质都非常名贵，是达官贵人才可穿着的面料。关于"洋绉"翻译的讨论最多，共有6篇，分别是对第三回、第六回中王熙凤洋绉裙翻译的探讨，杨宪益分别将其译为"crêpe""foreign crêpe"，霍克斯分别将其译为"imported silk crêpe""foreign crêpe"。对于杨、霍的翻译，学者的立场不同，观点不一，如石文颖（2000）认为应该去掉"imported silk"，保留"crêpe"或"foreign"；陈薇（2007）认为应该去掉"foreign"，保留"crêpe"；沈炜艳（2014）认为应该去掉"imported"保留"silk crêpe"。笔者认为张慧琴（2014）对"洋绉"目前的几种不同解释罗列相对全面，她对"洋绉"翻译的观点是霍译符合"洋绉"其中一种内涵，而杨译则略显不足，需要补加为"rare silk crêpe"。

涉及对《红楼梦》服饰色彩翻译探讨的论文有19篇，探讨的服饰色彩有"红"色、"青"色和"石青"色的不同翻译以及"银红""水绿""油绿""豆绿""鹅黄""玫瑰紫""葱黄""石榴红""桃红""葱绿""海棠红""莲青""翡翠""蜜合色""茄色""藕合色""秋香色""松花色""杨妃色"等，其中有7篇论文探讨了服饰颜色词"翡翠"，探讨频率最高。在《红楼梦》中王熙凤"下着翡翠撒花洋绉裙"中的"翡翠"是表示一种颜色，杨译为"kingfisher-blue"，霍译为"turquoise-coloured"，对于两者的翻译，学者的观点不一。石文颖（2000）的论文是探讨"翡翠"最早的一篇论文，她认为："'翡翠'是裙的颜色。这里指的应是一种绿色硬玉的颜色，即'jadeite'，其色翠绿。"虽然她的解释过于简约概括，但是得到后来一部分作者的认同，并提出了直接译成"jadeite"更合适。另外，沈炜艳（2014）和张慧琴（2014）两位作者认为杨的翻译是翠鸟的颜色，不够鲜艳，霍的翻译是青绿色，不够准确，不如直接用

"jade"表示"翡翠"色。目前有3篇论文专门进行了《红楼梦》服饰色彩的探讨,可以说这方面的研究已经有了一定的成果。

涉及《红楼梦》服装配饰翻译探讨的论文有19篇,探讨了"昭君套""汗巾""观音兜""沙棠屐""记名符""寄名锁""荷包""扇囊""金抹额""束发冠""髻""钗""项圈""攒珠勒子""簪子""玉""玫瑰佩""璎珞圈""朝靴""撒鞋"等配饰,其中对"昭君套"和"抹额"的探讨最多,分别有8篇和6篇。对于"昭君套"的翻译,对于王熙凤所戴的"昭君套",杨、霍分别译为"hood"和"a little cap of red sable, which she wore about the house for warmth",而对于史湘云所戴的"昭君套",杨、霍分别译为"hood"和"princess hood",对杨、霍翻译做出评述的论文较多,如:苏宋丹等(2004)认为"昭君套"具有文化不可译性;史晓翠等(2007)认为杨宪益的翻译没有体现出"昭君套"的特质;杨娟(2014)认为由于文化差异,杨宪益对"昭君套"文化意象进行了省译;周莹等(2013)认为杨译采取了归化译法,没有表达出原文中的文化概念;杨春花(2012)认为两者翻译对比之下,杨译更忠实的再现了"昭君套"的特点。由此可见,学者对于"昭君套"的翻译都提出了自己的异议,而提出自己翻译见解的只有陈薇(2007)和张慧琴(2013),前者将其译为"Zhaojun hood",后者将其译为"Zhao Jun styled hood",笔者认为张慧琴的翻译更为可取。另外,对于"抹额"翻译,杨译为"chaplet",霍译为"head-hood",其中以杨译本为探讨蓝本的论文认为杨的翻译未能充分反映中国传统服饰文化的特色,体现了文化的不可译性。麻晓敏(2010)和孙媛媛等(2014)是对杨、霍的翻译进行了对比,前者认为杨译以原文为中心,采取了直译法,而霍译则以目的语读者为中心,其翻译更易被英文读者所接受;而后者认为杨、霍的翻译都强调了"抹额"佩戴的位置和装饰作用,但霍译过于冗长。目前,专门对《红楼梦》的服装配饰进行了探讨的论文有两篇,一篇探讨的是单件配饰,另一篇分类探讨了书中的十四件配饰,而《红楼梦》中的配饰众多,且每件都是富含着深厚的文化寓意,有待于今后学者进一步全面深入研究。

探讨服饰图案翻译的论文很少,仅有4篇,探讨的图案有"龙""水田""撒花""百蝶穿花""刻丝""螭""起花八团"等。这几篇论文并没有对图案的具体形制和背后所蕴含的文化寓意进行深入探讨,仅只言片语地提及了图案,或者只是对其进行了简单的介绍和解释。我国纹样和图案的形制造型多变,寓意丰富,每个图案都有着不同的象征意义,但目前专门对《红楼梦》服饰图案翻译的探讨几乎是空白,希望今后有更多的学者关注图案翻译这一领域,以期把中华博大精深的图案文化传播到世界各地。

3.3 翻译理论、策略与技巧

对《红楼梦》的两个英译本翻译研究必然会涉及翻译理论的应用和对翻译策略、技巧的分析。笔者按照翻译理论、翻译策略与技巧、文化可译性与不可译性、翻译得失与误译以及翻译历程与评析这五个类别将上述30篇论文中所涉及的翻译理论、策略与技巧进行了统计,所得数据见表6。这里需要说明的是,每篇论文对翻译的探讨并不仅局限于单一方面,例如一篇论文是在某种翻译理论视角下对某些翻译策略的探讨,笔者统计时就分别计入翻译理论和翻译策略两类。

表6 《红楼梦》服饰文化翻译研究论文中翻译理论、策略与技巧的运用统计

翻译探讨	翻译理论	翻译策略与技巧	文化可译性与不可译性	翻译得失与误译	翻译历程与评析
论文篇数	7	13	8	7	1

论文中所运用到的翻译理论主要有目的论、归化与异化理论、文化协调翻译观、文化语境视角、文化自觉视角等五种理论。目的论、归化与异化理论都是从译者的角度出发,探讨译者出于不同的翻译目的所采取的不同翻译方法,例如:麻晓敏(2010)的"《红楼梦》中服饰文化的翻译对比——从目的论角度浅析第三回之杨译本和霍译本"一文认为,杨译以原文为中心,尽量采取直译的方法以达到简洁和忠实的目的,而霍译则以目的语读者为中心,所以他的译文更容易被英文读者所接受;单兴缘、宋修华(2007)的"《红楼梦》两种英译本中服饰内容的翻译比较"和朱学帆(2011)的"《红楼梦》两个英译本中配饰翻译的对比与鉴赏"从归化与异化的角度出发,都认为杨宪益基于中国文化,采用的是异化翻译

策略，而霍克斯取向于英国文化，所采用的则是归化翻译策略。而文化协调翻译观、文化语境视角以及文化自觉视角这三种理论是把《红楼梦》服饰翻译置于文化翻译理论的视角下进行探讨，例如：张慧琴、徐珺（2013）的"文化语境视角下的《红楼梦》服饰文化汉英翻译探索"、梁爽（2015）的"文化自觉视角下《红楼梦》中的服饰翻译"等，这类论文强调在中国文化走出去的今天，对于具有深厚文化底蕴的服饰，在翻译时应保留中国服饰的文化特色。

有关翻译策略与技巧的论文最多，共13篇，占了论文总篇数的44.8%，其中有10篇探讨了直译和意译的翻译策略。这里值得一提的是，张慧琴、陆洁和徐珺（2013）的"《红楼梦》中'荷包'文化协调英译探索"中所探讨的解释式、替代式和淡化式的代偿翻译策略，是《红楼梦》服饰文化翻译中出现的比较新颖的一种翻译策略。探讨的其他翻译技巧的有增译、省译、分句与合句、换序、音译、释义和改译等这些常用的技巧。

关于文化可译性与不可译性的8篇论文都是以杨译本中相关的服饰词汇为蓝本，对特定服饰的文化内涵进行探究。文化可译性与不可译性探讨的是《红楼梦》服饰文化在翻译过程中存在着两种状态，即：如在另一种文化中可以找到对等的表达，这种是文化可译性；如在另一种文化中找不到对等、贴切的表达，这就是文化的不可译性，例如：史晓翠和刘洪泉（2007）的《衣香鬓影——小议红楼梦服饰的翻译》以服装用料"哆罗呢"（velvet）和"雀金呢"（golden peacock felt）的翻译为例分析了文化的可译性，以具有鲜明中国文化特色的服饰配件"昭君套"（hood）和"抹额"（chaplet）的翻译为例分析了文化的不可译性。还有两篇文章是对文化可译性限度的探讨，即王坤和岳玉庆的（2009）"从《红楼梦》中的服饰翻译看文化的可译性限度"、李琦（2013）的"从《红楼梦》人物服饰的翻译看可译性限度"，这两篇文章认为《红楼梦》服饰文化是可以被翻译的，只是在翻译过程中存在着不同程度的意义流失，致使原文中所包含的内涵信息无法尽数传达。

涉及服饰翻译得失与误译的7篇论文分析了杨、霍译本中服饰词句翻译的妥当与不当之处，并对翻译不当之处提出了个人翻译见解。例如：沈炜艳（2012）

的"《红楼梦》中贾宝玉服饰英译之误译举例"，作者根据对《红楼梦》服饰的研究考证，分析了杨、霍翻译的不妥当之处，并运用自己多年的翻译实践经验，勇于挑战权威，提出了自己的翻译见解。此外，这几篇论文均从中国文化的角度出发，强调在翻译过程中应保留中国服饰的文化特色。

翻译历程与评析的论文仅有一篇，即孙秀芬、李志红和马秀平（2010）的"《红楼梦》服饰英译历程与评析"，该文根据《红楼梦》英译的历史脉络，结合各阶段的翻译实践总结其服饰翻译的历程，并对各阶段的服饰翻译进行了简要的评析。文章的研究视角比较新颖独特，不过其篇幅略显短小，全文仅有1200多字。

关于《红楼梦》翻译方面的研究，刘虹（2015）做了比较深刻而全面的总结：此类文章常常流于翻译理论与研究文本之间的浅层套用，失之琐屑，而对译本本身的文化背景欠缺深入观察。这一总结完全符合《红楼梦》服饰文化翻译领域的实际情况。

4. 研究方法和研究目的

在研究方法方面，《红楼梦》服饰文化翻译研究以定性研究的论文居多，定量研究的论文非常少；以评析译文翻译特点的论文居多，提出具有建设性翻译见解的论文非常少。这里定性研究的论文大部分都是选取个案进行分析，容易发生主观性强和以偏概全的情况。此外，还有部分论文追求服饰译例的新与全，而缺少对研究领域提出具有启示性的问题和建设性的意见。《红楼梦》服饰文化翻译研究在研究方法上的失衡，也导致了这个领域中的大部分论文缺乏新意、没有深度。如何更多地采用定量方法、实证方法，如何将更多的学科理论运用于《红楼梦》服饰文化翻译研究以及进一步深入探讨已经采用过的理论等，是本领域下一步研究需要重点关注的。

而从研究目的来看，大部分的论文都肯定了《红楼梦》中服饰文化的研究价值，肯定了杨译本和霍译本的高深造诣，他们的研究目的也就仅仅局限于《红楼梦》服饰文化翻译具有很高的研究价值，却没有探究它具有何种研究价值，这样的论文往往容易陷入高度不够的境地。弘扬中华文化，提升中国传统服饰文化在世界上的影响力才是《红楼梦》服饰文化翻译研究背后的主要目的。

5. 结语与讨论

从硕博、期刊论文和出版的专著时间来看，《红楼梦》服饰文化翻译研究的时间很短，到目前为止只有 15 年，而前期的研究也只是处在尝试和探索的阶段，文章呈现角度新、深度浅的形态。目前，虽然在研究方法和理论视角方面都有了一些突破，但是发展时间短、论文数量少、研究方法单一、论文水平不高仍是目前存在的问题。《红楼梦》服饰文化翻译研究仅仅局限于《红楼梦》英译的研究，而《红楼梦》已被翻译成英、法、德、日、朝鲜、俄、泰、西班牙、意大利、荷兰、希腊等二十多种文字，如能有英语之外其他语言的学者加入到《红楼梦》服饰文化翻译研究的探讨中，其研究角度会更广，取得的成果也会更丰富。从上述《红楼梦》服饰文化翻译的作者来看主要是从事翻译理论与实践的教师和研究生，他们共同的特点是：英语语言基本功扎实、掌握一定的翻译理论和技能，但缺乏服装方面的专业知识，所以在分析有关服饰译例中，有时显得不能得心应手。综上所述，《红楼梦》服饰文化翻译研究任重道远，如何对《红楼梦》中的服饰文化进行准确的译介，如何促进《红楼梦》等中国文化典籍中的服饰翻译研究全面深入展开以及如何促进中华优秀的传统服饰文化对外传播都值得我们深入思考。

参考文献：

[1] 沈炜艳. 红楼梦服饰文化翻译研究 [M]. 上海：中西书局，2011.

[2] 鲁玉霞，沈炜艳. 红楼梦服饰文化翻译研究 [J]. 华西语文学刊，2012（1）：257-261.

[3] 张慧琴，徐珺.《红楼梦》服饰文化英译策略探索 [J]. 中国翻译，2014（2）：111-115.

[4] 梁书恒.《红楼梦》服饰英译对比研究 [J]. 考试周刊，2009（37）：29-30.

[5] 张慧琴，徐珺. 文化语境视角下的《红楼梦》服饰文化汉英翻译探索 [J]. 山东外语教学，2013（5）：98-101.

[6] 李琦. 从《红楼梦》人物服饰的翻译看可译性限度 [J]. 海外英语，2013（8）：136-138.

[7] 周莹，王国英. 试析杨宪益、戴乃迭《红楼梦》英译本中的服饰文化翻译 [J]. 河北工程大学学报：社会科学版，2013（1）：116-117.

[8] 苏宋丹，王才美. 浅析《红楼梦》中服饰词语的翻译 [J]. 合肥工业大学学报：社会科学版，2004（2）：136-138.

[9] 陈薇. 浅议《红楼梦》英译本中服饰词汇的翻译 [J]. 考试周刊，2009（46）：25-26.

[10] 殷优娜. 论杨译《红楼梦》中女性服饰之英译 [J]. 山东女子学院学报，2010（6）：61-64.

[11] 王坤，岳玉庆. 从《红楼梦》中的服饰翻译看文化的可译性限度 [J]. 内蒙古农业大学学报：社会科学版，2009（43）：399-400.

[12] 史晓翠，刘洪泉. 衣香鬓影——小议红楼梦服饰的翻译 [J]. 科技咨询导报，2007（1）：186-187.

[13] 梁书恒. 《红楼梦》中的服饰文化与翻译 [J]. 湖南人文科技学院学报, 2009 (6)：109-111.

[14] 杨娟. 浅谈《红楼梦》服饰词语的翻译 [J]. 语文学刊 (外语教育教学), 2014 (11)：44-45.

[15] 梁爽. 文化自觉视角下《红楼梦》中的服饰翻译 [J]. 海外英语, 2015 (4)：47-48.

[16] 王环. 从杨译本《红楼梦》看服饰及配饰表达的翻译方法 [J]. 科技信息, 2009 (6)：449-450.

[17] 单兴缘, 宋修华. 《红楼梦》两种英译本中服饰内容的翻译比较 [J]. 林区教学, 2007 (11)：56-57.

[18] 孙秀芬, 李志红, 马秀平. 《红楼梦》服饰英译历程与评析 [J]. 大家, 2010 (23)：30.

[19] 石文颖. 略谈《红楼梦》服饰的英译 [J]. 大同职业技术学院学报, 2000 (3)：70-91.

[20] 沈炜艳. 《红楼梦》中贾宝玉服饰英译之误译举例 [J]. 英语知识, 2012 (3)：28-30.

[21] 沈炜艳. 从衣饰到神采——王熙凤服饰英译研究 [J]. 东华大学学报：社会科学版, 2014 (1)：12-17.

[22] 陈薇. 熙凤的 WARDROBE——浅议《红楼梦》杨氏译本中王熙凤服饰词汇的翻译 [J]. 和田师范专科学校学报：汉文综合版, 2007 (3)：143-144.

[23] 杨春花. 不同的译者不同的服饰美——以《红楼梦》中贾宝玉的服饰为例 [J]. 遵义师范学院学报, 2013 (1)：74-78.

[24] 孙媛媛, 孙昊悦, 荣栩. 浅析《红楼梦》服饰英译——以杨、霍两译本中贾宝玉服饰翻译为例 [J]. 魅力中国, 2014 (21)：81-82.

[25] 刘彦. 《红楼梦》里说颜色：《红楼梦》中人物服饰色彩词的英译 [J]. 考试周刊, 2011 (6)：33-34.

[26] 周莹, 王国英. 粉白黛绿——杨宪益、戴乃迭《红楼梦》英译本中的服饰颜色词翻译 [J]. 河北工程大学学报：社会科学版, 2013 (2)：108-110.

[27] 刘晓群. 浅议杨宪益《红楼梦》译本中服饰颜色词的翻译 [J]. 科技信息：科学教研, 2007 (31)：573-574.

[28] 麻晓敏. 《红楼梦》中服饰文化的翻译对比——从目的论角度浅析第三回之杨译本和霍译本 [J]. 青年文学家, 2010 (20)：151.

[29] 杨春花. 不同的译者不同的服饰美——以《红楼梦》第四十九回为例 [J]. 通化师范学院学报, 2012 (7)：101-104.

[30] 张慧琴, 陆洁, 徐珺. 《红楼梦》中"荷包"文化协调英译探索 [J]. 外国语文, 2013 (2)：143-146.

[31] 朱学帆. 《红楼梦》两个英译本中配饰翻译的对比与鉴赏 [J]. 邵阳学院学报：社会科学版, 2011 (3)：57-61.

[32] 周定一. 红楼梦语言词典 [M]. 北京：商务印书馆, 1995.

服饰品牌隐喻的文化认知与翻译❶

肖海燕

摘　要：隐喻是语言现象，也是认知工具。服饰品牌的隐喻文化内涵直接作用于消费者的接受心理，影响品牌在目标市场的认知程度。因此服饰品牌在拓展国际市场的过程中，成功翻译品牌名，有效传达其隐喻文化信息显得尤为重要。从认知语言学的角度，对服饰品牌隐喻进行文化认知研究，分析不同文化背景的消费者对服饰品牌产生差异化认知的原因，并在此基础上探索翻译服饰品牌隐喻的有效途径，以提高品牌的跨文化认知水平，促进服装行业的国际化发展。

关键词：服饰品牌；隐喻；文化认知；翻译

The Cultural Cognition and Translation of Fashion Brand Metaphors

Xiao Haiyan

（Department of Foreign Languages, Beijing Institute of Fashion Technology, Beijing 100029, China）

Abstract：Metaphor is not only a linguistic phenomenon, but also a cognitive tool. The cultural connotation of fashion brand metaphor directly functions on consumers' psychology, thus influencing the cognitive degree of brands in the target market. So, it is important to translate brand names properly and transfer cultural information effectively when expanding international markets. From the perspective of cognitive linguistics, this paper conducts a cultural and cognitive study on fashion brand metaphors and analyzes the causes of the consumers' different cognition among consumers of varied cultures. Then, it explores effective approaches to translate fashion brands, so as to improve cross-cultural cognitive level of brands and promote internationalization of the fashion industry.

Key words：fashion brands；metaphor；cultural cognition；translation

一、引言

隐喻源于希腊语，意为由此及彼的运动。莱考夫和约翰逊将其定义为"通过另一类事物来理解和经历某一类事物"。隐喻不仅是一种语言符号，而且是一种思维方式和认知工具。自从达格特（Dagut）发表论文阐释隐喻的可译性之后，隐喻就在翻译研究领域引起了广泛兴趣。隐喻的翻译研究从关注修辞效果的再现，到重视文化信息的传递，逐渐发展到强调隐喻认知功能的发挥。

品牌是一种商品区别于另一种商品的标志，是商品独特个性的代表。服饰品牌隐喻以语言符号承载品牌的核心信息，不仅体现着品牌的精神、理念、形象和个性，还蕴含着丰富的文化内涵，是消费者对品牌进行认知的重要工具。比如，创始于1972年的运动品牌 Nike，来源于希腊胜利女神的名字，隐喻着一种必胜的自信，深受欧美消费者的欢迎。该品牌进军中国市场时，面对文化期待视野完全不同的消费者，舍

---

❶本文曾发表于《山东大学学报》（哲学社会科学版）2011年11月专刊。

弃了原品牌隐喻中的意象，代之以蕴含"坚韧不拔、勇往直前"的"耐克"二字，帮助中国消费者实现对该品牌的跨文化认知，堪称品牌翻译的成功典范。服饰市场品牌繁多，在国际化的潮流中，品牌名的翻译不可小觑。本文旨在通过对英汉服饰品牌隐喻的文化认知研究，探索服饰品牌隐喻的翻译方法，本文着重讨论富含文化意象的服饰品牌隐喻的翻译。

二、英汉服饰品牌隐喻的跨文化认知

翻译理论家斯内尔-霍恩比和纽马克都将隐喻分为三个维度，即对象（object）、意象（image）和意义（sense）。众所周知，人类对世界的认知经历了从以物言物到托义于"物"的过程。这里的"物"就是指能激发人的联想和体验的意象，通过它由原域向目标域的映射来帮助人们了解事物的本质。因此，隐喻是"人类理解周围世界的一种感知和形成概念的工具"。服饰品牌隐喻是品牌符号中所包含的意象向服饰领域的映射，是使消费者感知品牌形象、了解品牌理念、认识品牌个性、洞悉品牌内涵精神的认知工具。

人类的共性决定了他们对世界的认识具有相似性，而文化背景的不同又使人们对事物的理解和感受不尽相同，有时反差甚大。不同文化的消费者对同一服饰品牌的认知会因文化背景的不同而异。一般而言，这种文化的影响主要产生于两方面的原因：

（一）文化意象的缺失。比如上面提到的 Nike，欧美消费者能透过该隐喻看到胜利女神的文化意象，充分体会超越、自信的品牌信息。而这一富含深远历史文化内涵的意象在中国文化中不存在，中国消费者面对 Nike 无法产生相同的联想，体会相同的品牌精神，因而无法建立起对该品牌的兴趣、信任和向往。中国女装品牌"红豆"也一样。它源自"红豆生南国，春来发几枝。愿君多采撷，此物最相思"，红豆隐喻相思之情，在古代中国是关于爱情的经典表达。这样的品牌名带给中国消费者一种温暖和爱意，令人向往。然而，由于这一文学隐喻在西方传统文化中的缺失，也就不能期望西方消费者能产生相同的品牌认知。

（二）文化意象的冲突。由于隐喻形成过程中取

象不同，有些品牌隐喻在不同的文化中虽然意象相同，但隐喻含义却完全不同，甚至相互冲突。比如国产服饰品牌"红人"（HONRN），其"红"字取象于给人以温暖感觉的"火"的颜色，有热情、喜庆、幸运等含义。"红人"则相应地隐喻幸运、受赏识的人。以此隐喻命名服饰品牌，能带给消费者一种心理上的愉悦和满足，契合"高贵、优雅、时尚"的品牌精神。而在西方，红色（red）隐喻则更多取象于"鲜血"的颜色，有暴力、血腥的联想意义，直接与消费者的接受心理相冲突，因此翻译时应灵活处理。

当然，人类对隐喻的认知是一个动态的发展过程。随着世界经济一体化和跨文化交流的不断发展，人们逐渐加深了对异文化隐喻的了解，熟悉其文化意象，理解其深层含义，并逐渐学会了接受和使用这些充满异国情调的文化隐喻。比如由于影视传媒的发展，好莱坞的经典动画形象米奇在中国已经家喻户晓，深受小朋友的喜爱。因此，童装品牌"米奇"（Mickey），无论是对中国的还是西方的消费者来说都能很好地传达童装品牌生动活泼、聪明可爱的感觉。因此，翻译品牌隐喻时还要关照消费者跨文化认知水平的提升。

三、服饰品牌隐喻的翻译方法

品牌是文化消费，而非物质消费。品牌隐喻的翻译不是从一种语言到另一种语言的简单转换，它涉及民族文化心理的解读、表达与接受。翻译理论家纽马克、斯内尔-霍恩比和梅森都从不同侧面强调了隐喻翻译中文化因素处理的重要性。翻译服饰品牌隐喻是要使品牌的符号意义以隐喻认知的方式让异国消费者接受，为他们提供一个跨语言、跨文化的认知工具。然而，这种语言符号的力量必须与目标文化里富有意义的符号相联系才能得以实现。这就迫切需要解决服饰品牌隐喻在不同文化中的意象缺失和意象冲突的问题。"译者必须从认知的角度深入了解其产生的心理基础和其心理运作机制"，在此基础上采取灵活的翻译策略。笔者认为以下三种翻译方法较为可行：

（一）保留隐喻意象，注重文化信息的传递。首先，英汉两种语言中存在着由于取像相同、映射相似而具有相同含义的品牌隐喻。比如在两种语言中，鳄

鱼（Crocodile）都寓意男人勇猛无敌的气势，七匹狼（Septwolves）都象征男人威风、必胜的传奇，自由鸟（Free Bird）都喻指充满活力、无拘无束的风貌，季候风（Season Wind）则都体现着品牌引领时尚的姿态。由于使用这两种语言的消费者对这类品牌名具有相同的体验与认知，则可保留隐喻意象，采用直译的方法。其次，一些品牌隐喻中的意象本来在目的语中不存在，但随着文化交流的发展，现已为目的语读者所熟知。比如"史奴比"（Snoopy）等经典的好莱坞卡通形象在中国已家喻户晓，"夏娃的诱惑"（EVE's Temptation）也已为追求时尚、乐于展现自身魅力的年轻女性所熟知。鉴于消费者文化隐喻认知水平的提升，翻译这类品牌也可以保留隐喻意象，进行直译。再次，保留隐喻意象的翻译方法还能服务于服饰品牌的全球一体化战略，有助于树立统一的品牌形象。比如鞋类品牌"达芙妮"（Daphne），其英文名源于希腊神话中的美丽女神 Daphne 的爱情传说，隐喻对爱情亘古不变的追求。而汉语中没有这一文化意象，但如果舍弃这个意象，会令品牌的浪漫气息荡然无存。所以译者采取了音译的方法将意象直接植入译入语文化，然后通过适当的广告策略介绍给消费者，激发他们的美好想象，使其感知品牌的隐喻意义。在音译的选词上，"达"是对鞋子功能的简洁概括，而"芙"和"妮"能使人联想到妙龄女郎的翩翩风姿，弥补了新意象的陌生感。

（二）舍弃隐喻意象，确保文化交流的畅通。并不是所有的品牌意象都可以像"达芙妮"（Daphne）这样直接植入，这与服饰公司的品牌战略密切相关。比如前面提到的 Nike（耐克），尽管英文原名同样源于希腊神话，但崇尚简洁、活力的运动品牌更愿意投消费者所好，舍弃原来的文化意象，直接将其品牌精神诠释为"耐力和勇于克服困难、争取胜利的斗志"，以"耐克"二字表达品牌的精神诉求和核心价值。另一个例子是创建于 1995 年的女装品牌"红袖"。其品牌名源于白居易诗句"红袖织绫夸柿蒂"，历史和文学的互文性赋予了该品牌丰富的文化内涵，展示了"知性、简约、优雅"的品牌形象。由于"红袖"这一文化意象在西方的缺失，直译无法激发西方消费者相似的联想，难以满足他们对该品牌的认知需求。因而译者舍弃了"红袖"的文化意象，将其意译为

Hopeshow，带给西方消费者以希望和时尚感。另外，对于在英汉两种语言中相互冲突的文化意象，译者为避免该品牌在目标市场遭拒，也只能舍弃意象。比如 1971 年创立于香港的男装品牌 Goldlion（金利来），致力于为充满活力、坚毅睿智、崇尚个性的白领阶层塑造高雅、气派、自信的男人气度。可如果将其直译为"金狮"，则可能达不到英文名的认知效果，因为在汉语中"狮"与"尸"同音，会产生不好地联想。因此翻译中舍弃了原品牌的意象，而借助读音的相似性译成"金利来"，以此传递品牌精神，弥补意象遗失的缺憾。

（三）替换隐喻意象，保持文化认知的张力。舍弃文化意象，是不得已而为之。"言不尽意"，毕竟隐喻中的文化意象呈现给消费者的丰富的想象空间和意境，不是说明性的文字所能表达的。为了照顾语言符号的表现力，促进品牌隐喻的文化沟通，可以替换意象，即以目的语中具有的丰富文化内涵的意象来取代原品牌隐喻中的意象，再现隐喻的想象空间。比如：国内的男装品牌"九牧王"（Joeone），"九"隐喻"长久、永恒"，"牧"意指"牧心者牧天下"，"王"则寓意"王者至尊"，整个品牌名呈现出"心所至，天地从容"的宏伟气魄，体现出展现自我、引领潮流、包容大气的品牌精神，成为进取、完美型人士的挚爱。品牌中如此丰富的隐喻文化意象难以用同样简洁而掷地有声的英文表现出来。为了使英文名具有同样的想象张力，译者选取了一个西方喜闻乐见的文化形象"Joe"来替换。他总能给大家带来欢笑，惹人喜爱，以此来拉近与消费者的距离，博得他们的好感。而"One"则意指品牌对杰出品质和顶级地位的追求，再现了品牌的精神气度。以 Joeone 来译"九牧王"，文化意象变了，却成功跨越了文化差异的鸿沟，帮助消费者提升了对这一品牌的跨文化认知。

四、结语

服饰品牌隐喻具有认知作用。各民族的品牌隐喻既有共性，也存在差异，反映了各民族对外部世界不同的体验和认知。尽管在国际市场上，品牌目标的实现还要依赖于广告、营销、公关等其他的商业手段，但服饰品牌隐喻的翻译本身也不容忽视。在翻译过程

中，通过对隐喻文化意象的合理处理，兼顾语义的传递和跨文化认知功能的实现，有助于加深消费者对异域文化的理解，从而提升服饰品牌在异域消费者中的认知水平，做到既忠于品牌核心信息的传达，又能有效地吸引眼球，激发兴趣，刺激购买欲，帮助品牌实现拓展国际市场的目标。该方法在一定程度上也适用于其他商品品牌隐喻的翻译。

参考文献：

[1] DAGUT, MENACHEM. Can "Metaphor" be Translated？ ［M］. Babel 22（1976, No. 1）：22-23.

[2] LAKOFF, G. & JOHNSON M. Metaphors We Live By ［M］. Chicago：The University of Chicago Press, 1980.

[3] MASON, K. Metaphor and Translation ［M］. Babel 18（1982, No. 3）：140-149.

[4] NEWMARK, PETER. A Textbook of Translation ［M］. New York：Prentice, 1988.

[5] SNELL-HONRBY, MARY. Translation Studies：An Integrate Approach ［M］. Amsterdam：John Benjamins. 1988.

[6] 束定芳. 隐喻学研究 ［M］. 上海：上海外语教育出版社, 2000.

[7] 张广林, 薛亚红. 隐喻的认知观与隐喻翻译策略 ［J］. 东北师大学报：哲学社会科学版, 2009（4）：185-188.

从接受美学角度小议英文服装品牌的翻译

白 静

摘 要：本文以谷红丽教授所译《时尚女魔头》为例，从接受美学翻译理论的角度谈论了英文服装品牌的翻译方法与策略，主要包括：零译法、音译法加注、整体策略以及关于附录的使用。

关键词：接受美学；英文服装品牌；翻译

On the Translation of English Fashion Brands
——from an Angle of Aesthetic Reception

Bai Jing

（Department of Foreign Languages，Beijing Institute of Fashion Technology，Beijing 100029，China）

Abstract：This article touches upon the translation methods and techniques of English fashion brands from an angle of Aesthetic Reception. With the Chinese version《时尚女魔头》translated by Professor Gu Hongli as a sample to study，the author intends to propose several methods possibly adopted in translating English fashion brands，namely Zero Translation；Transliteration or Transcription；wholistic strategy and the use of appendix.

Key words：Aesthetic Reception；English fashion brands；translation

劳伦·维斯贝格尔（Lauren Weisberger）所著的 *The Devil Wears Prada* 于 2003 年在美国纽约出版，一炮走红，连续六个月荣登《纽约时报》畅销书排行榜。正如《时尚·COSMOPOLITAN》中国版主编徐巍所言，"从来没有一部以时尚界为背景的小说引起如此大的轰动"。本书可谓一场时尚品牌的饕餮盛宴，书中仅服装品牌就罗列有七十多个。这对于译者来说，无疑是一个相当大的挑战。本文将以译林出版社 2007 年 2 月出版的谷红丽教授所译《时尚女魔头》为蓝本，从接受美学理论角度，浅谈一下英文服装品牌的翻译方法。

一、接受美学理论与翻译研究

20 世纪六七十年代，在现象学和哲学解释学的基础上，前联邦德国康斯坦茨学派的两个代表人物汉斯·罗伯特·尧斯（Hans Robert Jauss）和沃尔夫冈·伊瑟尔（Wolfgang Iser），分别发表了《文学史作为文学理论的挑战》（*Literary History as a Challenge to Literary Theory*，1967）和《本书的召唤结构》（*The Appealstructure of Text*，1976）两篇论文，以读者为中心的接受美学研究从此崛起，领导着一个文学批评研究方法革命时代的到来。"一部乐谱并不是音乐，只有演奏活动才能使它成为美妙的音乐，读者的作用犹如演奏者，能够把死的文字材料变成活生生的艺术形象。作品的价值只有通过读者才能体现出来。这就大大提高了读者的地位。"（卞建华，2008：52-53）读者就是上帝。将接受美学理论引入翻译研究，从根本上讲就是要求译者在翻译时要以译入语读者为中心来考虑并选择自己的翻译策略。

"翻译者应该始终将观众的心理需求、审美判断、审美情趣放在首要位置来考虑。……在翻译之前，译者应该充分了解观众的接受力（receptivity，接受美学术语，意指接收者对某部作品的接受能力以及相应的审美反映）。"（李林菊，2006：24）"就翻译本身而言，大大小小的选择更是贯穿于整个过程中。……在创作艺术方面，译者面临着作者风格、译者风格还是读者喜爱的风格的选择。在理解之后对文本意义阐述时，译者面临着多个选择：文本的形式意义、言外之意、文化社会意义、联想意义等，都存在"译"与"不译"的选择，在对信息加工时，选择可以具体到句式的选择、语气的选择、情感意义的选择、词汇色彩的选择甚至一个标点符号的选择。"（董明，2006：108）就 The Devil Wears Prada 而言，它迥异于一般的文学作品，更像一本时尚手册。其目标读者群（target readers）应是时尚界、服装界的"圈内人士"，或是具有品牌意识（brand-awareness）的职场"小资"。这类读者对于品牌的接受力自然了得，不仅各种服装品牌耳熟能详，而且品牌背后的故事，包括品牌的历史、发展、创新、设计师的理念也能娓娓道来。当然，除上述读者之外，可能还有些读者并非"时尚圈"人士，对于服装品牌也许一无所知，他们选择此书只想了解它究竟为何畅销。鉴于上述两种读者接受力的迥然，译者翻译策略的选择就难上加难。

二、英文服装品牌的翻译方法

1. 零译法

"顾名思义，这种方法是指对英文商标、品牌不进行任何汉语翻译处理，原封不动地把原文搬到汉语中来。这种译法简单实用，主要针对名称过长或者很难用汉语清楚解释的英文品牌名。"（车丽娟，2007：134）谷译《时尚女魔头》便是主要采取了零译法来处理英文服装品牌的翻译。如例一：

原文：Within minutes, every PR account exec and assistant working at Michael Kors, Gucci, Prada, Versace, Fendi, Armani, Chanel, Barney's, Chloé, Calvin Klein, Bergdorf, Roberto Cavalli, and Saks would be messengering over（or, in some cases, hand-delivering）every skirt they had in stock that Miranda Priestly

could conceivably find attractive.（p. 47）

谷译：不出几分钟，为 Michael Kors, Gucci, Prada, Versace, Fendi, Armani, Chanel, Barney's, Chloé, Calvin Klein, Bergdorf, Roberto Cavalli 和 Saks 服务的公关部业务经理和助理就会把米兰达·普里斯利有可能感兴趣的每一种裙子的有关信息传过来（或者，有时候亲自送过来）。（p. 47）

像原著中罗列的 13 个服装品牌，译者都没有汉译，直接将英文的服装品牌照搬过来摆在译文中，充分彰显原文的时尚感，原汁原味，让懂时尚的读者看得过瘾。

2. 音译法加注

音译法（Transliteration or Transcription）即用译入语的文字符号来表现原语的发音，是一种引入新词的方法。音译除单独运用外，还常常与其他方法（如音译加附注、半音译半意译、音译双关等）结合使用，以利于读者的理解和接受。

有些时候，"翻译的目的也许是为满足读者对'异国情调世界的好奇心'。这时，保持文本世界的本来面目，在文本或者脚注、词汇表等中对陌生的细节加以解释，可以最大限度地满足这种好奇心。"（卞建华，2008：152）The Devil Wears Prada 中除了大量服装品牌云集外，还出现多位著名的服装设计师。值得一提的是，有些服装品牌是以设计师本人的名字命名，所以为避免重复或给译入语读者造成阅读障碍，谷译《时尚女魔头》均以音译法来处理设计师的名字，有些人名还加以脚注解释。如例二：

原文：…that every now and then the accessories get to meet their makers in those very elevators, a touching reunion where Miuccia, Giorgio, or Dnatella can once again admire their summer' 02 stilettos or their spring couture teardrop bag in person.（p. 9）

谷译：如果缪西娅、乔治、多娜特拉能在电梯里再次欣赏到他们在 2002 年展出的锥形高跟鞋或者在春季时装秀上推出的带有泪状坠饰的手提包，那可真是件有趣的事。（p. 9）

译者在此使用了音译法来处理原文中设计师的名字，并在脚注中对这三位设计师进行了简要介绍，这样处理固然可取，但如果在译文中首次出现某设计师时能够以汉语音译加（英文）的方法，如上面的缪西娅（Miuccia）、乔治（Giorgio）、多娜特拉（Dnatella）会更符合译入语读者的需求。如原著第 52 页出现了大量的服装品牌与设计师的名称，如果不给出英文名称，而仅仅采用音译过来的汉语名称，反而会给那些看惯了英文服装品牌的读者造成阅读障碍。

再者，翻译英文服装品牌或者服装设计师的名字时，应当遵从"名从主人"和"约定俗成"的原则，切不可任意为之，给读者造成误解。如例三：

原文：I mean, Ralph Lauren? Chanel? Frederic Marteau's apartment?（p. 61）

谷译：我是说，汤米·希尔夫格？Chanel？奥斯卡·德·拉·伦塔的公寓？（p. 61）

先不论 Chanel 没有音译的问题，这属于下述的整体策略问题。此处 Ralph Lauren 译作"汤米·希尔夫格"实属失误，应译为拉尔夫·劳伦，类似汤米·希尔夫格（Tommy Hilfiger）的误译还发生在译本第 48 页。奥斯卡·德·拉·伦塔（Oscar De La Renta）与 Frederic Marteau（弗莱德里克·马特尔）也是张冠李戴。

还有，原著第 52 页的 Vera Wang，按照"名从主人"和"约定俗成"的原则，通常译为"王薇薇"，而非"维拉·王"。

3. 整体策略（Wholistic Strategy）

"在大多数成功的翻译中，是按照一个连贯的整体策略进行的，而这一整体策略又是由翻译预期达到的总体目的决定的。如果没有这样一个总体策略，目标读者会发现译文不连贯。"（卞建华，2008：172）如例四：

原文：She… selected Alexander McQueen suits and Balenciaga pants like they were T-shirts from L. L. Bean. A yellow sticky on this pair of Fendi pencil pants…（p. 238）

谷译：她为自己挑选 Alexander McQueen 的套装和巴黎世家的裤子时，就好像是在购买 L. L. Bean 的 T 恤衫一样，非常地随意。这条 Fendi 瘦腿裤上贴着一个黄色的标签……（p. 242）

很显然，此例中译者没有遵从上述整体策略，而是随意地选择了"译"（巴黎世家）与"不译"（Alexander McQueen，L. L. Bean，Fendi），造成文体上的不连贯。再如例五：

原文：My favorite so far… was a pleated school-girl skirt by Anna Sui, with a very sheer and very frilly white Miu Miu blouse, paired with a particularly naughty-looking pair of mid-calf Christian Louboutin boots and topped with a Katayone Adeli leather blazer so fitted it bordered on obscene. My Express jeans and Franco Sarto loafers…（p. 316）

谷译：目前我最喜欢的……是 Anna Sui 的一条学生百褶裙和一件镶褶边的 Miu Miu 纯白上衣，再配上一双看起来非常活泼的 Christian Louboutin 长至小腿中部的短筒靴，外面再加一件 Katayone Adeli 牌的运动皮夹克。那样子看起来可能不太招人喜欢。我的 Express 牛仔裤和 Franco Sarto 休闲鞋……（p. 322）

对于本段中出现的六个服饰品牌，译者在脚注中解释了四个，而对于 Christian Louboutin 和 Katayone Adeli 未作任何处理。事实上，即便是时尚人士对于这两个品牌也未必了解，所以加注很有必要。前者是设计师克里斯提·鲁布托（Christian Louboutin）先生于 1992 年创办的同名高级鞋履品牌。红底鞋是 Christian Louboutin 的招牌标识，凸显女性的柔媚、美丽和不张扬的成熟性感。详见 *http：//www. haibao. cn/brand/1849*。后者是设计师 Katayone Adeli 1996 年创立的在美国曾红极一时的服装品牌。从 1997 至 2003 年，Katayone Adeli 的裤子一直是舒适、修身的代名词。影星格温妮丝·帕特洛（Gwyneth Paltrow）和卡梅隆·迪亚兹（Cameron Diaz）对这一品牌的裤子着迷不已。详见 *http：//nymag. com/fashion/fashionshows/designers/bios/katayoneadeli/*。

4. 关于附录的使用

译者应该考虑翻译服务对象的文化背景、阅读期待及交际需求，因为"每一种译文都直接指向预期的读者"（张美芳、王克非，2005：15）。*The Devil Wears Prada* 的读者如果是如前所述的目标读者群，那么英文服装品牌的翻译直接采用零译法处理即可；但是我们还要考虑到广大潜在读者的"文化背景、阅读期待及交际需求"。按照接受美学的翻译理论，源文接收者和译文接收者的背景知识与期待应是一致的，如果不一致，译者应当使之一致（卞建华，2008：149）。所以，不妨考虑在译文后增加一个英文服装品牌的附录，按照字母顺序一一给出音译并简单介绍一下小说中所涉及的各大品牌。这样可能使译文更容易达到与原文相同或相近的美学效果。

三、结语

本文关于英文服装品牌的研究仅是就 *The Devil Wears Prada* 的中译本而言，而且角度也仅仅是选择了接受美学翻译理论，加上作者的服装英语翻译实践经验的不足，所提翻译方法与策略难免有不妥之处，恳请业界专家给予批评指正。

参考文献：

[1] 卞建华. 功能与超越：功能主义翻译目的论研究 [M]. 北京：中国社会科学出版社，2008.

[2] 车丽娟. 商务英语翻译教程 [M]. 北京：对外经济贸易大学出版社，2007.

[3] 董明. 创造性叛逆 [M]. 北京：中央编译出版社，2006.

[4] 李林菊，胡鸿志，张莉. 接受美学理论和电影片名的翻译 [J]. 电影评介，2006（24）：69-70.

[5] 张美芳，王克非. 译有所为——功能翻译理论阐释 [M]. 北京：外语教学与研究出版社，2005.

功能翻译论关照下的服装英语汉译中语用翻译失误分析^❶

姚霁娟　郭平建

摘　要：语用翻译失误是翻译过程中由周旋于源文和目标情景的差异造成的，是德国功能翻译目的论学者诺德提出的四种翻译失误中的一种，这种翻译失误在每一项翻译任务中都会出现。本文主要以德国功能翻译理论为指导，以服装理论汉译本《服装社会心理学》一书为例，对其中的语用翻译失误进行分析，旨在探讨该理论在服装英语汉译中的应用。

关键词：服装英语汉译；功能翻译理论；语用翻译失误；解决办法

Study on the Pragmatic Translation Errors of Fashion English from the Perspective of Functionalism

Yao Jijuan & Guo Pingjian

(Department of Foreign Languages, Beijing Institute of Fashion Technology, Beijing 100029, China)

Abstract：In order to promote the development of the apparel industry in our country, we have imported and translated some clothing writings. Unfortunately, translation errors exist in some of those translated books, which become obstacles for transmitting clothing knowledge. Taking the translated book《服装社会心理学》(*The Social Psychology of Clothing*) as example, the authors make an analysis of E-C pragmatic translation errors of fashion English from the functionalist perspective.

Key words：E-C translation of fashion English; functionalist translation theory; pragmatic translation error; solutions

1　德国功能翻译理论简介

功能翻译理论（Functionalist Translation Theory）又称为功能目的论（Skopos Theory）。其中"skopos"为希腊语，意为"目的、动机、功能"，是用来描述翻译目的的术语。翻译目的论的形成与下列三大学者息息相关，他们是德国的凯瑟林娜·莱斯（Katharina Reiss）以及她的两名学生弗米尔（H. J. Vermeer）和克里斯蒂安·诺德（Christiane Nord）。早在1971年凯瑟林娜·莱斯就提出把"翻译行为所要达到的特殊目的"作为翻译批评的新模式，即从原文和译文的两者功能之间的关系评价译文（方梦之，2004：29）。1978年弗米尔在莱斯理论的基础上，根据行为学理论（Action Theory）又进一步丰富了功能目的论，提出了目的性原则（Skopos Rule）、连贯性原则（Coherence Rule）与忠实性原则（Fidelity Rule）（李敏慧、刘琴，2010：208）。1991年在丹麦举行的第一届国际语言大会上，同样师从莱斯的另外一名德国学者克里斯蒂安·诺德又在"功能目的论"的基础上提出"功能+忠诚"（Functionality + Loyalty）这样一个概念，进一步拓展了译文功能理论（李敏慧、刘琴，2010：209）。功能性原则是指使译文在目的语环境中以预期

❶本文为2014年度国家社会科学基金项目"中华传统服饰文化艺术翻译研究"（编号：14BYY024）的阶段性研究成果。

的方式发挥作用的各种因素，忠诚性原则不仅要求译文尽可能忠实地传达原文内容、源语国的文化特色和原作的语体风格（如文学作品的翻译），还要求译文在目的语语境中具有意义，能被目的语读者所接受。因此，在翻译中，译者既要考虑译文的功能同时还要兼顾源语文本的语境，在保证译文功能不受损的同时尽可能保持译文与原文在语体风格和语言特色上的一致，在考虑目的语读者接受能力的同时尽量保存原文的精华。

功能主义翻译目的论在中国经历了引进、应用与研究阶段，从桂乾元的《记联邦德国的三位翻译家》（1987）算起，至今已有20余年，"当今在中国非常热"（孙艺风、何刚强、徐志啸，2014：16）。关于该理论在我国的研究现状，卞建华指出：国内现有研究显示出不平衡的现象，2000年以前的文章少，2000年以后的文章多；评介类文章多，研究类文章少；应用文翻译类文章多，文学翻译类少，特别是探讨翻译教学类的文章更是屈指可数（卞建华，2008：217）。应用功能翻译论对于国外服装理论著作汉译的批评，介乎于研究类与应用类之间，这类文献在国内非常少。本文主要以德国功能翻译理论为指导，以美国知名服装社会学家苏珊 B. 凯瑟（Susan B. Kaiser）（1997）的专著 *The Social Psychology of Clothing*（*2nd Edition Revised*）的汉译本《服装社会心理学》（李宏伟译，2000）一书为例，对其中的语用翻译失误进行分析，旨在探讨该理论在服装英语汉译中的应用。

2 语用翻译失误

克里斯蒂安·诺德对翻译失误的定义为"如果翻译的目的是为了使译文在目的语读者中实现特定的功能，那么任何妨害实现该目的的现象就是一种翻译失误"（Nord，2001：66-77）。在著作中，诺德进一步将翻译失误自上而下分为四个不同的层次，即语用翻译失误、文化翻译失误、语言翻译失误以及特定文本翻译失误。但本文主要分析服装英语汉译中的语用翻译失误问题。语用翻译失误是如何产生的呢？语用翻译失误（又称为功能翻译失误）是由译者不能适当地解决语用问题而引起的，比如缺乏以接受者为中心的意识就容易出现语用翻译失误（Nord，2001：66 -

77）。从某种意义上说，它涵盖了译文中的所有翻译失误，因为只要是失误都会直接或间接地损害译文的预期功能。通常，此类失误只能由具有一定翻译能力的人对比原文和译文之后才能发现，所以被认为是最严重的翻译失误。

在译著《服装社会心理学》（李宏伟译，2000）一书中，语用翻译失误主要可分为以下四类：对服装领域的专业词汇掌握不足造成的翻译失误，对服装色彩的专业表达了解不够造成的翻译失误，由于缺乏服装专业知识而造成的翻译失误，对目的语读者关注不够引起的信息漏译。现分析、评述如下。

3 服装英语汉译语用翻译失误分析

在 *The Social Psychology of Clothing*（*2nd Edition Revised*）（Kaiser，1997）一书中存在大量的专业词汇，这些词汇涉及服装领域、色彩领域、心理学领域以及社会学领域等。汉译版本对于心理学领域和社会学领域的专业词汇翻译得比较到位，但是对于服装领域词汇的翻译则失误较多，对于一些色彩领域词汇的翻译不够准确，这些失误妨碍读者对专业术语的掌握，从而影响了正确知识的普及，不能很好地实现翻译目的。其实，译者只要认真查阅相关词典，这类失误则可避免。

3.1 对服装领域的专业词汇掌握不足造成的翻译失误

款式是服装的三大要素（款式、色彩和面料）之一，非服装专业人士很容易将相关专业词汇译错。

例1：

原文：Style in clothing describes the lines that distinguish one form or shape from another.（Kaiser，1997：4）

译文：服装款式则是指划分出各种形式或形状之间的区别界限。（李宏伟，2000：4）

分析：原文中涉及两个专业词汇"form"和"shape"。其实，这两个词在服装领域中的意思是一样的，都表示"the visible configuration of apparel 服装的轮廓或廓型"（新牛津英汉双解大词典，2007：823）。服装界更多使用后者。服装的廓型是指服装正面或侧面的外观轮廓，是服装款式造型的第一要素。服装廓型种类很多，比如 A 型、H 型、沙漏型等。廓型和款式的主要区别是什么呢？在服装构成中，廓型的数量是有限的，而款式的数量是无限的。也就是说，同样一个廓型，可以用无数种款式去充实。

例 2：

原文：His fairly consistent tendency to wear a tie (whether with a sportscoat, a three piece suit, or a sweater, depending on the context). (Kaiser, 1997：148)

译文：他一成不变地打着领带（不管他因为情境需要而穿着布雷泽外套、三件式西装或毛衣等都是一样）。(李宏伟，2000：174)

分析：译者不能把"sportscoat"（运动装）译为布雷泽外套（blazer）。"sportscoat（sport jacket）"虽然与"blazer"在款式上类似但还是有区别，比如维基百科中写道"A blazer is generally distinguished from a sports jacket（sportscoat）as a more formal garment and tailored from solid color fabrics"。这句话是说"布雷泽外套与运动外套有所不同，布雷泽是更正式的服装，剪裁更为考究，用纯色面料制成"。

例 3：

原文：Subjects were shown a woman clothed in a 1900-style coat paired with an incongruent style of pants——harem pants. (Kaiser, 1997：245)

译文：受试者观察某位女性穿着 1900 种外套，并搭配一种不协调的长裤——睡裤。(李宏伟，2000：295)

分析：译文中有两处失误。"a 1900-style coat"是"一件 20 世纪初款式的外套"而非"1900 种外套"，而且从逻辑上考虑，一个人也不可能同时穿着 1900 种外套。"harem pants"是"哈伦裤"而非"睡裤"。哈伦裤最大的特点就是可以随意改变裤子裆部的大小，因此也叫做"掉裆裤"或"垮裆裤"。

3.2 对服装色彩的专业表达了解不够造成的翻译失误

色彩领域涉及的专业词汇大多数是形容词，而这些形容词多为多义词，因此必须根据语境以及该词所修饰的中心词给出正确的翻译。

例 4：

原文：Highly visual women tended to prefer simple combinations with plain jackets and no more than one or two sets of stripes (in a tie, pants, or shirt). (Kaiser, 1997：277)

译文：高度视觉化的女性，倾向于偏好简单的组合，譬如方格花纹的外套，加上两组以内的条纹（在领带、长裤或衬衫上）。(李宏伟，2000：333)

分析：表示色彩的词汇"plain"意思为"without a pattern；in only one colour 平纹的；单色的，素色的"（新牛津英汉双解大词典，2007：1621）。因此"plain jacket"是指纯色外套而非方格花纹外套。

例 5：

原文：Visitors to India are struck by the vibrant colors in the clothes. (Kaiser, 1997：388)

译文：造访印度的游客往往会为他们令人震惊的服装颜色而大感惊讶。(李宏伟，2000：470)

分析："vibrant"在这里是指"of colour bright and striking（颜色）鲜亮的"（新牛津英汉双解大词典，2007：2352）。"令人震惊的服装颜色"含义不清，这句话应译为"造访印度的游客会被那里服装鲜亮的颜色所吸引"。

例 6：

原文：For example, a woman who wears a conservative gray business suit with a white blouse and a little black tie… (Kaiser, 1997：457)

译文：例如，某位女性穿着保守的灰色西装，并且搭配白色上衣以及一条淡黑色的领带……(李宏伟，2000：556)

分析："a little black tie"应译为"黑色小领带"而不是"淡黑色的领带"。表示"颜色淡的"词是"light"。

3.3 由于缺乏服装专业知识而造成的翻译失误

这类失误在此译文中也很常见。在服装领域中，有些英语词汇很难从字典中找到对应的汉语，有很多术语是一种约定俗成的叫法，在业内人人熟知。如果这些术语翻译不准确或错误，业内人士看了会怀疑此书的严谨性与权威性。如果想要避免此类失误的出现，译者在翻译专业术语时一定要多方面查找相关资料或请教专业人士。

例7：

原文：This model by Mary Lynn Damhorst incorporates an analysis of the structure of appearance，considering the perceptual elements of dress（line，shape，form and color，for example），condition and treatment of materials，garment pieces…（Kaiser，1997：63）

译文：丹荷斯特所提出来的这个模型，结合对外观结构的分析，考虑到构成服装的各种基本原件（譬如线条、外形、款式或颜色等）、材质与处理方式、成衣……（李宏伟，2000：73）

分析："garment piece"在普通字典中很难查到，它在服装专业中指"衣片"（现代英汉服装词汇，1996：210）。例如在制作上衣时，通常先由打板师打出服装的样板，然后根据样板制作出上衣的前片、后片、领子、袖子等，这些独立的部分就是衣片。最后，将完成后的衣片缝合起来就形成了一件完整的衣服。"成衣"在英语中的表示方式很多，如"ready-to-wear""off-the-peg"和"off-the-rack"。

例8：

原文：This dimension appears to refer to a focus on the structural details of clothes-the fabrics of which they are made，garment features such as darts or tucks，accessories such as buttons or lace，and the like.（Kaiser，1997：296）

译文：这个层面似乎是表示个体对服装细节结构的注意能力——其中包括构成服装的纺织品材质、裁剪上的特征譬如缝补、褶边以及各种配件（譬如纽扣或花边等等）。（李宏伟，2000：361）

分析："dart"在服装专业术语中的意思为"省（sǎng）道"（现代英汉服装词汇，1996：131）。没有相关专业背景的人即便给出正确的中文翻译，也不能明白"省道"到底是指什么。所以，建议译者对"省道"这个词给出译注。其实，在13世纪之前，东西方服装基本都属于二维平面构成；到13世纪，西方人裁剪衣服时，从前、后、侧三个方向去掉了胸腰之差的多余部分，并在袖窿根部和下摆的侧面加进数条键子板般的三角布，这些不规则的三角布在腰身处形成了许多菱形空间，这就是我们现在衣服上

的"省道"。这样就构成了一个过去的衣服上所不曾有过的侧面。"省道"的出现确立了近代三维立体构成的窄衣基础。其实"省道"最主要的作用是使衣服更合体。常见的"省道"有腰省、胸省、肩胛省等。

例9：

原文：…straight-cut pants，sweaters or pressed tailored shirt…（Kaiser，1997：331）

译文：……直挺的长裤和衬衫或毛衣……（李宏伟，2000：401）

分析："straight-cut"在服装领域是指一种裁剪工艺，即"直裁，直线剪切"（现代英汉服装词汇，1996：473）"而不是"直挺的"。服装上最常用的剪裁工艺包括直裁（straight-cut）、斜裁（bias-cut）和立裁（draping）。而"pressed tailored shirt"与普通的衬衫不同，专指"熨烫过的、搭配西装穿的正式衬衫"。

3.4 对目的语读者关注不够引起的信息漏译

这类错误是由于译者在翻译文本的时候缺乏对目的语读者的关注而造成的。原文中有些信息对于译者来说可能不需要翻译，但如果考虑到目的语读者的认知水平和文化水平，这些信息又是必不可少的。如果译者漏译或不给出对应的翻译就会对读者理解的连贯性造成障碍。

例10：

原文：Instead of custom or made-at-home styles.（Kaiser，1997：13）

译文：以便取代自家缝制的衣服。（李宏伟，2000：14）

分析：漏译"custom styles"（定制服装款式）。在服装可以大规模批量生产之前，也就是成衣出现之前，有钱人家的服装是到裁缝店量体裁衣定制出来的（custom-made），而普通老百姓家的服装通常都是家庭自制的（made-at-home）。作者在这里介绍了两种获得服装的途径，译者只给出后者，妨碍了译文的信息传递功能。正确译文为"代替量体定做或家庭手工缝制的服装"。

例11：

原文：We can draw from three different theoretical

perspectives which, in turn, inform a contextual perspective. (Kaiser, 1997：29)

译文：我们可以从三种不同的理论观点着手。（李宏伟，2000：33）

分析：漏译后半句。作者此处介绍的三种观点是认知观点、符号互动观点和文化观点，而这三种观点又组成了贯穿全书中最重要的一个理论，即情境观点。如果不给出译文，读者将不知道情境观点即是认知观点、符号互动观点和文化观点的统一体。这句话应译为"我们可以从三种不同的理论观点着手，同时，这三种理论又组成了情境观点"。

例12：

原文：Reggae music and appearance style (dreadlocks, woolen hats called tam, and the wearing of red, green, and gold...) (Kaiser, 1997：465)

译文：雷鬼音乐、"dreadlocks"发型、称之为谭姆（tam）的帽子，以及红、绿、金等各种颜色……（李宏伟，2000：566）

分析：译文中并没有给出"dreadlocks"一词的译文，它指"a Rastafarian hairstyle in which the hair is washed but not combed and twisted while wet into tight braids or ringlets hanging down on all sides 骇人长发绺（拉斯特法里派发式，洗后不梳理，头发未干时紧编成辫子或做成长卷发，任其垂下）"（新牛津英汉双解大词典，2007：641）笔者认为字典给出的汉译也不是很容易理解，将"dreadlocks"译为"多辫发型或辫子头"更容易让读者理解。

4　结语

服装英语的汉译是一个重要而又比较复杂的问题，需要长时间地探索与实践。译者在翻译服装英语的过程中，若想避免语用翻译失误，除了要加强自身双语的运用能力，同时还需要做到以下几点：（1）在翻译之前，译者要先找一些相关的中文书籍，补充知识，了解专业词汇的表达方式。译者只有掌握了一定数量的专业词汇才能将原文翻译得准确。（2）备好服装类的专业词典，当遇到其他词典上无法查到的专业词汇时，专业词典就派上用场了；同时建议译者对专业词汇进行译注，这样有助于服装知识的普及，便于读者的理解。（3）当遇到专业词典也无法查到的词汇时，向专业人士请教或查阅英文网站，并对该词进行译注。（4）原文对读者的有用信息和无用信息要判断得当，有用信息一定要翻译出来，便于读者的理解，无用信息可适当改译。（5）对于读者比较生僻的文化现象一定要给出备注。

参考文献：

[1] 方梦之. 译学辞典 [M]. 上海：上海外语教育出版社，2004.

[2] 李敏慧，刘琴. 从功能翻译理论视角浅析中餐菜单的英译 [J]. 武汉生物工程学院学报，2010（3）：208-212.

[3] 桂乾元. 记联邦德国的三位翻译家 [J]. 中国翻译，1987（3）：47-49.

[4] 孙艺风，何刚强，徐志啸. 翻译研究三人谈（下）[J]. 上海翻译，2014（2）：13-17.

[5] 卞建华. 传承与超越：功能主义翻译目的论研究 [M]. 北京：中国社会科学出版社，2008.

[6] KAISER B. The Social Psychology of Clothing [M]. 2nd ed. revised. New York：Fairchild Publications，1997.

[7] 凯瑟. 服装社会心理学 [M]. 李宏伟，译. 北京：中国纺织出版社，2000.

[8] CHRISTIANE NORD. Translating as a Purposeful Activity：Functionalist Approaches Explained [M]. 上海：上海外语教育出版社，2001.

［9］ Wikipedia. Blazer ［DB/OL］. http://en.wikipedia.org/wiki/Blazer.

［10］ 牛津大学出版社. 新牛津英汉双解大词典 ［M］. 上海外语教育出版社，编译.
上海：上海外语教育出版社，2007.

［11］ 王传铭. 现代英汉服装词汇 ［M］. 北京：中国纺织出版社，1996.

服饰文化传播研究

视觉文化视阈下的时尚秀场文化研究❶

史亚娟

摘　要：秀场文化景观可以定义为服装表演中所展现的文化景观。这种文化景观主要是由两部分组成，一是由服装模特所展示的以服饰为主的服饰文化景观；二是由以 T 台为核心的整个秀场舞台设计文化景观。当代秀场文化景观既具有居伊·德波所提出的社会景观的独裁性、区隔性、复制性、商业性，也具有另一种与之相对立的特征，如对话性、大众性、创新性、艺术性。这些特征之间是一种非平衡的动态交往关系。这种非平衡性主要表现在前者始终处于强势地位，对后者形成一种压迫，后者为了谋求自身地位则始终保持警醒，以一种先锋的姿态、新奇的创意和艺术的光环来争取话语权，以确保在交往中保持与前者的平衡关系，或者不致处于一种更大的失衡状态。

关键词：视觉文化；景观社会；时装秀

A Stucly on Fashion Show in the Perspective of Visual Culture

Shi Yajuan

（Department of Foreign Languages，Beijing Institute of Fashion Technology，Beijing 100029，China）

Abstract：The fashion show culture spectacle can be defined as the culture spectacle displayed in the fashion show which is a combination of clothing culture spectacle shown by the models' performance and the culture spectacle produced by the design of the runway as well as its sound and lighting effects. The fashion show culture spectacle is dictating, demarcating, replicate and commercial, which is in accordance with the spectacle society theory put forward by Guy Debord, while it is also popular, creative, full of dialogue and with artistic quality. These features coexist and interact dynamically on the runway of fashion show. However, this dynamic interaction is not always in balance. The former part of the opposition is often in a strong position and the latter part has to keep asserting and negotiating its position and discourse right constantly with pioneer spirit, creative idea and artistic aura.

Key words：visual culture；spectacle society；fashion show

一、引言

　　20 世纪文艺理论研究领域经历了两个转向，一个是语言的转向，另一个是文化的转向，而文化的转向中最重要的就是当代视觉文化的转向。人们在惊诧于读图时代已经到来的同时，开始反思海德格尔所说的"世界被把握为图像"。从 20 世纪 80 年代开始，视觉文化研究逐渐被学术界普遍接受，到现在已经成为一个重要的文化形态或者说文化发展趋势。这主要是由于我们所居住的世界越来越多地充斥着视觉图像，它们成了表征、制造和传播意义的重要手段。当代生活或文化的高度视觉化决定了从广告到影视节目、从百

---

❶本文曾发表于《文化研究》第 17 辑，2014 年 5 月，社会科学出版社，P326-342。

货公司到室内装饰对视觉性和视觉效果的普遍诉求。此外，高度视觉化的当代文化凸显视觉快感，从根本上摧毁了许多传统文化的法则。由此，文化的视觉化成为当代各种流行文化无法回避的发展趋势。文化学者纷纷将研究视野投向这一新的也是充满活力和不确定性的研究领域。其中，从景观社会理论为出发点研究当代视觉文化成为一个选择。"景观社会"是法国"境遇国际"社会批判理论思想家居伊·德波在《景观社会》一书中提出的重要理论范畴。德波认为，世界转化为形象，就是把人的主动创造性活动转化为被动的消费行为，即景观呈现为漂亮的外观。外在的包装、形象、直观印象比商品功能和质地更为重要。在景观社会中，视觉具有优先性和至上性，它压倒了其他感官。所谓景象就是突出了眼睛在消费中的重要机能。景观避开了人的活动而转向景观的观看，从根本上说，景观就是独裁和暴力，它不允许对话。景观的表征是自律的也是自足的，它不断扩大自身，复制自身。

当代视觉文化景观中，时尚秀场和电影、动漫等流行的视觉文化景观一样，时尚设计者用直观、立体、炫目的视觉力量表达自身情感，用独特的服饰造型、色彩和面料来传达特定的文化意义，在创造时尚文化之美的同时，也用秀场这种独特的形式表达出人类生存的状况，探寻人类生存的终极意义。在这种探寻的过程中，时尚设计者将商业与娱乐、文化与艺术、自然与科技等各种或相关或相悖的内容巧妙地融为一体，制造出一个又一个或美轮美奂、或惊心动魄的时尚秀场文化景观。这是一个复杂多元，充满各种重叠交叉以及矛盾对立的过程，从景观社会理论的视角对这一过程的思考观照将使我们更深切地感受秀场文化的独特性及其所独有的前瞻性。对秀场文化景观的研究也有助于我们进一步研究当代社会景观，促进该理论的发展与完善。本文认为秀场文化景观主要由两部分组成，以模特为载体的服装表演和秀场舞台设计，二者共同作用构成秀场文化景观。当代秀场文化景观既具有视觉文化景观的独裁性、区隔性、复制性、商业性，也具有另一种与之相对立的特征，如对话性、大众性、创新性和艺术性。这些特征之间是一种非平衡的动态交往关系。这种非平衡性主要表现在前者始终处于强势地位，对后者形成一种压迫，后者为了谋求自身地位则始终保持警醒，以一种先锋的姿态、新奇的创意和艺术的光环来争取话语权，从而在交往中保持与前者的平衡关系，或者尽量不使自己处于一种更大的失衡状态。

二、秀场文化景观的定义和内涵

要理解秀场文化景观，首先要搞清楚什么是服装表演。服装表演的英文是"fashion show"，直译便是"服装展示"。因此服装表演是一种展示艺术，或者说是展示服装的艺术。模特作为T台上的演员，通过化妆造型、肢体动作等表现手段表现设计师在设计服装时注入服装作品中的情感，给静态的时装作品赋予动态的美。因此，从广义上讲，服装表演是让模特按照设计师的设计理念、穿戴好所设计的服装成品及配饰，并在特定的场所（如服装发布会场）向观众，尤其是向时尚媒体、记者、时尚买手、商家等专业观众展示的一种演出形式。从狭义上讲，服装表演是一种用真人模特向客户展示服饰的促销手段，通过服装的展示表演向消费者传达服装的最新信息、表现服装的流行趋势、体现服装设计师的完美构思和巧妙设计，是一种重要的营销手段。根据这一定义，秀场文化景观就应该是在服装表演中所展现的文化景观。这种文化景观主要是由两部分组成的：由服装模特所展示的以服饰为主的服饰文化景观和由以T台为核心的整个秀场舞台设计文化景观，后者包括科技含量很高的声光电等辅助设计。这些辅助手段对模特的动态表演能够起到烘托、强化、突出等作用，从而更好地完成对服装作品的二次创作。两者共同作用形成独特的秀场文化景观。

这里借用了"景观"一词，景观通常指某地或某种类型的自然或人造景色。主要分为自然景观和人文景观两种。自然景观，如森林景观、江河湖泊景观、沙漠景观、湿地景观等；人文景观，如长城、故宫、金字塔等古代文化遗迹。景观是一个具有时间属性的动态整体系统，它是由地理圈、生物圈和人类文化圈共同作用形成的。当今的景观概念已经涉及地理、生态、园林、建筑、文化、艺术、哲学、美学等多个方面。艺术家把景观作为表现与再现的对象，等同于风景。在当代社会，电影、动漫和时尚秀场等文化现象已经成为人们社会生活中一道道不可或缺、靓丽诱人的风景，因此我们完全可以将时尚秀场所展现的，或赏心悦目、或惊世骇俗的诸种秀场文化风景称之为"景观"。然而，对这一"景观"不能等同于地理学意义上的景观（landscape）。我们更多的是从社会学、文化学的视角来研究这一文化现象，法国社会理论学家居伊·德波（Guy Debord）的景观社会理论为我们提供了另一个"景观"（spectacle）。所以，本文所提出的秀场文化景观的研究对象是一种社会学、文化学研究视角下的文化现象。

简单地说，秀场文化景观的内涵是丰富多彩的，具有多重性和不唯一性。同一个秀场往往可以从不同角度去阐发，一场有着浓郁民族风情的秀场对某些观众而言可能是充满异域风情的，一场华丽的复古时装秀从另一个角度看也可能是一次民族服饰展演，清新可爱的田园风格秀场也可能会让人联想起后现代主义极简风格。凡此种种，令许多想对秀场文化进行细致研究的人们望而止步，但是，正因其难也，故这一问题更具研究价值和探索的必要。更重要的是，法国社会理论学家居伊·德波的景观社会理论为我们解决这一困境提供了某种理论上的可能。

三、秀场文化景观特征之一：独裁性和对话性

德波认为，在景观社会中，视觉具有优先性和至上性，它压倒了其他感官。所谓景观就是突出了眼睛在消费中的重要机能。同时，景观避开了人的活动而转向景观的观看，从根本上说景观就是一种暴力和独裁。

在时尚秀场中，现代人完全成了观赏者，T台这一狭小的舞台空间完全让位于服装表演，各种风格、款式、色彩的服装在炫目的灯光、动感的音乐、模特轻快的步伐以及摇曳的身姿的衬托下，给人一种强烈的视觉感官刺激，这种刺激压倒了其他感官的感受，服装以一种极为强势的、几乎是君临一切的姿态出现在观众面前，随着音乐的结束、聚光灯的熄灭，所有景观戛然而止，所有的霓裳魅影如梦幻一般地出现，又梦幻一般地消失。整个过程中，"服装"一言未发，但是在场的每一观众却能深切感受到服装的力量，服装在通过T台这个独特的场所展示自身，用一种非语

言的视觉暴力让每一位观众去感知、接受和思考，唤醒他们的记忆或是引起他们的遐想。服装秀场景观的话语独裁与德波所定义的景观特征是完全吻合的，这种景观是非政治性的，不是暴力性的政治意识形态，也不是商业过程中的强买强卖。秀场景观以其强大的视觉冲击力征服观众，达到其隐性的奴役或支配的目的。

德波认为，景观就是独裁和暴力，它不允许对话。景观是一种更深层的无形控制，它消解了主体的反抗和批判否定性，在景观的迷入之中，人只能单向度地默从。如是，方为景观意识形态的本质。时尚秀场上的服装文化景观也是如此，即这种服装话语的独裁对象是秀场中的观众，这是一种单向度的存在。在这一场域中，以服装服饰为中心的秀场景观拥有得天独厚的视觉霸权，否定任何对话的可能性，观众完全是景观的被动接受者。

但是，秀场景观与观众之间的单向度存在关系并不妨碍T台之上所呈现景观的多样性和交叉性。实际上，T台之上的文化景观完全可以是一个独裁的、单一的景观呈现，也可以是多元景观的共时再现，或者说是对话的场所，充满对话精神。不同的文化元素、文化精神可以在秀场中共存，它们相遇、碰撞、商讨、融合，彼此借鉴，相得益彰。

这两个方面都不难理解，先来看第一方面，通常情况下，设计师发布一场服装秀，会有一个统一的主题，秀场上展演给观众的服装会在款型、色彩，尤其是其包含的文化元素方面具有一致性，从而给观众留下深刻的视觉印象。但是，随着时尚文化在世界范围内的普及，在强手如云的国际秀场中，单一的文化元素很难应对日益激烈的竞争，许多大牌设计师不得不在秀场中融合多元化的时尚元素。有的设计师试图从昔日的时尚元素中获取灵感，通常被称为复古，有的设计师则把设计视野投向国外，在异域文化中找寻灵感。于是能在国际秀场中独占鳌头的秀场景观或是融合了不同时代的流行文化元素，或是汲取了不同民族文化或地域文化中的时尚元素，从而从单一型的秀场文化景观转为复合型、多元型。

以20世纪西方时尚界刮起的"中国风"为例，中国风劲吹西方时尚界的历史可以追溯到20世纪初。在欧洲服装界掀起的"解放束缚身体的紧身衣"的革命浪潮中，当时神似于中国宽袍大袖古装的新式服装

被命名为"孔子",成为欧洲的时尚。20世纪七八十年代后,中国风愈吹愈烈,从红色、唐装、旗袍、龙等最初级的中国文化元素开始,刺绣、剪纸、水墨画、建筑造型、少数民族图腾等各种中国元素纷纷在众多国际知名牌,如范思哲、约翰·加利亚诺、纪梵希、迪奥等秀场中粉墨登场,与各种西方文化元素比肩而立,争奇斗艳。在巴黎2013秋冬时装周上,随处可见中国风元素。例如,俄罗斯设计师瓦伦丁·尤达什金(Valentin Yudashkin)的冰雪女神系列(图1),服装镶满了雪花图案,浪漫唯美,尤其是模特头上的毛绒头饰,很像中国的戏曲头饰。英国著名服装设计师约翰·加利亚诺(John Galliano)采用了中国风的水墨元素(图2)。模特英气剑眉、飒爽身姿,体现了东方"文人"洒脱的气质,富有设计感的水墨印花裙装,为整个秀场增添了不少诗情画意。在瓦伦蒂诺(Velentino)的秀场(图3)中,设计师将中国的青花瓷元素与近几年颇为流行的小翻领设计混搭,创造出一种俏皮玩趣的时装艺术,体现了古典与现代的结合。这些西方设计师在服饰设计中运用了中国风

元素,但是这些服饰的廓型、剪裁、制作等给人的整体视觉效果是西方的,传递的还是西方本土文化。不同的是,中国文化元素的运用使秀场成为一个非独裁的场所,成为一个中西文化交流对话的场所。

目前,国内在这方面做出骄人业绩的莫过于青年设计师劳伦斯·许。近年来他经常活跃于西方服饰秀场,他的作品使用完全西化的立体裁剪,设计元素却极富古典东方传统文化的底蕴,其秀场景观使中国服饰文化在西方的T台之上大放异彩。他大胆地将各种中国传统文化元素融入欧美设计理念,比如深色系的英式蕾丝、错综复杂的刺绣和硬朗的中国线条,使其作品散发出浓浓的东西交融的精神和气质,成为时尚舞台上的新宠。他的代表作有范冰冰在2010戛纳电影节上的出场礼服——一套名为"东方祥云"的龙袍。第57届柏林国际电影节上范冰冰也是身着他设计的作品——中国元素极强的"丹凤朝阳"(图4)和"踏雪寻梅"(图5)。这些在国际舞台上备受瞩目和赞誉的作品无不洋溢着浓郁的中国文化气息,同时又充分利用了欧式立体剪裁的技艺。

图1

图2

图3

图4

图5

秀场文化景观的对话性，不仅仅停留在同一秀场内部不同设计师作品中不同文化元素之间的对话，同一个设计师的作品之间也可以形成对话，例如伦敦时装周2014春夏系列中，乔纳森·安德森（Jonathan Anderson）就致力于服装与服装之间的对话，每一季的思路不尽相同，却相互关联。他说："一直创新是很难的，我们需要提取一些东西到下一个对话中，这样它才能称为一个故事。"2014春夏季他的男装系列像是女装系列的衍生物，就像太妃糖一样拉扯成另一种状态。如一条超大号的裤子搭配束腰上衣，脖颈处的线条令他觉得烦躁而且棘手，呈现出宽大的平板款型。或者长而瘦，带着冷酷的优雅，却又夹杂着卡通感。他还会用包裹式的袖子设计，这是他在女装中上几个服装季中频繁使用的设计技巧。然而，正是这些设计元素的交叉使用使他的服装设计在不同系列之间、男装女装之间构成一种对话，也使创新不再艰难，T台更加绚丽。

两个或多个同时展演的秀场之间同样具有对话性特征。最简单的例子，如每年两次的巴黎时装周，要举行数十场服装表演，每一场表演都不仅仅是一种服装品牌之间或设计师之间的交流和较量，也是一种文化之间的碰撞、交流和对话。

1973年为了给凡尔赛宫的重修工程筹款，法国和美国的众多优秀服装设计师举行了一次时装秀，这次展示持续了三个小时，先是法国的服装设计师轮流献技。皮尔·卡丹（Pierre Cardin）的时装秀以具有未来感的时装为主，在秀场上出现了一艘宇宙飞船与之呼应。伊曼纽尔·温加罗（Emanuel Ungaro）的秀场上出现了一辆吉卜赛大篷车；伊夫·圣·洛朗（Yves Saint Laurent）请来了20世纪50年代歌舞片中的当红明星（Zizi Jeanmaire）。于贝尔·德·纪梵希（Hubert de Givenchy）做展示时，天空散落的是鲜花和翩翩起舞的蝴蝶。美国设计师则让刚刚赢得奥斯卡最佳女主角的丽莎·明尼里（Liza Minnelli）首先穿着一身候司顿（Halston）时装，表演了一曲"Bonjour Paris"，然后是一场朴素的时装秀。他们不像法国服装设计师那样展示传统的高级定制，而是展示更具活力和现代感的成衣，并首次起用了有色人种模特，从而使整个表演充满了异域风情。这次服装秀的意义是多重的，其中一点就是让人们看到了秀场之中文化景观的多元

性和对话性，秀场可以是一个对话交流的场所。

因此，秀场的独裁性只是秀场文化景观特征的一个方面，换句话说，秀场文化景观具有双重特质，既有社会景观的独裁性，也有文化景观的包容性和对话性。两者共时存在，彼此并不排斥。但是，秀场文化景观的独裁性与对话性之间的关系并非总是处于一种平衡静止的状态，两者始终处于一种此消彼长的动态交往之中，而且独裁性明显处于一种优势地位。例如，国际四大时装周的时装发布秀影响着世界时装潮流的发展趋势，世界各地的时尚买手每年这个时候都会聚集在一起，把最新的时尚以最快的速度消化吸收，成为街头大众流行服饰的一部分。

四、秀场文化景观特征之二：复制性与创新性

德波认为，景象的表征是自律的，也是自足的，它不断扩大自身，复制自身。景观具有同义反复的特征。"景象的目的就在于它自身。"作为现代文化景观的一部分，秀场文化景观的复制性是不可避免的。秀场文化景观的复制性可以分为两种，一种是横向复制，另一种是纵向复制。

横向复制主要是指对于空间的横向跨越，其景观内容不变，如巴黎时装周中的某台时尚秀可以搬到世界任何一个国家的T台上表演。这种复制只是改变了景观的出现地点，是最容易理解和进行的，其作用主要是产品的宣传推广，而非艺术的创新。2006年是世界顶级品牌的丰收年，巴黎高级定制时装展得到了亚洲的瞩目，在巴黎取得空前成功后，当年3月，香奈尔就将其在巴黎推出的春夏高级定制时装业务展原封不动地搬到了香港，用原汁原味的巴黎时尚盛筵为其香港太子店的开店庆典压轴。

纵向复制是对时间的纵向跨越，是一种创新型的复制。首先，时尚设计师可以在自己过去的时装风格基础上，复制其文化基因，再加入新的设计元素重新设计一场秀。这种复制在时装周的每一场秀中几乎都在上演，迪奥、香奈尔、纪梵希等大牌都不例外，这里的复制可以理解为一种基因的传承或重组，也可以理解为一种品牌文化精神的继承。每一个时尚大牌在推广设计自己产品的时候，都必须时刻铭记自己的基

因，并适时地在新的产品中不断复制重组这些基因。但是一个产品要想具有持久的魅力和生命力，必须创新，否则必定落伍，这也是众多国际时装大牌的生存密码。

卡尔·拉格菲尔德（Karl Lagerfeld）特别为2004年巴黎服装周中的香奈尔春夏时装发布会发表了这样的声明："重现香奈尔的精神，但却不是百分百的仿制。"这次发布会上吸引人们关注的不仅有香奈尔一贯的甜美可人的风格、粉嫩的色调，还有独特的秀场设计，卡尔·拉格菲尔德在传统的伸展台上陈列了栏杆式的舞台，让模特们尽情展现，搭配香奈尔所收购的几家法国传统制衣工坊的顶级手艺，一套套纯手工服装的细节处理，如粉嫩色彩的粗花呢招牌套装、手钩的网状蕾丝裙或是手绘的玫瑰印花等（图6），表现出香奈尔重视工艺的态度，当然也让香奈尔充满兼具传统与创新的精神。与此同时，卡尔·拉格菲尔德再次将香奈尔的经典元素转化为时髦的服装，金属腰链、珍珠项链等装饰也有别于当年秋冬的重金属风格，纷纷换上粉彩气息，而模特们也三三两两倚着栏杆谈笑，一片自由轻松的气氛，当然也正好点出了2004春夏香奈尔的时尚态度。

因此，秀场文化景观的复制性是与其创新紧密结合在一起的。这种复制是一种创新性的复制，其创新是在现有的文化基因基础上的创新，复制与创新紧密结合在一起。不过，在竞争日益激烈的时尚秀场中，复制往往演化为抄袭和仿造，复古变为仿古，将创新性完全排斥在外。而且，这种抄袭和仿造之风不仅仅停留在服装买手的层面，一些国际大牌服装公司（图7、图8）也参与其中，使秀场文化的创新性无从谈起。其结果是一些新锐设计师很难脱颖而出，新的创意、新的设计得不到广泛认可和传播，从而使秀场文化景观的创新性大打折扣。

图6

图7

图8

五、秀场文化景观特征之三：区隔性与大众性

德波认为："分离是景观的全部"，"景观，像现代社会自身一样，是即刻分裂（divise）和统一的。每次统一都以剧烈的分裂为基础。但当这一矛盾显现在景观中时，通过其意义的倒转，它自身也是矛盾的：展现分裂的是统一，同时，展现统一的是分裂。"因此，在德波看来，景观是一种虚假的语言，隔离了人与真实世界。景观同时也造成了人与人之间的分离。而景观统治的现代社会，是一个分裂的社会。

关于秀场文化景观的区隔性，众所周知，高级成衣展是国际时装最早设立也是最高级别的联合发布行动，每年两季在公认的世界时装中心巴黎、米兰、纽约、伦敦四个城市依次举行，每个城市为期一周，所以也称时装周。时装周是著名服装品牌和时装设计师展示其最新作品、交流设计艺术与技术的舞台。高级成衣展的观众都是凭着各个时装公司寄出的请柬入场。来自世界各地的摄影师、记者、时尚评论家等新闻媒体和当红的社会名流、明星、超级名模聚集在一起。可以毫不夸张地说，在一个月的时间里，全球最时髦的人士全都集中在这几个城市。

所以，秀场不仅是设计师、时装以及时尚模特的舞台，也是到场嘉宾和观众争奇斗艳的地方。这些社会各界的名流淑媛、精英人士象征着时尚、前卫、天才、权威、统治者、话语权和神秘感。社会普通大众通常得不到请柬，只能通过电视、网络等媒体观看录像或转播。时装周的情况是如此，一些国家或地区的小规模服装展演也是如此，只有少数业内人士能够得到邀请，普通大众亲临现场欣赏时装表演的机会是很少的。

然而，秀场景观的区隔性并不妨碍大众的参与。现代化传媒技术的发展，电视网络的传播，又在一定程度上使普通大众分享了这种只有少数人才能拥有的特权，普通大众同样可以从不同渠道得到相关信息，领略秀场风光，效仿追逐，甚至抄袭仿制。此外，秀场不仅仅是某些时尚品牌和设计师的专利，一些服装店为了招揽人气或者促销产品，也会在自家店门前举办一场时装秀；与时尚品牌毫无关联的公司单位，为了扩大知名度，也常常将服装表演、模特和自身产品

结合在一起，梅赛德斯奔驰国际时装周就是一个最好的例子。除此之外，国内外一些大型车展都会聘请一些职业模特或业余模特担任车模、一些体育赛事为了提高知名度也会聘请一些知名或不知名的模特担任司仪，或者在开幕式上加一段服装表演。为了丰富职工的业余生活，有些公司单位会在年末联欢会上组织本单位职工上演一场时装秀；一些与服装无关的公司或品牌也可能通过在街头上演时装秀的方式提升知名度；甚至几个家庭主妇也可以为丰富业余生活而聚在一起，在家庭中上演一场时装秀。相对其他类型的演出而言，时装秀场好像更容易操作，对场地和演员的要求也不是很高，即使是老年人、身材肥胖者也可以登台献技。每年在世界各地都会举办各种别出心裁的胖模时装秀、中老年人时装秀、儿童时装秀等。因此，秀场文化景观又有着显而易见的大众性特征。

总之，时尚秀场区隔了人群，拉开了人群之间的距离，但现代传媒又在时刻化解消弭这一距离。现代传媒、高科技以及大规模的工业化生产，时刻都在威胁着时尚秀场的话语霸权和神秘性。两者之间是一种动态的、不断变化的关系。上层精英为了维持其神秘性、权威性和话语权，就必须设计制作更多新颖时尚的服装作品，打造更多气场十足、别具一格的秀场景观。而大众人群为了拉近自己与上流社会精英人群的距离，就会努力去模仿追随，甚至在日常休闲娱乐的时候，有意去制造属于自己的时尚秀场景观。

六、秀场文化景观特征之四：商业性与艺术性

居伊·德波认为，世界转化为形象，就是把人的主动的创造性活动转化为被动的消费行为，即景观呈现为漂亮的外观。外在的包装、形象、直观印象比商品功能和质地更为重要。时尚秀场中的服饰比商场中静态的服装更具吸引力，原因正是秀场这一独特的文化景观使静态的服饰成为一种有立体感、动态十足的存在。时尚秀场以狭小的 T 台为中心，呈辐射状，配合强光和动感十足的音乐，或独特的舞美设计，没有一句广告词，仅仅用光、影、造型等视觉震撼来打动消费者，引发他们的购买欲望，从而达到其商业目的。

很多人都认为秀场文化景观的商业性与其艺术性

是不相容的，其商业性会妨碍或有损其艺术性的发挥。其实，时尚秀场文化景观的商业性与其艺术性并不冲突，两者彼此支撑。时尚秀场为商业性和艺术性这一对看似矛盾的两极提供了一个完美结合的时机和场所。时尚秀场的商业性主要表现在秀场的运作和最终要达到的商业目的，艺术性则体现在其外在的表现形式和所呈现的时尚风格。良好的商业运作可以使秀场中的时尚艺术得到更广泛的宣传，扩大其影响力，使更多人认识到时尚之美，受到时尚之美的熏陶感染，从而加入到追求时尚之美的队伍中来。反过来，时尚秀场所展示的艺术之美在引领时尚、培养人们的穿衣美感和生活情趣的同时，直接引领人们的消费，而这不正是秀场作为一种商业性展演所要达到的重要目的之一吗？因此，商业性和艺术性，这一对矛盾体，在时尚秀场中得到了统一，而且在这一结合过程中不仅不会相互排斥，反而彼此支撑，互为补充。这一点已经被一场场完美的时装秀所证实。

以时尚界的"鬼才"约翰·加利亚诺（图9）为例。约翰·加利亚诺是一位公认的浪漫主义大师，追求服饰设计的艺术性。他的作品往往标新立异，不规则、多元素、极度视觉化，在每季度的时装展示会上，他都推陈出新，展现顽童般天马行空的思维。纵观约翰·加利亚诺的历年作品，从早期融合了英式古板和世纪末浪漫的歌剧特点的设计，到溢满怀旧情愫的斜裁剪裁技术（图10），从野性十足的重金属及皮件中充斥的朋克霸气（图11），到断裂褴褛式黑色装束中肆意宣泄的后现代激情，人们总能真切感觉到穿着这些衣装的躯体不再是单纯的衣架，而是有血有肉的生命在彰显灵魂的悸动。他在时装中所表达的艺术追求完全是独立于商业利益之外的，但是其舞台效果却恰恰是商业利益所需要的。

这里，肯定有人会从传统的艺术观出发对此提出疑问，时尚艺术应该和其他艺术一样，不应该具有功利性。但是，人们观赏时装艺术之美，领略其独具的精神价值，提高人的精神素质只是这种艺术功能的一部分，对时装艺术的欣赏也是人与时装作品之间的一个交流过程，可以从中找到欣赏者、创作者及表演者之间的情感交流与情感共鸣。这种情感和共鸣表面上具有超功利性，但并不是对功利性的否定，而是对功利性一种更为广泛、更为深刻的肯定，反过来证明了其价值所在。

时尚秀场和其他舞台艺术一样，是一种以舞台为载体的文化传播方式，唯一不同的地方是，这是一种以服装为主体、模特为道具的动态艺术表演。通俗的、高雅的、现代的、后现代的、未来主义的等各种时装艺术风格都可以在这里找到展示自己的舞台，自由呈现，无拘无束。时尚秀场中的艺术性与商业性共荣共存、缺一不可。不过，在现实中，两者之间很难真正达到这种完美和谐的理想状态。时尚文化的商业性常常处于优势地位，这是由服装设计的功能性、时尚潮流的善变性所决定的，同时也受时尚文化的经济利益所驱使。时装艺术沦为销售的筹码和利器，命运稍好一些的作品被博物馆收藏，成为一个文化符号，却失去了其实用价值和穿着功能。

图 9

图 10

图 11

七、结语

通过上文对时尚秀场文化景观的特征分析，可以看出时尚秀场文化景观与德波所论述的景观社会理论并不完全相符，按照德波的理论，景观社会中的文化具有商业性和独裁、复制、分裂等。在秀场文化景观中这些特征出现了明显的调和，具有对话性、创新性、大众性和艺术性等，这些特征始终处于一种动态交往的关系之中。然而，我们也必须注意到，景观社会中这种动态交往的关系并非经常处于一种理想中的平衡或静止状态，而是动态的交往关系，错综复杂、多重嬗变。这就要求我们更加客观地看待服装秀场中的文化景观。

浩浩荡荡的商业大潮不仅会催生更多的时尚品牌，培植更美丽的秀场之花，繁荣秀场文化，也同样会挤压服装设计师的艺术设计空间，使服装设计更加商业化、利益化，从而失去其来自艺术的滋养和应有的光芒，尤其是新锐设计师的设计想要更快地得到社会和大众的认可，把他们的设计转化为人们生活中一道美丽的风景会更加困难。原因有三，第一，虽然秀场文化景观所具有的对话性能够在一定程度上对抗其独裁性话语特权，设计师们暂时可以天马行空让绚丽的服饰在T台上恣意舞动，但是这些服饰的最终命运始终是掌握在国际时装业寡头的操纵之下，服装设计师的话语权到此已经终止了。第二，无论搭建T台是一件多么简单易行的事情，国际四大时装周的光环始终未能散去，光环背后掩盖的等级和阶级的划分使秀场文化景观的区隔性始终存在，大众秀场的狂欢何时才能撼动那里的璀璨和壮观景象呢？第三，秀场文化景观的复制性和创新性的关系也是非常复杂，甚至是微妙的。复制很多时候沦为剽窃和抄袭，甚至一些国际知名品牌也如此；而创新不过是将两种或多种完全不搭、没有任何内在联系的文化元素或设计元素生拼硬凑在一起，美之名曰"混搭"或"撞色"。

总之，时尚秀场文化景观是一个动态的、复杂多元、充满各种可能性的研究场域，不是用某种理论就能一言以蔽之的，需要我们更多地从客观实际出发，在经过大量实证研究的基础上审慎地思考问题、分析问题，才能对秀场文化景观做出更多精准的判断和探究。

参考文献：

[1] 周宪. 视觉文化的转向［M］. 北京：北京大学出版社，2008.

[2] 肖彬，张舰. 服装表演概论［M］. 北京：中国纺织出版社，2010.

[3] 德波. 景观社会［M］. 王昭凤，译. 南京：南京大学出版社，2007.

[4] 作者不详. 凡尔赛宫内的时尚之战［N］. 中国服饰报，2013-6-7.

[5] 华梅. 21世纪国际顶级时尚品牌：女装［M］. 北京：中国时代经济出版社，2007：5.

[6] 孙玲. 霓裳羽衣——国际服饰新视界［M］. 上海：上海文化出版社，2008：134.

服饰，影视剧最直观的视觉传达工具
——服饰与影视剧的互动效应[❶]

方海霞

摘　要：韩国这样一个和中国有着同根性的国家，正在以自己的文化创意宣扬着自己本民族的风格，宣扬着自己的吃穿住行。在这种宣扬中，以最快速度传播的传媒业，成为韩国产业联盟文化创意中最重要的工具。而其中情感细腻浓郁的韩国影视剧和韩国本民族的产业构成产业链，相互衔接，一部影视剧不单单是在讲述一个故事，更是在传达韩国很多产业的信息。文中以一部影视剧为例，看看这种"合作"具有怎样的双赢效应。

关键词：产业联盟；影视剧；服装业

Costume, the Most Direct Visual Communication Tool
The Interactive Effect between Costumes and Films and Television Series

Fang Haixia

(Department of Foreign Languages, Beijing Institute of Fashion Technology, Beijing 100029, China)

Abstract：South Korea is propagating its national styles in everyday life through the cultural creative industry and communication industry becomes the key tool in its propagating. The South Korean films and TV plays are closely related to the national industries so as to form industry chains. A film or a TV play is not just telling a story but also propagating other industries. In this paper, the interactive effect between costumes and TV series is explored through an analysis of a TV play.

Key words：industry association；films and TV series；apparel industry

一、影视剧的发展背景

从 19 世纪末黑白影像诞生，到现在随处可见的高清画面，人们已经在影像的世界中走过了一百多年。在这一百多年的历史中，影像世界的画面在不停地变化，走入人们更加真切的日常生活，编织着人类不一样的梦幻世界，和各种工业相互碰撞融合，和谐发展。

从第三次科技革命完成，各种科学技术相互融合，影视设备、影视技术改进，影视世界获得了突飞猛进的发展，已经成为独立的具有经济效益的产业，并带动其他产业的发展。仅仅一部《泰坦尼克号》就给美国带来了十亿美元的收益，所有的国家看到影像这种全世界通用的语言所带来的连锁效益，纷纷投入电影、电视剧的制作和推广宣传，而在这股潮流当中，目前最突出的也最具有产业带动效应的是韩国影视剧的推广。

在亚洲这样一个文化共同体当中，文化的趋同性和差异性使得不同国家的文化得以相互传播和推广，韩国正是利用了这样的文化传播策略，在全亚洲展开

---

❶本文曾发表于《河北学刊》2007 年第 27 卷（增刊），P244-245。

具有文化创意的影视剧传播战略。

1993年我国首次引进韩国电视剧，目前韩剧已成现代生活中一个独立的艺术存在个体，它不仅仅是电视剧，不仅仅是艺术，也不仅仅是商业，它是一个完整的文化创意体系。它包含着想要隆重推出的一切，那种隆重在安静的、温馨的符号中传达，给观众带来发自内心的共鸣和赞许，观众不认为它是蓄意的宣传和虚假的情感，而认定那就是真实的生活，而那种生活的状态、人物的人生观和价值观等都是值得效仿和推崇的。

韩国正在以自己的文化创意宣扬着自己本民族的风格，宣扬着自己的吃穿住行。在这种宣扬中，影视剧和韩国本民族的产业构成产业链，相互衔接，一部影视剧不单单是在讲述一个故事，而是在传达很多宣传的信息。比如一部《冬日恋歌》便将春田变为旅游景点，一部《大长今》将韩国宣扬成饮食的天堂等。

而在所有链接中，近几年和谐发展的最具代表性的是韩国服饰业和韩国影视剧的结合。韩国影视剧给韩国服饰带来了巨大的市场空间，而服饰业也扩展了影视剧的生存空间，使影视剧不再单纯是茶余饭后的消遣，而变成一种时尚，成为时尚生活标准的代言。

二、服饰在影视剧中的作用

众所周知，影视剧中最重要的便是人物形象的塑造，人物形象是故事的灵魂，韩国影视剧中俊男靓女的外形自然是公认的美丽，而如果仅仅靠外形，包装失败的话则会导致人物性格塑造的失败，而这正是中国影视剧关注较少的方面。演员的外在形象传达是最直接的视觉传达，也是最容易牵动观众视觉的因素，除了俊朗漂亮的外形，最直观的便是服饰。

服饰心理学强调，性格决定一个人的穿衣风格，同样一个人的穿衣风格可以表征这个人的性格特征。在影视剧中，最关键的是人物性格魅力的展现，只有具有独特性格魅力的人物对观众才具有吸引力，而这种性格魅力通过影视画面传达，最直观的便是服饰。服饰协助演员表演完成人物性格完美的演绎，而本身也变成了一种符号传达，跟随塑造的形象传达给观众。这种二元传递的效应要比单纯的一元符号传达要饱满的多，让观众更容易接受，传达的信息也更多，这种二元载体承载创作者的思想创意也就越多。传达载体成功与被传达者产生共鸣，这样的传达过程才是成功的。

由此可见，服饰不仅作为简单的演员衣着，在影视剧中还担任着塑造典型人物的重要职责，也为服饰的展示提供了更广阔的T形台。韩国的影视剧便是抓住了这样的互动效应，成功地达成了两个产业结合的同盟。我们可以从一部电视剧来分析服饰带来的视觉感受和影视剧中人物着装带给观众的心理反应，从而更清晰地认识服饰在影视剧中的作用。

在众多韩国影视剧中，《冬日恋歌》以明朗、舒缓的节奏讲述浪漫曲折的爱情故事，演员的表演和浪漫的场景征服了观众，而最让观众赞许的是里面主人公的着装。《冬日恋歌》讲述了两代人的感情经历，几个人的爱情纠缠，主人公维珍、俊尚、相奕、彩琳，四个人四种不同的性格，而他们的着装风格恰恰展现出他们各自内心的情感世界。

维珍是那么怀旧，生活在过去的感情里，她外形清新可人，性格像浪漫的音乐那样细致单纯、舒缓自然。这种性格的人是传统而保守的，得体而大方的，因此在剧中，维珍所有的服饰搭配都和她的性格相吻合，如有细致纹理的纯色毛衣，有细致结构的纯色裙子和围巾，简单大方的款式表现出她单纯细致的内心世界。服装设计师为维珍这个角色设计的服装甚至都没有使用过粗线条，连波浪的形状都没有，就是那样简简单单的结构，单纯含蓄的色彩，经典的造型，充分展现出维珍简单的个性和对生活坦白的情感。这样的着装让观众容易认同她这个人物形象，认定她就是那样痴情地生活在自己的感情世界里，不容打扰。而如果让她身着像彩琳一样的时尚装束，大胆的粗线条，华丽的毛皮配饰，鲜艳的色彩运用，她的性格还会得到细腻的凸显吗？观众还会认为那就是简单单纯的维珍吗？那样的服饰只能使维珍这样一个鲜活的、具有个人独特气质和魅力的形象遭到破坏。

俊尚和维珍有着难忘的初恋，失忆后他改名为李民亨，和维珍重逢后，两个人的感情再度复发，当他重新爱上维珍时，发现自己原来就是俊尚。他经历比较复杂，特立独行，原则性很强，不善于表达自己，但对自己的情感却非常清楚和执着，含蓄而直白，在心里只爱着一个人。这样的人物是很难表达的，他的内心世界的展现，却需要外化的服饰来协助表达，服饰是他心情的晴雨表。于是剧中的李民亨衣着不凡，品位不俗，服饰款式和搭配都非常讲究，甚至连围巾的系法都新潮特别。李民亨的总体风格很细致，但是他的细致具有双重性，表现了他性格的双重性，冷酷的和温馨的，服饰颜色和款式也都随他性格的交替变化而改变。俊尚和维珍的服饰细腻之中展现出柔和，如同冬日里的温馨，表现两个人的情感充满阳光，色彩上以浅色系为主，或者深色系和浅色系搭配，而相奕和彩琳则相反。

相奕和彩琳应该是维珍和俊尚感情世界的配角，他们两个同样对感情执着，但是因为得不到对方的认可总是受到伤害，因此他们的服饰色彩大多是深色系，表现心情的压抑和内心世界的孤独。相奕的服饰是简单的男性服饰，大方得体，时尚的成分较少，适合他踏踏实实的性格。而彩琳则是个喜欢表现自己的人，她的服饰包含更多的时尚元素，皮毛质地的大衣、色彩搭配艳丽的裙装，都显示出她女性的张扬魅力。彩琳和维珍的性格刚好相反，一个是毫不掩饰和收敛的，一个是含蓄而温情脉脉的。服饰把他们的个性，区分得那么清晰，让观众很自然地接受不同性格的人物的行为。

由此可见，服饰在剧中的作用更像是人物个性的代言，它将人物的内心世界细腻的外显，以直接的视觉传达方式传递给观众，从而一方面塑造人物形象、展现人物个性，另一方面精美细致的服饰，加上主人公完美的展示，也同时吸引观众的眼球，增加观众的喜欢度，从而使收视率获得提升。这也是近几年影视剧纷纷开始重视人物服饰的原因。电影尤其重视服饰设计，一部《夜宴》的服饰设计耗费巨资，而《无极》的服饰设计同样煞费苦心地邀请日本漫画大师和叶锦添共同完成。

三、影视给服装产业带来的发展潜力

随着时尚生活的发展，人们看影视剧也不仅仅是单纯地关注情节、明星，而更注重画面的视觉享受和画面带给人们的信息量，注重通过画面可以获得多少美的享受或者美的感觉，从而可以在自己的生活中得到应用，观众会带有一定的目的性来观看。因此，

《英雄》震撼了，因为它的画面美轮美奂，观众的视觉得到了满足。而韩剧热播同样不仅仅是韩剧情节和演员的魅力，而是因为它带给观众的视觉享受和时尚生活气息，这种视觉享受一大部分归功于韩国的服饰设计，这也是一部韩剧便可以拓展一个服饰品牌市场的原因。观众不仅仅关注故事本身，也从人物身上获得适合自己的时尚信息。

据有关调查显示，目前在国内韩国服装品牌的销售额和需求量不断增长，韩国服装以它细致的做工和新颖时尚的款式，得到市场的认可。可见，影视剧中的服饰在传达影视信息的同时，也作为自身的信息符号被观众认可和接受。观众的需求造就了韩国服饰跟随韩国影视剧在亚洲的热播而打开了市场，韩国服饰在为影视剧铺路的同时，为自己开辟了一条康庄大道。它从影视剧的附属转变为可以代表韩国风格的另一独立产业，影视剧成了服饰宣传自己品牌的工具，演员成了韩国服装的模特儿，他们把韩国服装完美地呈现给了观众。

韩国的影视剧和韩国的服饰业就这样互为载体，相互展示着彼此的魅力，服饰增加了影视剧的视觉效果，帮助影视剧完美地展现人物的个性魅力，而影视剧的热播，也成为服饰最有力的宣传工具。这种互动效应体现了韩国文化推广的战略思想，每一种文化的传播都不是单一的展示，而是一呼百应的带动式发展战略。这种发展方式和产业合作模式，值得中国的产业界思考和借鉴，我们同样需要有创意的文化发展战略。

参考文献：

［1］单润泽. 韩剧张扬的是什么［N］. 文艺报，2004-06-03.

［2］王敬，杨宁舒. 我们为什么爱看韩剧［N］. 黑龙江日报，2004-08-23.

［3］赵平，吕逸华，蒋玉秋. 服装心理学概论［M］. 北京：中国纺织出版社，2004.

社交网络的人际传播与品牌整合传播[❶]

赵春华

摘　要：社交网络（SNS）作为大众信息共享的社交平台，基于"六度分隔"理论发展起来，通过人的聚合和图像的分享，产生巨大的商业价值。时尚品牌传播通过人际传播，以创造口碑、引导舆论、树立品牌形象，与社交网络形成了合媒。本文从社交网络的人际传播入手，分析时尚品牌的传播样态与规律。

关键词：社交网络；时尚传播；人际传播

SNS Interpersonal Communication and Brand Integrated Communication

Zhao Chunhua

(Department of Foreign Languages, Beijing Institute of Fashion Technology, Beijing 100029, China)

Abstract：As the sharing platform of the mass information, the Social Network Service (SNS) develops on the basis of theory "Six Degree Separation". People gather and share the pictures in SNS, which produces much more credibility and business value than the traditional network. For the purpose of creating word of mouth and establishing brand image, fashion communication composes idealistic cooperation with SNS. This essay starts from interpersonal communication to analyze new style and rules of fashion communication.

Key words：SNS; fashion communication; interpersonal communication

一、前言

社交网络（SNS，Social Network Service），即为社会化网络服务，包括独立 SNS（如 facebook、人人网等）、微博、博客、微信等。社交网络作为大众信息共享的社交平台，每天都传输着大量的网络用户的共享文件。美国心理学家米格兰姆（Stanley Milgram）曾提出社会学中的"六度分隔"理论，认为人最多通过六个人就能够认识任何一个陌生人，即以认识朋友的朋友为基础，可以扩展自己的人脉。通过聚合产生效应，通过互动与分享形成舆论，各类社交网站逐渐受到关注。

社交网络的基础人际传播，凭借互联网超强的兼容能力，与电视、移动等以大众传播为主的媒体的资源整合，使它的影响力不断扩大。

二、人际传播与大众传播的整合

新媒体的出现，使品牌传播开始将人际传播纳入核心传播体系，同时，过去传统媒体的线性传播模式被打破，受众的"自媒体"发布与受众间的互动使媒介传播呈现扁平式的分散发布态势。

可以说，人际传播与大众传播的整合为信息的快速分享和传播创造了条件。依据传播关系的新走向，笔者建立了一个全新的整合传播模型，如下图所示：

---

❶该文曾发表于《青年记者》2013 年第 29 期，P70-71。

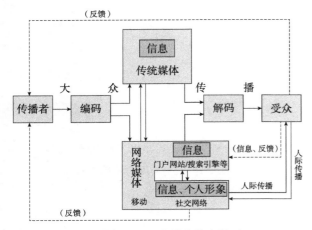

人际传播与大众传播的整合模型

新媒体（包括社交网络）的人际传播打破了过去大众传播的线性传播模式，而是在与大众传播并存的同时，建立了一个大传播圈。新媒体的人际传播是由内到外循环往复、兼容并蓄的。新媒体包括网络和移动媒体，通过门户网站可以进行大众传播，通过社交网络实现人际传播。同时人际传播通过反馈和互动与大众传播建立了联系，表现出较强的共融特征。

三、以社交网络为核心的整合传播策略

新的传播环境要求商家整合传播中每一个环节的一致讯息，向消费者传达企业品牌的统一形象，以提升品牌的认知度和影响力。

1. 内容整合，打造统一形象

"同一个重心，同一个形象"。以社交网络为核心，与电视、移动等不同的传播媒介共同行动，统一地进行传播内容的设计与推广，在人际传播与大众传播之间建立联系，强化品牌形象。

2. 渠道整合，发挥"三网"的优势互补

渠道整合更侧重互联网、电视和移动媒体的整合。"三网融合"以互联网为核心，将电视、移动媒体组合在一起，为人际传播提供了更广阔的传播空间。电视具有权威性，网络具有互动性，移动媒体具有灵活性，三者各具特点。品牌利用社交网络的主要目的是创造口碑。网络与传统大众媒体的组合，将深化品牌的影响力。

3. 形式整合，优势互补

以社交网络为核心，利用传统大众媒体的广告、节目等各种传播形式，使大众传播与人际传播并存，

在大"传播圈"中，两者互相融合、互相渗透、互相完善。

四、品牌在社交网络中的整合传播

如麦克卢汉（Marshall McLuhan）所言，"各种不同的媒介彼此互相帮助，这样一来它们之间就不会互相抵消，而是一种媒介强化……你可以用某些媒介做一些你借助其他媒介不能做的事情。这样一来，如果你能关注整个领域，你就可以预防由一种媒介消除另一种媒介所带来的浪费。"不同的媒介可以共生共存，而不是彼此消亡。媒介生态的能量流动处于"平衡—失衡—平衡"的状态。

互联网使传播渠道立体性拓展。电视、互联网等便捷的动态信息传播渠道，使品牌传播从内容到渠道实现了质的突破。品牌以社交网络为人际传播的基础，通过各种与传统媒体的资源整合，聚集人气、塑造形象、创造口碑。

1. 电视和社交网络的联合推介

电视与网络的结合，既是渠道整合，又是内容整合。在整合传播中，品牌通过统一的主题，电视和网络同步推广，强化品牌形象。电视的业界口碑好、权威性高、广告的发布更为正式。网络的互动性强，传播范围广，有利于形成口碑效应。两者组合可以放大对方的影响力。

（1）从电视向网络的推送。电视黄金时段广告属于稀缺资源，准入门槛高、费用高、质量监控标准高。因此电视广告的权威性、可信度更高，是国际一线品牌的重要宣传阵地。品牌在电视的视频投放，带有一定的实力雄厚的深层含义，而且电视还有一定的权威发布的意味。这些都是大众媒体的独特优势。

而社交网络作为人际传播的重要渠道，互动性更强，更"私密性""空间化"和"功能化"。人们在Facebook和开心网上创造了一种沟通了解的氛围，打造类似现实环境的交流平台。这种使用心理被奢侈品牌抓住成为诉说品牌故事的绝佳途径。这里是一个陌生人聚集的地方，是有共同爱好和话题的小圈子，又是产生舆论和影响力的地方。

巴宝莉（Burberry）2009—2010秋冬电视广告，启用《哈利·波特》中"赫敏"扮演者艾玛·沃特

森（Emma Watson）担任品牌代言人，吸引了不少年轻的消费者。同时，巴宝莉的粉丝，利用 Facebook 上的品牌"公共主页"分享图片，该品牌还向 Facebook 提供独家图片和视频内容，参与粉丝互动。"赫敏"的粉丝也很快在社交网络上互动，并讨论她穿着的该款风衣。从讨论到模仿到形成风潮，就这样电视与社交网络进行了完美的合媒。而且，品牌以大众传播为起点而点燃的社交网络的人际互动，符合品牌的高端定位，吸引了网络高端用户，同时又为品牌聚集了人气。

（2）从网络向电视的推送。传播过程主要由信息、传播者、媒介、受众等要素组成。"媒介一方面用'共识'来引导自己，同时又以一种建构的方式试着塑造共识"。这种"共识"的另一面就是品牌的认同感与美誉度，通过"人"的聚合，形成口碑，塑造品牌形象。

从网络向电视的推送主要依靠网络前期宣传，甚至是"病毒式传播"形成围观。当形成潮流后，再推出电视广告。通过人际传播向大众传播的逆向推送，通过传统媒体的接力式传播，使品牌形象更深入人心。这样做的品牌往往本身足够强大，重视创意，深谙流行密码。如 NIKE 公司一向擅长针对年轻人展开营销。其拍摄的世界杯广告《谱写未来》，在电视播出之前已被传至网上，赢得了不少点击，为电视广告做足了铺垫。当电视广告一开始播放，立刻形成了舆论热点，电视与网络遥相呼应。

2. 社交网络与手机的共同应用

网络与手机密不可分。由于手机的便携性、兼容性，使其天然具备了将网络与移动媒体结合的能力，几乎可以被称为"无缝结合"。

世界顶级饰品品牌蒂凡尼（Tiffany）在这方面作了不少尝试。它在 Facebook 主页上发布各明星和重要人物佩戴其首饰出席公众活动的新闻和图片，为粉丝们介绍自己的品牌故事，回顾品牌历史。同时，蒂凡尼还充分利用手机 Instagram 程序，使手机用户分享 Instagram 上的图片，进一步创造吸引点。蒂凡尼着力打造的专有的网络和手机平台，为其赢得了不少口碑与人气。

五、结语

互联网的普及，使整合成为品牌传播的大势所趋。大众传播与人际传播的结合，打破了传统传播的单一形式，扩大了传播的影响力。将人际传播引入大众传播，发挥人际传播"点对点""多对多"的传播优势，无论是内容整合、渠道整合还是形式整合，都将媒介资源配置到最优化。以社交网络的人际传播为核心，整合各媒介资源，实现优势互补，将在传播过程中产生更大的品牌传播价值。

参考文献：

[1] 斯特拉特文. 媒介生态学与麦克卢汉的遗赠 [J]. 胡菊兰，译. 江西社会科学，2012（6）：246-252.

[2] 霍尔. "意识形态"的再发现：媒介研究中被压抑者的重返 [M]. 黄丽玲，译. 台北：台北远流出版事业股份有限公司，1994.

[3] 刘洋. 奢侈品牌社交网络抢滩中国市场 [DB/OL] [2012-06-01]. http://style.cntv.cn/20120601/105533_1.shtml.

[4] 《六度空间理论》，维基百科，http://zh.wikipedia.org/wiki/%E5%85%AD%E5%BA%A6%E5%88%86%E9%9A%94%E7%90%86%E8%AE%BA。

社交网络的时尚品牌传播

——虚拟世界的"真实环境"构建❶

赵春华

摘　要：社交网络（SNS）作为大众信息共享的社交平台，基于"六度分隔"理论发展起来，通过人的聚合和图像的分享，构建仿真的"拟态环境"，弥合了虚拟的网络世界与真实现实世界的鸿沟，突破了网络的传统概念，使网络产生了更大的可信度与商业价值。时尚品牌传播依赖视觉传播，以创造口碑、树立品牌形象、引导消费为目标，与社交网络形成了合媒。本文从社交网络的"拟态环境"入手，分析时尚品牌的新传播样态与规律。

关键词：社交网络；时尚品牌传播；时尚传播；视觉传播

Fashion Brands Communication in the SNS

——the Construction of "True Environment" in the Virtual World

Zhao Chunhua

(Department of Foreign Languages, Beijing Institute of Fashion Technology, Beijing 100029, China)

Abstract：As the sharing platform of the mass information, the Social Network Service (SNS) develops on the basis of theory "Six Degree Separation". SNS construct "Pseudo Environment" by the gathering of people and sharing of pictures, which produces much more credibility and business value than the traditional network. For the purpose of creating word of mouth, establishing brand image, fashion communication, together with visual communication, composes ideal media. This essay starts from "Pseudo Environment" to analyze new style and rules of fashion communication.

Key words：SNS; fashion brands communication; fashion communication; visual communication

一、引言

社交网络（SNS，Social Network Service），即为社会性网络服务或社会化网络服务。它源于网络社交，起始于电子邮件，由 BBS 把"群发""转发"和"分享"常态化，实现了向所有人发布信息并讨论话题的功能。随着数字科技的进步，网络社交向社交网络过渡。互联网的信息与视频共享使社交网络的规模空前发展，并逐步成为网络人际传播的重要途径。以 Facebook（脸书）、Twitter（推特）、YouTube（油管）为代表的模式成为网络社交的新样本和主流。社交网络作为大众信息共享的社交平台，每天都传输着大量的网络用户的共享文件。这些网站以"聚人"为核心，以极其突出的图片和视频分享功能，在虚拟世界的"真实环境"构建方面表现出较强的优势。并且，随着网络社交的真实性逐渐增强，其商业价值凸显。

在美国，消费者正在向网络转移。2004 年上线的 Facebook 如今已是美国排名第一的照片分享站点，已

❶本文系北京市属高等学校高层次人才引进与培养计划——青年拔尖人才培育计划项目"视觉时代的时尚品牌传播"（项目编号：RCQJ02140206）的研究成果，曾发表于《现代传播》2014 年第 9 期，P130-132。

突破 8 亿用户，也就是说全球 8 个人中，大约就有 1 人在这个最大的社交网络上注册过。这个网站每天上传八百五十万张照片。社交网站的高人气，使得各大时尚品牌也改换营销策略，将品牌传播的重点放在与社交网站的粉丝互动上。巴宝莉（Burberry）、古驰（Gucci）、路易威登（Louis Vuitton）、迪奥（Dior）等品牌首先进入 SNS 领域，纷纷在 Facebook 上开设品牌主页，粉丝数量从几百万到上千万，享有较高的话语权。在 Facebook 上，巴宝莉粉丝超过 1000 万，香奈尔（Chanel）、迪奥、古驰的用户数分别超过 500 万粉丝，H&M 的粉丝数量超过 900 万，阿玛尼（Armani）的粉丝数量也都已超过百万。各品牌与社交网络的合媒，吸引越来越多的消费者向网络转移。

在国内，微信、微博、人人网、开心网、美丽说、蘑菇街等社交网络，因庞大的用户量和高关注度，也逐渐受到商家的关注，成为具有巨大的品牌传播价值的互动平台。

二、聚"人"与图像共享所带来的网络传统概念的突破

网络被认为是"虚拟"的，因为在这个世界里，受众的身份具有不确定性和伪装性。但社交网络却在一定程度上突破了这一局限，使网络向真实性靠拢。当聚"人"与图像共享被社交网站糅合到一起时，这一系中每一用户的形象即变得具体、鲜明而多样，同时，图像对现实世界的镜像作用，使网络受众能全方位且更深刻地了解他人。以微信的"朋友圈"的图片共享为例，在现实生活中忙忙碌碌的人们，在分享朋友圈的图片过程中，无论是个人生活场景的再现，还是随手所拍的生活点滴，都让朋友们身临其境，多方面地了解他人，甚至走入他人的内心世界。这种日积月累、细细品味后的沉淀，甚至在一定程度上超越了现实中的交往，网络社交已经不是完全意义上的"虚拟"，而更接近现实生活的情感体验。一幅幅图片，成了对话的工具，成了诉说的渠道，成了塑造自我形象的场地。从这个意义上说，社交网络已突破了网络的传统概念，超越"虚拟"，越来越接近"真实"。

1. "六度分隔"理论与社交网络的真实性构建

在社交过程中，真实性的构建是基于"看得见、摸得着"和相互了解。而这些条件在传统的网络世界中曾被认为是不可能的。但社交网络将"人"以各种方式组合在一起，并因网络中的人的频繁、多样性互动，还原了现实生活中人的多样化形象。

美国心理学家米格兰姆（Stanley Milgram）曾提出社会学中的"六度分隔"（Six Degrees Separation）理论，即任何人最多通过六个人就能够认识任何一个陌生人，以认识朋友的朋友为基础，扩展自己的人脉。在六度分隔理论的基础上，社交网站被发展起来，并被逐渐发现商业价值。社交网络的核心思想是通过聚合产生的效应，因为人、社会、商业都有无数种排列组合的方式，如果没有信息手段聚合在一起，就很容易损耗。而互联网不仅将文本、图形聚合在一起，还将人聚合在一起。

网络虚拟性被公认为是网络与现实世界的差别之一，并和商业社会所要求的信用与信任隔着无形的鸿沟。但通过"六度分隔"产生的聚合，熟人之间产生一个可信任的网络，将虚拟的网络世界与现实世界相结合，这其中的商业价值不可估量。

实际上，"非接触型"的社交原本就占据了人类社交的 80% 以上，这意味着网络社交将给传统世界带来巨大的影响，对传统的商业领域也是如此。交友只是社交网络的一个开端。六度分隔理论只体现了社交网络的早期概念化阶段结交陌生人阶段。随着社交网络的功能日益完善，交友向娱乐化、商业化阶段推进，社交网络通过个人空间创造的丰富的多媒体个性化空间不断吸引众多网民的注意力。而如今，社交网络更进入了"视觉社交阶段"，社交网络的图像分享成为主要内容，整个 SNS 的发展循着人们逐渐将线下生活信息通过共享和视觉手段转移到网络上，实现了虚拟世界与现实世界的交叉，弥合了社交网络的虚拟性，可信度增强，网络社交已经开始承担相当部分传统社交的作用。Facebook、Twitter、微信、微博等，这些新型的社交媒体也正在迅速吸引时尚品牌的注意力，令各大品牌重新评估网络的影响力，调整媒体中的品牌传播策略。

2. 社交网络的"拟态环境"与真实情景再现

社交网络"拟态环境"构建的基础是视觉图像共享。图像具有情境再现的功能，能使现实生活的环境在观者脑中重现。图像的形象性使人际网络达到了更

高的可信度。

美国新闻学者李普曼（Walter Lippmann）在《舆论学》中曾指出："……我们必须特别注意一个共同的要素，即人们和环境之间的插入物——拟态环境……因为，在社会生活层面上，所谓人作出适应环境的调整是以虚构为媒介来进行的。"这里的"虚构"是通过媒介对真实环境的再现。李普曼认为，在人们和真实环境之间存在着一个拟态环境，而人们往往是对这个拟态环境做出反应。

环境的能动因素是人。社交网络通过聚"人"与分享图像，可以创建类似于真实世界的"拟态环境"，使"非接触型"的社交变得真实，触手可及。透过图像，网络受众能身临其境，产生这个场景曾经发生过的感觉，更能产生面对面交流的意象，在讨论与交流中形成共识与舆论，产生影响力。

社交网络作为人与现实世界间的物理介质，以网络为依托，在虚拟空间构建了一个类似于真实环境的情境，并赋予这种环境以精神内涵。网络受众在这里进行图像和视频的分享，进行思想的沟通，感受类似现实存在的群体氛围，感受人际互动带来的情感体验。

媒介通过表意过程建构现实，制订"形式的定义"，给受众提供一个世界的图景。传播过程主要由信息、传播者、媒介、受众等构成要素组成。英国文化研究（Culture Studies）学者斯图亚特·霍尔（Stuart Hall）认为"媒介如果成功地将其对世界的表征（representation）变为一种公认的对现实的定义，媒介就成功地控制了阅听人，获得了一种强有力的社会权力。"这种社会权力就是话语权、评判权。意识形态隐含着权力话语，它对身处其中的人们形成渗透、规范与约束，并渐渐内化为主体的意识，将非真实视为真实，将镜像当作本质。"媒介一方面用'共识'来引导自己，同时又以一种建构的方式试着塑造共识"。

品牌通过社交网络培养受众的认同感，打造品牌的美誉度，通过"人"的聚合、通过图像进行意识的渗透与影响，将有形化为无形，使某种品牌形象不断深化、内化，并通过拟态环境中受众对图像的反应与评价，制造舆论，达成共识，形成口碑，塑造品牌形象。

3. 小结

社交网络通过受众间的图像共享，进行了真实环境的构建，虽是"非接触型"社交，但受众的情感体验却更深刻，对网络的依赖性更高，这样的社交不逊于现实生活中的"接触型"社交。

因为这些特性，社交网络提供了品牌传播的媒介基础，颠覆了时尚品牌传统的传播方式，从被动释放信息到利用平台让用户主动制造内容并传播。在聚"人"的小圈子里，社交网络的真实性体验大大拓展了品牌与受众互动的空间。

三、虚拟与真实并行的社交网络品牌传播

社交网络是打通个人与外界的"圈落"。受众在这个模拟现实社交场所的"拟态环境"中，分享图片，交流情感。图像又唤起了人们对这个场景真实存在过的感觉，将虚拟化为现实，在似真似幻中，感受着社会归属感。如人们在 Facebook 和微信上渴望一种沟通了解的氛围，渴望一种类似现实环境的、能面对面交流的平台。这种使用心理被奢侈品牌抓住，成为诉说品牌故事的绝佳途径，使网络成为一个陌生人聚集的地方，但又是有共同爱好和话题的小圈子。在受众与品牌的互动中，品牌认同感得以提升。

1. 图片分享提升品牌人气

社交网络的"拟态环境"进行的主要是人际传播。各品牌策划的在虚拟的网络世界的"非接触"社交，因为图片与视频由线下向线上的转移，使社交与品牌传播交融在一起。这样的传播在速度和口碑上，超越广告。使受众忘却了身处被说服或被宣传的环境，而在分享中产生了现实社会的真实体验。

基于社交网络提供的图片分享平台，众多一线时尚品牌纷纷利用社交网络的品牌"公共主页"或"公共账户"，提供独家图片和视频内容，进行与粉丝的互动，宣传自己。巴宝莉还自建了网站"Art of The Trench"（风衣的艺术），鼓励粉丝在其网站上传穿着该品牌风衣的照片，全球共享。不仅仅是巴宝莉，其他品牌如古驰、路易威登、迪奥也纷纷在社交媒体上分享照片、视频，制造事件，进行品牌宣传。

2. 高科技的拟真化引发网络围观

3D 或 4D 高科技利用声、光、电等现代视觉捕捉

与加工技术，将二维平面扩展至了三维空间。传播者利用三维立体成像、银幕画外空间的延伸、高保真视觉和声音效果，以影像为"镜"营造此世界与彼世界的"镜像"，尽可能地将视觉体验"拟真化"，使观众融入奇观之中，在观影中尽情享受视觉带来的审美愉悦，观众被置身于似真似幻的"虚拟现实"中。

这样的技术也为时尚品牌传播带来新的突破，形成了社交网络用户的"群体性围观"和"群体性审美"。2011年4月，巴宝莉在北京举办了一场"3D全息影像秀"，整个秀场借用3D数字科技和投影技术，仅仅用6个模特就完成了一场时装秀。这场3D秀当天在全球20家网站同步直播，尤其是在社交网络播出时引发围观与热议，仅在新浪微博当天就有超过15万条微博转发，65万余条评论。粉丝并非亲临现场，却在网络上感受到了图像带来的真实效果，虚拟世界与现实场景相互渗透、相互融合。

3. "拟态环境"下的传播与营销的组合

"拟态环境"除了表现于社交网络人际社交圈落，还被纳入用户个人体验的过程。通过部分时尚品牌的网络虚拟化试衣室，用户可以在网上"试穿"不同的服饰，并及时地通过社交网络跟自己的朋友分享与讨论。这种类似于真实购物试衣的过程，让受众感受到的不仅是新鲜感，还有其便捷性与分享的快乐。社交网络被打包成集传播与营销为一体的组合包，虚拟网络中的购物变成了真实的用户体验。

4. 手机移动网络的"微型拟态环境"

移动社交网络是近几年的新兴事物，但部分嗅觉敏锐的商家还是以最快的速度开始占据这片领地。目前，微信在全国的用户已突破5亿人。香奈尔、迪奥等时尚品牌顺势纷纷建立了自己的微信公众账号，定期发布品牌信息，内容涵盖新品推介、时装秀、品牌与明星互动等。手机画面虽小，但质感更强，文字更趋简单，更易聚焦。小型的屏幕在短时间内将受众吸引到图片的小场景中，几乎成为"微型拟态环境"。

四、结语

社交网络构建了虚拟世界中的真实环境，弥合了网络的虚幻性，让真实感通过受众图像共享得以实现。时尚品牌利用粉丝互动，凭借受众的口碑形成集体共识与认同，其品牌形象在社交网络中更能得以彰显。社交网络中的品牌推广和传播，具有可信度高、针对性强、企业和用户零距离接触、提升知名度快等特点，几乎可以被认为是全新的、波及面更广的新型时尚品牌推广模式，其传播价值与商业价值值得进一步挖掘。

参考文献：

[1] 赵春华. 社教网络中的视觉信息与时尚品牌传播 [J]. 青年记者，2013（11）：79-80.

[2] 李想. Burberry 成 Facebook、Twitter 最受欢迎奢侈品牌 [DB/OL]. [2012-06-01] http://fashion.chinadaily.com.cn/2012-01/11/content_14421974.htm.

[3] WALTER LIPPMANN. Public Opinion [M]. United States：Wilder Publications，2010.

[4] 霍尔. "意识形态"的再发现：媒介研究中被压抑者的重返 [M]. 黄丽玲，译. 台北：台北远流出版事业股份有限公司，1994.

[5] 刘洋. 奢侈品牌社交网络抢滩中国市场 [DB/OL]. [2012-06-01]. http://style.cntv.cn/20120601/105533.shtml.

中美时尚文化对比研究

——以《创意星空》和《天桥风云》为例

彭 亮

摘 要：时尚从诞生之日起就与传媒紧密联系在一起，在信息化时代，电视媒体对时尚文化的传播有着越来越重要的作用，通过电视媒体我们可以了解到一个社会在特定时期内的服饰文化、服饰心理、设计语言、审美倾向以及服装产业发展特征等方面。本文以美学、服装心理学、文化学以及哲学等理论为支撑，对比了《创意星空》和《天桥风云》这两个电视节目中所体现出的中美两国时尚文化的差异，并分析了产生的原因，从服饰文化发展、服装设计师培养、服装产业发展几方面提出了一些建议，希望能为我国现代时尚文化的发展提供一些有价值的参考。

关键词：创意星空；天桥风云；时尚文化

A Comparative Study of Chinese and American Fashion Culture

Peng Liang

(Department of Foreign Languages, Beijing Institute of Fashion Technology, Beijing 100029, China)

Abstract：Fashion is closely linked with media since the day it was born. In the information age, TV media is playing an important role in the spread of fashion culture, as fashion TV programs can reflect the clothing culture, clothing psychology, design philosophy, aesthetic trend as well as the features of fashion industry of a society in a particular period. Based on such theories as aesthetics, social psychology of clothing, culturology and philosophy, this paper did a comparative study on *Creative Sky* and *Project Runway*, two most representative fashion TV programs in China and America, to find the differences between Chinese contemporary fashion culture and American contemporary fashion culture, and analyzed the reasons behind these differences. As conclusion, this paper made some suggestions on the development of China's clothing culture, fashion education as well as fashion industry, in the hope of providing some useful reference to improve the international competitiveness of China's contemporary fashion culture.

Key words：Creative Sky; Project Runway; fashion culture

20世纪90年代，时尚在中国悄然萌芽。在接下来的二十多年里，随着中国经济的繁荣发展，物质生活水平的迅速提高，思想文化的不断开放以及国际时尚产业对中国的影响，时尚在中国迅速发展壮大成为国民经济的一个重要产业。时尚产业的发展也带动了时尚文化在中国的传播：通过时尚杂志、时尚类电视节目、时尚资讯网站以及近两年兴起的移动媒体和社交媒体等，时尚文化已经全面渗透到人们生活的方方面面，深刻地改变了中国人的生活和消费理念。

作为时尚文化的传播媒体之一，时尚类电视节目对时尚文化在社会生活中的普及起了非常重要的作用。2006年，中国第一档时尚类电视节目《美丽俏佳人》在旅游卫视开播，节目播出后受到观众的广泛好评，并引发国内各级电视台纷纷创办各种各样的时尚类电视节目，如湖南卫视的《我是大美人》、四川卫视的《美丽模坊》、中央二套的《购时尚》、中央六套的《创意星空》，以及旅游卫视的另一档节目《第一时尚》等。

美国作为世界时尚中心之一，虽然与英法相比起步稍晚，但依靠其出色的创新能力后来居上，成为世界时尚文化的标杆。在时尚类电视节目制作方面，美国最早推出了时尚真人秀节目，如《天桥风云》（Project Runway）、《全美超模大赛》（America's Next Top Model）、《时尚娱记》（Stylista）、《决战彩妆大师》（The Search for the Text Great Makeup Artist）、《我要当超模》（Make Me a Supermodel）等。这些极具话题性的时尚类电视节目不但在收视率上都取得了不小的成功，而且在美国乃至世界范围都掀起了一股"全民时尚"的热潮。

同为设计师选秀节目，且在节目形式、比赛内容上有一定的相似性，《创意星空》常常被看作是中国版的《天桥风云》，但是通过对两个节目具体内容的分析，我们可以看到这两个节目事实上存在很多的不同之处，这些不同之处恰好反映了中美两国在时尚文化方面存在的诸多差异。

一、《创意星空》与《天桥风云》的不同

1. 评委设置的不同

《创意星空》前三季每一集的评委包括了三位主评委，多位嘉宾评委和观众评委。主评委主要由国内著名的服装设计师、造型师以及知名杂志时尚主编组成；嘉宾评委由设计师、影视明星、时尚达人、服装企业家等组成；而观众评委则包括报纸杂志编辑、评论家、时尚爱好者、普通观众等。三类评委均有投票淘汰选手的权利。而到了第四季，则精简为两至三位主评委加一位嘉宾评委。《天桥风云》则从始至终都是坚持三位主评委加一位或两位嘉宾评委。

两种截然不同的评委设置体现了中美两种截然不同的思维方式：中国文化主张集体主义和异中求同，而西方文化则强调个人主义和同中求异。《创意星空》评委设置的考虑显然是希望选手们的设计既能够得到

专业人士和与专业有关人士的认可，又能够被普通大众所欣赏，所以任何选手的晋级或淘汰都可以看作是集体受众异中求同的结果，节目似乎是希望通过这种评比方式树立更广泛的公信力。《天桥风云》在评委设置方面传递出的信息则是：我们选择的主评委都是时尚界的领军人物和权威代表，他们对这个行业有着深刻的了解和敏锐的洞察力，所以他们的决定一定代表着时尚未来的发展趋势，即便这种趋势暂时不能被普通大众理解，它也是毋庸置疑的，因此我们不需要过多的人在这里指手画脚。

《创意星空》在经过前三季的实践之后，最终在第四季决定采取与《天桥风云》相似的评委设置，说明《创意星空》逐渐意识到从众的思维方式会对时尚人才的选拔产生阻碍作用。从时尚产生的过程我们知道，时尚首先是少数人出于对现有生活方式的不满而发起的一种"求异"行为，这种"求异"行为在早期不会得到多数人的认可，而正是这种不认可才让发起时尚的人有了与众不同的感觉。一旦新的生活方式被多数人仿效和追逐，它便不再是时尚，而成为流行。时尚与流行有着重要的区别：时尚源于对个性化的追求，流行则意味着大众化；时尚的初衷不是流行，甚至可以认为是对抗流行。

《创意星空》早期使用大量的嘉宾评委和观众评委实际上就是没有分清楚时尚与流行的区别。节目一方面希望选拔出具备前卫创意思维的时尚设计师，而另一方面又期待设计师的前卫思想立刻就能被普通大众接受，这显然是不够现实的。如一个最生动的例子，在第二季第一场的比赛中，设计师刘睿越的作品得到四位主评委中三位的认可，评委叶锦添认为其对造型的控制能力很强，有发展的空间，王巍和李大齐认为其设计的创意和剪裁都非常出色，但显然他的设计理念超出了观众评委的接受范围，最终被观众选票淘汰。从专业人士的角度来看，一个如此才华横溢的设计师因为其设计不能被非专业人士理解而被淘汰，必然是一件让人惋惜的事。《创意星空》改制后，设计师们能够更加大胆地进行创作，而不用再去刻意讨好观众或是担心观众的理解能力，这显然也更有助于选拔出真正有创意的时尚人才。

2. 审美方式的不同

《创意星空》的选手在设计作品时更多的是依靠

经验、感觉和品位，注重作品表现出的主观感受和情绪，但在技术层面的表现则不够成熟。在作品陈述的过程中，多数选手也只是着重于解释服装的情感内涵，如爱、恨、愤怒、沮丧等。而《天桥风云》的选手相比之下则能够更理性地去分析题目，并且在造型、选材、搭配的过程中能够主动充分地运用理论依据，因而我们可以看到在最后的陈述阶段，多数选手能够很有逻辑地解释自己的灵感和创造过程，如为什么会选用这样的颜色对比或者比例结构，自己是如何利用面料的某些特性来达到预期的效果等。

这种审美方式的不同来自于中西方文化在感性和理性上的差异。在中国文化中，我们单从"美"这个汉字的构造便可以看出其与感性的联系："美"字是由"羊"和"大"组成，所谓"羊大为美"。那么为什么看见丰满的大羊我们就会有美的感受呢？古代权威的《说文解字》给了我们答案："美，甘也。从羊从大。羊在六畜主给膳也。"即"美"是一种香甜的感觉，这种香甜源自大羊身上丰腴的油脂。可见美的感受在中国人看来是直接等同于我们"舌头发甜"的一种感觉，而这种感觉是一种肉身感性。

西方哲学对美的认识则完全不同，它强调"美"包含"理性"的元素，认为"美"是可以被理性地分析和解构的。例如，古希腊人认为"美"就在于事物的数量比例关系，如建筑之美就在于各个部分在体积方面的比例关系，音乐之美就在于各个乐音在音程方面的数量比例，因而他们也最早发现了"黄金分割率"，并将其广泛地运用于建筑、绘画、雕塑等艺术领域。这种理性地"计算"美的方法，对现代西方社会的审美观依然有着重要影响，例如在欧美流行的选美比赛当中，女性的三围数值一直都是一个重要的参考标准；在甄选时装模特时，模特经纪人也会通过头部与身体的比例来衡量模特的身材是否标准，人们通常将"九头身"定义为完美的身材。

这种感性与理性之差也体现在评委对选手作品的评价上，《创意星空》评委们在评价选手作品时常常用到"大气"这个词。"大气"在英文中很难找到一个与之意义完全对应的词，因为这个词本身就是一种复杂多变的意境，在用它来形容服装时，它可以包含多重含义，如气势宏大、奢华高贵、端庄得体、落落大方、不拘小节、有气派、有度量等。评委们在评论某件作品"很大气"或者"不够大气"的时候，往往不是在特指"大气"的某一个含义，而可能是在指由以上所有含义所构成的一种意境，而这种意境又是一种感性的、没有具体而详实的评定标准的。

在《天桥风云》中，尽管评委们也很喜欢用大量的形容词，但仔细分析，我们会发现，他们所说的每个形容词都有具体的所指，例如：时髦（Modern）常常是指作品的线条简洁前卫或者结构新颖，有趣（Interesting）常常会指颜色、饰品、搭配等耐人寻味，精致（Sophisticated）常常是指细节到位、做工精良。评委们在对选手进行指导时也会更为具体，例如他们会说"你的裙边如果能再短两厘米，那么就会更性感"，或者"如果腰身再收紧一点就会更性感"。对他们来说，性感就是剪短的或者收进去的那两厘米，是理性的，是可以拆解分析的。

3. 灵感来源的不同

与《创意星空》的选手相比，《天桥风云》的选手更擅长表现本土服饰文化中的典型元素，例如好莱坞风貌、街头时尚、嬉皮风格、现代主义建筑、波普艺术等。这主要是因为，首先，美式风格中的"美国元素"多是源于美国当代的文化艺术和生活方式，是设计师们每天都可以切身体会和感受到的，如设计师在表现现代主义建筑感的设计时，其灵感就来自于纽约鳞次栉比的摩天大厦；而中国服饰文化中的"中国元素"则往往需要设计师从传统历史中去寻找和感受，如果对中国的历史和文化没有足够的理解和热爱，自然也就很难把握其中的精髓。其次，美式风格原本就与当代的西方服饰文化一脉相承，具有相同的审美取向，美式风格中的"美国元素"多是曾经对当代西方服饰文化产生过重要影响并最终成为其有机组成部分的潮流风格，因而设计师在进行设计时能够更为自发和自如地使用这些元素；"中国元素"则不具备这样的"天然优势"，由于东西方服饰文化在审美取向上存在着差异，东方元素要被西方审美观认可就必须用西方的方式表达出来，如何在既保留东方元素精髓的同时又向西方靠拢，中国设计师面对的挑战显然要更大。

4. 对设计师选拔标准的不同

《创意星空》在选拔设计师时看重其对时装内在理解的天赋和突破传统的潜力；在作品评比上更看重

作品的内涵和创新程度，对于那些能够通过结构创新来表达一些内在含义或能够用更巧妙的表现手法来阐释中式设计理念的作品，即便作品的完成度不高或者商业化的潜力不够，主评委也会给予积极鼓励。这是因为对《创意星空》的评委们来说，中国时装产业目前正处在由生产销售型向设计研发型转变的重要历史时期，中国青年设计师的任务是寻找中国设计的脉络，在世界时尚界为中国设计赢得话语权。要完成这项重任，创意思维要重于商业潜力，因此对于任何能够启发人们对中国设计新思考的创新，评委们都会尽量保护和鼓励。

《天桥风云》则要求选手设计和技术都要成熟，抗压能力和团队合作能力都要强，在他们看来优秀的设计师是走出赛场就能适应行业残酷考验的；在作品的评比上，评委们考察的重点在于作品是否适合目标消费者，是否符合时尚的审美观，做工是否精致，是否有高贵感和品质感。评委们尤其喜欢那些成本低廉但看起来却十分昂贵的作品，原因很简单——这意味着作品具有创造更多商业利润的潜力。在商业性上的高要求主要是因为，对《天桥风云》的评委来说，美国已经成为国际时尚的领袖之一，其时装产业已形成了成熟完善的体系并沿着既定的方向加速前进。站在巨人肩膀上的新一代的设计师，他们的任务不是去摸索新的方向，而是尽快去适应美国时装业快速前进的步伐，只要能在激烈的竞争中生存下来，他们就为历史的前进做出了贡献。

5. 设计师成熟度的不同

大多数《天桥风云》的选手能够在短时间内制作出做工精良、兼具艺术性和商业性的作品。前三强选手的决赛作品除了力求在设计上的突破和创新以外，也非常注重市场化的要求，例如作品在风格、色彩、质料上的统一性和连贯性，款式多样性，上下装占比，单品的可搭配性等，观众在决赛中看到的作品秀与任何一个成熟的商业品牌的发布会并无太大区别。

《创意星空》的选手在以上几方面则相对要弱。首先，虽然评委们对制作工艺已经秉持了宽容的态度，但做工差仍然是选手们的一个突出问题。其次，从决赛作品来看，绝大多数《创意星空》选手的作品都存在创意有余但商业性不足的问题，很多作品与其说是时装不如说是艺术品，很难进入市场进行销售，

而整个决赛秀则更像是一场设计院校学生的毕业作品秀，成熟度远远不及《天桥风云》。

这种不同在很大程度上是源自中美两国在青年设计师培养方式上的差异。在时装教育方面，美国的服装设计院校非常注重培养学生的实践能力。以纽约州立大学时装学院为例，该校虽地处时尚之都的中心地带，周边有数不清的设计师工作室以及时尚品牌，学生们不乏各种实习考察的机会，但学校仍然不遗余力地积极为学生提供广泛的实践项目，每年有超过三分之一的学生通过学校的项目进入企业和工作室参加全日制的工作和培训。这一方面大大提高了学生的实践和动手能力，另一方面也让学生很早就认识到市场对于设计的重要性，能够在设计过程中有意识地平衡时装的艺术性和商业性。

在我国，自改革开放将服装列为消费品生产三大支柱产业之一以来，时装设计教育也逐渐受到重视。以北京为例，目前除了时装设计专业院校北京服装学院之外，清华大学和中央美术学院也设有时装设计专业。这些院校通过与国际知名时装设计院校合作交流，引进先进设备，与国内知名企业合作创办研究中心，完善图书及其他相关资料收藏等方式极大改善了教学条件，提高了教学质量。但在为学生提供实践机会方面，目前各院校都存在实习基地和项目少、规模小，学生缺乏在知名时装企业尤其是国际知名企业实习的机会等问题，缺乏实践经验直接影响了学生们表达设计理念的能力。《创意星空》中就有多位选手被评委认为"设计理念出众，但实现手法糟糕"。由于理论与实践的脱离，很多中国设计师在学习设计时眼睛只盯着欧美顶级大牌天马行空的高级定制，而对成衣设计不屑一顾，结果在刚刚进入企业或创业时常常会出现设计产品不符合现实市场需求以至于难以生存的情况。王受之在《时尚时代》中指出："大部分国内消费者几乎只穿成衣，但是中国时装设计师的研究却常常只盯着高级定制。心里想的是后者，广大消费者穿的是前者，牛头不对马嘴。只有那些温州、义乌的成衣商清楚自己做的是什么，对学时装设计的人来说，对自己以为在做时装的人来说，这种认知的差距只会产生悲剧性的结果。中国时尚界的很多问题即源于此。"

二、《创意星空》与《天桥风云》比较而得来的启示

通过对比《创意星空》和《天桥风云》的不同以及分析节目差异背后的深层原因，我们也能得到一些对我国时尚文化发展的启示。

1. 对我国服饰文化发展方向的启示

改革开放以来，中国的服装制造业迅速发展并在全球服装制造业中奠定了领军地位，同时，中国经济的成长也推动着中国时尚消费市场的壮大，中国市场正成为世界时尚关注的焦点，因此中国服饰文化发展的方向不仅决定着本国时尚产业的未来命运，也必然会影响世界时尚的发展格局。

《创意星空》作为一个汇集了当代中国时尚界最权威和最优秀人才的电视节目，既充分展示了过去十几年里中国服饰文化发展所取得的成就，也集中反映了在从"中国制造"向"中国设计"转变的过程中，中国服饰文化所面临的困境和迷惑。中国服饰文化如何能够真正成为引导中国消费者和世界时尚文化发展的力量，通过《创意星空》与《天桥风云》节目的对比，我们可以得到以下几点启示。

首先，必须认清中西方服饰文化之间差异的本质。服装造型、面料、色彩、纹饰等方面的不同只是差异的表象，而中西方服饰文化差异的本质是中西方民族审美情趣、服饰心理、哲学思维以及服饰文化变迁经历的不同。只有认清这种本质上的差别，我们才能理解"中国元素"和"中国风格"的不同："中国元素"是在强调表象，而"中国风格"则是表象与本质的统一。因此，在复兴中国服饰文化的过程中一味强调"中国元素"事实上是一种误区，因为"元素"一词往往会误导人们对传统服饰文化断章取义地拆分和提取，而中国风格的精髓却在于整体的意境。简单地将中国红、丝绸、青花瓷、牡丹、泼墨山水画、绣龙绣凤等中国元素附加于加西方现代服饰，这不是在复兴中国风格，反而破坏了中国风格的整体美感。所以要真正找到中国服饰文化的特色和未来发展的脉络，我们还是得从深入踏实地理解中国服饰文化的本质开始。

其次，要树立中国设计的文化自信。观察美国设计师的作品，不难看出他们的作品中表现出强烈的文化自信，他们深信自己对时尚的演绎能够引导本国的消费者和国际时尚文化，而这种自信则是源于他们对美国文化本身的信心。而中国设计师当前面临的困境就在于如何在一个被完全西化的服饰文化环境中重新找回民族设计的自信。要让民族设计散发自信的光彩，就不能用商业的流行禁锢住设计的眼光，更不能急功近利跳入模仿抄袭的怪圈。设计师必须与自己的审美惰性不断地斗争，从传统文化中吸取精华，探索民族文化与现代审美意识的沟通，不断用民族历史文化的精髓去指导设计，才能创作出既有民族文化特质、又符合现代人审美情趣和精神风貌的服饰文化。从这方面来说，《创意星空》的选手所作出的探索和尝试是值得赞扬的，许多设计师都敢于主动走出西方商业化设计的安全地带，大胆进行尝试和突破，努力寻求民族服饰文化走向世界时尚舞台的突破口，即便这些尝试和突破有时可能意味着失败或淘汰。在中国服装从"中国制造"向"中国设计"转变的关键时期，我们需要有这样一批无畏权威、敢于挑战的设计师，代表中国设计与世界对话，为中国设计树立起文化自信。

最后，要在现实中寻找中国风格。在《创意星空》和《天桥风云》的对比中，我们看到了美国设计师能够更加自如地从现实生活和艺术中吸取设计灵感，将美式风格与现实紧密联系在一起，不可否认，这主要是由于美式风格与当代世界主流时尚文化在审美取向和灵感来源上一脉相承的天然优势。中国服饰不具备这样的天然优势，那么是不是就意味着中国的现实生活和艺术中就没有值得吸取的灵感呢？是不是一谈到中国风格我们就必须在历史和过去中寻找特质呢？显然并非如此。

改革开放三十年来的中国经历了翻天覆地的变化，翻开世界时尚发展史，我们可以看到很多经典服饰的产生和流行都是源自于社会的巨变，因此中国社会这三十年来日新月异的变化绝不应该被忽视和忘却，而应该成为当代中国设计最宝贵的灵感源泉之一。

在这一点上，本土品牌"例外"和"素然"可以说是当代中国设计的楷模。作为一个商业品牌，"例外"既没有走上追求西方时髦外观的道路，也没有一味强调中国传统服饰风格，而是将目光放在了有

知识、有民族觉醒、有独立审美观的现代中国女性的生活和理想诉求上，它所创造出的中国风格可以说是独一无二却又浑然天成的。

"素然"品牌则是将中国经济转型期的各种时代符号作为设计灵感，通过服装表达当代中国人的生活。例如"素然"的"菜市场"系列就是以上海菜市场上成堆的蔬菜和咸肉的陈列方式为灵感，创造出各种拼接图案和众多的新创意，这让很多中国的消费者产生了强烈的亲切感和认同感。可见中国红、丝绸、青花瓷、牡丹、泼墨山水画、绣龙绣凤并不是中国风格的唯一灵感来源，如果认真体会，设计师们完全能从现实生活中找到更为打动当代人心灵的东西。

2. 对我国服装设计师培养的启示

服装产业是我国改革开放以来发展最快的行业之一，中国目前的成衣消费市场大约为 1.6 万亿元，过去十年里，中国服装消费年均增速为 14.7%，大约每五年就会翻一番。但值得注意的是，在前二十年的发展中，中国服装产业几乎没有什么设计可言，多数企业主要是通过简单的加工和抄袭迅速完成了市场占有与资本积累。然而在进入 21 世纪后，面临激烈的国际竞争，原有的粗放型的增长方式暴露出明显的弊端，中国服装产业要进一步发展就必须实现从生产加工型向品牌效益型的转变，要实现这一转变最重要的就是提高服装的文化附加值，而这种文化价值更多的是需要依靠设计师来实现。因此，我国服装产业要成功地迈上发展的新台阶，培养优秀的本土设计师是基础，在这方面，我们也能从《创意星空》与《天桥风云》的对比中得到一些启示。

首先，要在高等服装设计教育中加强中国文化教育。这种中国文化的教育不应当仅局限于中国服饰文化，而应当更广泛地涉及中国文化的方方面面，包括哲学思想、文学修养、审美情趣、宗教风俗、音乐舞蹈等。《创意星空》中很多设计师在探索中国设计风格时不成功的主要原因就在于不能深刻理解中国文化的精髓，因而无法站在更高的角度去诠释中国风格所强调的意境，而只能将自己所理解的中国服饰文化的只言片语勉强地附加于西方服饰之上。服装设计是一个厚积薄发的过程，设计师的设计理念体现的是他的文化底蕴，因此，在培养设计师的过程中，只有提供足够的中国文化的滋养，才能让他们在设计的过程中真正将中国服饰文化的精髓游刃有余地表达出来。

其次，服装设计师的培养要走面向国际和市场，走学、研、产结合的道路。《创意星空》中很多选手的作品不成熟、市场适应性不强，暴露出了我国高等服装设计教育中实践项目少、与服装企业合作不够紧密使学、研、产脱节的问题。要解决这个问题，就要求各高校建立校企合作机制走学、研、产结合的道路，推进服装设计教育改革的市场化进程，更广泛地为学生搭建与市场紧密联系的实习和实践平台。

再次，要进一步细分设计师的培养方向。上海知名时尚写手林剑将中国的本土服装品牌大体分为三类：第一梯队是独立设计师品牌，第二梯队是设计品牌，第三梯队是普通品牌。这三类品牌对设计师能力的要求也是截然不同的，独立设计师品牌要求设计师有极高的设计天赋以及明确的个人风格，他们需要代表中国与世界时尚对话；第二梯队的设计品牌则要求设计师既具备设计天赋又能够将个人风格融入品牌风格当中，适应市场化的需求；而第三梯队的普通品牌则最注重设计师对市场的理解，设计师的个人风格要完全隐没在市场化的商品之中。既然不同梯队服装品牌对设计师的要求有所不同，那么在培养服装设计师的过程中就应当改变"一把抓""一刀切"的传统教育模式，根据学生的实际情况和个人意愿进一步细分专业方向，有针对性地进行培养。这既能帮助学生尽快找到自己的设计定位和方向，同时也能帮助企业更准确地找到适合本品牌定位的设计师。

最后，企业要重视设计师的作用，为设计师的培养提供空间和平台。过去在很多企业中，设计师的地位和作用并没有得到真正的重视，甚至有一些企业认为根本不需要设计师，只要有打板师就够了。这一观念在今天显然是不符合时装产业发展趋势的。中国当前的时装产业正经历着与美国 20 世纪四五十年代同样的从继承模仿向设计创新转变的重要阶段，在国外强势品牌纷纷涌入中国市场的大环境下，时装产业走向设计师时代是历史的必然。因此，企业应当为长远发展考虑，积极为企业内设计师的成长提供更大的空间和更多的机会，让他们能够充分施展自己的才华，为接受国际化的竞争打好基础。此外，企业还应当有强烈的社会责任感，在引进资质优秀、经验丰富的人才的同时，也要为一些缺乏经验的服装设计专业毕业生或服装设计人员创造机会，降低入职的门槛，给他们学习锻炼的时间和机会，帮助他们真正成长为一名优秀的服装设计师。

3. 对我国服装产业发展的启示

我国目前有超过 10 万个本土服装品牌，占据了国内服装市场 90% 以上的市场份额，从数量上看中国本土品牌占据了绝对优势。但是仔细分析可以发现，处于金字塔顶端引导时尚的高端市场长期被国外品牌占据着，此外，消费者消费最为集中、利润最为丰厚的大众成衣市场近年来也成为国外快时尚品牌迅速攻占的目标。本土品牌要既保持现有的大众市场份额，又逐步进入高端市场，就必须从以下两方面进行努力。

一方面，本土服装品牌要加强与媒体的合作与联系，提高自身在时尚引导方面的能力。现代服装产业与传媒、出版、艺术、教育等城市文化产业有着千丝万缕的联系。在信息化时代，媒体对提高服装品牌时尚引导力方面有着尤为重要的作用。《天桥风云》就是一个很好的例子，该节目不但将多位年轻设计师送上通往成功的大道，还成功地将节目的主持、评委们塑造成时尚偶像，对美国时尚文化的发展产生了重要影响。从《天桥风云》长长的赞助商和合作商名单上，我们能看出美国服装行业的每个环节、每个部门都非常注重与媒体的合作，媒体对品牌带来的宣传效益也是有目共睹的。而中国有 10 万多个本土品牌，却仅有依文、卡宾等少数几个品牌通过《创意星空》这样的媒体来提升自己的知名度和影响力。

同样，时尚杂志是普通人获取时尚信息最为快捷和专业的渠道，设计师和品牌与时尚杂志合作是提升其自身时尚影响力的有效方法之一。因此，在美国，无论是服装品牌还是设计师都非常注重与时尚杂志的互动与合作，美国时尚杂志中本土品牌的广告量与欧洲品牌的广告量势均力敌，而杂志也热衷于介绍和推广本土设计师与品牌。今年刚刚接掌欧洲老牌时尚大牌巴黎世家（Balenciaga）的美国华裔设计师王大仁（Alexander Wang）就是在美国版 *Vogue* 杂志主编安娜·温图尔（Anna Wintour）的大力提拔下从一个时装院校毕业生迅速成为一线设计师的。而在中国，本土服装品牌与时尚杂志的合作则远远没有那么密切。翻开中国版的各大时尚杂志，无论是广告还是文章大多还是以欧美品牌为主，本土品牌的曝光率少之又少。除此之外，在中国时尚杂志举办的各种活动派对以及筹划的影视节目中，本土品牌依旧难觅踪影。这就造成当消费者翻开时尚杂志了解最新的时尚信息时，他们接受的都是欧美时尚的教导，在消费习惯和消费观念上也自然而然地倾向于欧美。结果，本土品牌无论在渠道建设上下了多大的工夫，最终还是要被欧美时尚牵着鼻子走。

在现代社会，酒香也怕巷子深，中国服装产业要提高自身时尚引导方面的能力占领高端市场，首先要做好的就是宣传推广，这种宣传推广不是简单地找明星代言，而是要通过多种媒体全方位地传播品牌的设计理念和文化内涵，让消费者逐步认识到品牌的价值所在，从而逐渐树立起品牌的高端形象。

另一方面，要加强本土高端品牌与大众品牌之间的人才和设计理念输出。时尚写手林剑认为，成熟的时装工业应该是一个金字塔结构，由处于顶端的高端品牌提供源头的创意，这种创意再源源不断地向下传导，影响第二、第三梯队品牌的设计理念。但在中国现实的服装产业内，本土高端品牌却始终处于孤芳自赏的小众地位，其时尚引导力和说服力远远不能自上而下抵达大众品牌并对其产生影响。

在高端品牌与大众品牌之间的人才和设计理念输出上，欧美服装业有很多值得借鉴的经验，例如快时尚品牌 H&M 每年都会推出与顶级设计师或大牌的合作系列，PUMA 也会不定期推出设计师系列，Adidas 与山本耀司合作推出时尚运动品牌 Y3 等。除此之外，许多大牌选择自己拓展二三线品牌，直接将高端品牌的创意传导到大众消费层面，实现了高端品牌对大众时尚的引导，如 Armani 的副牌 A/X（Armani Exchange），Donna Karen 的副牌 DKNY，Calvin Klein 的副牌 Calvin Klein Jeans 等。

可见，本土高端品牌要成长起来，实现对国内时尚的引导力和说服力，就必须学会积极与第三梯队的大众品牌合作，向大众品牌输出人才和设计理念。而本土大众品牌要找到区别于西方快时尚的自我特征，在未来更激烈的西方快时尚浪潮的冲击下生存下来，也必须加强与本土高端品牌的交流与合作。只有本土高端品牌与大众品牌密切合作，中国服装业才能在中国和世界市场中获得真正的话语权。

参考文献：

［1］李当歧. 西洋服装史［M］. 北京：北京高等教育出版社，1998.

［2］西美尔. 时尚的哲学［M］. 北京：文化艺术出版社，2001.

［3］包铭新. 解读时装［M］. 上海：上海学林出版社，2000.

［4］王受之. 时尚时代［M］. 北京：中国旅游出版社，2008.

［5］刘清平. 时尚美学［M］. 上海：复旦大学出版社，2008.

［6］凯瑟. 服装社会心理学［M］. 李宏伟，译. 北京：中国纺织出版社，2000.

［7］苏宏元. 电视媒体与时尚文化——试析中国电视的时尚化［J］. 现代传播，2011 （6）：65-69.

［8］邹雁. 国内时尚类节目发展走向研究［D］. 广州：华南理工大学，2011.

［9］赵坤雨. 中国电视女性时尚节目研究［D］. 西安：西北大学，2010.

［10］史亚娟. 美国服装业的崛起与美国文化精神［J］. 纺织服装教育，2013（1）：80-83.

［11］郭建南. 时装工业导论［M］. 北京：中国纺织出版社，2012.

［12］秦寄岗. 美国时装业的崛起与发展［J］. 装饰，1991（1）：49-50.

［13］彭龙玉，郭平建. 北京与纽约服装设计师培养机制比较［J］. 山西师大学报：社会科学版，研究生论文专刊，2013（S1）：58-60.

［14］钱初熹. 文化创意产业与当代学校美术教育的研究［M］. 长沙：湖南美术出版社，2012.

［15］丁远直，马庆，等. 时尚与传播评论［M］. 武汉：湖北人民出版社，2012.

［16］程建强，黄恒学. 时尚学［M］. 北京：中国经济出版社，2010.

［17］夏征农，等. 辞海［M］. 上海：上海辞书出版社，2010.

［18］中国大百科全书编辑部. 中国大百科全书（下）［M］. 北京：中国大百科全书出版社，2013.

［19］BONNIE. A Cultural History of Fashion in the 20th Century：from the Catwalk to the Sidewalk［M］. Oxford：Berg Publishers，2007.

［20］STANFILL S. New York Fashion［M］. Harry N Abrams Inc. 2007.

服饰与电影——《穿普拉达的女魔头》观后感[❶]

史亚娟

摘　要：本文认为，电影在一定程度上可以成为服饰文化的载体，而服饰则可以成为电影演绎其主题的手段和途径，而不仅仅是道具。作为一部把时尚作为主题的叙事电影，《穿普拉达的女魔头》不仅生动地展示了当代时尚文化，唯美地演绎了时尚界的激烈竞争，还用电影的独特视角映射了服饰与人生的紧密关系。在电影中，女主人公的命运和她所穿着的时装密切相关，服饰成了女主人公想要过的生活的符号，她的人生随着她的服饰而改变，而服饰也讲述并承载了她的人生选择。

关键词：《穿普拉达的女魔头》；电影；服饰

Costume and Movie：A Review On *The Devil Wears Prada*

Shi Yajuan

(Department of Foreign Languages, Beijing Institute of Fashion Technology, Beijing 100029, China)

Abstract：This paper means to express the idea that costumes are not simply being used as props in the movies. Movies are the media of costume culture and costume is the means of theme interpretation used by the directors. The movie，*The Devil Wears Prada*，not only makes a good display of contemporary fashion culture by telling a story of fierce competition happened in the fashion world，but also reflects the close relationship between costume and human life from a unique point of view. The change of the heroine's life and fate in the movie is woven together with the change of her costume. The costumes she dresses become the symbol of different life she desires to live and they also relate and record her choices in different stage of life.

Key words：*The Devil Wears Prada*；movie；costume

国内有学者认为，服饰是文化的物质载体，载荷着文化内容并以寓意的方式释放着文化的芬芳，而现代服饰当之无愧成为大众文化的载体。那么，电影中的服饰文化与电影之间的关系是否也可以简单地用"载体"两个字来概括呢？本文认为，电影在一定程度上可以成为服饰文化的载体，而服饰则可以成为电影演绎其主题的手段和途径，而不仅仅是道具。

其实，服饰与电影的结合，早已不是新鲜事了，从20世纪纪梵希为奥黛丽·赫本定做戏服开始，时装与电影就开始了长达半个多世纪的良好互动，其中马龙·白兰度在《欲望号街车》中穿着牛仔裤、T恤、夹克的形象对于全世界青年一代着装的影响早已成为世界服装史上的一段佳话。然而，真正将衣香袂影的时尚界带入电影并与电影故事完美结合的却是2006年美国好莱坞都市轻喜剧《穿普拉达的女魔头》。这部电影直接把一个发生在时尚界的故事搬上了银幕，时尚文化成为电影的叙事主题，普通的人生选择在霓彩华裳中得以生动诠释和演绎。电影故事毫

❶本文原载于《电影评介》2008年11月（下），P41-42。

不掩饰时尚文化本身所具有的功利性，并对此进行了别样的阐释。故事中女主人公服饰的变化成为她想要过的生活的符号，她的人生随着她的服饰的变化而改变，她的各种服饰讲述并承载了她的人生选择。正是在此种意义上，这部华裳云集、让人目不暇接的电影具有了让人们回味、反思和借鉴的韵味与意义。下面本文将根据故事的叙事结构从服饰文化与电影主题之间的互动及相互承载的关系进行具体阐述。

一、电影成为当代服饰文化的载体

首先，把这部电影《穿普拉达的女魔头》比喻为时装王国应该是当之无愧的，眼花缭乱的名牌和新款服饰依次登场，甚至设计大师瓦伦蒂诺（Valentino）亲自出马为斯特里普在慈善舞会的一场戏中设计服装。电影中的两位女主人公——安迪和《时尚舞台》的总编米兰达更是这个时装王国中T台上的主角。由于普拉达（Prada）和香奈尔（Chanel）是这部电影的两大赞助商，所以女主人公安迪的服饰以香奈尔为主，而米兰达的经典装束就是普拉达的衣服配爱马仕（Hermes）的丝巾，除此之外，CK（Calvin Klein）、古奇（Gucci）、迪奥（Dior）、周仰杰（Jimmiy Choo's）、南希·冈萨雷斯（Nancy Gonzalez）、华伦天奴（Valentino）、范思哲（Versace）等品牌服饰也接二连三地出现在女主人公身上，不仅使人物光鲜，而且使该片成为真正的时装盛宴，同时也彰显了时装大片的特色。

然而，这部电影对于当代服饰文化的承载并没有简单地停留在对当代最流行的品牌服饰的展示上，而是对故事的情节、人物的语言进行了深刻的诠释和演绎，使观众沉醉于衣香鬓影的同时，对时尚文化也有了更加深刻和感性的认识。这方面一个重要的情节就是刚刚进入时尚杂志社不久的安迪对待工作漫不经心的态度惹恼了米兰达，她尖刻的语言不仅给安迪好好上了一课，同时也让观众对于时尚和人们生活之间的关系有了更加深入的理解。

米兰达狠狠地批评安迪："比如你挑了那件蓝色的条纹毛衣，你以为你自己是按你的意思认真地选出这件衣服。但是，首先你不明白那件衣服不是蓝色的也不是青绿色或琉璃色，实际上它是天蓝色的，而你

从没搞清这个事实；实际上你也不知道，从2002年奥斯卡·德拉伦塔（Oscar De La Renta）的发布会第一次出现了天蓝色礼服，然后我记得，伊夫·圣·洛朗（Yves Saint Laurent）也随之展示了天蓝色的军服系列，很快的，天蓝色就出现在随后的八个设计师的发布会里，然后，它就风行于全世界各大高级卖场，最后大面积地流行到街头，甚至在那些肮脏的拾荒者的身上也可以看到。事实上，这种天蓝色，产生了上百万美元的利润和数不尽的工作机会，还有为之付出的难以计算的心血……你觉得你穿的这件衣服是你自己选择的，以为你的选择是在时尚产业之外，但实际上不是这样的，你穿的衣服实际上就是这间屋子里的人替你选的，就是从这一堆玩意儿里。"她的话意在告诉安迪，不要以为普通人和时尚无关，其实普通人对于服饰的每一个选择，都是时尚的产物；你所认为的自我的随心选择，其实都是在别人提供的选择的基础上得来的。而往往一个设计师或是一家杂志社的主编的选择，就决定了你能穿到什么样的服饰。米兰达的这段话十分经典，简明扼要地解释了时尚影响人们生活和这个世界的过程以及流行如何从它的尖端高级时装一步步地普及到每个普通人身上的过程，其实，这也是整个时尚界主宰世界上每个人的生活的过程。

此外，电影中米兰达在试装会上严格而挑剔的做法，也是电影对当代服饰文化一种极为深刻的反映，时尚是靠挑剔生存的，时尚是残酷的。时尚界的成功人士，那些设计师、杂志编辑对细节都是非常挑剔的，有时候到难以忍受的地步，但这是专业要求，是他们的专业要求他们必须这样做。时尚是精致和敏锐的艺术，离不开对细节的精益求精，"细节决定成败"，这是时尚的生存法则。

二、服饰成为电影演绎主题的手段

如文章开始部分所言，这部电影中的电影主题与服饰文化之间的关系是二元的，一方面电影承载了服饰文化，另一方面电影中的服饰远远超出了服装道具的作用，而是成为电影演绎其主题的手段和途径。下面从电影中服饰与女主人公在职业和人生选择方面的关联来阐述这一问题。

首先，故事中的女主人公安迪的服装是和她所从事的职业密切相关的。电影伊始，她对时尚业一无所知，给《时尚舞台》发的求职信不过是她为了找工作付房租而投出去的数份简历之一，来这里之前从未读过这本有名的时尚杂志，从没听说过她面前这位在时尚界叱咤风云的女老板，对时尚也没有什么感觉。然而她凭着自己出色的履历和良好的口才轻松地得到了这份"无数女孩拼死都想得到的工作"。很明显，安迪对时尚业的选择完全是无心之举，算是"无心插柳柳成荫"吧。也正是由于此种原因，她进入这个世界顶级时尚杂志社后依然保持了从前的着装风格——随意、舒适，甚至不修边幅。同一办公室的同事艾米莉笑话她穿的是"祖母的衣服"，设计部的同事则直言她穿的六号和十四号没有什么区别。对于这些嘲笑她均一笑置之，但是面对工作上的一次次失败，尤其老板米兰达那毫不掩饰的蔑视、异样的目光和刻薄的语言，她终于明白了一个道理，那就是入乡随俗，进了这行就要按这行的规矩办。于是她从着装入手尝试改变自己，同时开始减肥，就是说从外形上来改变自己，然而，体型可以被整塑得苗条可人，名牌服装可以让人的外表焕然一新，人生的选择和内心对自我的认知也能随之改变吗？

经过一番努力，安迪终于成为米兰达的第一助理，并代替艾米莉陪同米兰达参加了巴黎时装节，不过事业上渐入佳境的她却在生活中和男友的关系日益疏远。最后，在目睹了时尚界华丽美艳的时装、极尽奢华的生活背后所掩盖的无情和残酷竞争之后，她终于换下了从巴黎带回的高档裙装，脱下高跟鞋，穿上了日常生活中常穿的夹克和毛衫，这一服装的改变是和她职业的选择同时发生的，经历了事业上的繁华和情感上的波荡之后，她终于回归到最初自己对职业的选择——当一名记者。

从上面的分析可以看出，整个电影故事把女主人公的着装与她的职业选择紧密地结合在一起，刚刚进入《时尚舞台》工作时的安迪的着装是随心而行的，不想为了工作来改变自己对服装的要求和品位，这时她在工作上是失败的，但是随着她意识到自己的着装对自己工作的重要性，她开始减肥和为自己精心挑选各种名牌服装和饰品，一套套高雅大方的香奈尔衬托出她的美丽聪慧，此刻观众看到的不光是她形象上的

新锐和干练，而且是她事业上的成功和老板的另眼相待。影片最后她离开公司应聘于另一家杂志社，在街头与米兰达偶遇，这时她身穿咖啡色夹克、黑色毛衫的形象则尽显她历经风雨后的成熟与干练。

从技术角度来说，电影充分利用了服装这一道具来刺激并推动电影故事的发展，然而作为一部成功的电影，故事对于演员服装的利用并没有简单地停留在这一基本层次上，其实女主人公每一次服装的选择，都是一次对自我人生的选择和认知。服装覆盖我们的身体，却展示着我们的心灵。这才是影片在深层次上要呈现给观众的。电影巧妙地把女主人公对事业和人生的选择隐喻在她对自己服装的选择上，用不同的服装演绎不同的人生选择。电影中的服装就是一种另类语言，叙述着人的生命。国内一位学者对时尚服装曾作过如下分析："虽然摄影所突出的是穿在模特身上的服饰，然而其主题却非衣服和裙子，而是'想要的生活'，读者看到的不是服装，而是生活。欲望的对象不是那些在高级商场中有价签的服装，而是无价的生活方式和哲学，从有形物转向无形的精神，从短暂流行的时装转化为穿衣者一生的经历和故事。"这段话用在这部电影的主人公身上再恰当不过了。

事实上，安迪从穿戴上《时尚舞台》杂志社仓库里各式名牌服饰那一刻起，她就不仅对自己从事的职业有了新的认知，更重要的是她选择了一种新的与从前的生活完全不同的生活方式。这是一种在光鲜亮丽的服饰外衣掩盖下的充满竞争的复杂甚至冷酷的生活。然而这种生活真的是她"想要的生活"吗？这个"无数女孩拼死都想得到的工作"就真的是她也要拼死做下去的吗？电影给观众留下了些许疑问。但无论如何，她好像未加思索就接受并全身心地投入到其中了。

当安迪最终认识到时尚界竞争的残酷与无情之后，毅然决然离开米兰达，离开《时尚舞台》，去另一家杂志社找了一份更适合自己的工作，并把自己从巴黎时装节上带回的高档时装全部送给了艾米莉。这时的安迪应该说是更加成熟了，她从这段与时装打交道的岁月中获得的不仅仅是丰富的工作经验，还有无价的对于生活和人生的理解，她明白了什么才是自己"想要的生活"，在众人眼里美妙绝伦的东西不一定是她最珍视、最值得去争取和拥有的，她懂得了自己真

正希望拥有的是一种淡泊名利、脚踏实地的工作。至此，电影对于服装这一道具的运用已经完全脱离了在电影开始部分所暗示的作为等级标识的功用，观众所看到的不再是什么人必须穿什么衣服的简单论调，而是每个人应该如何为自己选择适合自己的服装、适合自己的职业以及适合自己的人生。

自从以萨特（Jean-Paul Sartre）为代表的存在主义哲学在西方问世以来，"选择"问题就很快进入了西方主流电影。存在主义先驱克尔凯郭尔（Soren Aabye Kierkegaard）认为，每个人的现实存在都是自我选择的结果。每个人的人性也都不是被给予的，而必须由自我的选择而获得。存在主义大师萨特主张存在先于本质，认为人首先是一种单纯的主观性的存在。人的本质，人的其余一切则都是后来由这种主观性自行制造出来的。人能够自由地选择自己，造成自己的本质。存在主义哲学的这些观点对于西方20世纪的人文思潮有着广泛而深刻的影响，社会经济科技的迅猛发展使人们面临更多的选择，从而也增添了不尽的烦恼与困惑，这一主题频繁地成为许多电影故事选择去诠释的内容。这部影片便是其中之一，不同的

是，故事中女主人公的选择与她的服饰穿戴有着密不可分的关系，甚至在很大程度上，她的服装决定了她的选择是成功还是失败。

在这场电影与时装的盛宴中，主人公服饰的改变成为电影演绎其主题的重要手段。导演没有用凄婉动人或美丽香艳的爱情故事来做时尚的注脚，而是把时尚与职业和人生的选择紧密联系在一起，既表达了年轻人成长中的困惑和无奈，也含蓄而内敛地说明了一个简单的人生道理，选择最适合自己的人生，而不是别人最想要的人生。认识自己，听从自己内心深处的呼唤。不论是服装，还是职业或者人生，都要选择最适合自己的。时装杂志的总编可以决定这季的流行，有权否定哪怕是最著名设计师的作品，但是他们无权决定他人的人生选择，尽管时尚的舞台永远辉煌耀眼，但不可能左右人们的一切。一个年轻的女子勇敢地向时尚界说了再见，随心而去。

时尚是残酷的，也是永远年轻的，它总是在一次次淘汰中重生，在这点上，亦如岁月和人生，时光会带走青春的稚嫩，但在一次次跌倒中人们会选择属于自己的人生，度过此生的光辉岁月。

参考文献：

[1] 舒湘鄂. 现代服饰与大众文化学研究 [M]. 成都：西南交通大学出版社，2006.

[2] 桃花岛居邪. 穿普拉达的女魔头的时尚解读 [DB/OL]. [2007-01-11]. http://www.tianya.cn/new/publicforum/content.asp？stritem=filmtv&idarticle=184750.

[3] 钱翰. "日常生活审美化"是一个文学问题 [J]. 贵州社会科学，216（12）：35.

[4] 夏基松. 现代西方哲学教程新编（下册）[M]. 北京：高等教育出版社，1998.

电影《欲望都市》——四个中年女性的T台秀❶

武力宏

摘　要：与电视剧集比起来，电影版《欲望都市》的剧情仍是围绕两个L——love和label展开。该片反映的友情令人感动不已，而更让人着迷的是三百多件（套）时尚的服饰。电影的每一个镜头都是对某个名牌的宣传和展示。《欲望都市》简直就是四个中年女性的T台秀！商家、设计师、著名品牌因此而赚得盆满钵满，令人深思。

关键词：《欲望都市》；时尚；T台秀；品牌营销

Sex and the City, a Fashion Show for Four Middle-aged Women

Wu Lihong

（Department of Foreign Languages, Beijing Institute of Fashion Technology, Beijing 100029, China）

Abstract：The film *Sex and the City* mainly develops around love and label, which moves us not only by the friendship but also by the fashion clothes in the film. Every shot of the camera is almost focused on a famous brand! The film is just a fashion show for the four middle-aged women. All the merchants, the designers and the famous brands are winners because of the film, which is worth deep thought.

Key words：*Sex and the City*; fashion; fashion show; brand marketing

一、引子

改编自 HBO 于 2004 年完结同名经典电视剧的《欲望都市》（*Sex and the City*）终于在 2008 年 5 月走上了大银幕。虽然该片由于种种原因没有在中国放映，但运用大众媒介宣传展示时尚的做法还是值得学习的——利用电影这样的大众传媒宣传、树立中华民族自己的服饰品牌。本文的目的即在于此。

二、剧情简介

《欲望都市》讲的是发生在纽约曼哈顿四个单身女人身上的故事。专栏作家凯莉、律师米兰达、理想主义者夏洛特和公关经理萨曼莎，她们都事业成功，都时髦漂亮，虽然已不再年轻但却自信、魅力十足。2008 年 5 月在欧美上映的电影版《欲望都市》是电视剧集的一个延续，讲述了四位女主角第六季之后的故事：作家凯莉［莎拉杰西卡·帕克（Sarah Jessica Parker）饰］事业进展不顺，多亏新助理［詹妮弗·哈德森（Jennifer Hudson）饰］帮忙才得以渡过难关，另外"大先生"［克里斯·诺斯（Chris Noth）饰］也终于迈出了勇敢的一步，向凯莉求婚了；萨曼莎［金·凯特拉尔（Kim Cattrall）饰］一直饱受癌症的困扰，健康状况堪忧；米兰达［辛西亚·尼克森（Cynthia Nixon）饰］的感情生活也正处于瓶颈期；夏洛特［克里斯汀·戴维斯（Kristin Davis）饰］则

---

❶本文曾发表于《电影评介》2009 年第 10 期，P75，P96。

仍旧对怀孕抱有极大渴望，几乎到了走火入魔的地步。最终，凯莉和"大先生"有情人终成眷属，她终于穿上了准备很久但没有牌子的礼服，婚礼很低调，简单到只有三五个好友参加；米兰达走向了布鲁克林大桥，并且和丈夫相拥着离开，再也不分离；萨曼莎永远是独立事业女性的一面旗帜，自信，潇洒，事业成功，带着男友送给她的华丽戒指离开了对方，去寻找自己的幸福；夏洛特是四个人中最完美的一个，她终于怀上了自己的孩子，在她怀孕期间，看到她穿着浅蓝色的羽绒背心，带着耳罩，在公园里快乐地奔跑时，所有人都为她的幸福而快乐。

与电视剧集比起来，电影版的《欲望都市》剧情虽说发生了一些变化，但不变的仍是两个 L——love（爱，友情）和 label（名牌，时尚）。也正是因为爱、友情和时尚，四位女士在电视剧集热播了十年后仍然那么年轻、美丽和可爱（图1）。

图 1

三、主题一——友情

影片中的爱，更多的是指四位成功的职场女性之间的友情。因为她们内心真正的强大，有力量，所以才会对朋友抱有宽容和欣赏之心；因为她们每个人都懂得自己是谁，相信自己的魅力，因此从来不争风吃醋，也不对谁妄加道德指责；不对朋友要求太多，但却懂得欣赏，给朋友真心的赞扬和帮助。所以，尽管她们的爱情经常会失败，但是她们之间的友谊堪称完美——在新年前夜，凯莉接了米兰达的电话后，穿着睡衣，伴着纷纷落下的雪花，穿越整个纽约市区，就是为了给对方一个拥抱！此情此景不禁令人感动不已。

四、主题二——时尚

长久以来，电影和时装就是一对孪生姐妹。自明星制度诞生以来，电影明星，尤其是好莱坞的电影明星成了大众顶礼膜拜的偶像。明星们的银幕形象、谈吐举止、服饰装扮等都对社会上的服饰风格、品位、流行趋势产生了极大的影响，以至人们发出"你明天穿的就是好莱坞明星今天穿的服装"（Haggard 1990：6）的感慨。虽然如此，电影时尚的造型大多也只是产生一种风格的影响，并没有成为具体品牌的宣传工具。而电影版的《欲望都市》恰恰就扮演了这样一个品牌宣传、推广、推销的工具的角色。

电影《欲望都市》演员的服饰全部来自于2008年春季最流行的款式，演员们穿戴着的几乎都是大牌设计师的作品或奢侈品，电影的每一个镜头都是对某个名牌的宣传和展示。《欲望都市》简直就是四个中年女性的T台秀！如图2～图4所示（图片及说明均来自 www.haibao.cn/article/674466.）：

图 2   图 3   图 4

图2穿着为伊夫·圣·洛朗（YSL）的裙子，迪奥（Dior）的高跟凉鞋；图3穿着为提米·伍兹（Timmy Woods）的埃菲尔铁塔包，朱迪思·雷伯（Judith Leiber）的首饰，迪奥（Dior）的裙子/高跟鞋；图4穿着为薇薇恩·韦斯特伍德（Vivienne Westwood）的小花裙，菲拉格慕（Salvatore Ferragamo）的包。

五、讨论

作为大众传媒，电影的影响无处不在，所以"很难再找到不被电影所影响的事物"（豪厄尔斯，2007：176）。商家深谙此道，在《欲望都市》电视剧集播放了十年之后再拍电影版时，各大品牌纷纷与之合作，出现了"一旦某个品牌接到剧组电话要求出借服装，公关们简直会高兴得跳起来，其兴奋程度堪比中了彩票"（www.chinanews.com.cn/yl/kong /news/2008/07-04）的情景。从片尾罗列的赞助名单可以看出，给该片提供服装的设计师及服装品牌和其他道具产品的厂商达40多家。

图5所示为蒂埃里·穆勒（Thierry Mugler）红色外套，华伦天奴（VALENTINO）红色铅笔裙，罗伯特·卡沃利（Roberto Cavalli）红色高跟鞋，芬迪（FENDI）手袋；图6所示为迪奥（Dior）高跟鞋，蒂埃里·穆勒外套，Hunting Season包，富贵猫（Baby Cat）太阳镜，荷芙妮格（Herve Leger）铅笔裙；图7所示为 Maggy London 真丝裙装，亚历山大·麦昆（Alexander McQueen）包，古驰（GUCCI）高跟鞋。

图5　　　　　图6　　　　　图7

图8所示为阿尔伯特·菲尔蒂（Alberta Ferretti）香槟色裙，卡洛斯·方驰（Carlos Falchi）腰带，南希·冈萨雷斯（Nancy Gonzalez）包；图9所示为菲拉格慕（Salvatore Ferragamo）裙子，香奈尔（Chanel）包，克里斯提·鲁布托（Christian Louboutin）高跟鞋；图10所示为米兰达穿了普拉达（PRADA）的及膝裙、外穿 J. Mendel 外套，夏洛特穿着詹弗兰科·费雷（Gianfranco Ferre）正装、华伦天奴（VALENTI-NO）上衣、约翰·加利亚诺（John Galliano）夹克，手套、胸针均来自香奈尔（Chanel）。

图8　　　　　图9　　　　　图10

利用大众传媒进行品牌营销已成为一种常见的营销手段，商家们不惜巨资请影视明星做广告、做形象代言人。但是，像影片《欲望都市》这样集大牌服饰设计师及知名品牌于一体、在不到一百分钟的时间里对观众进行狂轰滥炸式的视觉冲击，以此方式来宣传、展示品牌的做法实属少见。即使像《穿普拉达的女魔头》这样把时尚作为主题的叙事影片，服饰也是为剧情服务的，是作为反映女主人公命运变化的符号存在的，时尚服饰只是手段而非主角。在观看《欲望都市》时，如果不静下心来仔细分析的话，观众在银幕上看到的就是眼花缭乱的时尚服饰，甚至会误以为时装是影片的主角。

对于欣赏一部电影的观众来说，时尚服饰充斥其中或许有些喧宾夺主。然而，作为一种营销手段，影片给商家、给设计师、给品牌带来的有形、无形的效益是巨大的。"促销效应从电影一开始拍摄就已经显现，饰演凯莉的莎拉·杰西卡·帕克在开拍第一天提着的那个施华洛世奇水晶铁塔包成了网站的畅销款，而她脚上那双迪奥的罗马凉鞋刚刚被记者们拍到就马上卖断了货"（www.chinanews.com.cn/yl/kong/news/2008/07-04）。

对服饰流行有影响的国产影片当属王家卫执导的《花样年华》，甚至也有人称"《花样年华》简直就是一场旗袍时装秀"（王蕾，代小琳，2004：21）。但该片同大多数其他影片一样，其中的服饰都是设计师为影片量身定做的，不是某些商家或品牌赞助，因而也只是在服饰风格的流行上起到一些作用，对于我国自己服饰品牌的营销则无甚意义可言。

我国是一个服装大国，但不是服装强国。如何通过各种大众传媒宣传、树立我国自己的民族服饰品牌、展示中华民族五千多年的文明，是商家和大众媒体应当认真思考的。《欲望都市》只是提供了一种思路。

参考文献：

［1］理查德·豪厄尔斯. 视觉文化［M］. 葛红兵，等译. 桂林：广西师范大学出版社，2007.

［2］王蕾，代小琳. 霓裳神话［M］. 北京：中央编译出版社，2004.

［3］HAGGARD, CLAIRE. Dress Up in Public［J］. Screen International MIFED Issue，1990，20：September.

2011—2013 中国国际时装周与纽约时装周中外媒体关注度研究[❶]

郭平建　但沫霖　王亚楠　刘　婧　孙　清　李亚川

摘　要： 中国国际时装周从 1997 年起迄今已举办了 16 年，在规模不断扩大的同时，也得到了更多的媒体关注。在 2012 年冠名梅赛德斯-奔驰中国国际时装周后，国外媒体也对时装周进一步重视起来。纽约时装周作为老牌的国际时装周，向来得到全世界各国的广泛关注。本文尝试通过对两个时装周媒体关注度的研究，探索媒体关注重点的差异。

关键词： 中国国际时装周；纽约时装周；媒体；报道

A Comparative Study on Professional Media's Attention to China Fashion Week and New York Fashion Week at Home and Abroad from 2011 to 2013

Guo Pingjian, Dan Molin, Wang Yanan, Liu Jin, Sun Qing & Li Yachuan
(Department of Foreign Languages, Beijing Institute of Fashion Technology, Beijing 100029, China)

Abstract： China Fashion Week has been held for 16 years since 1997 and attracts more and more attention from the media. After China Fashion Week was sponsored by Mercedez-Benz in 2012, more and more foreign media began to pay attention to it. This paper, through a comparative study on the attention paid to the two fashion weeks, explores the emphasis and differences focused by Chinese media and foreign media respectively.

Key words： China Fashion Week；New York Fashion Week；media；report

一、引言

2011 年，梅赛德斯-奔驰携手中国国际时装周，继支持和赞助柏林、纽约、米兰等国际时装周之后，从 2012 年开始正式与中国国际时装周开始了为期三年的冠名合作。近几年，中国国际时装周的地位逐渐提高，国内媒体如《中国服饰报》《纺织服装周刊》《中国纺织报》《中国纺织》《中国制衣》等对其的报道更加专业。这几家媒体对纽约时装周同样十分关注，然而想要了解纽约时装周媒体关注的程度，对国外媒体的调查是必不可少的，因此，本文选取了网络版 *VOGUE*、*STYLE* 网站以及华尔街日报网络版，对它们从 2011 年至 2013 年对纽约时装周的报道进行了分析。

二、中国国际时装周与纽约时装周概况

1. 中国国际时装周

中国国际时装周于 1997 年创办，每年 3 月和 10 月分春夏、秋冬两季在北京举办。据瑞丽网统计，迄

---

❶本文为北京市教育委员会专项基金资助项目（编号：SM201210012002）成果之一。

今为止已有来自中国、日本、韩国、新加坡、法国、意大利、美国、俄罗斯、英国、瑞士等10余个国家和地区的290多位中外设计师、320余家中外品牌共举办了683场发布会；有2300余位设计师和模特新秀参加了在时装周举办的89场专业大赛总决赛。时装周现已成为国内顶级的时装、成衣、饰品、箱包、化妆造型等新产品、新设计、新技术的专业发布平台，成为中外知名品牌和设计师推广形象、展示创意、传播流行的国际化服务平台。

从1997年首次亮相至今，中国国际时装周已经进入了第16个年头，由当初的时装发布会发展成为现在集发布流行趋势、展示时尚创意、推动设计创新、推广品牌形象于一体的时尚服务平台。

2. 纽约时装周

1943年，由于受第二次世界大战影响，美国时装业内人士无法到巴黎观看法国时装秀，纽约时装周在美国应运而生。它也因此成为世界上历史悠久的时装周之一。

纽约时装周是由时尚评论家埃琳娜·兰佰（Elenor Lamber）发起，于1943年第一次成功举办。举行这样一个时装周的初衷是想给纽约的设计师们一个展示自己作品的舞台，并且希望将当时普遍专注于巴黎的时尚焦点转移过来。举办初期，纽约时装周以展示美国设计师的设计为主，因为他们的设计一直被专业时装报道所忽视。有趣的是，时装买家最初不被允许观看时装秀，他们只能到设计师的展示间去参观。纽约时装周逐渐取得成功，原本充斥着法国时装报道的VOGUE杂志也开始加大对美国时装业的报道。1993年，纽约时装周开始在纽约曼哈顿的布赖恩特公园举办，T台被安置在一个个白色帐篷内，只有收到邀请的买家、业内人士、媒体和各界名人方能入场。

如今，每年在纽约举办两次的纽约时装周，在时装界拥有着至高无上的地位，知名设计师、国际大牌、全球超模、各界名流和美轮美奂的霓裳羽衣在这里共同交织出一场场奢华的时尚盛会。

三、中国国际时装周媒体报道情况

1. 中国时装周国内媒体报道情况

（1）《中国服饰报》：《中国服饰报》隶属于《经济日报》报业集团，它立足于服装行业，旗下拥有四大资源平台：《中国服饰报》，服饰在线网站（www.cfw.com.cn），《中国服饰报》理事会和《中国服饰报》创智联盟。凭借强势的行业媒体、优秀的专业人才和先进的技术手段，《中国服饰报》报社成为拥有独特竞争力的行业媒体出版机构。《中国服饰报》对中国国际时装周的关注最为密切，不但文章数量是最多的，且报道中的评论性内容所占的比重大、篇幅较长，具有一定的说服力（下图、表1）。

中国国际时装周国内媒体报道情况

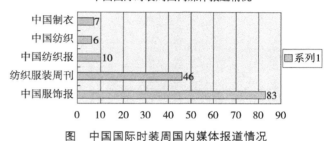

图　中国国际时装周国内媒体报道情况

表1　《中国服饰报》的相关报道统计

品牌发布	记者评论	评论员文章	图文专题	资讯类
53	12	6	7	5

2011至2013年的3年间，《中国服饰报》对中国国际时装周有详细报道的文章约83篇，其中53篇是对秀场品牌发布进行的评论报道。除品牌发布类报道文章外，记者评论文章和评论员文章所占比重较大，分别为12篇和6篇。记者评论文章大致分为3类，第一类是记者对时装周的一些思考与探讨类文章，如王彤晖的"文化市场国际中国设计作出选择"（2011）、"时装周面临新一轮考验"（2013）和"时装周与第一夫人效应"（2013），殷黎杰的"秀场到市场有多远"（2012）等；第二类是对刚刚过去的时装周的综述，如王彤晖的"绚丽春夏多元设计是亮点"（2012）、"时装周上设计含金量有多高"（2012）和"中国式高级定制可好"（2012）等；第三类是记者对设计师的专访类文章，如刘妍的"王玉涛用专注赢得金顶"（2011）、王彤晖的"袁冰：三个纠结与突破"（2011）、祝巍的"融汇中西助推品牌升级"（2012）等。评论员文章相对于记者评论文章少一些，且撰稿人较为稳定，有李超德和毛立辉两位资深的服装评论人员的文章约6篇，如李超德的"时装周十五年的感慨"（2012）和毛立辉的"中国时尚还不能'玩'"

（2012）等，对中国的时装发展发出自己的思考。

除以文章见长外，《中国服饰报》每年都会在春夏和秋冬两季针对中国国际时装周发表一系列的图文专题，如巾慈、老豹的"与'中国时尚'一周"（2013）是对2013秋冬秀场的总结，巾慈"2012秋冬的灵感"（2012）是对2012年秋冬秀场上的全景式概括，瑞雪的"东方·竞芳华"（2011）是对中国国际时装周2012春夏系列趋势的概览等。此外，对时装周上的众多发布会、奖项、比赛等的短篇资讯类报道分散在一些诸如"服装秀场""资讯快览"等的版块之中。

（2）《纺织服装周刊》：《纺织服装周刊》被誉为行业第一杂志，创刊于2000年1月1日，由原中国纺织工业协会会长杜钰洲先生担任顾问，是国内外公开发行量最大、最具权威、最具专业性的纺织服装行业刊物。依托中国纺织工业联合会的行业背景和各大专业协会的强大信息源，以及各产业集群和专业市场的信息站，《纺织服装周刊》每期向读者提供涵盖全行业的纺织服装信息约15万字，被喻为纺织服装行业不断更新的信息库。刊内对中国国际时装周的报道中，图文比重相当，资讯类文章和短篇记者评论较多，以大型图文专题见长。

在2011至2013年约有详细报道46篇。其中资讯类的短幅文章最多，约有16篇，可分为时装周内的新闻和对奖项、品牌等的快讯报道两类。第一类的新闻如李英等人的"共迎15周年特殊时刻梅赛德斯-奔驰中国国际时装周开幕在即"（2012）、吕杨的"梅赛德斯-奔驰中国国际时装周日程表（2013春夏系列）"、赖松的"中国国际时装周微博互动奖揭晓"（2012）等。第二类的快讯报道如吕杨的"《旭化成·中国大奖》中国国际时装周首发"（2012）和"白领再度上演压轴大秀时装周年度奖项花落各家"（2011）。

图文专题在《纺织服装周刊》中所占比重较大，且篇幅较多，如吕杨的"细数那些'金顶'设计师们"（2012）是总结历年获得"金顶奖"的服装设计师及他们的作品，还有大量的"模特篇""趋势篇""赛事篇"和"男装看点""女装看点"等图文兼具的系列专题。

在《纺织服装周刊》的"视线·时评"版块里，

刊内记者的评论多是篇幅短小的文章，且多为思考式话题，如索菁的"你接受负评吗？"（2012）和"时装周上的'中国风'"（2011）、赖松的"中国设计师迎来了好时候"（2011）等。当然也不乏一些总结性质的长文章，如李英的"'混搭'正当时"（2011）以及吕杨的"评点时装周7宗'最'"等。

相对于《中国服饰报》，《纺织服装周刊》的评论员文章较少，只有杨度和毛立辉的两篇文章，专访相对较多，有对设计师胡社光、王玉涛的专访，也有对中国服装设计师协会主席李当岐先生以及一些模特的采访文章（表2）。

表2 《纺织服装周刊》的相关报道统计

资讯类	图文专题	记者评论	评论员文章	专访
16	13	10	2	5

（3）《中国纺织报》《中国纺织》《中国制衣》：《中国纺织报》创刊于1986年，国内外公开发行。每周星期一至星期五出版，是中国的纺织行业综合性日报。《中国纺织》杂志创刊于1951年，是一份由周恩来总理亲自题写刊名的纺织服装行业产经类权威刊物。《中国制衣》由中国纺织工业协会主管、中国纺织信息中心主办，是一本结合工厂和市场、技术和艺术，具有实用性、可读性和指导性的服装行业专业期刊。

相对于前两份报刊的文章数量，《中国纺织报》《中国纺织》《中国制衣》中对中国国际时装周的报道相对少了。《中国纺织报》有记者评论文章7篇，资讯类文章3篇；《中国纺织》内的图文专题有6个；《中国制衣》则有3个图文专题，3篇记者评论文章和1篇评论员文章。

2. 中国时装周国外媒体报道情况

在中国国际时装周已经连续举办的16年里，国外媒体对它的关注度虽然有逐渐上升的趋势，但还是远远低于对于巴黎、纽约、伦敦、米兰四大国际时装周的关注。值得一提的是梅赛德斯-奔驰从2012年开始正式与中国国际时装周开始了为期三年的冠名合作，国外媒体对中国国际时装周的关注度开始有了一定提升。

从2012年的国外媒体报道来看，多数对于中国国际时装周进行报道的国外媒体集中在一些日常新闻类的报纸和网站，专业的时装国外媒体并没有对此进行过多的报道。《纽约日报》发表了一篇文章，称中国国际时装周上北京有赶上时装之都的趋势，但是上海还是拥有更多的明星出席。该文章作者称中国的时装设计师们越来越善于进行童话般的表演，对于秀场上的装饰、细节和模型也更加关注，甚至一些高科技设备也能赶超一线的国际大牌。同时该作者也对"卡宾"等一些男装品牌进行了秀场报道。

到了 2013 年，对中国国际时装周进行报道的国外媒体中增加了专业的时装媒体，如 *Style.com*。但 *Style* 简单报道了 2013 年中国国际时装周中的几个男装设计师的设计风格和 2013 年的设计细节，并且集中在几位获奖的青年设计师身上，并没有进行一些专业的评论。由此可以看出 2012 年、2013 年国外媒体对于中国国际时装周的报道、评论真可以算得上是寥寥数笔，乏善可陈。

四、纽约时装周媒体报道情况

1. 纽约时装周国内媒体报道情况

（1）《中国服饰报》：《中国服饰报》对纽约时装周的报道较多，较详尽的报道大约有 26 篇，内容以服装风格为主，以图文的形式呈现在读者面前。26 篇中有 20 篇为王彤晖编译的纽约时装周系列报道，如纽约时装周 2012 春夏系列报道之"运动故事"、"重温 20's"、"都市动感"、"艺术疆域"，纽约时装周 2012/2013 秋冬系列报道之"奇异文化"、"简约至上"、"都市结构"、"时尚幻想"、"风格之旅"、"豪华变奏"以及 2013 春夏系列报道之"MOD 之风"、"性感内涵"、"图案故事"详细介绍了秀场的风向。另外，"运动与色彩拥抱春天"（2011）、"纽约时装周展惊喜"（2011）、"商家评纽约秋冬关键词"（2011）、"纽约设计瞄准新一代"（2012）等也都是王彤晖对纽约时装周服装风格的报道，其中前三篇是以纯文字形式来讲述时装周上各品牌的设计元素，后两篇是以介绍设计师的思想为主，并以图片为辅体现个人设计及总体潮流趋向。其他关于风格的图文报道有张玲的"2012 秋冬纽约时装周女装趋势概览"（2011）、"高调创意实用设计——2012 秋冬纽约时装周女装细节分析"（2011）以及一萍的"2013 春夏纽约时装周趋势解读"（2012）等。

（2）《中国纺织报》《纺织服装周刊》：《中国纺织报》和《纺织服装周刊》对纽约时装周的报道以围绕连续两年登上纽约时装周舞台的中国本土设计师吴青青为主，从寥寥几篇文章看出国内媒体对本土设计师登上世界舞台的大力支持。文章由内而外对吴青青个人及其品牌进行详细的阐释，记者专访类文章和评论文章有王丹阳的"韦拿情续纽约——访原创品牌 VLOV（韦拿）首席设计师吴青青"（2012）和李英的"吴青青用'轮廓'挑战纽约时装周"（2011）等。

（3）《时尚北京》：《时尚北京》杂志是由北京市政府、北京市经济和信息化委员会、北京服装纺织行业协会主管主办，为北京建设时装之都、打造世界城市指定宣传刊物。赵晨宇的"情迷 2013 春夏纽约时装周"（2012）列举了参加纽约时装周的设计师及所展示的服装，并辅以图片表现时装周的盛况，其中不乏对华裔设计师的报道。

2. 纽约时装周国外媒体报道情况

（1）*VOGUE*：美国版 *VOGUE* 杂志诞生于 1892 年，是世界上历史悠久、广受尊崇的一本时尚类杂志。杂志内容涉及时装、化妆、美容、健康、娱乐和艺术等各个方面，是一本综合性时尚生活杂志。纽约时装周无疑成为 *VOGUE* 和 *VOGUE* 网关注的焦点。在 *VOGUE* 网站中有 *FASHION SHOW* 专栏报道各大时尚周，搜索纽约时装周，出现了 16102 条有关信息；搜索 2011 年纽约时装周，出现了 7644 条相关信息，其内容主要包括设计师品牌的 T 台秀、评论、视频和细节。

与 2012 年纽约时装周相关的信息总共有 7398 条。与 2011 年相比，排在前面的信息是主要秀场外的街拍时尚，还有秀场前排人物的介绍，如非常受欢迎的演员维奥拉·戴维斯（Viola Davis）等、女子网球冠军、支持设计师的名媛及一些狂热爱好者。还有相关设计师品牌的评论、T 台照，与 2011 年相比，没有有关视频和细节等信息。

与 2013 年纽约时装周相关的信息总共有 9754 条，前面的信息都是有关 2013 年时装周时尚街拍的报道和杂志有关评论。有关前排名人的介绍也更丰富，另外对设计品牌的介绍更加全面，通过比较，2013 年时装周的报道内容更加广泛，新锐设计师数量也有所增加，表明随着经济的复苏，更多的新兴设计师活跃在纽约时装周的舞台。

（2）*Style* 网站：*Style* 网站是 2000 年 9 月由 Fair-child Fashion Group 公司建立的世界流行时尚最前沿的目录性时尚网站。最早是时尚杂志 *Vogue* 和 *W* 的网络版，其特征是除了一些杂志的内容外，还包括网站独家报道，如大型活动的图片和时尚有关的文章报道。

Style 网站总结概括纽约、伦敦、米兰和巴黎四大时装周的潮流讯息。每年两季的时装展包括 T 台秀、回顾、秀场照片、幕后故事和趋势，都分专题进行报道。纽约时装周作为时装界的一大盛事，也是该网站的主要信息来源，可以查找设计师了解其作品展，也可以搜索不同年份的时装秀掌握该季时装的特征。与时尚杂志相比，其信息获取方便快捷。根据 2011 年至 2013 年纽约时装周的报道，除了宣传一些老牌著名设计师外，还可见一些新锐设计师的面孔。表明纽约时装周逐渐成为时装界发现人才、展现人才的舞台。*Style* 网站作为最受欢迎的时尚网站，也成为新锐设计师宣传的最好平台。

（3）《华尔街日报》：《华尔街日报》是侧重金融、商业领域报道的日报，创办于 1889 年。该日报是美国发行量最大的报纸。其报道风格严肃，始终采用传统的黑白灰三种配色，是美国最高端的报纸，以深度报道见长，对题材的选择也非常谨慎。

其生活休闲版面的时尚栏，对时尚有及时生动的报道。网络版近四年有关纽约时装周的报道总共有 35736 条，其中 2011 年有 84 条。内容包括新闻、文章、评论、视频等，突出每季时装周的亮点、新人独特的风格。例如标题为"Lowly Tasks During a Week of High Style"的文章报道了来自纽约州服装技术学院时尚周志愿者阿西亚·杰姆斯（Asiah James）在幕后的工作以及感受。其内容与相关时尚杂志不同，更有深度。通过 2011 年至 2013 年有关纽约时装周的报道，可见《华尔街日报》除了报道一些时装周著名设计师的服饰、造型图片，还特别报道时装与政治、经济的关系，从政治、经济等角度来报道分析时尚，反映出其宗旨和特色，不同于其他时尚杂志或网站。

五、结论

通过对以上媒体的报道分析，可以看出国内外媒体对两个时装周的关注程度和差异。总体来看，国内媒体对纽约时装周的报道要多于国外媒体对中国国际时装周的报道，而国外媒体对纽约时装周的报道则远远超过对中国国际时装周的报道。这一方面是因为纽约时装周的历史比较悠久，国际影响大；另一方面也说明中国国际时装周还不太成熟，特色不太明显，难以吸引国外媒体的足够关注。中国国际时装周要想真正在国际上产生较大影响，还需借鉴巴黎、纽约、伦敦等国际大都市的时装周的经验，积极采取措施，努力吸引国际专业媒体的关注度，这样才能促进北京时装之都的建设和中国时尚产业的发展。

参考文献：

[1] 王彤晖. 文化 市场 国际 中国设计作出选择［N］. 中国服饰报，2011-11-11（B18 版）.

[2] 王彤晖. 时装周面临新一轮考验［N］. 中国服饰报，2013-4-5（B24 版）.

[3] 王彤晖. 时装周与第一夫人效应［N］. 中国服饰报，2013-3-29（021 版）.

[4] 殷黎杰. 秀场到市场有多远［N］. 中国服饰报，2012-6-15（A02 版）.

[5] 王彤晖. 绚丽春夏多元设计是亮点［N］. 中国服饰报，2012-11-23（B22 版）.

[6] 王彤晖. 时装周上设计含金量有多高［N］. 中国服饰报，2012-11-16（A19 版）.

[7] 王彤晖. 中国式高级定制可好？［N］. 中国服饰报，2012-11-2（B18 版）.

[8] 刘妍. 王玉涛用专注赢得金顶［N］. 中国服饰报，2011-11-4（B26 版）.

[9] 王彤晖. 袁冰：三个纠结与突破［N］. 中国服饰报，2011-12-2（B35 版）.

[10] 祝巍. 融汇中西助推品牌升级——访七匹狼设计总监龚乃杰［N］. 中国服饰

报，2012-4-27（A15 版）.

[11] 李超德. 时装周十五年的感慨［N］. 中国服饰报，2012-12-5.

[12] 毛立辉. 中国时尚还不能"玩"［N］. 中国服饰报，2012-12-5.

[13] 巾慈，老豹. 与"中国时尚"一周［N］. 中国服饰报，2013-5-5.

[14] 巾慈. 2012 秋冬的灵感［N］. 中国服饰报，2013-5-5.

[15] 瑞雪. 东方·竞芳华［N］. 中国服饰报，2011-12-5.

[16] 李英，赖松，索菁. 共迎 15 周年特殊时刻梅赛德斯-奔驰中国国际时装周开幕在即［J］. 纺织服装周刊，2012（39）：68-69.

[17] 吕杨. 梅赛德斯-奔驰中国国际时装周日程表（2013 春夏系列）［J］. 纺织服装周刊，2012（39）：81-81.

[18] 赖松. 中国国际时装周微博互动奖揭晓［J］. 纺织服装周刊，2012（16）：51-51.

[19] 吕杨.《旭化成·中国大奖》中国国际时装周首发［J］. 纺织服装周刊，2012（40）：58-58.

[20] 吕杨. 白领再度上演压轴大秀时装周年度奖项花落各家［J］. 纺织服装周刊，2011（41）：53-53.

[21] 吕杨. 细数那些"金顶"设计师们［J］. 纺织服装周刊，2012（39）：76-78.

[22] 索菁. 你接受负评吗？［J］. 纺织服装周刊，2012（42）：48-48.

[23] 索菁. 时装周上的"中国风"［J］. 纺织服装周刊，2011（42）：50-50.

[24] 赖松. 中国设计师迎来了好时候［J］. 纺织服装周刊，2011（48）：70-70.

[25] 李英. "混搭"正当时［J］. 纺织服装周刊，2011（13）.

[26] 吕杨. 评点时装周 7 宗"最"［J］. 纺织服装周刊，2011（41）：59-59.

[27] AFP RELAXNEWS. Cabbeen is star China Fashion Week：Beijing'catching up'with fashion capitals but Shanghai has the star factor［N］. 纽约日报，2012-4-6.

[28] 彤晖. 纽约时装周 2012 春夏系列报道之二——运动故事［N］. 中国服饰报，2011-9-23（B28 版）.

[29] 彤晖. 纽约时装周 2012 春夏系列报道之三——重温 20's［N］. 中国服饰报，2011-9-30（B18 版）.

[30] 彤晖. 纽约时装周 2012 春夏系列报道之四——都市动感［N］. 中国服饰报，2011-9-30（B19 版）.

[31] 彤晖. 纽约时装周 2012 春夏系列报道之五——艺术疆域［N］. 中国服饰报，2011-10-7（A17 版）.

[32] 彤晖. 纽约时装周 2012/2013 秋冬系列报道之一——奇异文化［N］. 中国服饰报，2012-3-2（B27 版）.

[33] 彤晖. 纽约时装周 2012/2013 秋冬系列报道之二——简约至上［N］. 中国服饰报，2012-3-2（B28 版）.

[34] 彤晖. 纽约时装周 2012/2013 秋冬系列报道之三——都市结构［N］. 中国服饰报，2012-3-2（B29 版）.

[35] 彤晖. 纽约时装周 2012/2013 秋冬系列报道之四——时尚幻想［N］. 中国服饰报，2012-3-9（B19 版）.

[36] 彤晖. 纽约时装周 2012/2013 秋冬系列报道之五——风格之旅［N］. 中国服饰报，2012-3-9（B20 版）.

[37] 彤晖. 纽约时装周 2012/2013 秋冬系列报道之六——豪华变奏［N］. 中国服饰报，2012-3-9（B21 版）.

[38] 彤晖. 纽约时装周 2013 春夏系列系列发布之一——MOD 之风［N］. 中国服饰报，2012-9-21（B19 版）.

[39] 彤晖. 纽约时装周 2013 春夏系列系列发布之二——性感内涵［N］. 中国服饰报，2012-9-21（B20 版）.

[40] 彤晖. 纽约时装周 2013 春夏系列系列发布之三——图案故事［N］. 中国服饰报，2012-9-21（B21 版）.

[41] 彤晖. 运动与色彩拥抱春天［N］. 中国服饰报，2012-9-23（B27 版）.

[42] 彤晖. 纽约时装周展惊喜［N］. 中国服饰报，2011-9-9（B26 版）.

[43] 彤晖. 商家评纽约秋冬关键词［N］. 中国服饰报，2011-3-18（B26 版）.

[44] 彤晖. 纽约设计瞄准新一代［N］. 中国服饰报，2012-2-17（B26 版）.

[45] 张玲. 2012 秋冬纽约时装周女装趋势概览［N］. 中国服饰服报，2011-5-5.

[46] 张玲. 高调创意实用设计——2012 秋冬纽约时装周女装细节分析［N］. 中国服饰报，2011-7-5.

[47] 一萍. 2013 春夏纽约时装周趋势解读［N］. 中国服饰报，2012-11-5.

[48] 王丹阳. 韦拿情续纽约——访原创品牌 VLOV（韦拿）首席设计师吴青青［N］. 中国纺织报，2012-8-24.

[49] 李英. 吴青青用"轮廓"挑战纽约时装周［J］. 纺织服装周刊，2011（36）：61-61.

[50] 赵晨宇. 情迷 2013 春夏纽约时装周［J］. 时尚北京，2012（11）：174-188.

[51] Ray A. Smith. Lowly Tasks During a Week of High Style［N］. 华尔街日报（美国版），2013-2-15.

服饰文化与文化创意产业研究

非主流服饰与当代消费文化[1]

史亚娟

摘　要：作为一种年轻时尚风格，非主流服饰脱胎于街头以及日韩风混搭，但这种服饰的流行不仅是当今青少年一代为了张扬个性、获得社会认可的风格和手段，而且与当代消费文化的流行有着广泛而直接的关联。他们通过选择某种商品的形式，不仅获得了一种身份认同，也通过选择这种商品使自己投身于当代时髦的消费文化大潮之中，这一过程既是对社会主流消费文化的认可，也是对主流时尚社会的挑战。

关键词：非主流服饰；消费文化；时尚

Non-Mainstream Fashion and Contemporary Consumer Culture

Shi Yajuan

(Department of Foreign Languages, Beijing Institute of Fashion Technology, Beijing 100029, China)

Abstract：As a fashion style popular among young people, non-main stream fashion developed from the street style and the Japanese and Korean mashup style. The popularity of this fashion style is not only a style and method of enlarging individuality and gaining recognition of society, but also a product of consumerism and directly related with contemporary consumer culture. They achieve a identity by choosing some goods, through which they commit themselves to the development of modern society. The whole process represents both their recognition of main-stream consumer culture and a challenge to the main-stream fashion society.

Key words：non-mainstream fashion; consumer culture; fashion

众所周知，从 20 世纪末开始，非主流服饰已经以势不可挡的趋势进入了人们的日常生活，成为人们生活中一道亮丽的风景。作为一种年轻时尚风格，非主流服饰脱胎于街头以及日韩风混搭，接受者多为 80 后甚至是 90 后，服装穿着特点很明显，混搭且繁琐，穿着方式打破常规，创意无限，偏爱娃娃脸、大眼、嘟嘴、弯弯头发的大头照状头像。在评论界，人们谈及非主流服饰的时候，常常把非主流服饰和当代非主流文化以及西方 20 世纪六七十年代青年亚文化时代流行的朋克装及嬉皮服饰放在一起讨论。

例如，有学者认为非主流服饰不过是当代以网络传播为主要方式的青年非主流文化的一部分，随着电脑和网络的普及，各种信息的大量涌入，青年一代用网络这种独特的方式塑造着自己的形象，是一个懵懂岁月里的年轻人不成熟的价值观念与自我定位的探索方式。通过诸如火星文、个性化图片、个性化服饰等手段来展示个性与独立，抒发表达内心的彷徨、无助以及对未知世界的担忧甚至恐惧。由此，非主流服饰是非主流文化的一部分，年青一代既用这种"个性"鲜明的着装来追求"个性"的存在，又以此作为一种群体的标志，从而成为非主流青年文化中的共性特征。

---
[1] 本文原载于《山东纺织经济》2010 年第五期，P72-74。

更多的人认为非主流服饰与西方20世纪六七十年代青年亚文化时代流行的朋克服饰、嬉皮服饰有着异曲同工之处。他们之间有着极为相似的出发点，即以求新、求异和张扬个性为基本前提，以求得社会的最终认可为最终目标。不同之处则在于其外在的表现方式。例如，对未来的迷茫与绝望促使那个时代的朋克们穿着破烂的紧身裤，绽露出肮脏的肌肤，裤子短且被撕裂。他们常用饰纽装饰石黑色皮衣上的某一处。用链子松散地把两腿拴在一起或者绕在颈上，用夹文件的别针来别耳朵和鼻子。这些非常独特的服饰语言鲜明地表达出朋克们内心深处的孤独、混乱和冷漠。而当今国内流行的非主流服饰，则主要受日韩剧的服装搭配系列影响，以混搭为主要风格，不追求品牌、款式和质量。故意把衣服穿得松松垮垮，一件宽大且长的字母T恤，配一件短腿的笔筒裤；或者是裤子穿得低，裆较长，给人"短腿"的效果，有些裤腿则从上至下逐渐收拢，形成萝卜状。有时也采用镜头俯视的角度，力求腿短身长的效果，做出"罗圈腿"造型。然而，两者之间还是有差异的，那就是它们产生的时代不同，西方青年亚文化服饰是嬉皮士运动的一部分，承载着一代西方青年的人生理想和生活方式，他们用公社式的和流浪的生活方式来表达自己对民族主义和越南战争的反对。而当代非主流服饰的主人公们更多的是为了标新立异、与众不同，抒发一种发自内心的快乐以及对人生的享受之情，是当代社会消费文化的一部分。因此，当代非主流服饰与西方青年亚文化服饰有着明显不同的诉求。

然而，从属于当代非主流文化也好，与西方青年亚文化服饰部分相似的初衷和前提也罢，当代非主流服饰已经以势不可挡的速度和规模成为当代社会一道亮丽景观，成为不容忽视的社会存在。本文认为非主流服饰与当代消费文化的流行有着千丝万缕的联系，而不仅仅是青少年一代为了张扬个性从而获得社会认可的风格和手段。

消费文化是当今消费社会里具有主导地位的文化类型。随着社会从以生产为主导的社会类型转型为以消费为主导的社会类型，消费文化对人们日常生活的影响也愈加明显。由于消费社会的根本特征是商品符号的系统的运作，消费文化也随之具有了明显的商业化和市场特征，其存在伴随着符号生成、日常体验和实践活动的重新组织。在消费社会里，消费越来越由现实的、物质性的满足转向一种心理性的满足。消费的对象完全可以变成某种象征物，象征某种幸福，然后期望着这种幸福，并在消费的过程中体验着这种幸福的象征。由此意义以及象征着这种意义的符号最终将成为消费对象的实质性内涵。

非主流服饰的流行首先就得力于青少年一代一种强烈的心理上的渴求，90后、00后和他们的前几代相比，过着明显优越且多元的生活。然而，面对着信息化社会越来越多的选择和诱惑，面对着越来越庞杂的理论和学说，他们常常感到无所适从，茫然不知何往。于是，以混搭为特色，甚至是"以丑为美"的非主流服饰却恰恰满足了他们希望找寻自我、树立自我形象这一心灵需要。这时，他们身着的各种与众不同的服饰就不仅仅是一件日常服装了，而是某种象征物，象征着他们的独立，象征着他们对童年的追忆，象征着他们对童年的留恋。他们在消费这些服饰的同时，尽情表达、释放和体验着现实社会中的自我，让他们得以满足的不是身上的服饰之美，而是这种服饰整体效果所带来的幸福感觉。

但是，非主流服饰的流行也不仅仅在于它迎合了青少年一代心理上的需求和渴望，还得力于市场和媒体的大力宣传与运作。从街头小报到主流服装杂志，都可以看到非主流服饰的身影，而网络则以其方便、快捷和廉价等特征成为非主流服饰最好的展台与喉舌。只需对"非主流服饰"几个字进行搜索，就会有形形色色或批发或零售的非主流服饰网上商城等你光临。这些网上商城使出浑身解数，用美女靓男为模特拍摄充满魅惑的图片、用滚动播出或不停闪动的大号字体的广告词以及低廉的价格吸引青年人的眼球。与此同时，在各城市集镇二流甚至三流的服装市场及杂货市场里，非主流服饰则成为小商贩们叫卖的主角，他们除了极力夸耀自己的商品属于正宗的日韩版新装之外，还通常会加上一句，"这件衣服在网上卖得很好！"就这样，网上的卖家和市场里的卖家联手为青少年一代打造了一个非主流服饰的热销场面，他们用让人眼花缭乱的服饰、渴望的眼神、热切的语言煽动着青少年们那颗本就不安分的心。

就这样，在消费社会里，市场和传媒联手叫卖着各自的商品，而他们的销售对象在心理需求大于物质需要、对物的象征性需求大于审美需求的情况下，成为非主流服饰最佳代言人和最负责任的广告代理，其实没有什么能产生比他们身穿这些服饰招摇过市更加有力的广告效应。对于广大的身着非主流服饰的青少年一代来说，他们通过选择某种商品的形式，不仅获得了一种身份认同，也通过选择这种商品使自己投身于当代时髦的消费文化大潮之中。由此，他们这种对自身非主流身份的认同就具有了双重意义，一方面是对社会主流消费文化的认可，另一方面也是对主流时尚社会的挑战。而这两者之间似乎有着不可调和的矛盾。

然而，从时尚发展的历史来看，非主流变成主流或者说融入主流是迟早的事，纵观 20 世纪西方服装发展史，这样的例子几乎数不胜数。其中最为典型的大概莫过于流行于 20 世纪 60 年代后期美国的嬉皮派服饰了。所谓的嬉皮士其实是一群对社会现状心怀不满、企图寻求出路的年轻人。他们没有固定职业，希望脱离现行的社会体制，渴望超越这个混乱的、在许多地方违背人性的社会，回到纯净自然的原始状态。在服饰方面，他们反对人工造作和道貌岸然，常常蓄

着长发，头上缠着印第安人风格的布条、插上野花。戴着手工制作的类似原始祖先所佩戴的形制粗糙、不规整的项链，系着同样的腰带，赤着脚穿草鞋。这种不修边幅的服饰搭配很快得到世界各地众多青年的热烈响应，纷纷效仿，从而在世界范围内流行开来，并逐渐影响到正统服饰，形成了打入时装界的自成风格、粗犷洒脱、放浪形骸的"乞丐服"。另一个最广为人知的例子就是具有"朋克教母"之称的维恩·韦斯特伍德，她设计出的"先锋派"服装大胆前卫、夸张叛逆，一时成为时尚界的宠儿。

当然，社会在发展，时代在进步，当今的非主流服饰显然和朋克、嬉皮派服饰的产生有着很大的时代社会差异。非主流服饰是否最终融入主流时尚服饰并不是问题的核心，问题是如何在消费文化的大潮涌动之下，继续保持非主流服饰的创造性和活力，让非主流服饰不仅成为青少年一代成长的符号和印记，而且能够从更加积极和善意的层面去影响他们的成长和发展，让他们具有更加健康的人格和心理，这才是非主流服饰的设计者、宣传者以及研究界要关注和探讨的话题。

参考文献：

[1] 胡亮. 解析现代服饰文化中的非主流现象 [J]. 艺术研究，2008（4）：28-29.

[2] 贾玺增. 近代西方非主流服饰发展研究 [D]. 天津：天津工业大学，2002.

[3] 王兴伟. 浅析当今"非主流"现象的服饰文化特征及审美取向 [J]. 考试周刊，
2009（3）：43-44.

[4] 夏莹. 消费社会理论及其方法论导论 [M]. 北京：中国社会科学出版社，2007.

[5] 张乃仁，杨霭琪. 外国服装艺术史 [M]. 北京：人民美术出版社，1992.

浅谈服饰文化研究的跨学科性❶

武力宏

摘　要：服饰历来是人类生活中最重要的内容之一，服饰文化是世界文明史重要的组成部分。随着服饰在人们的社会生活中扮演越来越重要的角色，服饰文化的研究受到越来越多的专家和学者的重视。服饰文化兼具物质性和精神性，对服饰文化的研究不可能局限于某单一学科，应对其开展跨学科、多角度、综合性的研究和探讨。

关键词：服饰；服饰文化；跨学科研究

A Brief Discussion on the Cross-Disciplinary Study of Clothing Culture

Wu Lihong

(Department of Foreign Languages, Beijing Institute of Fashion Technology, Beijing 100029, China)

Abstract：Clothing is an important part in human life, and clothing culture is an important part of world cultural history. With its more and more important role in people's daily life, the study of clothing has attracted the attention of both experts and scholars. Since clothing culture is facilitated with both materials and spirits, the study should not be limited to a single discipline, but should be conducted from cross-disciplinary and multi-aspect methods and in a comprehensive way.

Key word：clothing；clothing culture；cross-disciplinary study

从古至今，服饰都是人们生活中最重要的内容之一。人类从拿起工具起就不断征服着自然界，也不断征服着自我。世界各国不同的民族发展至今，共同构成了群星璀璨的世界文明史，服饰文化成为其中不可忽视的组成部分。随着社会经济、文化、科技的不断发展和进步，对服饰文化的研究受到越来越多的专家和学者的重视。不可否认的是，作为学术上的专门研究，"服饰文化学是一门有待于各界同道关注，需要一代代人付诸心血去不断完善的新兴学科"。本文拟从服饰文化的界定入手，对服饰文化的多方位研究进行粗浅探索。

一、什么是服饰文化

（一）服饰

《现代汉语词典》（修订本）对服饰的释义："服：衣服、衣裳。""饰：①装饰、修饰；②装饰品。""服饰：衣着和装饰。"《辞海》的解释："服：①泛指供人服用的东西，一般指衣服；②衣着、佩戴。""饰：增加人物形貌的华美。如修饰，装饰，亦指装饰品。"由此看出，服饰即衣服和饰物的统一体。

随着时代的发展，服饰的内涵也在不断丰富和完善，可以说我们日常生活中身上穿的、戴的、拿着的

---

❶本文为北京服装学院科研项目"服饰文化的多角度研究"（项目编号：2008A-29）成果之一，曾发表于《中华女子学院山东分院学报》
　2009 年第 6 期，P81-84。

东西，都属于服饰。衣服主要指人身上穿着的各种衣裳、鞋、帽等；饰物是指戴在身上起装饰作用的物品，饰物又包括首饰类和配饰类，如首饰类包括装饰于头部、面部、项部、腰部的装饰品，配饰则包括服饰中所需的花饰、腰带、帽饰、鞋袜、领带、手套、巾帛、伞、扇、包、眼镜等物品，文身和各种化妆品、彩绘涂料等也在其范围内。一句话，服饰即"人类为了使其形体变得更加具有吸引力而对其身体所做的或者强加于身体上的一切"。

（二）文化

在中国，"文化"一词渊源颇深。西汉著名学者刘向在《说苑》中的"圣人之治天下也，先文德而后武力。凡武之兴，为不服也；文化不改，然后加诛。夫下愚不移，纯德之所不能化，而后武力加焉"被认为是"文化"最初而标准的解释。它说明，在中国的传统观念里，"文化"是与"武力"相对的概念，本是"以文德加以教化"的意思，包含有文治、教化以及礼乐典章制度等。

在西方，1871年，英国文化学家爱德华·伯内特·泰勒（Edward Burnett Tylor）在《原始文化》"关于文化的科学"一章中指出："文化或文明，就其广泛的民族学意义来讲，是一复合整体，包括知识、信仰、艺术、道德、法律、习俗以及作为一个社会成员的人所习得的其他一切能力和习惯"。从此，不少西方学者纷纷给文化下定义，并形成了多种关于文化的定义。

我国人类服饰文化专家华梅认为："文化，从广义上讲，是指人类在社会实践过程中所获得的物质、精神的生产能力和创造的物质、精神财富的总和。从狭义上讲，是指精神生产能力和精神产品，包括一切社会意识形式：自然科学、技术科学、社会意识形态，有时也用来指文学、艺术等方面的知识"。

（三）服饰文化

服饰由人类创造，又穿在人身上，与人一起构成整体形象投入到社会生活中，因而它既是文化产物又是文化的载体，"是人类物质创造与精神创造的聚合体，体现着文化的一切特征"。可以说，服饰文化就是"人类在社会实践过程中在服饰方面所创造的物质

财富和精神财富的总和"，包括了与服饰相关的全部穿着方式和观念形态，既包括实际衣装、艺术饰品这些器物成果，也包括服制形式、审美趣味等制度和精神成果，是整个民族文化的构成要素，是文化史、心理学史和艺术史研究的重要内容。

服饰文化兼具物质性和精神性，而且很难将其物质性和精神性截然分开。服饰是由形态、色彩和材料通过设计加工制成的物质实体，但其中少不了精神文化的内涵；作为精神文化，又必然涉及物质文化的内容。服饰是人类为自己设计的第二层肌肤，它既可让人体适应自然温度（物质性），也可修饰身体，让人以美的姿态在社会生活中展现（精神性）。特别在繁华盛世，物质的服饰更成为人们展现个性和魅力的工具，甚至成为区分社会阶层的标志。服饰文化研究的复杂性即在于此。

二、服饰文化研究

（一）服饰文化研究内容

法国小说家、文学评论家法朗士（Anatole France）说过："假如我死后百年，还能在书林中挑选，你猜我会选什么？我既不选小说，也不选类似小说的史籍，朋友，我将毫不迟疑地只取一本时装杂志，看看我身后一世纪的妇女服饰，它能给我显示未来的人类文明，比一切哲学家、小说家、预言家能告诉我的都多"。

作为人类最基本的需要，服饰除了满足人们的物质生活需要外，还体现了社会发展的文明程度，体现了一个地区、一个民族的物质生活和精神生活的状态。也就是说，服饰不仅与不同民族、不同时代的物质文明相联系，还与不同民族、不同时代的精神文明相联系；既包括生产服饰的各种材料、技术、工艺等物质构成，也包括服饰的精神构成。从服饰起源起，人们就已将其生活习俗、审美情趣、色彩爱好以及种种文化心态、宗教观念等积淀于服饰之中，构筑成了服饰文化的精神内涵，成为服饰文化重要的研究内容。

（二）服饰文化研究方法

在《21世纪服饰文化研究》一文中，华梅提出了如何研究服饰文化的问题，并再次重申"服饰研究

需要跨学科"的研究思路和研究方法，认为需要从历史学、社会学、生理学、心理学、民俗学、艺术学和美学的角度，运用相关学科的方法和手段对服饰文化进行跨学科的研究。这种跨学科研究的思想和思路无疑大大拓宽了人们的研究视野，利于人们更好地概括、探索服饰文化精神和物质两方面的关系，从更高层次把握服饰文化的研究。但是，随着科学技术的不断进步和社会、经济的不断发展变化，人们对服饰文化的认识也在发展变化，视野越来越宽，视线越来越长。

三、服饰文化更宽广的研究视角

（一）经济学视角

现代工业中，服装与经济捆绑最紧密的是美国这个实用主义盛行的商业国度。美国是简约主义的发源地，"是服装制造商们提出的用最少的缝线做出的服装是最好的设计标准发源地"。美国人的消费观念反映着他们发达的经济水平，对"服装的消费是快餐式的，穿完了就扔，扔光了再买"。美国社会经济的发达及美国人的服饰消费观念促使其形成了高度发展的成衣体系，也因此确立了它在世界服装业的地位。

当然，今天我们从经济的角度研究服饰文化应该更多地着眼于将服饰作为一种文化产业的研究，研究如何把京城打造成一个时装之都。

（二）符号学视角

服饰是一种符号。"认为服装纯粹起一些实际的作用（比如保暖、防湿、保持体面），这种观念已经和当代文化关于服装的主流观念格格不入了。我们的衣服主要意味着视觉的交流……我们对服装的选择不仅仅表示我们是谁，而且还意味着我们希望以什么形象展现在别人面前"，足见服饰的符号性了。

服饰的符号学研究始于法国符号学大师罗兰·巴特（Roland Barthes）的《流行体系——符号学与服饰符码》著作。在该书中，巴特运用索绪尔的语言学符号的能指和所指理论对20世纪五六十年代法国时装杂志中描写服饰的文字做了深入的研究，开辟了服饰符号学研究的先河。

符号是任意的，没有哪种符号注定要指代什么事物。服饰这一符号由人类创造，不同的民族和文化赋予它不同的意义，东方丧服的白色和西方丧服的黑色就是最好的例子。

随着全球经济一体化进程的不断加快和国际间交流与合作的日益频繁，现代都市的同质性越强，服饰的风格样式也越具趋同性，而服饰的细节、甚至于某个细节微小的变化则越来越具有了符号性。"男人们的衣服越相似（想想所有灰色的套装），这些服装之间的细微差别就越具有符号学的意义，尤其是领带，它把意义带入一个非常潜在的符号学空间"。

除了服饰本身的细微之处表现出的符号学意义以外，我们还要运用符号学原理研究当今消费社会中各种服饰现象和行为的意义。"消费社会是在经济高度发展的社会中所产生的大量生产——大量销售——大量消费的结果"。在消费社会，服饰成了生活的消费品，购买服饰成了一种消费行为。由于服饰是一种符号，所以购买、消费服饰就成了购买、消费符号，因为"人们从来不消费物的本身（使用价值）——人们总是把物（从广义的角度）用来当作能够突出自己的符号，或让自己加入一个自己认为理想的团体，或参照一个地位更高的团体试图摆脱现在的团体"。

自古以来，衣、食、住、行人生四件大事中的"衣"，一直就是生活中最重要的内容。然而却从来没有哪个时代像今天一样，在服饰符号的意义中，添加了许多与其自身符号相差甚远、甚至毫不相干的"文化含义"，并且成为服饰商品价值的重要砝码。

（三）社会意识形态

服饰是文化的产物又是文化的载体，服饰文化包括了与服饰相关的全部穿着方式和观念形态。由于时代和社会制度的不同，人们的穿着方式和观念形态也不同。所以，研究服饰文化，还须从意识形态的角度对服饰文化的各种现象进行考察，以揭示服饰所包含的潜在的观念、价值、信仰等。

意识形态领域从来就不缺少"主义""运动"。服饰文化的各种现象、观念、信仰与各种各样的"主义""运动"有着千丝万缕的联系——实用主义、未来主义、弗洛伊德主义、现象学、女性主义、结构主义、解构主义、达达主义、朋克运动、性解放运动、现代主义、后现代主义、消费主义、环保主义、超现实主义等——无一不与服饰文化有关。

各个"主义""运动"各领风骚三五年，旧观念在新思想中迅速土崩瓦解，一切都在被迅速地扬弃，一切都在被迅速地抽空挤干。在"主义""运动"更替的时候就会出现激烈的论战和大重组、大调整，反映在服饰文化中则是不同历史时期、不同文化时期出现的代表不同风格的服饰。服饰就像一面镜子折射出当时社会的意识特征和文化思潮特征。对年轻、速度、力量和技术的偏爱使得未来主义的服饰废除了色彩的暗淡和线条的呆板，代之以色彩鲜明、线条富有运动感的新服饰；后现代主义认为"当代艺术已经死亡"，因而时装设计师被视为艺术家，时装被收藏到了博物馆，服饰设计中的比例、和谐、平衡和黄金律等形式法则和审美准则被弃置一边，任意拼结接、随意开洞。

组成部分。不同民族的生活习俗、审美情趣、色彩爱好、文化心态、宗教观念等都能通过服饰反映出来。服饰是集服装、饰物、穿着方式、装扮，包括发型、化妆在内的多种因素的有机整体，服饰文化是一个民族、一个国家文化素质的物化，是内在精神的外观，是社会风貌的展示。研究服饰文化既是对服饰历史的回顾，也是对人类文明发展的回顾，更是对服饰文化在当今社会发展中的地位和作用的认识与剖析。因此，只有从历史、社会、心理、生理、民俗、艺术、符号、经济、政治、哲学等多个视角综合地对服饰文化进行研究和探讨，我们才能总结出规律，促进服饰文化自身的建设和发展。

四、结束语

服饰是人类特有的劳动成果，是人类生活重要的

参考文献：

[1] 华梅. 服饰心理学 [M]. 北京：中国纺织出版社，2004.

[2] POLHEMUS T，Proctor L. Fashion and Anti-fashion：An Anthopoloy of Clothing and Adornment [M]. London：Cox and Wyman，1978.

[3] 李健，等. 中国文化简论 [M]. 成都：四川大学出版社，2003.

[4] 泰勒. 原始文化 [M]. 连树声，译. 上海：上海文艺出版社，1992.

[5] 华梅. 21 世纪服饰文化研究 [J]. 天津工业大学学报，2004（5）：1-4.

[6] 苑涛. 中国服饰文化略论 [J]. 文史哲，1991（3）：96-100.

[7] 豪厄尔斯. 视觉文化 [M]. 葛红兵，等译. 桂林：广西师范大学出版社，2007.

[8] 汤献斌. 立体与平面：中西服饰文化比较 [M]. 北京：中国纺织出版社，2002.

[9] 荻村昭典. 服装社会学概论 [M]. 宫本朱，译. 北京：中国纺织出版社，2000.

[10] 让. 消费社会 [M]. 刘成富，金志刚，译. 南京：南京大学出版社，2000.

韩剧《冬日恋歌》的服饰文化创意分析[❶]

赵春华　郭平建　方海霞

摘　要：本文通过对韩剧《冬日恋歌》服饰文化创意的分析，对韩剧服饰的特色及定位进行研究，找出其在韩国文化产业国际化的战略中的核心价值并深入探讨其对文化产业的推动作用，从根源上找寻原因，为促进我国文化产业的兴盛提供可借鉴的建议。

关键词：韩剧；冬日恋歌；文化创意

Analysis of the Dress Cultural Creativity in the Korean TV series *Love Song in Winter*

Zhao Chunhua, Guo Pingjian & Fang Haixia

(Department of Foreign Languages, Beijing Institute of Fashion Technology, Beijing 100029, China)

Abstract：This thesis focuses on the dress style and positioning, finds out its core value in the international strategy of Korean culture and probes its promoting effect on the cultural industry. It aims at providing referential elements to the cultural industry of our country.

Key words：Korean TV series；Love Song in Winter；cultural creativity

一、研究意义

从 1997 年的亚洲金融风暴到如今，短短八年间韩国国家财富急剧增长，异军突起的文化产业成为韩国经济转型的典范。而近些年，韩剧作为韩国文化产业的重要元素之一，以精良的制作、独特的风格、优美的服饰吸引着越来越多的亚洲观众，在中国和日本创造了收视与经济神话。剧中服装具有独特的文化创意，创造了不可估量的文化与经济价值。

美国前国防部长助理、哈佛大学肯尼迪政治学院院长约瑟夫·奈（Joseph S. Nye），20 世纪 80 年代曾提出"软实力"的概念，2004 年 4 月其新书《软实力，世界政治的制胜之道》再度引起世界热谈，书中提到，在 21 世纪，各国的胜负决定于文化产业。

可以说，实施文化产业的振兴对中国具有战略意义。在当今世界，文化产业与其他产业发展已成为共栖、融合和衍生的互动关系。中国的文化产业发展有巨大的潜力，人口众多、市场广阔、消费层次多元化，而文化产业中的影视业在中国已发展了几十年，发展基础较好。但目前人们对文化产业的理解还有一些误区，把过多的关注投入到动漫游戏、卡通等领域，而对文化产业中的影视里的服饰未给予重视，其发展方向还缺乏一定的战略性。

如从战略高度看，影视服饰对文化产业的振兴有不可估量的作用。它可以使影视剧定位更准确，更深切地打动目标观众，同时增加影视剧的审美性。而更为重要的是，影视服饰可以形成文化产业的创意经济链，带动某一时期的时尚风潮，直接对传媒、娱乐、

---

❶该文曾发表于《山西师大学报》2007 年研究生专刊，P64-65。

服装、旅游产生经济连带作用。可以说恰当地利用影视服饰可以产生巨大的文化与经济价值。

二、韩剧《冬日恋歌》服饰研究

众所周知，影视剧中最重要的便是人物形象的塑造，人物形象是故事的灵魂，韩国影视剧中俊男靓女的外形自然是公认的美丽形象，而外形包装失败的话反而会导致人物性格塑造的失败，而外形正是中国影视剧关注较少的方面。演员的外在形象传达，是最直接的视觉传达，也是最容易牵动观众视觉的因素，除了俊朗漂亮的外形，最直观的便是服饰。服饰心理学强调，性格决定一个人的穿衣风格，同样，一个人的穿衣风格也可以表征这个人的性格特征。在影视剧中，最关键的是人物性格魅力的展现，只有具有独特性格魅力的人物对观众才具有吸引力，而这种性格魅力通过影视画面传达，最直观的便是服饰，服饰协助演员表演完成人物性格的完美演绎，而服饰本身也变成了一种符号传达，跟随塑造的形象传达给观众。这种二元传递的效应要比单纯的一元符号传达要饱满得多，容易接受得多，传达的信息也更多，这种二元载体承载创作者赋予的思想创意也就越多。传达载体成功与被传达者产生共鸣，这样的传达过程才是成功的。由此可见，服饰不仅仅作为简单的演员衣着，它在影视剧中担任着塑造典型人物的重要职责，同样影视剧中人物的成功塑造，也为服饰的展示提供了更广阔的T形台。韩国的影视剧便是抓住了这样的互动效应，成功地达成了两个产业结合的同盟。我们可以以一部电视剧为例，分析服饰带给观众的视觉感受和影视剧中人物着装带给观众的心理反应，从而更清晰地认识服饰在影视剧中的作用。

在众多韩国影视剧中，《冬日恋歌》以明朗、舒缓的节奏讲述浪漫曲折的爱情故事，演员的表演和浪漫的场景征服了观众，而最让观众赞许的是里面主人公的着装。《冬日恋歌》讲述了两代人的感情经历，几个人的爱情纠缠，主人公维珍、俊尚、相奕、彩琳，四个人四种不同的性格，而他们的着装风格恰恰展现出他们各自内心的情感世界。

维珍是个温婉细腻的女孩，性格像浪漫的音乐那样细致单纯、舒缓自然，外形清新可人。在剧中，维珍所有的服饰搭配都和她的性格相吻合：细致纹理的纯色毛衣，细致结构的纯色裙子和围巾，简单大方的款式，随处都透露出她单纯细致的内心世界，服装设计师在她身上甚至都没有使用过粗线条，连波浪的形状都没有，就是那样简简单单的结构、单纯含蓄的色彩、经典的造型，充分展现出维珍简单的个性和对生活坦白的情感。

俊尚是现代都市青年人的典型代表，讲究品位、特立独行、原则性很强、含蓄委婉但内心世界很丰富。在剧中我们看到衣着不凡的李民亨，他品位不俗，服饰款式和搭配都非常讲究，甚至连围巾的系法都很新潮。他总体的风格也是细致，但是他的细致具有两重性，表现他性格的两重性，冷酷的和温馨的，因此他的服饰颜色和款式也都随他性格的交替变化而改变。

由此可见，服饰在剧中的作用更像是人物个性的代言，它将人物的内心世界细腻的外显，以直接的视觉传达方式传递给观众，从而一方面塑造人物形象、展现人物个性，另一方面精美细致的服饰，加上主人公完美的展示，也同时吸引观众的眼球，增加观众的青睐值，从而使收视率获得提升。

三、《冬日恋歌》服饰文化创意分析

韩剧热播不仅仅是韩剧情节和演员的魅力，而是因为它带给观众视觉享受和时尚生活气息，而这种视觉享受一大部分归功于韩国的服饰设计，这也是为什么一部韩剧便可以拓展一个服饰品牌市场的原因，大家不仅仅在关注故事本身，也从人物身上获得适合自己的时尚信息。

据有关调查显示，目前国内韩装品牌的销售额和需求量不断增长，韩装以它细致的做工和新颖时尚的款式，得到市场的认可。可见，服饰在修饰影视剧的同时，在传达影视信息的同时，也作为自身的信息符号被观众认可和接受。

观众的需求造就了韩国服饰跟随韩国影视剧在亚洲的热播打开了市场，韩国服饰在为影视剧铺路的同时，也为自己开辟了一条康庄大道。它从影视剧的附属转变为可以代表韩国风格的另一独立的产业，影视剧成了服饰宣传自己品牌的工具，演员成了韩国服装的模特儿,他们把韩国服装完美地呈现给观众。

韩国的影视剧和它的服饰业就这样互为载体,相互展示着彼此的魅力,服饰提升了影视剧的视觉效果,帮助影视剧完美地展现人物的个性魅力,而影视剧的热播,也成为服饰业最有力的宣传工具。这种互动效应体现了韩国文化推广的战略思想,每一种文化的传播都不是单一的展示,而是一呼百应的带动式发展战略。

特别需要提及的是,韩国已经形成了影视文化产业体系。韩剧可以说是一个"偶像制造"的大本营,在成功地制造明星后,便会发挥偶像的示范作用,大力挖掘偶像的商业潜力,开发偶像的消费市场。而在对外传播的过程中,韩剧通过媒介文本的潜移默化的影响,得到了二次甚至多次收益,除服装外,还与旅游、出版等产业相配套,形成了一个庞大的产业体系或商业链条,通过多种渠道和手段运作一部作品,从广度和深度两方面来充分挖掘其文艺价值和商业价值。来自日本的统计说,一部《冬季恋歌》就为日韩两国的文化产业,包括旅游业,带来了大约2200亿日元的收益。

四、结语

韩国似乎很好地领悟了"软实力"的意义,在其

文化产业兴国战略中,韩剧以时尚化的包装和表演形式,成功地打开了国际市场。其精良的制作、独特的风格、优美的服饰吸引着越来越多的亚洲观众。《冬日恋歌》是韩剧中较为突出的作品。剧中精美的服装成为其中的亮点,引领了流行时尚,形成独特的文化创意,具有产业研发的文化链与资本链,创造了不可估量的文化与经济价值。其服饰方面的成功之处值得我们研究与借鉴。

我国加入 WTO 以后,我国文化市场在与整个世界文化产业碰撞和融合的过程中,如何成为跨文化传播的主体,如何有效地宣传中国文化,如何让中国的文化产品为世界所认同,是摆在我们面前的一项艰巨而紧迫的任务。影视剧作为文化意识形态的文本载体,是整个文化产业的重要组成部分,它的成功对外传播必将会带动整个文化产业的全球化发展。韩剧在中国的成功就给我们提供了一个典型的案例。对其进行深入的研究可以促进我国剧目服饰文化创意,利用现有资源,借鉴其他国家经验,以服饰作为推动文化产业链的突破点至关重要。服饰作为文化产业的重要组成部分,其作用不容忽视,发掘其价值,促进文化产业振兴、带动经济发展成为必然趋势。

参考文献:

[1] 丁力. 从《冬季恋歌》看文化"韩流"[J]. 当代电视, 2008 (8): 64-65.

[2] 单润泽. 韩剧张扬的是什么?[N]. 文艺报, 2004-6-3.

[3] 王敬, 杨宁舒. 我们为什么爱看韩剧?[N]. 黑龙江日报, 2004-08-23.

[4] 周美纯. 从文化接近性和差异性角度看韩剧的跨文化传播 [J/OL]. 人民网,
    [2006-3-16]. http://media.people.com.cn/GB/22114/44110/55469/4207421.html.

[5] 杨典武. 韩剧的传播攻略: 符号与偶像 [J]. 现代试听. 2007 (2): 61-62.

[6] 赵平, 吕逸华, 蒋玉秋. 服装心理学概论 [M]. 北京: 中国纺织出版社, 2004.

简析英国文化创意产业——时尚产业的发展[1]

郑慧敏

摘　要：英国是最先提出"创意产业"的国家，其创意产业经过十多年的发展已取得很大的成就。英国文化创意产业的发展受世人瞩目，时尚传媒创意产业在英国创意产业中位居第二，是英国文化创意产业中发展较早、效益最好的强势产业。对英国时尚创意产业的发展进行分析，有利于掌握时尚创意产业对于整个创意产业发展的作用。

关键词：文化创意产业；时尚；发展

A Brief Analysis of British Cultural Creative Industry—the Development of Fashion Industry

Zheng Huimin

Abstract：Britain is the first country to put forward the notion "creative industry". and has made great achievements after more than ten years' development. Fashion media is an earlier and better developed creative industry, and is evaluated as No. 2 among the whole industry. This paper analyzed the development of British fashion industry to better understand its function in the development of creative industry.

Key words：cultural creative industry；fashion；development

创意产业是当今世界发达国家经济文化发展的重要部分，很多国家将其作为转换和提升产业结构的战略步骤。英国是最先提出"创意产业"的国家，十多年来，英国政府采取各种措施积极推动了创意产业的发展，使英国从一个世界制造工厂转变为"世界创意中心"。英国文化创意产业更是闻名遐迩，地位举足轻重。时尚传媒创意产业在英国创意产业中位居第二，是英国文化创意产业中发展较早、效益最好的强势产业。笔者拟简要分析英国文化创意产业中时尚产业的发展状况。

一、文化创意产业概念起源

自 20 世纪 80 年代起，联合国教科文组织"世界文化政策大会"明确将人文文化发展纳入全球一体化进程，并且促进各国政府推动文化发展。1997 年，布莱尔当选英国首相之后，明确提出把文化创意产业作为振兴经济的重要出发点，政府专门成立了"创意产业特别工作小组"（The Creative Industries Task Force），布莱尔亲自担任主席。1998 年，联合国文化与发展委员会在瑞典首都斯德哥尔摩召开会议并发表了《世界文化发展报告》，敦促世界各国"设计和出台文化政策或更新已有的文化政策，将它们作为可持续发展中的一项重要内容"。而英国的创意产业特别工作小组也分别于 1998 年和 2001 年两次发布研究报告，分析英国创意产业的现状并提出发展战略。也就是在 1998 年，"创意产业"这个概念在英国最终被明确提出（杨颖，2008：326）。

[1]本文已发表于《河北学刊》（综合版）2011 年 5 月第 31 卷，P31-32。

1998 年，英国创意产业特别工作小组首次把创意产业作为一种国家产业政策和战略产业理念，在第一份《创意产业专题报告》（*Creative Industries Mapping Document*）中将创意产业界定为"源自个人创意、技巧及才华，通过知识产权的开发和运用，具有创造财富和就业潜力的行业"。英国将出版、广告、建筑、艺术和文物交易、时装设计、工艺品、设计、电影、互动休闲软件、音乐、表演艺术、软件、电视广播等行业确认为创意产业。

二、有关英国文化创意产业

文化创意产业在英国的发展绝非偶然，而是在一定的历史条件和经济发展背景之下形成的，是顺应时代发展的，具有一定的必然性。英国作为工业革命的故乡，曾经是以制造业为主的"世界工厂"。从 20 世纪开始，尤其是第二次世界大战以后，英国的加工、制造等传统工业开始走下坡路，创新能力远远赶不上其他西方国家。英国在很长一段时间内处于低经济增长率、高失业率的状态。1997 年以布莱尔为首相的工党政府为改变英国老工业帝国的陈旧落后的现象，提出"新英国"构想，并迅速成立了由多个政府部门和产业界代表组成的"创意产业特别工作小组"（李雪玲，2008：87），将创意产业提升到促进经济增长的战略高度。

经过十几年的发展，英国已培育出了大量的创意企业，到 2005 年，与创意产业相关的从业人员数量占英国就业人口的一半。发展创意产业已成为英国推动经济增长与降低失业率的有效策略。此外，以英国伦敦为代表的几大城市逐渐发展为全球"创意城市"的典型。创意产业有力地推动了英国经济的发展（李雪玲，2008：87）。

三、英国文化创意产业之时尚产业的发展

在过去的十年中，英国时尚产业迎来了前所未有的一次挑战，从一个在国内以加工制造为基础的产业转变为在全球市场中进行操作的以设计为导向的产业。英国时尚产业的产量高，产品包罗万象，既能满足大众需求又可迎合高端市场。

（一）纺织服装领域的发展

英国在男装裁剪方面的专业技能是相当有名的，其中设计师保罗·史密斯、奥斯华·宝顿和莫里斯等人引领了一场国际性的潮流。伦敦有名望的萨维尔街（Savile Row）是服装裁剪的黄金地带，被公认为世界上最早的男装定制裁剪中心地之一。

英国也有世界顶级的鞋类、珠宝和服装配饰设计，其中最有名的有以手工缝制女鞋闻名的 Jimmy Choo，在全球范围内供应袖扣、手表等以及男士珠宝的 Denisonboston，手工制作奢侈品珠宝和腰带的 Sam Ubhi。

此外，英国还是加工制造服装和高质量纤维织物的主要中心之一。为了增强在国际贸易市场中的竞争力，英国的许多公司不断采用新技术和新的工作方法。2007 年，英国服装工业和纺织工业共同创造了价值 85 亿英镑的产品，雇佣工人 150000 名，卓越的公司遍布英国各地。在欧洲，东米德兰是最大的纺织服装区。

英国也是主要的服装零售中心。许多英国设计界的知名人士与主要的大众联营公司和百货公司合作共同打造中型市场，扩大传播范围。

（二）在国际时尚界的地位

英国处在国际时尚的先锋位置，以引领时尚趋势、具有发明创造能力著称。无论是过去还是现在，许多世界主要流行趋势都源于英国，其中包括 20 世纪 60 年代由维维恩·韦斯特伍德和马尔科姆·麦克拉伦发明的朋克制服，被广泛认为是由玛丽·奎恩特发明的迷你裙和紧身裤。英国时尚产业在世界上备受尊崇，而且成绩斐然。英国时装设计师亚历山大·麦昆、约翰·加利亚诺和斯特拉·麦卡特尼等人备受推崇，他们受邀加入了重要的国际时尚品牌。

一年两度的伦敦时装周已成为全世界最重要的时尚盛事之一。它引起了全世界媒体的兴趣，并且吸引了来自至少 25 个国家的游客。伦敦时装周将 50 位设计师的作品展示在 T 台之上，并且举办展览展示 170 位设计师的作品。

英国的创意文化和自由表达的传统使得英国设计师们在改造历史品牌方面极有天赋，并因此在可持续时尚和低碳时尚等新领域中成为先锋。英国的设计师

们和服装制作与零售界的领军人物共同制订了一份可持续时尚行动计划，这份计划承诺要使服装从设计和制作到零售和处理的整个循环过程中都可持续发展。

与此类似，英国时尚协会（British Fashion Council）estethica 展区的主创精神是展示有道德的服装设计品牌。现在是它的第六季，estethica 展示的设计品牌从13 个增加到 37 个，它们都符合以下三个原则之一：机制化、公平贸易或可循环再造性生产。此类设计品牌之一就是总部设在伦敦的大陆服装公司，2009 年 3 月，这个公司发布了英国第一批低碳服装品牌，生产了大大降低含碳量的 T 恤和汗衫。

许多英国设计师通过在国内世界级服装学院学习提高各自的技巧和才能，例如伦敦中央圣马丁艺术与设计学院。菲比·菲洛、瑞法特·奥兹别克和约翰·加利亚诺都毕业于这所学校。

英国时尚协会（BFC）等组织机构支持和培养英国设计师，并且帮助他们在全球市场中得到进一步发展。英国时尚协会的创始者之一英国时尚协会威尔士王子公益信托机构为设计专业毕业生的深造提供资金。

（三）典型案例——珍妮·帕克汉

珍妮·帕克汉是英国最受尊敬的时装设计师之一，她不仅拥有创造性的才能，而且事业相当成功。作为伦敦有名望的中央圣马丁艺术与设计学院的毕业生，帕克汉举世闻名的作品被选作《欲望都市》、《穿 Prada 的女魔头》、《皇家赌场》和《择日再死》等影片的服装。这些影片都备受欢迎，而且是获奥斯卡提名的电影作品。帕克汉的作品吸引了很多星光璀璨的明星客户，其中包括凯拉奈特莉、妮莉费塔朵、伊娃·朗格利亚、莎拉·杰西卡·帕克、碧昂斯和玛利亚·凯利等人。

帕克汉因获多项国际大奖而受到很多人的尊敬，她曾获 2006 年度最具好莱坞风情服装设计师、2007年度最佳国际新娘服装设计师以及 2008 年度英国最佳婚纱设计师称号。

四、结语

综上所述，英国时尚产业在全世界备受尊崇且成绩斐然。许多知名设计师如亚历山大·麦昆、约翰·加利亚诺和斯特拉·麦卡特尼等人均参与重要国际时尚品牌的设计工作。英国生产的三分之二的服装都出口到国外。英国制鞋工业超过 90% 的产品在全球范围内销售。一年两度的伦敦时装周作为世界上最重要的时尚盛事之一，引起全世界媒体的兴趣。在过去的 25 年当中，它吸引了来自至少 25 个国家的游客，参与 T 台秀的设计师从 15 位增加到 50 位，参与作品展示的设计师从 50 位增加到 170 位。

英国时尚产业作为文化创意产业之强势产业，其快速发展促进了整个国家文化创意产业的发展，对营造良好的氛围起到积极作用，也为世界其他国家时尚产业的发展指明了道路。

参考文献：

[1] 杨颖. 英国创意产业 [C]. 中国科协年会——文化强省战略与科技支撑论坛文集，2008：326.
[2] 李雪玲. 英国创意产业发展及其对我国的启示 [J]. 现代管理科学，2008（09）：87-88.

简析英国服装广告的创意特点[1]

马小丰　李　洋

摘　要：英国服装广告业无可比拟的优势就是创意，对中国的服装广告开发具有重要的参考价值。本文从简洁性、情感性、戏剧性、原创性四个方面分析了英国服装广告创意，以期为中国的服装广告业提供有价值的信息和新的思路。

关键词：英国；服装广告；创意

A Brief Analysis of the Creative Features of the British Fashion Advertisements

Ma Xiaofeng & Li Yang

(Department of Foreign Languages, Beijing Institute of Fashion Technology, Beijing 100029, China)

Abstract：The advantage of British clothing advertisements lies in its creativity, which is a valuable reference for China to develop its clothing advertisements. This paper analyzed the four features of British clothing advertisements: succinct, emotional, dramatic and original in order to provide some valuable information and new ways of thinking for China's clothing advertisement industry.

Key words：Britain; clothing advertisement; creativity

今天，创意已经成为一个非常流行的词汇。在英国，成功的服装广告创意多不胜数，通过创意化腐朽为神奇的例子屡见不鲜。然而，谈及我国服装广告印象，服装类广告给人的印象多是创意平淡，优秀的广告创意很少，难以引起较大的市场效应。最近，虽然一些企业的广告开始有了变化，表现出新意，但大多数企业的广告创新不够，创意仍是薄弱环节。为了提高我国的服装广告水平，当务之急是更多地了解与学习英国服装广告的成功创意的特点，学习英国服装广告的创意技巧。

一、英国服装广告创意的简洁性

简洁性，指广告创意让人过目不忘，切中主题，简单明了。在信息繁多的时代，消费者眼中模糊一片，无所适从，越来越厌恶混乱、复杂的信息。而简洁、单一的广告可以使消费者轻松接纳产品信息。创意的诉求点越集中，越容易被识别、记忆。

英国有一则巴宝莉格子裙的杂志广告，广告的画面中有一名身材丰满的女模特，身穿巴宝莉格子裙，站在白色汽车前举起雨伞。她的双脚分开着地，臀部高高翘起，翘起的臀部正好展现出巴宝莉格子裙，以特写镜头鲜明地表现出了巴宝莉品牌的象征性符

❶本文为北京市教委人文社科面上项目（编号：SM201110012002）成果之一，曾发表于《山西师大学报》（社会科学版）2011年增刊，P114–115。

号——格子，巧妙地展示了该产品体现的女性魅力。这则广告成了一则受人关注的广告。这就是广告创意的简洁性优势。服装广告提炼简洁的创意主题与寻找巧妙关联的创意显得尤为重要。

二、英国服装广告创意的情感性

情感是人类永恒的话题，以情感为重点来寻求广告创意是当今广告发展的趋势之一。因为在一个高度成熟的社会里，目标受众的消费意识日趋成熟，他们追求的感性消费要与内心深处情感相一致，如果能在广告创意中把握住情感因素，便可以打动人，影响消费者行为，从而把握住市场。一个注重情感化的广告，能实现和消费者深层交流的目的，在获得消费者对品牌认知的同时建立起品牌美誉度。越来越多的服装广告从展现情感化、表现消费者心声的角度入手，创作出许多能够真正深入人心、打动消费者的优秀服装广告。

许多英国男装广告都不约而同地展现出男性对于社会的责任与关爱。例如英国登喜路男装广告中，一位绅士在雨天为小男孩撑起雨伞的情景，给无数人留下深刻的印象。英国女装品牌恩赏的系列广告传递出了青春永恒的气息。天真的少女、舞动的画面、欢乐的节奏，恩赏的这一系列的服装广告所表现的是消费者熟悉的画面：春天到了，许多少女都在这个季节充满了激情与快乐的情绪，被严冬压抑了数月的心情终于得到了释放。这则广告是人们关于青春的遐想，真实地体现了消费者关于生活的体验与感悟。一个为品牌服务的广告，一个情感化的广告，绝对能达到好的宣传效果。

三、英国服装广告创意的戏剧性

戏剧性在广告设计与制作过程中越来越受到重视，是创意的重要因素。戏剧性在广告中表现为有出人意料的情节，或运用新鲜、风趣、夸张的手段给以渲染，使广告更具吸引力。如今，广告的戏剧性似乎已成为一种时尚，其获奖作品也多是充满戏剧性意味的广告。富有戏剧性的广告由于有独特的魅力，越来越多地出现在我们的视线中，并且凭借它诙谐、轻松

的艺术效果而为目标受众所青睐。奇特并不等于荒诞，创意只有建立在意料之外、情理之中的基础上，才会令人印象深刻。

英国时装品牌亚历山大·麦昆的服装广告，其创意表现了一种戏剧性的场景，一个穿着豹皮衣的男士手里牵着一只豹，后面紧跟着的是拎着蛇皮包的女士身上绕着一条蟒蛇。这则广告为亚历山大·麦昆品牌赋予了独特的气质与个性，风格独特的广告创意也为品牌赢得了广泛的市场效益。富有戏剧性的广告，使人们记住了亚历山大·麦昆品牌。每一则让人记忆犹新的广告往往同它戏剧的创意分不开，创意者其实就是在不断寻找各种事物之间存在的种种关系，然后把这些关系重新整合、组装起来，使其产生奇妙变幻的戏剧性情节。

四、英国服装广告创意的原创性

原创性是指广告创意突破常规、出人意料。广告如果没有原创性就失去了生命力。原创性的本质是前所未有的新创想，正是因为前所未有，才易于触碰到受众内心深处，震撼心灵，给受众留下深刻的印象。在实践中，人们往往会进入一种既定的方向，逆向思维，时时刻刻躲避那熟悉的路，去寻找另一条新路，也许很快就会找到原创性的美妙灵感。

英国时装品牌薇薇恩·韦斯特伍德的广告创意特立独行，为了在平淡中创造出神奇，薇薇恩·韦斯特伍德多年来坚持冲破传统广告创意桎梏，推陈出新，独辟蹊径。如在广告中展示给大众的是黑人女性、教士等一系列反映人性、种族、宗教、战争等反传统广告创意主题。这些创意主题震惊了公众，在全世界引起广大反响。与众多服装广告不同的是，这些广告并不仅为服装产品做宣传，而是宣传人们所关心的现实社会问题，传递自由、平等和人道主义思想来塑造服装品牌形象。薇薇恩·韦斯特伍德是睿智的，其品牌也成了目标受众锁定的焦点，因为她懂得原创性对于广告的重要性。

借鉴与学习这些英国服装广告的创意特点，对尚处于摸索和发展阶段的中国服装广告无疑是至关重要的。中国的服装品牌要走出国门就需要优秀的服装广告创意。面对国外服装品牌的市场渗透和广告的全方

位攻势，如何全面提升我国服装广告的国际竞争力，缩短与国外服装广告存在的差距，已成为我们有待研究解决的课题。毕竟未来全球化的广告传媒竞争才刚刚开始，未来社会要的就是创意，我们深信随着激情的广告创意与智慧的企业营运的相互交融，国内服装广告创意最终会摆脱平庸，创意会更具丰厚的民族文化底蕴，更加精彩纷呈和富有魅力。

参考文献：

[1] 刘涛. 服饰广告的奥秘 [M]. 广州：广东经济出版社，2004.

[2] 毕佳，龙志超. 英国文化产业 [M]. 北京：外语教学与研究出版社，2007.

[3] 吴静，张灏. 服装广告 [M]. 北京：中国纺织出版社，2006.

[4] 范滢. 解读服装广告创意 [J]. 浙江纺织服装职业技术学院学报，2006，5（2）：32-34.

[5] 吴晓玲. 服装广告创意 [J]. 服装科技，2000，（10）：36-37.

北京展 PK 巴黎展，胜算几何？[1]

史亚娟　郭平建　刘　卫　席　阳

摘　要：与巴黎服装会展业相比，北京服装会展业存在的问题主要在于细节、专业化程度及国际影响力；其次，城市背后的服装文化史、文化创意组成及重要服装业界组织的支持也是重要因素。北京服装会展业应该吸收巴黎服装会展业的经验，提高专业化程度，培养一流的服装品牌，强化服装品牌的设计、营销及管理；此外，政府及社会各方面都应该行动起来，创造一个滋生精品的文化氛围。

关键词：北京；CHIC；会展；巴黎

Which is Better：Fashion Fair in Beijing or in Paris？

Shi Yajuan, Guo Pingjian, Liu Wei & Xi Yang

Abstract：Compared with various fashion fairs in Paris, the problems of Beijing fashion fair industry mainly lie in its attention to details, specialization and international influence. The profound apparel history, creative cultural design and support and management of important fashion associations are also key factors to Paris fashion fairs' success. Therefore, Beijing fashion fair should learn from Paris's experience to promote its specialization, cultivate first-class fashion brand, strengthen its design, marketing and management. Beside, a good cultural atmosphere is critical to the development of an excellent fashion brand and fashion fair.

Key words：Beijing；CHIC；fashion fair；Paris

经过近20年的发展，以中国国际服装服饰博览会（CHIC）为代表的北京服装会展业在展会组织、策划、规模、科技含量等方面都已经达到了国际一流会展的水准，和巴黎这样的服装会展业高度发达的城市相比，差距更多地体现在新鲜的文化创意、深厚的服装历史文化渊源、先进的组织理念及有力的服装业界组织的支持等方面。因此，北京服装会展业有必要在吸收国外先进办展经验的基础上，改变经营模式，更新组织理念，提倡文化创意，培养一流的、具有更多文化内涵的服装品牌，让文化成为产业的先锋，使服装会展成为展示中国服装文化、进军世界服装市场的桥梁和舞台。

服装会展业是我国近20年来发展起来的朝阳产业，有着旺盛的生机活力与巨大的发展空间。北京作为中国的首都，服装会展业具有起步早、发展快的特点，与国外著名时尚中心，如巴黎的服装会展业相比，既有自身的特点，也存在距离和差异，为了更好地了解、吸收、学习国外服装会展业的先进经验，本文将从北京—巴黎几个重要服装会展的比较研究出发，分析其深层的历史、文化原因，北京服装会展业的建设发展离不开文化建设、文化创意，必须发展有北京特色的文化产业，使之成为北京文化创意产业建设的重要组成部分。

---

[1]本文为北京服装学院2010年一般科研项目：北京—巴黎服装会展比较研究（2010A-18）成果之一，曾发表于《中国纺织》2011年第五期，P44-48。

规模不能决定成败

商品交换，由固定地点、定期举行的集市，发展到现今大规模的国际展会，会展已经成为一种重要的经济形式。北京作为中国的首都和文化中心，服装会展业的起步较早，发展迅速。对于北京和国外重要城市服装会展业的差距，有学者曾在2006年撰文认为北京服装会展业的差距主要体现在专业性、国际性和人性化等几个方面。然而经过这些年的努力发展，经过笔者的调查、走访及数据分析，北京的服装会展业已经基本上达到国际一流会展的水平。现在北京服装会展业存在的问题及差距不在于服装会展的专业性及规模的大小，而在于其背后的服装文化史、文化创意组成及重要的服装业界组织的支持。

到目前为止，每年都有各种纺织服装展会在北京举办，且多为影响力大、涉及面广、国际化程度高的展会，如中国国际服装服饰博览会、中国国际纺织面料及辅料（春夏）博览会、中国国际纺织纱线展览会、中国国际针织博览会、中国国际内衣展等，其中以中国国际服装服饰博览会的发展最能代表北京服装会展业这些年取得的成就与未来的发展趋势。

按照国际知名服装展会的通行标准，专业展有以下六个特点：一是定期举行，有固定的贸易市场和信息交流场所，令展会深入人心，赢得良好商誉；二是规模够大，规模也决定着一个展会的影响力，巴黎时装展21万平方米，杜塞尔多夫成衣展22万平方米、参展商2100多家，其影响力不言自明；三是专业分明，服装与面料分馆而展，男装、女装、童装等门类的精细分野都是标志；四是名牌汇集，这是检验展会含金量的直观标志；五是凸显商贸，国际水平展会中，参展商与贸易商的比例为1：20（30），其中的贸易机会不言而喻；六是信息前卫、丰富而准确，趋势的预测发布、信息的交流与采集是来展会"充电"的人们所期待的。

吸引源自品牌

从中国国际服装服饰博览会近二十年的发展历程可以看出，这一展会已经基本符合国际知名服装展会的标准。下面再看看巴黎服装会展业的现状。

巴黎每年都有很多服装展，其中1~3月和9月是巴黎服装会展集中的时期。PRET A PORTER PARIS（巴黎国际成衣展）无疑是众多展会中最引人注目的。该展会始于20世纪50年代，在巴黎两大著名展馆之一的凡尔赛门展览中心（Paris Expo Porte de Versailles）举行，一年两届，是欧洲最大、历史最悠久的服装及相关产品的综合类展会。这一展会历时六十多年，展览本身就已具备相当的品牌效应，主要面向中高档女装成衣展商，按时装主题设立展区。展会主要定位在以服装、服饰为主的产品展示上，汇集了来自世界各地的知名服装品牌，连场的时装发布展示着最新时尚潮流。世界各大著名零售店和大型百货公司每年都会来此展会制订计划、洽谈订货。PRET A PORTER PARIS 与 WHO'S NEXT（著名的国际时尚流行趋势新品发布会）同期同馆，共享客户资源。展览组织周密，服务齐备，专业素质高，每一届均能吸引大量专业客商到会。

除了 PRET A PORTER PARIS 这种具有悠久历史和国际声誉的服装展会外，还有其他许多相关产业的会展同期举办，如 Premiere Vision 展会（巴黎第一视觉面料展）、Texworld（巴黎国际面料展）、FATEX（巴黎国际服装及纺织品定牌贸易展览会）、Interselection（法国国际服装批发商展）、EXPOFIL（巴黎国际纱线展）、Le Cuir（巴黎国际皮革展）、Maison & Objet（巴黎国际家居用品展）、International Lingerie Fari（巴黎国际内衣展）、Paris Fashion Week（巴黎时装周展会）等。这些展会有的在法国巴黎维勒班特国际展览中心（Parc d' Expositions）举办，有的在巴黎凡尔赛门展览中心举办，时间集中在每年的2月份和9月份。规模有大有小，但是每个展会都有各自的特色和很强的专业性，参展商和观众均来自世界各地，具有国际性。如 Premiere Vision 展会，这是一个世界主流服装纺织品展会。该展会已经成为时装面料的重要基地——不仅能了解采购和影响性的潮流，更能获悉纺织市场的最新消息以及东西方原材料价格波动对材质趋势产生的直接影响。然而，激情和雄心却是主要因素，因为尽管价格将继续左右买家们的决策，但纺织商依旧坚定地推动产品品质、前瞻性创意和一流的服务。即使是基本款系列也经过时尚处理更新，更注重轻盈、免烫、做旧外观，强调安适感特质，强调花式织物与印花的个性原创、纹理研究及艺术感。2012 春夏的 Premiere Vision 展会中，面料充满了能融合并强化本季个性廓型的触感及感性魅力。来自 29 个国家的 667 家参展商，比 2010 年 2 月时增长 4%，参观者来自 100 个国家共 45135 名（Premiere Vision＋Expofil 数据显示），比 2010 年 2 月增长约 10%：其中 72% 的参观者为国外买家，来自英国、意大利和西班牙的买家数量排名前列；美国（10%）、巴西（13%）、亚洲（30.4%）、日本（28%）。

细节展示功力

从以上对北京和巴黎两个城市的服装会展情况的比较来看，二者在许多方面都有相似性，如展会规模、定期举办、专业分类精细分野、专业观众数量、集中办展模式及科技含量等方面，可以说北京服装会展业和巴黎服装会展业之间的差距并不是很大，基本上可以认为北京的服装会展业已经达到了国际水准。但是，从一些细处来看，差距还是有的，北京的服装会展业基本上是围绕每年三月的中国国际时装周和中国国际服装服饰博览会来展开的，这两个活动不仅是国内的顶级盛会，而且具有很强的国际性，吸引着来自世界各地的参展商及观众。但是其他一些同期举办的与服装产业相关的展会则明显不具有国际性，无论是参展商还是观众都以国内厂家为主，而巴黎的服装展会则不同，不仅仅是围绕巴黎国际时装周及 PRET A PORTER PARIS、Premiere Vision 展等大型具有国际声誉的展会为主，其他一些小型的相关展会，如 FATEX, Indigo、Le Cuir、Maison & Objet、Interselection、EXPOFIL、Textworld 等展会也同样具有国际性，吸引着大量国际买家及专业人士参加。从而使巴黎的服装会展业成为一种极具竞争力的产业，并由此带动了与之相关的其他产业的发展，如旅游、交通、酒店、装饰装修、餐饮等服务性行业的良性互动、共同发展。

理念凸显魅力

众所周知，衡量一个展会的标准很多时候不在于其数量和规模，而在于展会的质量（国际参展商、购买商及批发商）和组织理念。经过 20 年左右的发展，我国的服装展在数量、规模、组织服务等方面都已经和具有国际一流水准的展会很接近了。巴黎的服装展会可以招徕来自整个欧洲乃至世界各地的参展商、购买商和批发商。参展商从世界各地而来，其展品又行销覆盖世界各地，服装展会在某种程度上已融入世界经济大循环之中。一个成熟的商贸展览会的模式是：没有特殊装修，三块白布搭一个展位，几排衣架挂上样品，就开始谈生意。入场参观的都是专业客户。展馆内宽阔的通道，较为疏朗的人流使得纯商贸性得以体现，入场观众多为专业买手；就展台来看，欧洲品牌的展台布置要精细得多，光与影的效果不仅来自于新材料的运用，更来自于展台设计师对灯光效果、烘托产品、烘托气氛的到位理解。品牌的文化氛围及体现在品牌中的整体设计风格是企业独有的。从展位的面积、展区或展柜的设计、风格及个性的表现都能感受到品牌的内涵与实力，能感受到潮流、流行元素，包括色彩、面料、款式的变化，把展会作为全面展示企业形象和品牌个性的舞台。而北京以及国内其他服装展会更注重宣传效应，办得很漂亮，对于产品的落地问题关注不够，不能全面彻底地解决后续问题。

除此之外，与巴黎服装会展业相比，北京服装会展业所欠缺的还有深厚的历史与文化渊源、先进的组织理念及强大的服装业界组织的支持。法国时装早已成为了法兰西民族宝贵的文化遗产和民族象征。从文艺复兴时代上流社会的服饰到现在令人眼花缭乱的时装设计，法国始终引领欧洲乃至世界的时尚潮流，设计大师辈出，款式面料新颖。巴黎作为时装之都，每年举行无数的时装品牌发布会和各种时装博览会，吸引着世界各地的时装设计者前去观摩与交流。在过去的一百多年间，法国高级时装更成为了穿衣品位的代名词，是全球时尚无可争议的独裁者，从 17 世纪的路易十四王朝到 19 世纪的拿破仑三世帝国，时尚拥有着皇家的特权。法国大革命后，法国人对时尚的热情从宫廷来到了民间，从此时尚不再是贵族的特权，一位位时装设计大师先后登台，人所共知的有沃斯（Worth）、雅克·杜塞（Jacques Doucet）、保罗·波烈（Paul Poiret）、香奈尔（Chanel）、夏帕瑞莉（Elsa Schiaparelli）等，他们创造着不同时代的时尚风潮，也推动着法国时装产业的发展。

历史底蕴并非一蹴而就

20世纪的法国时装史有三个值得记取的关键时间：1910年，法国定制时装业与成衣业宣告分道扬镳，成为一个独立的行业，并在沃斯的推动下，成立了法国最重要的服装业组织——高级时装协会（该组织还可追溯到1868年创办的高级时装协会）；1943年，法国维希政府正式认可了"定制时装"（Couture）、"定制时装设计师"（Couturier）、"创意订制时装"（Couture-Creation）以及"高级时装"（Haute Couture）；1973年，法国高级时装协会和高级成衣设计师协会、高级男装联合会合并，成立了法国高级时装公会。这意味着成衣和定制这两个长期以来看似有矛盾的产业重新走到一起。法国高级时装公会成为巴黎——法国时装之都的坚强后盾。该组织目前拥有成员一百多个，包括世界各地所有的时尚奢侈品牌，被视为世界时尚业界的权威组织和国际标志。几乎活跃于巴黎的所有高档时装活动背后都有这个公会的影子。其活动宗旨为：将巴黎打造成为创造之都；推动新兴品牌发展；利用高新技术在时尚产业各个环节间建立协作优势（买家、纺织商、经营商等）；维护知识产权；发展培训；解决共性问题，为公会成员提供信息和咨询等。

这一组织的组建是顺应时装发展的需要，其主要职责是起草和落实可以为各个行业协会所接受的整体行业政策，组织一年两季的高级时装发布会和赴国外的法国高级时装表演，推广法国高级时装。公会还参与一些文化宣传活动。因为法国时装在公众尤其是外国人眼中，是法国高品质和创造力的象征，是艺术和工业的完美结合。高档时装参与文化活动，还可以使服装设计师更多地汲取灵感，创新设计。公会还从培养设计师的角度出发，加强时装学校和企业的沟通，确保手工业人才的培训和教育，着眼于选择培养年轻设计师，让学生在学校和毕业后都可以有选择地到名牌企业实习，接触著名时装设计师，通过实践了解法国时装的精神和掌握高超的设计技巧。由此可见，法国巴黎时装之都的打造除了深层的历史、文化原因外，这一服装业界的组织也是功不可没。

时装之都点亮创意城市

2004年11月，北京市政府就提出要把北京建设成为具有文化内涵、科技领先、引导时尚的世界"时装之都"，并提出了总体思路，即以首都的文化资源和产业基础为依托，突出设计龙头，发挥品牌效应，营造时尚氛围，努力把北京建设成为引导中国服装业发展的设计研发中心、信息发布中心、流行时尚展示中心、精品名品商贸中心、特色产业集群和产业链集成中心，树立北京成为全国和世界"时装之都"的城市形象。2009年文化部在《文化产业振兴规划》中提出重点发展文化产业，要求各文化部门制定出台相应的促进办法，尽快将其培育成为文化产业新的增长点，尤其要办好国家重点支持的文化会展，通过各种博览会等推动文化产品和服务出口。

建设"时装之都"，发展文化创意产业，北京市政府的这一思路很好，为北京服装产业的发展确定了总的发展方向和目标。服装会展业作为整个服装产业链条中的一部分，对于这一整体目标的实现有着至关重要的意义，对于北京文化创意产业的发展也有着不可估量的影响。问题在于如何把政府的支持转变为现实的成果，真正使北京的服装会展业成为展示北京时装风貌、营造时尚氛围、发布时尚信息与搭建产销之间的桥梁。

笔者认为，第一，要积极学习国外（如巴黎）会展业的先进经验，从形式到内容，从数量到质量，从整体到细节，一丝不苟，改变过去一贯的粗放式经营模式，明确办展目的，不是人越多越好，越热闹越好，应只面对专业观众，不接待非专业人士及普通大众，让专业买手对品牌进行采购，充分体现其专业性和商业性。

第二，要有精良的展品、良好的信誉、新鲜的创意，让与会者遇到合适的贸易商，并在展会中发现机会、找到灵感。

第三，培养一流的服装品牌，加强设计、营销和管理，用真正优质时尚的服装吸引客商。设计针对的是产品，营销针对的是品牌，管理针对的是企业。一流的品牌必须要有一流的设计师，一个优秀的服装品牌必定是融合了一位优秀设计师几十年的人生阅历与他对服装的理解和感悟，同时也是艺术与资本的结合。文化创意产业的关键要义就是从文化中得到滋养，寻找创意，并将其运用到产业中去。我国有着漫长悠久的历史文化，北京更是一座文化名城，也是五朝古都，在这方面有着得天独厚的条件，设计师必须从灿烂的中国古代文化入手，获取灵感，才能设计出深受国人喜爱又具国际水准的时装。

第四，服装文化以及服装品牌的本质是"提供一种生活方式"。首先，它创造了一种衣着方式，包括与之配套的箱包鞋帽、饰品、化妆品；其次，这种生活方式延伸到对配套环境的影响，如对居室、交通工具、公共场所等的要求；最后，它还带动了一系列配套服务，如美容美发、洗涤染整，甚至酒吧业、旅游业等。一种与之相应的生活方式完整地呈现了出来。所以，建设时装之都的要义不仅仅在于培养一流的品牌，更需要创造一个滋生精品的文化氛围。在没有文化的地方创造文化、培养文化，尤其是培养青年一代的穿衣品位，这是服装设计师和服装生产厂家以及整个社会和政府都应该尽力去做的一件事情。服装设计师的责任尤其重大，如果能设计出引领时代潮流、符合现代人生活方式和思想观念的服装，对于提升一个城市的整体着装形象具有重要意义。

第五，加强服装业界的组织建设，北京市政府相关部门、中国服装协会及北京服装纺织行业协会等服装业的组织应该切实为北京服装纺织业的发展进行更多的设计、策划、推广宣传及人才培养等，充分利用服装会展的形式加强文化创意与服装产业的结合。

在对北京—巴黎服装会展进行比较研究的过程中，笔者还发现，每一届巴黎服装展会中推出的服装设计很快就能转化为商品，进入市场。而国内设计师推出的新款式样，多数都是走走秀而已，真正与产业相结合的为数不多。这一点也是值得深思、关注并去努力解决的问题。

品牌标识的融合[❶]

于 莉

摘 要：本文通过对国内十大男装西服品牌标识的调查，发现品牌标识受西方文化影响较大，以英文字母作为设计元素的标识正逐渐被很多企业采用。但从目前的标识设计看，也存在着一些问题，为增强中国服装品牌在国际市场的竞争力，我们可以将英文字母作为品牌标识的设计元素，并结合本土文化，建立一个突出品牌个性与特色、展现其文化优势并提升其价值的标识体系。希望此研究能为服装企业在品牌标识设计过程中提供可借鉴的原则，从而更好地促进服装产业品牌国际化的进程。

关键词：西方文化；标识；男装

On the Integration of Brand and Logo

Yu Li

(Department of Foreign Languages, Beijing Institute of Fashion Technology, Beijing 100029, China)

Abstract：This paper explores the logo design of top ten men's clothes in China and finds that English letters usually are used in the design of logo influenced by western culture. However, there are still some problems in present logo design. In order to strengthen competitive abilities of Chinese fashion in the international market, we should integrate our native culture into brand logo and set up our own logo design system demonstrating its brand characteristics, culture and value so as to offer more references of logo design principles for fashion enterprises. Fashion enterprises will benefit a lot from this research and promote the process of brand internalization.

Key words：western culture; logo; men's dress

一、引言

随着全球经济的发展，国际交往的日益频繁，在服装品牌的传播中标识的作用也越来越重要，并影响着企业的发展。标识的直观、形象，不受语言文字的限制，以短小、快速、常见的方式进行品牌宣传，是视觉传送中最有效的手段之一。标识最初源于服装品牌的名称（图形或以艺术化手段设计的），是其品牌理念在视觉和语言上的一种表达，对服装品牌起着支持、表达、传递、整合与形象化的作用。好的服装品牌标识不仅要有完美的"形"，更重要的是要有自己的"意"，形与意的有机结合，会提高人们对服装品牌的认知度，并为企业带来巨大的利润空间。因此，建立一套完善的切实可行的标识体系并供服装企业借鉴就变得非常重要。

二、文献综述

在文献检索过程中发现专家学者探讨较多的是品牌文化、建设、定位、形象、国际化和品牌命名等相

❶此文为校级科研项目"我国服装品牌 Logo 的变化与跨文化交际的传播"（2009A-14）成果，曾发表于《中国纺织》2010 年 5 月。

关领域，而研究品牌标识的文章相对较少。在经济全球化的今天，服装品牌的国际化使标识的设计变得非常重要，于是我们查阅了与标识相关的概念。

1. 标识定义

马修·赫利（Matthew Healey）（2008）认为，标识源于希腊语，是品牌名称在视觉上的形式，"具有形象性的图形代表，通常包含风格设计的文字或图案"，它是品牌的简单表达方法，可以是一个单词、一个符号或者是两者的结合。吴国欣（2005）也认为，"标识是一种特殊文字或图像组成的大众传播符号，以精炼之形传达特定的涵义和信息，是人们相互交流、传递信息的视觉语言"。实际上标识与产品一起给消费者留下深刻印象，表达了整个品牌的理念，是品牌的具体化身。

2. 标识文化

既然标识是一个品牌的视觉和语言的表达，那么它就能够跨越文化和习俗的界限而迅速为人们所知。标识中常常包含着一定的文化内涵，吴国欣（2005）在《标志设计》一书中谈到，标识记载着人类活动和社会的变化及意识形态的转变，记录着一个国家、民族、地域的文化特征和本身所具有的文化特点，是一个民族、国家或地域的文化传统的体现。如何寓文化于品牌标识设计中，激发人们的感知，提升企业形象是企业文化中不可缺少的部分。标识中的文化内涵是通过标识显现民族传统、时代特色、社会风尚、企业或团体理念等精神信息，服装品牌标识也一样，通过标识展示民族或品牌文化。

3. 标识国际化

在经济全球化的今天，西方文化冲击人们的生活和企业的发展，服装品牌要国际化，拓宽市场，走向世界，标识的设计一定要注重文化的差异。那么在标识的设计中是将多元文化并存还是一味排斥西方文化的影响，是值得我们思考的问题。严晨和严渝仲（2005）在《企业形象与视觉传达》一书中提出了文化全球化的概念，他们反对以文化全球化来取代本土化，从而导致本土文化特征的丧失；同时也不能过分强调文化的本土化，一味排斥外来文化的影响。面对文化全球化，我们应顺应时代的潮流，在不损害本民族文化的前提下，加强与国际社会的交流，提升本土文化在全世界的影响。文化全球化带来了标识的全球

化，例如当消费者看到 LV 这个标识时就知道它是法国著名的奢侈品牌。

西方文化影响到中国服装品牌标识的设计，如何解决全球化与本土化之间的矛盾，建立具有自己品牌特色的标识体系是目前值得人们思考和研究的问题。下面以男装品牌标识的变化为例分析我国服装品牌标识近年来的特点。

三、中国男装品牌标识的变化

服装品牌按性别可以分为男装和女装，在激烈的市场竞争中，男装更具有代表性，所以在此研究中，选取了中国男装西服品牌中较有名气的十大品牌来作分析。

十大男装西服品牌标识

序号	中文标识	英文标识	标识特点	旗下品牌	所在地
1	红领	RCollar	抽象		青岛
2	雅戈尔	Youngor	抽象		宁波
3	红豆	HongDou	具象	红豆杉	无锡
4	法派	Fapai	具象		温州
5	培罗蒙	Baromon	文字		上海
6	报喜鸟	Saint Angelo	具象	Bono、Carl Bono	温州
7	杉杉	Firs	具象	意丹奴、马基堡	宁波
8	罗蒙	Romon	文字	罗蒙三泰、三洋	宁波
9	新郎希努尔	Sinoer	抽象	美尔顿、希努尔	潍坊
10	庄吉	Judger	文字	艾堡德服饰	温州

从上表中可以看出，红领、红豆、报喜鸟、杉杉和庄吉是中国传统标识的品牌，而新郎希努尔、雅戈尔、法派、培罗蒙和罗蒙则受西方文化影响，感觉是国外品牌。但当我们仔细研究报喜鸟、杉杉和庄吉旗下的品牌时，发现 Bono、Carl Bono、意丹奴、马基堡和艾堡德也受西方文化影响。这样看来，十个品牌中只有两个明显是国内传统品牌。另外，从标识的特点看，培罗蒙、希努尔和庄吉是以英文字母作为标识，其他品牌都是具象或抽象的标识组合。另外，这些品牌的产地主要位于经济较为发达的山东、浙江和上海等区域。

从表中的统计结果看，男装的品牌标识逐步由本土化向国际化转变，具体特征如下：

（1）标识区域化：最具有中国传统文化的品牌算

是江苏红豆，它的品牌名称与标识都用"红豆"。红豆是一种植物，又名相思豆，提起它，人们就会想起唐代王维的那首诗，"红豆生南国，春来发几枝，愿君多采撷，此物最相思"。这一标识充分反映了中国的悠久历史和文化，红豆标识没有洋化，但同样也拥有众多当地的消费者，因为它是我们本土文化的一部分，同样它在海内外也享有盛名。

（2）标识洋化：一些品牌标识中没有一个汉字，看上去很像国际品牌，例如表中的 Bono 和 Carl Bono。

（3）标识名牌化：有些品牌从标识和名字上看跟国际名牌很相似，消费者从视听上很容易混淆两个品牌，并会积极购买。从字面上看"意丹奴"和"佐丹奴"就非常相似。"这些品牌的出现，虽然在一定程度上拉近了我国服装品牌与国际服装品牌的距离，带动了一些企业与国际接轨，但没有自己的品牌文化，缺乏竞争力"（谢荣华，2006）。

（4）标识国际化：在全球化的今天，中国服装品牌要走向国际市场，一定要设计既具有本民族特点，又容易被西方所接受的标识。十大品牌标识中较好的算是希努尔，"希努尔"的含义是"中国人"，SINO 在希腊语中表示中国的称谓，意味着公司打造民族品牌，开拓国际市场的雄心。

四、中国服装品牌变化的原因——西方文化传播

从国内男装品牌标识看，西方文化影响着标识的设计，主要体现在以下方面：

1. 品牌国际化

在品牌全球化的趋势下，标识的设计应该适应目标市场的文化价值观念，中国品牌要走向世界，如果没有好的英文标识，不适应目标市场的当地文化，则很难打开国际市场。所以越来越多的标识使用英文标识图形。企业在标识设计中常采用字母组合与象形图形相结合的方式，目的是为开拓国际市场。

2. 购物心态

随着经济的发展和中西方文化的交融，西方文化传播速度也越来越快，消费者很容易接触到国外的品牌，很多消费者购物时偏爱有英文标识的外国品牌服装。

3. 企业谋利

为了迎合消费者心理，很多企业用英文字母作为标识的设计元素，有的到国外镀金，成为舶来品牌，然后以高价格进入国内市场，实现高额利润。标识（logo）是品牌的外表，好的标识可以吸引消费者的注意力，并产生良好的品牌联想，于是有些企业开始"傍名牌"，人家的品牌标识是 Adidas，他们就设计个 Addais，从标识的设计或品牌的名称看上去很像世界名牌，消费者区分起来较难。

总之，西方文化影响着我们的消费者，影响着品牌标识的设计者，如果我们的服装品牌标识完全西化，没有本土文化，那么此产品会逐渐失去品牌文化所产生的附加值。也许产品可以通过超级模仿来提升其销量，但文化却不可以模仿，如果标识缺乏自身的文化内涵，市场竞争力就会不强，因为只有当品牌文化与消费者内心认同的文化产生共鸣时，消费者才会积极地购买。

五、中国服装品牌标识的发展——标识体系的建立

标识作为品牌形象的视觉载体，是品牌中无法用语言表达但可被识别的部分，因此一定要"易读、易记、易传播"（戴诗思，2007），一个好的品牌标识可以在瞬间吸引消费者的注意和兴趣，然后建立长期的购买关系，进而促进品牌快速成长。那么，在标识设计过程中需要考虑哪些因素？如何建立起一套具有自己品牌特色的标识体系呢？

1. 以英文字母作为标识的设计元素

有时用汉字来设计标识不如用英文字母那么方便，所以标识设计者一定要吸收英文字母的优点，通过字母组合创造出新词作为标识，适应目标市场的文化价值观念，以英文字母组成的标识是中国企业迈向国际化所必须的。贺川生（1997）曾在《商标英语》一书中谈到过雅戈尔的成功案例：宁波服装雅戈尔，以前的标识是"北仑港"，这是一个地域性明显的标识词，不利于产品打开国际市场，考虑到服装能给人带来青春活力，设计人员使用了英文单词 Young，想到服装能使人更加年轻，于是就加了"er"，变成了英文单词 Younger，但这是一个英文单词而不像一个

标识，于是改成 Youngor，这个词没有意义，可以归企业所有，后来这个具有品牌自身独特个性的标识伴随着雅戈尔享誉海内外。

2. 以文化作为标识的设计元素

品牌标识作为一种语言，也体现了文化因素，反映一个国家、民族的悠久历史和文化，服装品牌标识国际化的同时，也要在设计中体现本土文化的特色，创造出富有国际形象的英文标识。当英文标识融入了本土文化元素时，它不仅会从视觉上，而且从内在的个性上会吸引更多忠诚的消费群体。上文提到的红豆标识就是很有中国传统文化的标识。另外，庄吉的企业标识是将英文"JUDGER"和中文"庄吉"组合在一起，英文取其"鉴赏家"之意，中文以流畅的线条突显现代感，此标识选用经典传统且极具时代感和时尚风格的黑白两色，使其成为庄重、典雅、高贵、时尚的品牌（图1）。

图1

3. 以图形符号作为标识的设计元素

有些标识是由图形符号组合而成，图形符号实际上也是一种象征符号和语言符号，可以分为表音符号（phonogram）、表形符号（logogram）和图画（picture）。当图形符号与品牌标识物相得益彰、相映生辉时，品牌的整体效果会更加突出。例如男装品牌西尼亚的标识就是两个并排站立的人握手的图形，这个标识暗示着团队合作，互利双赢。

本文以男装品牌为例探讨了西方文化对中国服装品牌标识的影响，以及品牌国际化过程中标识的设计原则，在标识设计过程中要考虑到英文字母、文化元素和图形符号，从而设计出具有品牌特性的标识。下面以北京服装学院 07 级服装设计系 709 班学生设计的品牌标识为例：设计的品牌是女装，消费群体是 20 至 30 岁的知性女士，中文名称是鸢尾花，英文是 Iris，标识将英文字母与图形符号结合，把西服领的转折（深蓝色尖角边饰）和从梵高画作里提取的色彩运用到标识设计中（图2）。此品牌名称源于梵高的一幅作品《鸢尾花》，同时设计者希望此品牌的服装产品也能像鸢尾花那样拥有娴静优雅的女性味道。此标识设计将文化元素（梵高的作品）、英文字母和图形符号融于一体，较好地体现了标识的设计原则。

图2

六、结论

从男装标识的变化，我们看到西方文化对中国服装品牌标识的设计影响很大。国内服装品牌要想进一步开拓国际市场，一定要在标识的设计中融入英文字母、文化元素和图形符号等设计元素，在保持自己品牌特点的同时，也要融入不同地域文化并与销售地的地域特色相结合，打造属于本地的产品，创造更大的销售额，让西方文化对品牌发展起到积极的作用。

参考文献：

[1] Matthew Healey. What is Branding？[M]. Publication of Rotovision，2008.

[2] Wheeler，Alina. Designing Brand Identity [M]. Johon Wiley & Sons，Inc，Hoboken，New Jersey，2006.

[3] 戴诗思. 对品牌命名问题的研究——以服装品牌为例 [J]，宁波大红鹰职业技术学院学报，2007（2）：33-43.

[4] 贺川生. 商标英语 [M]. 湖南：湖南大学出版社，1997.

［5］吴国欣. 标志设计［M］. 上海：上海人民美术出版社，2005.

［6］吴卫华，刘诗忆. 品牌本土化策略研究——论国际品牌在中国的本土化策略及启示［J］. 湖南大众传媒职业技术学院学报，2006，6（6）：76-77.

［7］谢荣华. 国内服装品牌建设问题及对策［J］. 华东经济管理，2006，20（9）：124-128.

［8］严晨，严渝仲. 企业形象与视觉传达［M］. 北京：中国纺织出版社，2005.

On the Costume Culture in South Korean Movies and Television Series and Its Creative Industries[①]

Shi Yajuan & Guo Pingjian

(Department of Foreign Languages, Beijing Institute of Fashion Technology, Beijing 100029, China)

Abstract: The goal of this study is to analyze the influence of the costume culture of South Korean movies and television series on the development of fashion industry. South Korean movies and television series make full use of the influence of costume culture to advocate South Korea's national spirit and character as well as the confidence and vigor of the young generation. They contribute to establishing South Korea as a country with a graceful, modern appearance and great cultural heritage. The presentation and promotion of its costume culture in movie and television series stimulates its cultural competence and advances its cultural creative industry. The spread of South Korean costume culture has become the pioneer and foreshadowing of clothing industries and greatly underpins its advancement overseas. In concert, the development of clothing industry helps the spread of South Korean costume culture.

Key words: South Korean movies and television series; costume culture; creative industry

I. Introduction

In the past two decades, the spread of South Korean films and television series around the world, and especially in Southeast Asian countries, makes "South Korean wave" a hot word. The success and popularity of these films and television series not only helps the rise of its film industry but also contributes to the establishment of South Korea's international image as a country with great cultural heritage. Besides the touching stories, beautiful settings, and engaging narration, these films and teleplays make full use of the characters' costume to catch the audiences' attention, and most importantly, to convey a kind of unique national character and spirit. While entertaining the audiences' mind, the elegant and beautiful traditional hanboks and energetic and high—fashion dresses worn by the characters also persuade them to accept and appreciate their traditional heritage and modern appearance. Conse- quently, love and admiration for the characters and their looks leads to love of their background culture and imita- tion of their appearances—the young people compete to dress like those stars by purchasing the same or similar clothes, which finally stimulates the development of South Korean clothing and textile industry.

II. Research Results

Generally, the influence of the costume culture of South Korean movies and television series on the develop- ment of South Korean clothing and textile industry can be summarized as the following two points:

(1) Taking advantage of costume dramas to demon- strate and advocate South Korean traditional clothing cul- ture and its unique national character, so as to establish its international image as a great country with excellent apparel history.

❶This article is reprinted from The International Journal of Costume Culture. Vol. 13. No. 1. 2010. P. 5-8. It is supported by Special Items Fund of Beijing Municipal Commission of Education, Project No.: SM201010012003.

Similar to Chinese costume drama, there are many excellent South Korean movies and television series, such as the movies Chunhyang, Drunk on Women and Poetry, King and the Clown, and the popular television hit Jewel in the Palace. All of these plays derive their themes and stories from historical events, characters, or legends which provide hanboks a good stage to yield unusually brilliant results. One expert points out that clothes and other ornaments serve to reveal the body's cultural meaning, suggesting we view our body as a kind of cultural symbol. Clothes express the body's cultural meaning clearly by their unique style. Dressing oneself is necessary for the becoming of self, which not only conveys the demand of the body but also the command of spirit. Beyond the simple meaning of a stage property, the hanboks convey a deep national spirit and release its innate national character in these costume dramas. The becoming and development of traditional South Korean costume is deeply influenced by the dressing style of Chinese Tang Dynasty, characterized by its bright, beautiful color and dignified, graceful qualities. While presenting and displaying the beauty and elegance of hanboks, these costume dramas make full use of their visual qualities to express innate and unique national spirit and character, and so move the audience both through its stories and its splendid culture and spirit.

Take Jewel in the Palace as an example. After going through many hardships, its heroine Jangeum achieves her life goal of being the first Royal Lady and the first female royal physician in the Joseon Dynasty in South Korea. She is clever, optimistic, broad-minded, and full of curiosity. Facing life's ups and downs she is always calm, never loses confidence, and is full of love for life and the future. She embodies nearly all the virtues of a perfect woman and projects an ideal image of woman. Hanboks play an important role in the creation of this perfect woman. Without designing any special costume for its heroine, this play presents the court dress as a whole. All the costumes of the characters are designed according to rigid customs of court dress that not only correspond to historical truth but also

create a relative cultural atmosphere and serve to set off development of the main character by contrast. The elegant disposition emanating from the court hanboks becomes an inseparable part of the image.

The roles of maids of honor were rigidly defined in South Korean royal court, such as young maid of honor, kitchen lady, royal maid, and court lady. This stratification can be recognized directly from the different styles and colors of their dresses and accessories. For example, in this television series, the young maid of honor wears light pink jeogori and big blue skirt with matching purple band. Royal Maid wears bright red jeogori and ash black skirt with purple band. They have long braids. The Court Lady usually wears bean green jeogori and dark green skirt with dark blue band. They wear their braids in a coil. The Queen's dresses exemplify all court dresses, not only brilliantly colorful but also decorated with many embroidered patterns, including dragon, phoenix, cloud, water, or some auspicious Chinese characters. Her hair style is also quite complicated.

According to court dress custom, the hair accessories of Queen and Royal Lady are different from that of common maids of honor. They usually wear ti (wig) on the head, which is a symbol of identity and wealth. Some rich or aristocratic women like to add a number of ti or decorate them with some accessories, such as hairpins. Some nominated court ladies also put a jade plate right in the middle of the ti which is called 'head of phoenix'. The size and color of the jade plate is a sign of identity and position. In Jewel in the Palace, all the dresses and accessories of the Queen and royal ladies are carefully and strictly designed according to these clothing conventions.

While the distinction and hierarchy of the common maid of honor and royal ladies or queens is embodied in their formal dresses, the color of their attire for bed or leisure is the same—it is white. The love of white has long been a tradition in South Korea, and white clothes have been worn and highly praised by both common South Koreans and upper class society from ancient times. They also match this color with other colors—pink red, pink green, pink blue, or pink yellow—to successfully create unexpected effects that fully convey the wearer's elegant disposition.

Korean costume drama also makes full use of the hanboks' purity of color to compliment the energy of the people and to express their pursuit of and love for freedom and independence. For instance, the brightly colored costume of Chunhyang in Chunhyang and Gonggil in King and the Clown express the character's desire for beautiful love and the secular life respectively. The study of color psychology shows that high purity color evokes strong visual impressions and psychological responses. It is more rhythmic than low purity color, making the characters seem more energetic and lively. High purity colored hanboks in South Korean costume dramas fully display the beauty and feature of traditional South Korean clothing culture and ultimately helps to create a vivid and complete cultural image of South Korea.

(2) Making use of modern television series to showcase contemporary South Korean clothes culture and its modern, graceful, confident, and vigorous appearance, as well as the individuality of the young generation.

Since the coming of South Korean television series to China at the end of the 1990s, some excellent programs, such as Princess of Mermaid, Watch Again and Again, Jewel in the Palace, and My name is Kim Sam Soon, are well-known in China. If the costume in South Korean costume drama movies publicizes its implied national spirit and character, the costume in modern South Korean television series can be seen as a splendid display and advertisement of its contemporary clothes culture, the modern appearance of the country, and its energetic, confident, energetic young generation. The colorful, elegant, and individualistic dresses engage the attention of youth and then they become infatuated with other South Korean products, like South Korean-style clothes, bags, or accessories. Roughly speaking, the primary attribute of modern South Korean fashion is to "mashup" or "mix and match". This is a typical fashion style favored by young people for the rhythm radiating from leisure and layers. It

also inherits the features of traditional South Korean costume with bright and pure color. In addition, it features all manner of delicate, new, and original accessories. The South Korean modern series well display these features. Those young and energetic, handsome and beautiful images become the idol of youth and make imitation of their costume a priority. The costume, or a similar style, soon becomes popular among young people. Often the supply is unable to meet the demand.

Take the television series My name is Kim Sam Soon for example. The clothes of the hero, Hyun Jin Heon, radiate the flavor of times. Despite his normal suit and shirt appearance, the color and style of these clothes is changing constantly. Along with the most common white and black shirt, there are pink, apple green, dark reddish purple, light blue, cream, golden red, magenta red, and many other colors. Matching his suits with shirts of different colors integrates the handsomeness of the hero and the vigor of youth together. Mix and match is an important costume style of the heroines in this television series. The dresses of Yoo Hee Jin, Hyun Jin Heon's exgirlfriend, are typical of this style. She wears a deep blue singlet outside of a light gray round neck short sleeve shirt, which appears leisurely and lively, elegant and quiet. In fact, the costume of every character of this television series has been designed and matched carefully and elaborately, all of which makes the characters appear pretty and energetic.

The clothing accessories in this television series are also worth mentioning. Although the heroine, Kim Sam Soon, once wore the same round earring twice, Yoo Hee Jin wears 22 earrings without repetition, and Sam Soon's older sister wears 19 unrepeated in different situations. As for other accessories such as silk scarfs, necklaces, and bracelets, they are not only pretty and full of ingenuity but also are never worn twice by the characters. Throughout the whole series, the look of every character is very goodfresh, confident, unforgettable, and admirable.

III. Conclusion

At this time there is a buzz word—hot-selling girl—

which refers to some actresses 20 to 30 years old. Their publicity and popularity depends not only on their outstanding acting skills but also their appropriate dresses in movies or television series. Their costume in the series is either famous foreign brands or some street fashion. Their costumes are by no means stage costumes, which cannot be worn in daily life, but could be worn by everyone. For example, Hwang Jung Eum, the heroine of the popular situation comedy High Kick, was so enthusiastically welcomed by the audience that her dresses, bags, and accessories in the play sold out quickly. There are many similar cases in South Korean modern fashion series. T-shirts or cotton suits worn by famous actors or actresses become goods in high demand. South Korean clothing enterprises seize the opportunity to take advantage of the celebrity effect by making movies and television series as means of promoting and advertising their products, while adjusting the industrial structure, invigorating the development of new technology and new material, and advancing their marketing and sales.

According to some statistics, South Korean export value to China in 2002 reached 83.8 billion dollars, an increase of 12.5% compared to that of the previous year. 80% of their total overseas investment is in Asian countries, of which investment cases in China and their sum of money account for 60% and 35% respectively. The Ministry of Commerce, Industry, and Energy of South Korea established a goal of 30 billion dollars for textile export values in 2010, which will make South Korea the third largest textile and clothing exporting country in the world.

The successful interaction and promotion between the costume culture of South Korean movies and television series and its clothing industries cannot be separated from the relative creative and innovative cultural and industrial policies, which are the foundation of the whole achievement. For example, South Korean government drafted the Film Promotion Act in 1994 and introduced the concept of "invigorating the country through culture" in 1998, when it made clear the policy of setting cultural industry as the country's strategic economic pillar. The Innovation Law of Cultural Industry was enacted in February of 1999, which ascertained the category of cultural industry. In following years, other similar laws and regulations have come out in turn, all of which make South Korean cultural policies more complete and practical and fully supportive of the development of creative industries. These measures effectively stimulate the integration of South Korean movie and television series costume culture and its clothing and textile industries.

Finally, the costume culture displayed by South Korean costume dramas and modern television series creates a great national image before Asia and the world. The presentation and promotion of South Korean costume culture in movie and television series enervate its cultural competence and advance its cultural creative industry. The spread of South Korean costume culture is the pioneer and foreshadowing of its clothing industries and greatly underpins its advancement overseas. In concert, the development of clothing industry also helps the spread of Korean costume culture.

References:

[1] LUN GANG, WANG ZHONGCHEN, Elizabeth Wilson. Fashion and the Postmodern Body [M]. Mi Ruixin. Beijing: China Social Sciences Press, 2003.

Inspirations for China's Cultural Industry Development from the Construction of South Korea's Cultural Industry Chain[●]

Guo Pingjian & Fang Haixia

(Department of Foreign Languages, Beijing Institute of Fashion Technology, Beijing 100029, China)

Abstract: The purpose of this research was to understand the successful establishment of the cultural industry chain in South Korea and discover lessons for China to improve its cultural industry. It was concluded that a one—industry development pattern cannot win in market competition and a cultural industry will strengthen its sustainability only through smoothing its relationship with other industries and establishing a cultural industry chain so as to further development and resist crises together.

Key words: cultural industry chain; South Korea; lessons for China

I. Introduction

Hailed as a golden industry in post-industrial society, the cultural industry has been one of the most rapidly developing industries in the world since the 1990s. After the Asian financial crisis, South Korea adjusted its economic policies and began making significant efforts to develop its cultural industry, which has yielded great achievements. From the "content-orientated" development strategy in movies and teleplays at the inception to the "culture first" measure in the cultivation of South Korean play consumers, South Korea's cultural industry has brought about huge market opportunities for the cosmetics, tourism, and catering industries, having not only made large amounts of foreign currency for South Korea but also promoting the development of related industries with its complete industry chain. To take movie and television industries and the fashion industry as an example, South Korea's cultural industry, under the guidance of content—orientated strategy, carefully planned the cultural ingredients in the films and teleplays and its influence on other industries, a complete industry chain development pattern having been set up between films and teleplays and other industries. Guided by the culture first strategy, South Korea's other industries have been expanding their overseas markets and achieving great benefits. Since 1999, the output value of the 10 cultural industries-including publishing, caricature, music, games, movies, animation, radio and television, advertising, internet, and mobile information-has increased by 30% per year. According to the statistics, with its cultural products occupying 3.5% of the world market, South Korea had become the fifth greatest culture power by 2004.

Studies on the cultural industry were carried out early in South Korea. In 2003, in their paper "On the Contribution of investment in Cultural Industry to Economic Growth", Long Yunzhong (a researcher in South Korea Culture and Sightseeing Policy Research Institute) and Yuntai (professor in Economic Department of National University) analyzed the macro-economic model and drew the conclusion that the capital investment in South Korea's cultural industry is proportional to its contribution to economic growth, offering appropriate theoretical foundation for South Korea to develop its cultural industry. Some

---

[●]本文曾发表于 "The International Journal of Costume Culture", 2010, 13 (2), P88-92.

Chinese scholars also made studies on the cultural industries in China and South Korea, mainly focusing on the significance and the characteristics of cultural industry development and the economic benefits brought to South Korea (Gao Lei, 2004; Luo Li, 2005; Li Yipo, 2006; Song Kui, 2007; Zhang Qie, 2009) but paid little attention to the importance and great economic benefits brought by the cultural industry chain construction and its social influence. Therefore, this paper, through investigations, interviews, and theoretical research, analyzes the successful establishment of the cultural industry chain in South Korea to discover its lessons for China's cultural industry.

II. Characteristics of South Korea's Cultural Industry Chain

He Qun (2006) defined "cultural industry chain" as the relationship between the different links in cultural production and the relationship between cultural industry and other industries. In devising cultural development strategy, South Korean government also made a series of supporting plans to go with the strategy, aiming to occupy the overseas markets with cultural industry as vanguard, cultivate potential consumers, and then expand commodity exportation to promote the development of other industries. With the popularity of South Korean dramas, the benefits brought to the fashion industry and tourism industry are increasing year after year, packaging fashion, tourism, and catering culture industries together with South Korean dramas. It is because of the complete industrial chain that the South Korean economy developed so rapidly. The construction of a cultural industry chain shows the following characteristics:

Firstly, change the orientation of cultural products. Since South Korea began to develop its cultural industry vigorously in 1998, the government has constantly played the role of director, in charge of overall planning, guiding policies, and enacting laws and regulations in parallel. While guiding the development of cultural industry, the

government optimized the cultural industry chain through cooperation between different sectors, different industries, and different areas. Cultural products developed as an aggregate of various cultural elements from a single product element, thus enhancing the information content and impact force in the cultural products. The popularity of such cultural products brings not only benefits but also added value for other industries. After making profits from the cultural industry, other industries will make more investment in it and accelerate its development, which is the chain effect brought about by the optimization of the cultural industry chain.

Secondly, change the mechanism of the cultural industry. In the 1990s, the South Korean movie industry took the lead in breaking the monopoly concept in cultural industry, allowing private consortiums to invest in and release films. As soon as this policy was put forward, five South Korean consortiums-including Hyundai Group, Samsung, and Daewoo-made huge investments immediately and passionately in film production. The movies are released through their established commercial sales networks. Huge investment funds were attracted to the movie industry and the material conditions for its development were created. The mechanism change not only inspired the prosperity of the movie market but also breached the boundaries between different industries so as to promote their communication and cooperation, leading to an economic win-win situation.

Thirdly, change the mechanism of personnel training. In order to develop a professional curatorial team, South Korea put cultural industry personnel training into the educational system. From 2000 to 2005, South Korea invested over 200 billion Korean won into inter-disciplinary skills training, especially stressing the training of advanced talents in movies, animation, games, and television industries. The practicality of artistic science is emphasized and the cooperation between the cultural industry and pure artists is enhanced with the purpose of constructing a win-win personnel training system for both cultural arts and cultural industry. It is well proved that cultural industry personnel training has provided a great number of excellent staff for the creative industry. Investment in personnel training has brought great returns for South Korea.

III. Culture First-Fashion Industry taking Advantage of South Korean Dramas

One of the prototypes of the South Korean cultural industry chain is the fashion industry taking advantage of South Korean dramas. Orientated to cultural content, the cultural industry chain develops cultural products into popular consumer goods, of which the exquisite South Korean drama is a perfect example. Not only popular in itself, South Korean drama has also cultivated a great number of potential consumers for the fashion, tourism, and catering industries. The market for related goods is expanding rapidly with the popularity of the South Korean dramas. A culture-first pattern in the establishment of cultural industry has successfully promoted the development of film and teleplay related industries in South Korea.

With culture as the vanguard, the South Korean fashion industry entered into China's market with great advantages. The most important reason for the popularity of South Korean fashion among Chinese consumers is that people are strongly influenced by South Korean dramas. With the popularity of South Korean dramas, the beautiful South Korean costumes in the plays attract people to buy South Korean-style fashion wear. It can be said that the South Korean cultural wave has contributed greatly to the prosperity of the South Korean fashion industry in China, and has paved the way for the popularity of South Korean fashion in China.

IV. Current Situation of Cultural Industry in China

Since the adoption of reform and opening-up policies 30 years ago, China's cultural industry has experienced a preliminary stage characterized by "cultural institution" and an exploratory stage characterized as "public institu-

tion managed as enterprise" and is currently in the developing and transforming stage. As our cultural industry begins to take shape and have significant influence on the development of our national economy, it has been introduced into the national development strategy. Both central and local governments have established a series of policies and measures to promote and support the development of cultural industry, clarifying the responsibilities of the central government in cultural industry development. That is, while still providing public culture services for society at large, the central government will also encourage and support the development of cultural industry through its policies in finance, tax revenue, financial control, and social security. Although China's cultural industry has begun to take shape, it has much slack to fetch up compared with that of developed countries in Europe, and America, Japan, and South Korea. Its main problems are as follows:

(1) The cultural industry is undersized and there still exists low-level equilibrium between supply and demand and a dissymmetrical structural contradiction.

(2) Cultural industry operation units are prolific in number yet low in productivity, with resources scattered and economic profits quite poor.

(3) The traditional resources allocation system—according to department and region—is now in contradiction to the "marketization" of China's cultural industry. Inter-industry and inter-regional asset reorganization and annexation often runs into obstacles.

(4) The lack of cultural originality cannot meet the requirements of the fast development of the cultural industry. Resource potential cannot be fully converted into industry power.

(5) The current laws and regulations on culture management and cultural industry are not sound and integrated enough because they were chiefly formulated and issued by different administration departments of the government.

(6) The development procedure of cultural industry is severely restricted due to tangled investment channels

and shortage of funds.

（7）The cultural industry has not yet developed its chain of operation because of a lack of overall consciousness in planning.

V. Inspirations for China from the Development of South Korea's Cultural Industry Chain

1. Change Outdated Notions to Establish New Cultural Industry Consciousness

The traditional notion that emphasizes public welfare quality rather than the industry quality of cultural institutions should be changed. A sense of cultural industry should be strengthened and the strategic position of cultural industry should be established. The government should support and encourage free operation and fair competition. The quality of cultural products should be judged by the market.

2. Regulate the Cultural Industry Management Mechanism

In order to change the situation that China's cultural system reform lags behind its economic system reform, organizations responsible for the revitalization of cultural industry—similar to South Korean Cultural Industry Bureaus—should be set up under Ministry of Culture of the People's Republic of China. As well, a coherent coordinating management system should be established, and different industries should be encouraged to found associations to promote self-regulation and the construction of industrial chains. Resource optimization and integration between different industries, especially between the film and television industries and other industries, should be encouraged.

3. Draw Up Positive Cultural Industry Policies

Industry policies are important macro-control means. Since China lacks cultural industry related policies, positive cultural industry policies that are in conformity with WTO regulations and China's social realities should be established to promote the development of cultural industry.

4. Improve the Mechanism for Cultural Market Entry

While maintaining the security of national culture and establishing an open, transparent, and non-discriminating cultural market order, the market entry system should be broadened to invite more private enterprises to enter the cultural industry in order to generate a thriving market.

5. Guarantee Capital Resources and Expand Financing Channels for Cultural Industry

To reverse the situation where cultural enterprises are in shortage of development capital, national and local cultural industry development foundations should be set up so that funds can be directed from various channels to support the development of those industries. Financing channels for cultural industry should be expanded and favourable loan and taxation policies should be adopted.

6. Improve the Legal System to Ensure the Smooth Development of Cultural Industry

Laws and regulations are guardians of a market economy, protecting the interests of market players, and ensuring the sound and orderly development of the market. Currently, China lacks specialized laws and regulations related to cultural industry. Therefore, the legal system should be strengthened and specialized laws and regulations should be promptly formulated to promote the sound development of cultural industry.

7. Conduct External Cultural Exchanges Actively

China, as per South Korea's example, should establish specialized cultural project promotion institutions to expand its cultural agencies in foreign countries and hold Chinese culture exhibitions regularly. Cooperation between domestic and foreign cultural enterprises should be encouraged. The spreading of Chinese language to other countries should be accelerated to promote its internationalization, which can be taken as a precursor for China's cultural industry to participate in international competitions.

VI. Conclusion

From the above study, we have seen the great benefits brought to South Korea by its cultural industry. We have also realized China's current situation and the existing problems in its cultural industry. To solve these problems, sound laws and regulations should be formulated and a complete industry chain be established for cultural industry benefits to be optimized, such that the commercial pattern for each link in the industry chain be carried out completely. Cultural publicity should be strengthened in order to popularize Chinese culture. Personnel training should be enforced and international academic communications and technical and capital exchanges be expanded. Cooperation between different industries should be strengthened so as to streamline the allocation of resources. Finally, through years of efforts, China will surely be among the great powers in cultural industry.

References:

[1] KUI SONG. The development background and the characteristics of Korea's cultural industry and the enlightenment [J]. Heilongjiang Social Sciences, 2007 (1): 39-43.

[2] LEI GAO. Exploration of influences of "Korean wave" on China's costume market [J]. Journal of Wuhan Institute of Science and Engineering, 2004 (6): 42-45.

[3] LI LUO. Cultural development strategy and the development of cultural industry in Korea [J]. Southeast Asian Studies, 2005 (3): 32-34.

[4] QIE ZHANG. An exploration of the development strategy of Korea's cultural industry and the enlightenment [J]. Contemporary Korea, 2009 (2): 43-47.

[5] QUN HE. Analysis of Cultural Production and Products [M]. Higher Education Press. 2006.

[6] LI YIPO. The rising up of Korea's culture and its enlightenment to China [J]. The Journal of Beijing Institute of Graphic Communication, 2006 (6): 53-56.

综合研究

时装之都纽约的成功经验对北京的启示[1]

郭平建　王颖迪

摘　要：时装之都建设现在被世界上一些大城市（现有五大世界时装之都除外）当作相互竞争的策略。北京于2004年11月提出建设时装之都的目标，但时至今日还未实现。本文总结了世界时装之都纽约的成功经验，分析了北京时装之都建设的现状，并就借鉴纽约经验、加快北京时装之都建设步伐方面提出了几点建议，供参考。

关键词：纽约；北京；时尚体系；时装之都建设

Study on the Successful Experience of the Fashion Capital New York and its Enlightenment to Beijing

Guo Pingjian & Wang Yingdi

(Department of Foreign Languages, Beijing Institute of Fashion Technology, Beijing 100029, China)

Abstract：The construction of a fashion capital becomes a competitive strategy among world metropolitans (except the five fashion capitals in the world). In November, 2004, Beijing put forward its aim to construct fashion capital. But this goal has not been reached get. This paper explore the successful experience of the fashion capital New York, analyzes the status quo of the construction of fashion capital in Beijing and provides some advice on how to accelerate the construction pace.

Key words：New York；Beijing；fashion system；the construction of fashion capital

近20年，中国的服装产业进入了蓬勃发展的时期，已成为最引人注目的产业之一。北京市于2004年11月19日正式对外发布了《促进北京时装产业发展，建设"时装之都"规划纲要》，提出在构建国际大都市基本框架的同时，将用不到六年的时间积极发展时装产业，建设具有文化内涵、科技领先、引导时尚的世界"时装之都"。现在七年的时间已经过去，在世界时尚领域内，中国的国际地位得到了显著的提高。但是，北京与伦敦、巴黎、米兰、纽约和东京这些国际上公认的时装之都还有一定差距。

纽约是美国的金融经济中心和最大城市。纽约和北京，两座城市虽有着不同的文化背景，但在经济发展、城市建设、城市包容性等方面都有着很多相似之处。因此，研究纽约在时装之都建设方面的成功经验对促进北京的时装之都建设有一定的积极意义。

国外有关纽约时装之都建设的研究比较多，如桑尼特·斯坦菲尔（Sonnet Stanfill）的 *Curating the Fashion City*：*New York Fashion at V&A*、布伦达·波朗和谷戈·特雷德（Brenda Polan and Goger Tredre）的 *The Great Fashion Designers* 等。比较详细的有诺玛·兰提西（Norma Rantisi）的 *How New York Stole Modern Fashion*，该文则从服装业与艺术相平衡的角度出发，梳理和研究了纽约在"第二次世界大战"时期，通过发掘自身潜力、宣传本土设计师和建立城市文化与服

❶本文为北京市教育委员会专项基金资助项目（SM201210012002）成果之一，曾发表于《山西师大学报》2012年第39卷，P107-110。

装产业广泛联系等举措，逐步成为世界时装之都的发展过程。有关北京"时装之都"建设方面的文献比较少，如杨雪和郭平建的《浅析创意产业浪潮下北京时装业的发展》、陈桂玲等的《北京建设"时装之都"服装展会研究》、翟文芳等的《建设"时装之都"，规范服装批发市场》、蒋志民的《建设北京时装之都，发展北京纺织服装产业》、郝淑丽的《建设"时装之都"——北京之产业环境分析》、刘元风等的《北京"时装之都"建设与服装教育》和常青的《发挥服装品牌优势，共建北京时装之都》等。这些研究主要是提出对北京时装之都建设的设想和建议，缺少对国外时装之都建设经验的借鉴。因此，本项研究不仅有助于学习国外经验，而且对国内相关理论研究也有一定贡献。

本研究通过文献查阅研究了纽约时尚体系的发展及其特点，在对北京服装产业调查和产业内专业人士访谈的基础上，总结北京建设"时装之都"所面临的问题，然后结合纽约的成功经验，针对北京的时装之都建设提出几点建设性的意见。

一、纽约的时尚体系建设

纽约的时尚体系主要由服装产业和城市文化产业两大部分构成，设计师和设计师协会是连接这两部分的纽带，它们有机结合，相互促进，共同推进了纽约时装之都的建设。服装产业主要包括服装制造商、批发商、零售商、百货公司、服装设计公司等，城市文化产业则包括媒体和出版业、教育机构和其他文化机构如美术馆、博物馆、剧院和音乐厅等。

1. 服装产业

早在 19 世纪 90 年代，美国的服装设计就突破了法国巴黎的模式，强调一种更贴近自然的款式，这种创意灵感源于纽约画家查尔斯·达那·吉布森的作品。20 世纪 20 年代，零售商开始把设计者标签加到美国服装上，人们不再认为纽约的服装完全是法国样式的翻版。"第二次世界大战"期间，美国时装界没有受到巴黎的影响，能够自主创新，并且推广本土化设计。到 20 世纪 70 年代，纽约已跻身世界时装之都行列，可以与伦敦、巴黎相媲美。

纽约服装产业的形成和崛起可追溯到 20 世纪早期。作为美国最早发展起来的港口城市，纽约有着良好的区位优势，其服装业相比其他城市而言发展更加迅猛。服装业相对集中在服装产业区域内是纽约服装业在地理上的一大特点。纽约曼哈顿的服装产业区——第七大道是纽约服装产业的聚集区。与之相毗邻的第五大道更是世界闻名的百货商品零售区。产业内部的统一协调与明确的职能划分为服装产业的发展打下了坚实的基础，而作为直接面向大众的零售商，在推广本土设计师方面做出突出贡献：在"第二次世界大战"期间，巴黎因被德国纳粹占领而暂时丧失了对时尚帝国的主导权，此时的纽约零售商趁势崛起，大力宣传本土的优秀设计师，将他们从幕后推到台前，使他们的设计风格逐渐被大众知晓并接受。

此外，带有鲜明美国特色的大众成衣业也助力纽约成为世界五大"时装之都"之一。纽约的大众成衣业诞生于 19 世纪末工业化的浪潮下。在纽约，人们的生活节奏快，人口密度大，城市文化的更新速度快，对外来文化的包容性也比较强，时尚在寻求每季变化的同时也尽可能地满足不同人群对服装的不同需求，而大众成衣的最显著特点就是成本低和批量生产。设计师和经销商通力合作，通过得力的市场营销策略，保证了美国大众成衣业在世界范围内取得成功，如纽约知名的世界品牌有 Calvin Klein 和 DKNY。

2. 城市文化产业

城市文化产业与服装业相互作用，共同构成了一座城市所特有的时尚体系。纽约的文化产业自始至终都与服装业的发展有着千丝万缕的联系。从逐步明确自身城市的文化特色，再到其文化被世界广泛认可，纽约的城市文化渗透到了时尚产业的方方面面。

本土时尚媒体和出版业的作用尤为突出。无论是报纸、杂志还是电影、电视剧，时尚的触角延伸到了人们日常生活的方方面面，提升了人们的时尚品位，指导人们选购时尚产品。电影和电视剧中的明星与时尚企业联合，他们的示范不仅影响年轻人去购买他们所喜欢的时尚服饰，同时还通过大众媒体向人们展示和诠释光鲜靓丽的时尚背后所蕴藏的智慧与努力。城市中众多的博物馆、美术馆、画廊也很好地向大众传播了纽约独特的城市文化。

城市文化产业饱含了一座城市的精神内涵，时尚产业可以从中不断汲取新鲜的灵感，而通过时尚所创造出的新作品又会及时地为城市文化注入活力，在时尚体系内部不断循环往复。而文化流动、传播与认可也需要一定的载体，纽约的时尚设计师恰好就充当了这一角色。他们用时装这门特色的语言将纽约的大众文化散播到了全世界。

3. 时装设计师和设计师协会

作为产业连接的纽带，设计师和设计师协会在时尚体系中的地位至关重要。时装设计师对于推动产业发展的作用不言而喻。在纽约，知名的时装设计师大多都拥有自己的品牌，他们的曝光率、知名度和社会地位远比一些影视明星还要高。他们是时尚脉络的掌控者，也是潮流趋势的制造者和发布者。但是他们的成功也经历了从默默无闻到星光熠熠的艰辛历程。

早在产业发展初期，纽约便成立服装产业工会，其职责是代表时装企业来保护设计知识产权，解决劳动纠纷，对外联络，投放广告，举办时装发布会。工会同时为设计师提供财政支持，帮助他们化解财务危机，从而专心于发展。1962年，美国设计师协会（CFDA）成立。该协会网罗了全美许多优秀的设计师，同时也致力于培养和挖掘新生力量，不断为时尚业输送新鲜血液。

美国CFDA的代表在2008上海国际服装文化节"海尚峰会"上曾这样说："一个好的设计师要将自己所知道的和了解的文化与经历体现出来，在互相帮助时应利用各方的长处。纽约是美国时尚行业的地标，许多来自洛杉矶和其他地区的品牌都来到纽约参加时装秀。我频繁地接到一些其他地区的电话，比如俄亥俄、波特兰、阿拉巴马等地，他们都想要举办自己的时装周。如果他们想做的话，就必须从当地的活动做起，重要的是要了解当地是否有好的设计师能够为当地时装周建立信誉和地位。如果做不到的话，那它就不可能拥有像纽约时装周一样的国际地位，只会是不起眼的众多时装周中的一员。"由此可见，设计师和设计人才作为一座城市文化的灵魂体现，对建立城市时尚体系的意义非凡。而众星云集的设计师协会则为设计师解决了很多后顾之忧，为他们开拓、联系和搭建更加宽广的平台，为设计的内外部交流提供了畅通的渠道，成为设计师职业发展最坚实的后盾。

二、北京时尚体系建设的现状

自2004年11月19日北京市人民政府联合中国纺织工业协会在北京召开了《促进北京时装产业发展，建设"时装之都"规划纲要》的新闻发布会起，经过七年的努力，北京在"时装之都"建设方面取得了一些成效，"服装的民族化、国际化和时尚化程度进一步提升，服装的品牌意识和行业自律进一步加强，企业实力和社会责任感也进一步提高"，但还存在一些不足。

1. 北京的服装产业

北京虽然与纽约有相似之处，但在经济发展和社会文化方面的差异也让北京面临着诸多挑战。作为中国的首都和政治文化、国际交流的中心，北京高昂的劳动力价格和紧张的土地资源使得北京无法承担起生产服装的重任。与其他东南沿海城市相比，北京的贸易进出口优势也并不突出。要想成为世界"时装之都"，北京就必须在文化和设计这两方面下功夫，而贸易和生产则需要求助于周边的城市，如环渤海经济圈。

北京本土的服装企业，如雪莲、顺美、爱慕等虽在本土服装领域有一定的影响力，但是同世界知名服装品牌间还存在较大差距。服装品牌的崛起需要设计的支持，而北京乃至中国的在世界上能小有名气的时装设计师则寥寥无几。所以设计人才的培养和本土服装品牌的国际影响力的提升是北京建成下一个世界"时装之都"的关键所在。

2. 北京的城市文化产业

从中国的历史和现有的博物馆、美术馆、剧院等其他城市文化机构来看，北京不仅是中国文化的中心，在世界上也是有自己文化特色的城市。时尚离不开设计，而设计更离不开文化。无论与纽约充满"自由民主"气息的大众成衣或是与东京别具"东方哲学"的独特设计阐述相比，北京的服装设计在如何吸收、利用北京传统的文化要素方面还做得不够。著名服装评论家潘坤柔也曾指出："目前，我国服装品牌在国际上的竞争力比较薄弱，要解决这一瓶颈问题，就要加大力度培育名牌服装，并推向国际市场，且被国际市场认可。另外，还要加大文化渗透力，既要吸收国际现代化的服装流行元素，又要宣传我们的民族文化。要依据北京厚重的文化打造出真正属于自己的有特色的'时装之都'"。

近些年来，北京举办了许多国际性的展会——诸如一年一度的"文博会""北京国际设计周""中国时装周""国际服装博览会""国际设计师大赛"等，这些展会和赛事不仅为本土创意设计提供了集中展示的舞台，更为促进国际交流提供了绝佳的机会，但美中不足的是这些展会的国际影响力还比较有限。

北京拥有充足的文化资源，亟待挖掘和重新定位使用，文化机构是一座城市文化储备的原动力，媒体和出版业是文化宣传的窗口和扩展媒介，而高校教育机构作为培育设计人才的摇篮更是身负重任。城市文化是设计的基础，也是培育国际品牌的根基。总而言之，目前北京在不断挖掘其文化软实力方面还力度不足，城市文化产业与服装产业间的结合度还有待提高。

三、纽约的成功经验对北京建设时装之都的启示

1. 北京城市文化产业应助力本土设计推广

第一，提升本土时尚传媒产业的实力。媒体和出版业作为城市文化产业的重要组成部分，在发布、宣传和促进时尚信息传播方面发挥着举足轻重的作用。有关资料表明，目前在我国，具有市场竞争力的时尚杂志品牌主要是高码洋的期刊。以北京地区为例，2009 年度各杂志所占据的市场份额排名如下：《瑞丽服饰美容》21.16%，《昕薇》17%，《ELLE 世界时装之苑》11.89%，《瑞丽伊人风尚》10.33%，《时尚 cosmpolitan》9.4%，《Vogue 服饰与美容》8.34%，《嘉人》6.71%，《瑞丽时尚先锋》6.07%，《时尚芭莎女士》5.01%，《安 25ans》4.01%。现有时尚杂志的背景分析表明，真正的中国本土时尚杂志并没有占据一定的市场份额。但令人欣慰的是，由北京服装纺织行业协会主办的杂志《时尚北京》正在努力填补这一空白。杂志聘请了很多时尚业以及相关高校的专家担任理事，内容立足于北京皇城文化和北京本土服饰品牌，价格定位合理，广告投放多集中于推荐本土设计品牌，每期都会有介绍北京时尚文化的文章以及业内人士对北京时尚发展的展望和评论。希望《时尚北

京》能在吸引更多读者关注、抢占更多市场份额的同时，不丢失其原有特色；在烘托北京时尚氛围的同时，又能成功地推荐本土设计师。

第二，服装高校培养教育应树立学生职业信心，增加展示机会。国内高校作为培养本土服装设计师的摇篮，肩负着为体系输送人才的艰巨任务。为了解北京服装高校的设计师教育现状，特意访问了北京服装学院的贺阳老师和李雪梅老师。通过访谈了解到：与国外知名设计类院校相比，我国的服装类院校大多起步较晚，自 20 世纪 80 年代之后才开始逐步发展起来。另外，学生入学时的个人情况各不相同，设计基础参差不齐。这就使得高校承担着十分艰巨的培养和教育任务。我国自改革开放以来，服装业跟随着市场的发展不断调整，从一开始的集中外贸出口逐步转变为寻求设计特色，这一重要转变也为我国高校设计专业的毕业生提供了更多的就业机会。近些年，国内的服装企业开始注重以市场为导向，希望能有更好的设计作品来满足多元化市场的需求。但这就出现了下面两个问题：其一，企业希望能招聘到马上进行作品设计的设计师，其作品还要被市场认可。但学生毕竟刚从学校出来，设计作品无法即刻达到市场要求，需要在逐步摸索中找准定位。其二，中小型服装企业大多注重短期效果，还没等设计师发挥其真正实力就被搁置了。有些大型的服装企业做的比较好，会让有经验的设计师带新人实习、参观，让他们参与企业的各部门工作。但不是所有毕业生都能到大企业工作，得到良好的锻炼机会，这就导致很多学生对设计工作越来越没信心。所以高校应及时调整教学目标，加强职业教育，培养学生如何能更快地适应市场，树立他们的职业信心。企业则不能太短视，只看到眼前利益而忽视对设计师的长期培养。

另外，服装高校应充分利用北京的文化资源优势。FIT 在其官方网站上曾这样介绍："纽约城就是我们学校的操场和教室。学生们的设计要秉承纽约的文化精髓"。北京作为中国政治和文化的中心，常年举办各种形式的文化展览活动。教师的设计课堂应该拓展到北京的各个角落，充分汲取这座古都的文化精髓。教师应鼓励学生多利用课余时间去参观和游览，在潜移默化中逐步培养学生的审美意识，这是从量变到质变的积累。

无论是纽约还是巴黎，各大时装之都的设计院校都有着自身明确的特色，而这种办学特色与其城市所秉承的时尚文化相辅相成。比如，伦敦的设计类院校重视培养学生的文化创意精神；而纽约的设计院校则立足于本土多元文化，大众成衣的时尚性与纽约快节奏的都市气质相融合。发现北京的文化特质，并将这种文化引入设计教学中的确不是件简单的事。高校应邀请北京服装产业内的人士来学校定期讲学，使学生及早地了解行业现状，不断探索如何将北京文化融入设计，从而形成院校服装人才培养的特点。

2. 北京的时尚名片——培育本土时装设计师

纽约时尚业的成功得益于本土设计师所取得的辉煌成就。设计师是时尚体系中连接服装产业与城市文化产业的纽带。无论是马克·雅可布（Marc Jacobs）还是汤姆·福特（Tom Ford），他们的一举一动都吸引着世界时尚业的目光。为切实考察北京服装设计师的工作现状，特意采访了青年独立设计师付佳、李宁及设计师周晓凡。

调研中发现：相比而言，对于中国设计师，不仅主流媒体报道的力度不够，推广的力度更是相形见绌。北京的本土设计师有时会受到企业和市场的双重制约，他们渴望有机会去亲临国外时尚发布的第一现场，也希望企业会支持他们定期去国外或者外地采风，从而获取新的灵感和设计元素，但这些愿望很难实现。

就推广本土设计师而言，有两点最为重要。第一，设计师自身应明确自己的设计风格，集中精力做好设计，用作品说话。好的作品是走向更广阔时尚舞台的基石，也是设计师最根本的职责所在。正如青年设计师付佳所言："先扎扎实实地把设计做好再谈别的！时尚应该以小见大，只有作品出色，才会真正吸引慕名而来的朝拜者。"而真正好的设计是没有地域或文化的界限的，只一味添加民族特色的设计作品也不一定能把设计师推向某种高度或者国际舞台。日本设计师三宅一生和川久保玲之所以能代表东方引起世界的瞩目，是因为他们把日本独特的审美意识形态和东方的审美价值观等哲学思想融会到自己的设计中，给西方社会带来了前所未有的感官体验。虽然我们的

设计师在近些年也向世界展示了中国文化，但是"形而上"的东西还是占据了主流。正如贺阳老师所言："现在，我们的展示所达到的效果更多地还是局限在文化交流与文化互动的层面，但是如何能够让我们的设计作品被世界真正认可，恐怕还需年轻一代的设计师不断努力。"

第二，设计师非常需要来自设计师协会和政府部门在政策和资金等方面的支持，得到更多展示的机会，而不要因为资金、场地以及时间等问题导致无法展示自己的作品。很多设计师为了生存不得不屈就于服装品牌之下做千篇一律的设计。在北京，一些有想法的新锐服装设计师更乐于经营自己的小众品牌，虽然他们也希望被大众所知晓，但就当下而言，保有自己的特色同时能被更多人了解和接受才是他们最理想的结果。但是，经营小众品牌或许意味着他们的盈利空间和对外影响都会大打折扣。如果相关企业、协会以及政府能够真正给予设计师恣意发挥的空间和配套的支持，那么建设时装之都才会大有希望。

总而言之，北京的时装之都建设还需要一定时日，需要有机地融入国际都市建设和城市文化建设，需要借鉴国际经验，更需要挖掘自己的潜力。就当前具体建设而言，北京服装学院院长刘元风教授提出了几点自己的看法：第一，服装的创新不仅仅是服装设计的创新，而更重要的是创造市场新需求。第二，服装的制造是服装造型的重要组成部分，与设计和材料三者共同构成服装的品质。因此，我们要保持住"中国制造"这一国际上公认的品牌，在此基础上再去攻克和建设"中国创造"的品牌。第三，要善于挖掘民族文化中与现代需求相契合的元素，在此基础上去创新和发展。这也要求"时装之都"的建设应进一步拓展国际视野，借鉴和汲取服装发达国家的建设经验。第四，服装高校应注重未来服装业所需要的人才，因为"时装之都"建设、服装业的长远和可持续发展，离不开服装教育的科学创新和人才支持。[1] 2011 年 11 月召开的党的十七届六中全会提出了建设"文化强国"的目标，这为加速北京"时装之都"建设带来了又一良好机遇。

---

❶引自刘元风在"跨界·创享"2011 北京时装之都建设论坛上的讲话——"时装之都"建设中的新观点。

参考文献：

［1］STANFILL，S. Curating the fashion City：New York Fashion at the V&A ［C］. //Ch. Breward，D Gillbert. Fashion's World Cities. New York：berg，2006.

［2］BRENDA POLAN. The Great Fashion Designers ［M］. New York：Bloomsbury Academic，2009.

［3］RANTISI N. How New York Stole Modern Fashion ［C］. //Ch. Breward and D. Gillbert. Fashion's World Cities. New York：berg，2006.

［4］杨雪，郭平建. 浅析创意产业浪潮下北京时装业的发展 ［C］. //刘元风. 首都服饰文化与服装创意产业研究报告 2008—2009. 北京：同心出版社，2010：61-67.

［5］陈桂玲，曹冬岩，刘荣，孙雁. 北京建设"时装之都"服装展会研究 ［C］. //刘元风. 首都服饰文化与服装创意产业研究报告 2006. 北京：同心出版社，2006：188-205.

［6］翟文芳，赵洪珊，郝淑丽. 建设"时装之都"，规范服装批发市场 ［C］. //刘元风. 首都服饰文化与服装创意产业研究报告 2006. 北京：同心出版社，2006：206-226.

［7］蒋志民. 建设北京时装之都，发展北京纺织服装产业 ［R］. 北京：北京纺织控股公司，2005.

［8］郝淑丽. 建设"时装之都"——北京之产业环境分析 ［D］. 北京：北京服装学院商学院，2005.

［9］刘元风，张春佳. 北京"时装之都"建设与服装教育 ［J］. 北京观察，2006（2）：49-50.

［10］常青. 发挥服装品牌优势共建北京时装之都 ［J］. 北京服装纺织，2007（3）：77-77.

［11］王颖聪，王雪野. 我国时尚杂志品牌竞争态势实证研究——以女性高码洋期刊市场为例 ［J］. 企业经济，2011（1）：65-68.

日本时装大师在法国的成功经验及其启示[❶]

刘　潍

摘　要：设计是服饰文化创意产业中的关键环节，而服装设计师的培养又是世界"时装之都"建设中的重要方面。本文通过查阅中外相关学术文献，分析了法国时装体系和 20 世纪七八十年代日本时装大师进入法国时装体系的三种模式，探索了日本设计师的成功原因，并通过调研、访谈[❷]等途径探究了我国服装设计师和服装产业的实际现状和存在的问题，并提出了完善我国服装体系和推进设计师国际化道路的相关建议。

关键词：法国时装体系；日本时装大师；设计师培养；"时装之都"建设

Study on the Successful Experience of Japanese Fashion Gurus in France and Its Enlightenment

Liu Wei

(Department of Foreign Languages，Beijing Institute of Fashion Technology，Beijing 100029，China)

Abstract：Design is a key link in clothing culture creative industry whereas the cultivation of fashion designers is an important aspect in the construction of fashion capital. Making references to related Chinese and foreign literatures，this paper analyzes the French fashion system and the three modes through which the Japanese fashion gurus entered into the French fashion system in the 1970s and 1980s，explores the reason why the Japanese designers became successful，probes into the status quo and the existing problems of Chinese fashion designers and fashion industry through investigations and interviews，and puts forward suggestions of how to complete the fashion system in China and how to internationalize the Chinese designers.

Key words：French fashion system；Japanese fashion gurus；the cultivation of fashion designers；the construction of fashion capital

一、引言

北京"构建世界时装之都"已经成为众多专家、学者及企业关注的焦点。要成为世界级的时装中心，除了需要政治、经济、文化等方面的软硬件基础，更重要的是首先需要有一批能够支撑中国服装产业的设计人才的出现。就这一点，同为西洋时装设计体系外的日本设计能给予我们很多实用的借鉴。

国内外对日本设计师在巴黎的发展已有一些研究。国外学者，尤其是纽约时装学院社会学系讲师河村（Yuniya Kawamura）博士的著作《巴黎时尚中的日本革命》（*The Japanese Revolution in Paris Fashion*），

---

❶本文为北京市教育委员会专项资助项目成果之一，曾发表于刘元风主编的《首都服饰文化与服装产业研究报告》（2008—2009），北京：同心出版社，2010：P116-137。

❷受采访的人士有 Adele Zhang、Lee Eun Young、Maxthen、白志刚、迟宗君、董振宇、付奎、黄丽珊、黄惜荣、林静、苏宝燕、孙毅、王苗、杨国荣、袁杰英、张道一、张兰青等各领域专业人士。

深入剖析了巴黎时装体系以及高田贤三（Kenzo）、川久保玲（Rei Kawakubo）、三宅一生（Issey Miyake）、山本耀司（Yohji Yamamoto）和森英惠（Hanae Mori）这几位日本时装设计大师在巴黎的成功过程和原因。悉尼科技大学专事研究时装与纺织品设计的艾力生·圭尔特（Alison Gwilt）教授在其著作中从审美和艺术的角度评价了在澳大利亚展出的三宅一生、川久保玲、山本耀司等日本时装设计师的作品以及他们成名的部分原因。日本纺织设计协会副主席坂口昌章的《日本设计师品牌凭什么走上世界舞台》一文，从教育、文化、设计和历史背景等方面入手，阐述最先在巴黎崭露头角的高田贤三成功的历程和原因。国内的相关研究基本上都是以设计师的作品或者设计风格为研究对象，如宋杰的《日本服装设计的文化性格》和徐俭、张宇霞、张竞琼的《森英惠、三宅一生、川久保玲之比较研究》等，而缺乏从进入巴黎时装体系的模式方面的研究。国内关于现阶段中国服装设计师发展的研究文献非常多，如白志刚的《参与国际竞争需要有国际级的服装设计师》、潘坤柔的《中国服装设计的回顾与展望》、李当歧的《关于我国服装设计师队伍现状的思考》、张肇达的《困惑中的中国时装设计师》等。这些文献主要论述了中国培养国际服装设计师的重要性、中国服装设计的历史发展和相应缺陷、设计师的作用和应具有的专业素养以及设计师与传媒、协会、企业、商家的关系等，而没有从借鉴现有成功案例如日本时装设计大师的角度来进行探索。即便是张艳艳的《日本服装业对中国的启示》也主要是从工业化的角度来分析，对设计师成功经验方面只有少许篇幅的简单论述。所以，本文从借鉴日本时装大师的成功经验入手谈我国服装设计师的培养有一定新意。本文主要的研究对象除了特殊说明之外，都以自营品牌设计师和得到企业赞助的独立设计师为主。

二、法国时装体系概况

要研究日本时装大师在巴黎的成功经验，首先要了解法国的时装体系。构成法国时装体系的组织、个体数量众多，关系庞杂，其中以行业协会、设计师、企业、政府、媒体、院校最为主要。这些组织或个体是法国时装体系得以一直屹立不倒的根基，也是法国时装长盛不衰的支撑力量。

在法国时装体系中，行业协会是体系的核心，包含各级设计和制作服装人士的组织结构是法国时装的主体部分，起到了举足轻重的作用。法国与纺织服装有关的行业协会分工很细，分支很多，最重要的有纺织工业联盟、法国成衣工业联合会以及重中之重——法国高级时装公会。设计师今日掌管着时尚大权，掌控着时装生产流程。时装设计师们和奢华、品位、权力紧密相连，被看作是时尚潮流的设定发布者。企业是时装体系中维持体系正常运转的基石。而协会作为时装体系中的中央政权组织，在制定法规、举办国际时装活动和政策支持上具有强大力量。体系内的各个集团、个体由政府组织更紧密地联系在一起。媒体不仅是将法国时装体系创造的服装款式向外推广的媒介，还在现代时装体系中为顾客传输和过滤信息。在法国时装体系中，院校代表着学术力量、科技力量和储备的设计力量。院校的主要职能是为法国时装产业输送纺织、服装、设计各方面的专业人才，收集先进资料文献进行学术研究，对纤维、面料、CAD、工艺、制板等方面进行高科技创新研究工作，提升法国时装的科技竞争力。

综上所述，法国时装之所以能被称作体系，就是因为它的结构紧密，各部分在各司其职的同时还有序联系，互惠互利，并且不断创新和发展。法国时装通过组织成为高度制度化的系统，在系统中的行业协会、法国政府、贸易组织、企业、时装记者、编辑、宣传发布、贸易展会参与人员、时装设计师乃至消费者互相影响，形成脉络相通的网络，并且在世界范围流动以保护系统运作。为了进一步支撑法国时装产业、扩大法国声誉，法国时装体系成功地吸引了大量海外设计师来法开拓时装事业。同时，为了保持法国时装的品质，时装体系设立了相应的壁垒，设计师要进入处于体系核心的高级时装公会，有着严格的软、硬件条件。现在，法国时装体系的许多组织和体制都成为其他国家时装产业的模板，不仅在时装趋势上，还在时装体系上引导世界时装体制的发展。

三、日本设计师进入法国时装体系的模式分析

日本服装业始于战后的 20 世纪五六十年代。随

着经济的迅猛发展，国家实力日益强大，成为举足轻重的经济大国（黄安年，1997）。日本民众的消费能力迅猛提升，诸多国际品牌涌入岛国。进入 70 年代后日本服装产业结构也在不断调整，时装店出现，服装批发商和专卖店迅速增长。日本不再仅仅满足于服装加工的微薄利润，而是加大力量提高企业竞争力，力争与国外产品抗衡，一批纺织服装企业快速成长起来。日本政府重视设计产业、重视教育。20 世纪五六十年代时，全日本已有 1000 多个各种类型的服装学院，培养了大量的设计人才（夏少白，1993）。日本的经济实力和国际地位的提高使得设计师的心态也发生了变化，不再满足于只在本国发展，想要出国深造。20 世纪 70 年代，为保持巴黎在世界时装中的领导地位，法国政府一方面支付费用，鼓励高级时装在世界各地展示；另一方面采取对外开放政策，不分国籍，不分民族，为所有的设计师创造良好的施展才华、平等竞争的环境，吸引全世界有才华的设计师到巴黎开展事业。

正是在这样的国内、国际背景下，高田贤三、森英惠、三宅一生、山本耀司、川久保玲等一批日本设计师中的先行者来到巴黎，追逐自己的梦想，并获得成功。这五位日本设计师从边缘化的体系外设计师转变为拥有崇高地位的体系内设计师，成为异国设计师进入体系的典型范例。根据他们进入体系的具体进程的不同，将其分为以下三类。

（一）逐步向体系渗透——以高田贤三为例

高田贤三经常被描述为是最巴黎化的日本设计师。与其他日本设计师不同，高田贤三的管理团队总是法国人。尽管设计是日本化的，但是他的企业的经营模式和在法国的经营活动都被法国同化。这一点帮助高田贤三更好地融入了法国时装体系。高田贤三还参与了重新定义和建立高级成衣的过程。1971 年 10 月，高田贤三与索尼亚·里基尔（Sonia Rykiel）和伊夫·圣·洛朗等设计师一起举办了一场高级成衣发布会，从本质上说，高田贤三所做的与众不同，但实际上也是在顺应法国时装体系的发展趋势。他最先适应并迎合了这场变革，也使得自己在体系中牢牢站稳了脚跟。

任何有才华的设计师也不能脱离外界的力量，如果没有权威人士及组织的推动，设计师的名望很难达到一定高度并得到体系的认可。这种关系网络的建立并不容易，高田贤三作为一个体系外的完全陌生者得以成功需要付出更多的努力，拥有更好的运气。不光是高田贤三，其他两类设计师也同样关注并致力于体系内关系网络的建立和加强。

高田贤三是第一位得到法国时装专业人士认可的日本设计师，是实现梦想的领军人物。他将巴黎作为拓展事业的基地，通过获得体系内人士的认可，将法国化的模式运用于自己的品牌，以逐步渗透的较为温和的方式成功融入法国时装体系。

（二）先锋派的集群式攻入——以三宅一生、山本耀司、川久保玲为例

20 世纪 70 年代末 80 年代初，一批新的日本设计师成为国际时装舞台上的主角，他们就是被认为是"先锋派时装之父"的三宅一生以及紧随其后的山本耀司、川久保玲。他们一致以更为惊世骇俗的方式打破西方时装传统，以集群式的方式出现，用较快的速度最终成功进入法国时装体系。在这个过程中有以下几点是值得关注的：与高田贤三不同，三宅一生、山本耀司和川久保玲都是先在日本建立自己的独立公司并开设专营店之后，才到法国继续拓展事业，这为三人进入法国时装体系积累下良好的实践经验和经济基础，也使他们拥有较为广阔的关系网络。而三人以统一化的步伐联手进入法国时装体系并不是偶然的，而是经过精细规划的，尤其是山本耀司和川久保玲。进入体系之后，他们的集群化策略也并没有失效。他们是竞争对手，更是互相提携、并肩战斗在法国时装体系的亲密战友。这种相互辉映的集群化效应让这三位设计师一直处于专家学者和媒体关注的焦点，为他们"空降"法国时装体系后的稳固地位打下了关键的基础。

（三）以高级时装设计师身份切入法国时装体系——以森英惠为例

森英惠与其他日本设计师有很大不同，无论是设计风格、发展背景、目标客户还是进入体系的方式。她在移师巴黎前就在日本享有盛名，自 1967 年起她为日本皇室成员和每位日本主要大臣的妻子做设计，

在经济、名望、权威和社会关系网络等方面拥有别的日本设计师难以比拟的雄厚基础。

尽管森英惠成功地以高级时装设计师的身份光彩照人地进入法国时装体系，但是这种进入模式却是其他日本设计师难以复制的。像森英惠所拥有的这样强大的抽象资本是只有屈指可数的设计师可以达到的，其他设计师难以模仿。所以也使得走高级时装这条路难上加难，以至于至今没有第二位日本设计师甚至亚洲设计师成为被法国高级时装公会认可的高级时装设计师进入法国时装体系。

（四）日本设计师在体系内的互动

在第一代日本设计师之后，有大批日本人涌入法国设计领域，第二代、第三代、第四代相继出现。几乎所有在巴黎的日本设计师之间都有着或多或少、或正式或非正式的互动联系。其中一些通过学校关系网，而其他一些则通过专业人士关系网。他们可以直接或间接地追随高田贤三、三宅一生、山本耀司、川久保玲和森英惠的足迹，研究学习法国时装体系的机制，寻求进入体系的方式。

这种互动和联系是进入法国时装体系的日本设计师最值得关注的问题之一。先行的设计师为后来的新一代设计师铺路搭桥，利用既得的关系网络和社会资本帮助新兴者及早进入法国时装体系，壮大日本设计力量和声势。日本设计师充分利用了在法国取得的资本，为日本新兴设计人才铺设了一条通往法国的平坦大道。

综合以上分析，可见在日本雄厚软实力的推动下，20世纪七八十年代的日本设计师高田贤三、三宅一生、川久保玲、山本耀司和森英惠等大师级人物在认清当时政治、社会、文化、艺术形势后，针对自身的条件和情况，充分利用多方面资源，分别采取了逐步向体系渗透、以先锋派形象进行集群式攻入和以高级时装设计师身份切入法国时装体系这三种进入模式并取得成功，使日本设计师的鲜明形象深入人心，并对东京时装之都的形成产生了巨大促进作用。但在设计师成功成名的同时，还存在一些缺陷，对东京时装周、本土时尚消费和设计师品牌商业化造成了一定的影响，也是日本服装体系相对来说尚不够完善的结果。

四、我国服装体系及设计师的发展分析

（一）服装体系发展现状及分析

一个强大的服装产业必然有一个成熟、完善的体系来支撑和推进。中国服装产业的困难和问题同样也绝不仅仅是企业或政府或行业协会单方面就能解决的，正是因为产业庞大，错综复杂，所以更需要体系内多方面、多角度协同合作来面对当下的瓶颈。在体系不断建立健全的同时，服装体系内的各组织机构仍然存在些许缺陷。

在中国服装产业发展历程中，政府从初期的直接干预逐渐发展到后期处于制定宏观政策方针和总体调控的地位。政府为服装产业制定了长远的发展方向，可如果政策法规过于宏观，实际执行起来模糊笼统，配套措施跟不上，使体系内部结构脱节。在面对国际形势不断改变、产业不断变化和发展的情况时，政府不能及时地有所反应，政策和措施总是滞后，不能与时俱进，应急能力不强，在带领产业升级、重组方面作为不够。

作为政府、企业、从业人员之间交流协作的桥梁，协会的职能发挥了很大作用，并一直致力于向国际推广中国服装品牌和中国服装设计师，努力拥有时尚话语权。但是由于协会独立较晚，发展时间较短，权威性不够，在为企业开拓国际市场、为设计师走出去而提供的资源和力量还比较有限。此外，在对服装专业人才的职称评定和行业标准化方面还处于初始阶段，尚未规范。在人才培养上，行业协会应该更加切实有效地为企业提供相关的技术培训，帮助企业联合办学，提升服装产业从业人员整体素质以寻求更大发展。

中国的设计师队伍参差不齐，有像谢锋、马可、吴海燕、张肇达这样的国内一流设计师在维护中国服装设计的尊严，为中国时装走向世界做着孜孜不倦的努力，但也有一大批只会简单抄袭、"扒版"的伪设计师在诋毁中国时装的形象。现阶段的中国服装产业中，设计师的地位远远落后于欧美发达国家，设计环节还不是产业的核心。在整个体系中，设计师与其他机构的沟通合作也不够密切和广泛。政府和行业协会只能给予政策上的扶持，与企业合作往往失去创作的空间，与院校之间关系单一，媒体还未能给予充分的

关注和推广。设计是中国服装产业中最应该首先得到重视和支持的环节，也是最应该花大力气、下大功夫改革的环节。

我国服装企业随着整体产业的发展不断成长壮大。与企业联系最紧密的就是设计师以及相关专业技术人才，但培养服装专业人才的院校与企业关系却是脱节的。如北京白领服饰公司首席执行官董振宇说："中国服装设计教育体系最突出的问题就是动手能力差、实践经验少，跟社会和现实企业经营状况脱节异常严重。"而企业员工素质普遍需要提高，技能需要提升，但是却未能与院校建立合作关系，开展教育培训，造成资源不能合理有效利用。

媒体是推广宣传品牌、企业、设计师的最有效渠道，有着评价职能和宣传职能。一大批记者、编辑、摄影师活跃在服装产业内部，奔波于国内外各大时装周和博览会，为设计师成名推波助澜，为品牌宣传添砖加瓦。但是现阶段我国服装专业媒体还只是被动地接受或巴黎或纽约等时装之都的时尚讯息和流行趋势，几乎没有话语权，与世界发达国家相比，无论从数量还是影响力上仍存在不小的差距。国内的媒体在推动设计师与品牌成名方面的影响力和权威性还远远不够。

中国服装专业的高校教育自 20 世纪 80 年代初起步已经经历 20 余年，在长足的发展和飞速的进步背后，也有着更重要的问题值得关注。与国外优秀服装院校相比，我国服装教育还存在着较大的缺陷，其中最严重的就是重理论轻实践、重艺术轻技术、被动听讲多、主动参与少，直接的后果就是与企业需求脱节。学校应该更多聘请企业家、专业打板师、时装设计师等社会专业人士为客座教授，即便讲课的机会少，对于尚未接触社会的学子来说也是受益匪浅的。更何况，这样的合作带来的有利效应是长期的、可观的，可以为企业品牌带来知名度和认可度，为设计师带来新鲜感和活力。

中国的服装产业优势巨大，缺陷也明显，对于一个处在上升期的业态来讲，建立一个稳定有力的服装体系是应该走也是必须走的一条路。在现阶段的中国，服装体系是否已经形成、是否已经成熟仍然还是一个值得探讨的问题。专家、学者、企业家、政府官员等对此还远未达成统一意见。北京白领服饰公司首

席执行官董振宇说，中国服装产业尚未达到有机体系的状态，各部门之间的协作不够，存在断层。北京工业促进局都市产业发展处处长张兰青在接受访谈时表示，我国的服装体系已经成型，但仍是雏形，能力不够，需要不断地成长和丰富。中国服装协会秘书长王茁谈到服装体系时，认为我国服装体系已经建立，并且具备了一定维护和推动产业发展的力量，只是细节处还需完善，但可以说是一个较为成熟的体系。

专业人士口中不一样的中国服装体系，正是说明它正处于一个成型发展期，在各个环节所呈现的成长速度和程度不尽相同。然而，成长必然是一个长期的过程，在这期间，设计师的成长却需要一个成熟和强势的舞台。这也是 20 世纪七八十年代日本设计师选择巴黎发展事业的重要原因之一，体系发展和设计师成长不应是相互制约，而是并行不悖、相辅相成的。

（二）我国服装设计师的发展分析

中国服装设计从 20 世纪 80 年代起步，无论是形成过程还是从起步到现在的蓬勃发展，都经历了艰难而漫长的过程。直到 1996 年中国国际时装周的创办，中国服装设计师才开始越发受到关注和重视，也标志着中国时装市场从此前的自然品牌向设计品牌时代逐步转型。百废待兴的 20 世纪八九十年代，是中国第一代服装设计师初试啼声，努力成长的时代。

1. 发展现状

经过 20 世纪 90 年代的成长和升级，到了 21 世纪，时装与设计在中国不再仅仅是极少数人关注的话题。正如中国服装设计师协会主席王庆在中国服装设计师协会时装艺术委员会 2005 年度工作会议上所说："从 1993 年到 2003 年，是中国设计师职业形成和发展的阶段，时装和成衣设计师的产业和社会认知度得到提高。这十年，设计师群体已经有了一个明确的定位，并获得了社会的认同。"电视媒体关于时装的报道越来越多；令人眼花缭乱的时装杂志挤满了报刊亭的店面；新兴的服装设计大赛层出不穷，甚至登上了中央电视台在全国播放；每年两次的中国国际时装周吸引着数以万计的观众和数百位中外设计师及品牌；聚集一批优秀设计师和艺术家的"上海时尚园"和"北京时尚设计广场"两大时装设计创意产业园区相继创建；商业街上可以看到越来越多的设计和质量俱

佳的中国原创时装品牌。更令人惊喜的是,一批设计师品牌和独立设计师也崭露头角,渐渐兴起。

但是现阶段,成功且成名的中国设计师及其创办的设计师品牌并不多。1997年陈逸飞创立的中国第一个获得商业成功的设计师品牌"Layefe";马可于1996年创立的"例外"开创了年销售额3亿元的商业神话;2002年王一扬创立的"ZucZug"历经发展创造了年销售额上亿元的不俗业绩;谢锋2000年创立的"吉芬"在国内市场站稳脚跟,年销售额2亿元;还有梁子的"天意"、杨紫明的"卡宾"、罗峥的"欧伯兰奴"和陈翔的"德诗"等都是这一代中国设计师品牌的代表。国内的一些著名时尚杂志也纷纷将视角投向了这批设计师;例外、吉芬、天意、卡宾已经成为一些消费者购物的首选;著名设计师祁刚、名模转型的设计师马艳丽、近几年声名鹊起的青年设计师陆坤等开始频频出席各大活动,成为时尚电视节目的座上宾,设计师明星化的迹象初露端倪。

与此同时,中国设计师一直在为走向世界舞台展示中国原创品牌的服装做着努力。先后走向巴黎时装周的"吉芬"的谢锋和"例外"的马可是其中最具代表性的人物。

2006年10月1日,谢锋成为第一位受邀在巴黎时装周做秀的中国设计师、法国时装公会主席迪代·戈巴克(Didier Grumbach)先生这样评价"吉芬"入选参加2007春夏时装周正式发布会的重要性:"就像20世纪70年代的美国设计师、80年代的日本设计师走出国门一样,吉芬是中国设计师进军国际时装界的一个标志,将会对中国设计师及企业经营人产生深远的影响。在巴黎开发布会,设计师所代表的是一种顶尖的流行,而不是民族特色。"迄今为止,谢锋带领"吉芬"已经连续五次参加巴黎时装周,慢慢深入法国时装体系,走上西方时装舞台,重塑中国印象。另一位走进巴黎的中国设计师就是在1996年创立了国内现存时间最长的设计师品牌"例外"的马可,其2002年参加了巴黎成衣展。《世界报》《解放报》《小巴黎日报》、法国版的 *Vogue* 等法国媒体都毫不吝惜地赞美,将马可称为"天才的中国设计师"。法国杂志 *ELLE* 将马可评为2007ELLE Style Awards "亚洲最具风格时装设计师"。除了谢锋和马可之外,还有更多的中国设计师踏上走向世界的征程,计文波、郭

培、杨紫明、王巍、房莹、梁子、罗峥……中国的时装势力已经在以超乎我们想象的速度全力奔跑着,巴黎、米兰、纽约、伦敦四大时装周上都留下了中国时装设计师的足迹。

与法国"先设计后产业"的模式不同,中国的服装产业走的是"先产业后设计"的道路,这一点注定设计师品牌这种个性化的产品一出现就面临被大量大众品牌围攻的局面。从服装发展进程看,设计师品牌的出现和壮大是中国服装大规模产业化向产业细分发展的必然产物。尽管有种种发展不成熟的缺陷,但是通过产业调整和设计师自身的努力,中国设计师品牌定会慢慢做大做强,中国设计师也终会散发出应有的光芒。

2. 存在的问题

(1)品牌延伸性差

纵观国际上知名的奢侈品牌和设计师品牌,往往旗下分为高级时装或高级成衣、二线成衣等几个档次不一的系列。除此之外,产品类别呈现多样化态势,在箱包、配饰、化妆品和家居等相关时尚领域都有所涉及和发展,与服装类相比,在这些领域所取得的销售额和利润更高,附加值更大。反观国内的设计师原创品牌,大部分产品组合和类别较为单一。像吉芬、例外、德诗、卡宾等品牌均以服装品类为主,并且产品价格定位组合单一,一般只有一种产品线。有些品牌虽然有箱包、鞋等配饰产品,但是不像西方奢侈品牌那样形成独立的产品线,只是附属产品。

在品牌延伸方面,我国设计师品牌与国外还差距明显。一方面,大多数中国设计师品牌还仅是初级发展阶段,规模较小,启动资金较少,仅是品牌的开拓期,尚不能开发品类多样的产品线。品牌系统化的延伸是品牌发展到一定阶段的产物,而本土设计师品牌还没有成长到相应的阶段。另一方面,还和我国设计师品牌经营销售模式与西方不同有关。国外采用的是成熟的买手制,根据买手所下的订单,品牌有明确的生产量,可以将产品结构丰富化,免除了销售方面的后顾之忧。中国百货业的代销制使得风险完全由品牌承担,设计师品牌缺少更好的、可以支持其成长的销售体系。这种情况使得自主经营、自负盈亏的设计师品牌不敢贸然扩大产品种类,只得先进行单一产品销售,使品牌得以生存,因而难免品牌延伸性较差。

（2）品牌的消费者认知度不够广泛

品牌和设计师之间存在相互依存、交相辉映的关系。有些是设计师成名之后，由其领衔的品牌随之受到消费者的关注，打开了市场。而另外一些则是品牌和产品受到消费者的好评及追捧，设计师也跟着走到聚光灯下，扩大了影响力，建立了声望。而在现今的中国服装消费市场，时尚氛围不够浓厚，时尚焦点尚未聚集到设计师身上，那么品牌应该取代设计师应有的效用和名望，而品牌知名度和消费者认知度高也会为之后设计师树立时尚权威做好铺垫。但是本土设计师品牌的国内消费者认知度也并没有达到相应的水平，很多消费者在提到吉芬、例外等业界赫赫有名的品牌时仍是一片茫然。一份有关设计师品牌的国内消费者认知度问卷调查中显示，各品牌认知度比例见图1。

从图1中看到，总体为161的样本中，国内15个相对最为成功的设计师品牌的消费者认知度从高到低相应是淑女屋、江南布衣、卡宾、马克华菲、利郎、木真了、例外、天意、玫瑰坊、马克·张、纳薇、吉芬、欧柏兰奴、德诗、IS CHAO。值得注意的是，处于最高的前四位淑女屋、江南布衣、卡宾和马克华菲虽然都拥有60%以上的较高认知度，其中淑女屋、江南布衣和马克华菲虽然官方上宣称是设计师品牌，但在一定程度上已经失去了设计师品牌的特点，更倾向于大众成衣品牌。比如品牌拥有者不再是首席设计师，不再真正意义上参与设计，像马克华菲这一张肇达与七匹狼集团合作的品牌更多的是由七匹狼集团设计、管理和经营。而吉芬、例外这两个在法国发布会上风光亮相的品牌仅仅分别拥有21%和32%的认知

度。而另外一些中国时装周上的常客天意、玫瑰坊、马克·张和欧柏兰奴等品牌的消费者认知度同样不甚理想。可见时装周活动虽然在业界如火如荼，但在消费者中影响力仍然十分有限。

另一方面，调查对象大多集中在22岁到35岁，调查区域以北京、广州、大连三地为主，这些都带来了一定的局限性，有些不是这些品牌的目标客户，有些地方尚未有某些品牌的店面，因此对消费者认知度产生了一定影响。但在同样的样本调查中，中西品牌的差别还是比较大的。主要数据见图2。

从图2中可以看到，中国设计师品牌与西方一些成功的设计师品牌在国内消费者认知上还有着较大的差距。比如香奈尔（Chanel）、迪奥（Christian Dior）、路易·威登（Louis Vuitton）、范思哲（Versace）等国际品牌都拥有70%以上的高认知度，被调查人群中很多也并不是这些奢侈品牌的目标客户，但是品牌的力量仍然可以使众多普通消费者对其产生印象。而中国品牌例外、吉芬则明显略逊一筹，只有卡宾凭借时尚的风格设计和不断向全国扩张的店面赢得了较高的知名度。大部分本土设计师品牌在市场推广方面做的工作仍然有所欠缺，需要政府和协会的切实推动，需要媒体予以关注，给予更多宣传，更需要品牌和设计师本身有展开推广造势的魄力和技巧，让更多国内消费者关注本土设计师品牌。

（3）设计师缺乏号召力

在欧美国家，知名时尚品牌的主设计师都是品牌的灵魂人物，代表着所在品牌甚至是所属国家的时装风貌与文化，受到消费者的推崇，设计师本人拥有明

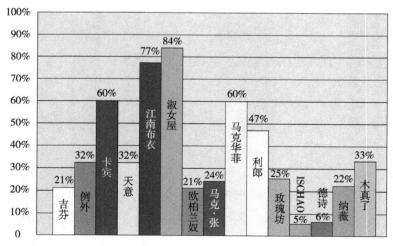

图1　本土设计师品牌国内消费者认知度

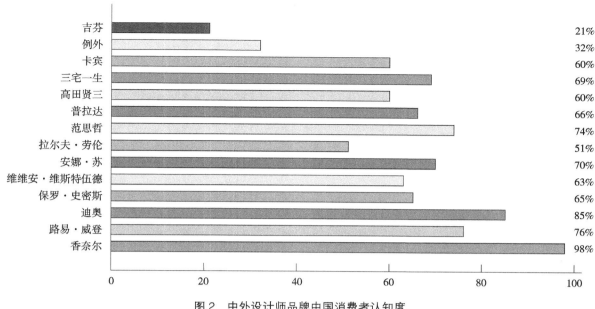

图2　中外设计师品牌中国消费者认知度

星一般的待遇。比如迪奥的现任首席设计师怪才约翰·加里亚诺（John Galliano）、同时任香奈尔（Chanel）、芬迪（Fendi）、卡尔·拉格菲尔德（Karl Lagerfeld）三大品牌首席设计师的时尚大帝卡尔·拉格菲尔德（Karl Lagerfeld）、日本时尚教母川久保玲（Rei Kawakubo）等设计师都在时尚社交圈享有极高声誉。这些设计师的发布会不用特意邀请就能吸引众多媒体、买手以及名门贵族、文体明星的关注，秀场星光熠熠、座无虚席。普通民众也依据他们每一季的设计作品风格判断流行趋势，跟风购买相应时装。甚至他们本人的衣着打扮也成为一种代表其个人风格的时装符号，受到大众追捧。

而中国现阶段的整体时尚氛围不浓，普通消费者不仅对本土原创品牌不了解，很多也并不关注时尚，几乎从来不留意品牌的设计师是谁，即使在业界很有名气的中国设计师对于普通消费者来说也仍然十分陌生，还远没有达到公众人物的地位，更不用提时尚号召力与影响力了。设计师明星化，也就是建立或者逐步建立偶像机制，以设计师个人魅力带动消费者追随的时代还是现阶段的中国服装产业较难以企及的阶段。一方面，与设计师品牌相对应的消费者群体还未发展成熟，在这时期需要舆论媒体加以引导，营造时尚氛围、重视设计内涵和品牌文化的新型消费观念。另一方面，就是设计师品牌发展初期资金短缺的问题。针对这一问题，中国服装协会秘书长王茁先生说："中国并不是不能产生明星设计师，但是这需要

资金打造。比如与影视方面赞助合作，赞助明星名人时装，经常出席各大活动，举办大型时装发布会及静态展等都需要大笔资金的支持。而这么庞大的支出对于大多数刚处于起步状态的设计师品牌是无法负担的，并且回报率如何也不能确定，对尚未成型的目标消费者会有多大的效果也不能确定。"所以，政府与行业协会的支持以及设计师与财团或大型企业的合作就显得尤为重要。在这点上仅靠设计师个人的力量是远远不够的，号召力和影响力的形成需要多方不懈的努力。

（4）国际认可度不够

近些年国内时装周如火如荼，各种国际服装设计大赛接连举办。但是不得不承认，中国设计师在世界时装界的话语权仍然十分薄弱。不仅在消费者层面的认知度普遍较低，在主流时尚领域、专业人士方面的知名度和认可度也不高。美国加州大学时装系教授马克森（Maxthen）女士接受访谈时说："提到亚洲时装，我更多想到的是一些日本设计师，对中国品牌和中国设计师知之甚少。"就像《中国纺织报》前社长迟宗君先生所说，"现在80%的高端市场被国外品牌占领，中端市场国内外品牌各占50%，只有低端市场基本上是国内产品。"在这种国际服装市场结构的现状下，中国设计师和中国原创品牌所发出的声音很快就被充斥在国外低端市场的中国制造的服装所淹没，国际消费者和业内人士提起中国服装，先入为主的印象就是廉价和抄袭，没有设计创新性。这种局面给中

国时装形象带来了很大伤害，也是中国服装产业从政府、行业协会到企业、院校和设计师最该解决的重要问题，需要与海外主流时尚媒体和具有权威性的协会多加合作，一起推介中国原创品牌，在潜移默化中改变中国时装在世界的印象。

五、日本设计师的成功对我国设计师发展的启示

(一) 鼓励发展独立设计师

这些成名的日本设计师，第一个成功前提是他们皆为独立设计师，即他们既是品牌的设计师，又是企业的所有者。在这种设计师品牌的背景下，设计师的名望要比企业设计师重要得多。他们更注重设计为先，有很大的空间进行自由设计，有更大的自由进行自我宣传和决策。而大多数中国本土设计师品牌消费者认知度不够，设计师号召力有限，更遑论国际影响力的问题。政府对设计师的重视不足，清华大学美术学院教授袁杰英在访谈中说："在国内，服装并不是关键的支柱产业，无法整体引起重视，很多政策流于表面，设计师地位也一直很低。"这也是导致社会各界包括消费者对设计师持忽视态度的原因之一。而且一些发展较好的设计师品牌和设计师的力量并未有力地组织起来。因此，应该整合多方面的力量，培养鼓励独立设计师成长，创造更有利的环境让他们发展多样化的品牌。政府要加以重视，行业协会制订相关扶持机制，企业给予相应资助，媒体制造舆论关注，设计师个人更要抓住机遇，有胆识、有魄力，将产品艺术化与营销市场化相结合，积极参与社会活动，吸引公众注意，大力推广品牌，扩大影响力。要成为时装大国，绝不能仅仅靠一批大众化、批量化品牌，时装类型的多样化十分重要，高级定制、高级成衣以及独立设计师品牌是其中必不可少甚至是极为关键的一环。这些高端品牌不仅代表一个国家的时装设计水平，同时还能赚取高额利润，也是消费者的消费需求进一步细分升级的需要。所以，我国大力发展独立设计师、高级定制等高端品牌路线势在必行。

(二) 鼓励有条件的设计人才出国深造

日本很多设计师都拥有法国等海外留学的背景，例如高田贤三、三宅一生、山本耀司等。在海外修学的经历使这些来自东方的设计师亲身体会西方时尚的传统，深入了解西方特别是法国时装体系的体制，为日后进入体系做好铺垫。很多专家、企业家及设计师都在访谈中肯定了出国深造的重要性。美国加州大学教授阿黛尔·张（Adele Zhang）在访谈中表示，"出国受教育是很有必要的，最重要的是完成理念上的转变、教育观念上的转变。"清华大学美术学院教授袁杰英也说："去海外修学，可以接触到主流时装领域，接触到更新层次的理念和结构上的东西，对设计师本人长久发展和走国际化道路有很大好处。"

所以，应该鼓励有条件、有意愿的设计人才出国深造，先进设计技艺的习得是一方面，最重要的还是了解法国时装体系的组织结构、体制规范以及建立并扩大有效的社会关系网络。这两项抽象资本都是现有的国内设计教育体系所无法赋予的。除此之外，还应该出台更多的优惠政策，创造更适宜的环境输送国内优秀设计人才深入法国等海外时装领域研究学习。尽管这并不是进入法国时装体系的必经之路，但却能为后续的发展打下良好的基础，提供更多的有利条件。

(三) 先在国内建立良好的经济和社会基础

除高田贤三以外，其他几位日本设计师都是先在国内创立公司并稳步发展之后才进入法国时装体系拓展海外事业。这一进程也比较适合我国现阶段的情况。国家对时装产业现有的财政支出有限，设计师出国发展的资金更多的是靠自给自足。因为进入法国时装体系发展海外事业的初期，支出远远大于回报，如果没有强有力的物质基础和资金支持，走出去的进程很可能中途夭折，无以为继。就连法国时装公会主席迪德尔·格伦巴赫（Didier Grumbach）也说："对于能进入巴黎时装周的中国设计师，除了杰出的才华，他们的品牌必须在中国拥有不菲的市场口碑，同时具有海外市场的开拓实力。"由国内外设计师品牌消费者认知度调查问卷（图1、图2）可知，与国外品牌相比，国内很多设计师品牌尽管在业界声名远扬，但由于国内市场宣传和推广不足，在消费者层面仍处于认知度较低的水平。当前，我国国内消费力迅猛提升，已是全世界奢侈品牌最为关注的市场，如果品牌能在国内成功发展，奠定较高消费者的认知度，扩大

销售额，对海外扩张将是巨大的支撑。品牌在获得国际声誉和地位后，附加值上扬，知名度和影响力进一步提高，随之也必然带来更高的经济回报。在资本的可持续发展下，进入法国时装体系并巩固体系内地位才能从容不迫。

（四）采取集群式进入模式并持续输入后备力量

对尚处于时尚领域中弱势群体的中国来说，现阶段采取集群的方式进入法国时装体系是较好的策略。中国设计师长期以来一直被淡忘在国际时装界的角落，这样的形势需要更多人的努力来改变现状。一个人的力量和影响力毕竟是有限的，但是一个中国群体的集体出现或是中国身份的先后重复亮相，会增强印象，带来更大的冲击感。与此同时，应该像日本那样继续向法国时装体系输送新兴设计师。一方面，充分利用既得的经济、文化和社会资源为下一代设计师搭桥铺路，创造有利条件，使他们顺利进入法国时装体系。另一方面，新兴设计师的不断到来可以强化中国的时装形象，壮大中国的设计力量，蓄势为进一步获取资源做充分准备。这样，两者形成良性循环，才能推动中国时装产业在国内、海外良性发展。

（五）避免盲目海外发展

"走出去"指的不只是走出去办场发布会、展示几套服装，而是实实在在地得到承认，让西方消费者接受并产生购买意愿。有销量、有市场、有商业价值，这才是一个品牌生存下去的关键。北京白领服饰公司首席执行官董振宇先生就这一问题说："在国外举办发布会，那么首要条件一定是在国外开设店面。品牌海外发展不能只是做场发布会而已，一定是在建立专营店之后，需要宣传推广的时候通过举办发布会来扩大知名度和获取订单。"

在品牌和企业尚未成型与稳定的情况下，没有严谨的商业部署，急功近利的海外发布会只会是昙花一现，无法为设计师和品牌带来实际回报。所以，在市场环境下，设计师"走出去"不能盲目，不能脱离消费者和实际需求，设计可以艺术化，却不能将品牌艺术化。

（六）适当进行资本合作

设计师的国际化道路和品牌国际运营所需要投入

的资金是相当可观的，以中国设计师品牌发展现状来看，处于起步阶段的企业可能会在发展中面临拥有良好机遇却资金不足的局面。采取借贷形式一方面金额有限，另一方面对企业也造成较大压力。资本合作、吸引有实力的财团投资是另一种募资的有效形式。

国内外这方面的事例并不少见，主要分为两种，一种是以吸引投资为主，转让少部分股权，设计师本人仍然是品牌的所有者；另一种是将绝大部分股权转让，成为由财团拥有决策权和经营管理权的设计师品牌。这种设计师与企业集团的合作模式使得设计师不用担心资金问题，从而专注于设计方面，使品牌得到更好的运作。目前国内品牌在资本合作方面已经开创了先例，罗峥的设计师品牌"欧柏兰奴"在得到美国KEATING基金公司的注资后，又于2007年宣布与美国Wentworth Ⅱ公司完成反向兼并，成功登陆美国市场。可以预见，在"欧柏兰奴"之后，随着中国市场经济的进一步发展和完善，资本市场逐渐对外开放，有一定的资本投入国内服装产业已经是一种必然趋势。资本合作不仅可以解决资金短缺的问题，还可以在企业经营管理方面为设计师提供帮助。国内设计师品牌在有条件的情况下，如果能够争取到国内外投资机构或者投资人的大笔资金注入，会为品牌的未来建设和扩展提供物质基础，带来更多的机遇。不过在资本合作的过程中，必然会产生分歧，这需要中国设计师有博弈的智慧和大局观，在合作前达成共识，签署相关法律协议，保证品牌健康有序发展。政府和行业协会应该为中国设计师品牌打开对外窗口，建立招商引资通道，让更多国内外财团关注中国原创品牌。中国设计师也需要利用多方资源，为品牌做出严谨规划的同时，在时机成熟、条件适宜的情况下敢于迈出资本合作的一步，将更多资金充分利用到中国服装原创品牌建设中。

（七）建立健全我国服装体系

从对法国时装体系的组织结构与日本服装产业优势和缺陷的分析得出，从长远来看，本国时装体系的建立健全是我国树立时装权威地位和服装产业发展的最终目标。就像设计师谢锋所说："中国没有的不是设计，而是行业环境的完整。""我深刻领悟到成就大师所需要的不仅是个人的才华，更重要的是让大师生存的土壤。所以在中国，我们最根本也是最远大的梦想，不在于个人或单个企业的发展，甚至也不只是一个行业的振兴，而应该是对整个社会的改造和推动——这显然也是一条异常漫长而艰辛的道路。"无论是中国时装设计大师的形成，还是中国服装产业的推动，所有进程都需要在一个大环境下行进完成。这个大环境就是谢锋所说的"行业环境"，就是大师生存所需要的"土壤"，也是我国现阶段还欠缺的时装体系。它应该以政府和行业协会为依托，以消费者为导向，以本土设计师品牌为重点，由企业、媒体、院校和其他相关组织机构各司其职、有机联系组成，这才是真正健全有力的促进产业发展的时装体系（图3）。

在体系构建过程中，应该针对我国国情和产业现状注意以下问题：

第一，政府应该抓住目前良好的历史契机，全力加强软实力的打造，从多方面、多角度推广我国文化。政府还应该建立一个分支部门，关注服装产业动态和设计师发展状况，大力鼓励优秀设计人才，及时调整政策适应新环境下的产业发展，在适当的时候用"无形的手"促进产业升级。

第二，建立完善的时装体系，行业协会应该持有一个更为强硬和严谨的态度，扩大协会本身的作用和影响力。比如中国服装设计师协会举办的"新人奖""十佳时装设计师"等评选活动需要与强势媒体、企业集团强强合作，采取更有吸引力和公平、公开的竞赛选拔原则，吸引民众参与，强调协会权威性，建立公信度。此外，协会还应该制定严格的会员审核制

度，明确成为会员后需要履行的义务和享有的权利，严格的制度和承诺可以保证协会的权威性。协会的纽带作用也应该增强，尤其是针对独立设计师和设计师品牌方面。协助政府相关部门与设计师群体沟通，吸引企业财团与设计师品牌合作，是协会应该承担起来的中介职能。

第三，从企业角度，应该从根本上提高设计师的地位，重视原创设计，通过设计创新增加产品附加值，而不是通过模仿来盲目地提高销量。选择设计师人选是企业品牌发展中的关键抉择，需要慎重对待，同时通过各种媒介向公众传播，一方面使消费者对设计风格和设计师有所了解，另一方面也是品牌宣传、扩大知名度的途径。在确定设计师人选并得到市场积极反馈后，应该尽量建立长期合作关系，强化消费者忠诚度。除了服装企业之外，与设计师和品牌密切相关的还有购物中心、百货商场等零售集团，设计师品牌的成长壮大绝对需要这部分企业的支持和协作。

第四，在媒体发展方面，中国现今的整体时尚氛围还完全没有烘托出来。时尚氛围的营造需要传播媒体将更多的关注和更多更主要的版面留给时装、留给设计师，需要举行相应的互动节目，建立一定的奖励机制，争取更多的消费者参与到时尚活动中来关注潮流趋势、原创品牌和本土设计师的发展。

第五，从专业院校方面来看，我国的服装教育体系发展相对滞后，教育模式较为陈旧且偏于教条化，偏重理论教育而忽视了与市场结合和与实际接轨。校企之间应该建立真正意义上的合作关系，出于长远利

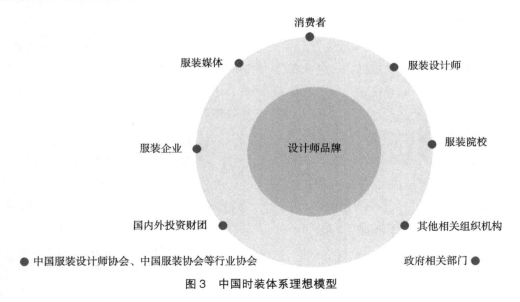

图3　中国时装体系理想模型

益考虑，形成产学研有机结合。中国服装设计师协会主席王庆指出："进一步推动教学与产业的开发互动，加大人才的开发和培养力度，是我国服装专业教育的出路。"同时，有条件的院校还可以构建自己的实习基地，吸引企业投资，充分利用学校的人力资源，既为学生提供接触实际市场的机会，还可以为院校创造利润。此外，院校也应该建立品牌意识，扩大影响力和权威性，形成自己的品牌优势和文化，抓住优势专业项目大力发展，不遗余力地聘请国内外知名专家学者任教，积极参与社会活动，在提高专业学术高度的同时，打破常规与市场和企业建立合作关系，树立知名度，扩大影响力。

总而言之，本土设计师的"走出去"、原创品牌的国际化发展、我国服装体系的建立健全还需要设计师、政府、行业协会、媒体、企业、院校等各个组织机构的一致努力，每一部分都是产业结构的中坚力量。中国现阶段的服装产业还存在着许多问题和缺陷，这是在产业升级和重组过程中所不可避免的。通过分析法国时装体系的发展和日本设计师在巴黎的成功经验得到的启示，针对我国国情和实际状况做出相应调整，将对我国设计师的成长和走向国际有一定的参考价值。

参考文献：

[1] ALISON GWILT. Exhibition Review, The Cutting Edge：Fashion From Japan ［M］. SAGE Publications, 2006.

[2] YUNIYA KAWAMURA. The Japanese Revolution in Paris Fashion ［M］. BERG, 2004.

[3] 坂口昌章. 日本设计师品牌凭什么走上世界舞台 ［J］. 中国制衣，2006：34-39.

[4] 白志刚. 参与国际竞争需要有国际级的服装设计师 ［J］. 郑州轻工业学院学报：社会科学版，2002（2）：59-61.

[5] HUGO. 设计师做艺术还是做生意 ［J/OL］. 时尚网，［2008-10-10］. http://luxury.qq.com/a/20081010/000001_3.htm.

[6] 黄安年. 当代世界五十年 ［M］. 成都：四川人民出版社，1997.

[7] 李当岐. 关于我国服装设计师队伍现状的思考 ［J］. 服装艺术研究，1999（5）：4-6.

[8] 柳恩见. 目标，正前方——中国成衣业发展之我见 ［J］. 服装设计师，2005（10）：38-45.

[9] 潘坤柔. 中国服装设计的回顾与展望 ［J］. 装饰，1995（2）：4-6.

[10] 任哲雪. 高校服装专业实践教学体系的构建 ［D］，延吉：延边大学，2007.

[11] 中国服装设计师协会. 时尚中华 中国服装设计师协会十周年巡礼 ［M］. 北京：中国档案出版社，2003.

[12] 谢锋. 时尚之旅 ［M］. 北京：中国纺织出版社，2007.

[13] 夏少白. 日本服装业的发展及其对我国服装业的启示 ［J］. 纺织学报，1993，14（4）：42-44.

[14] 徐俭，张宇霞，张竞琼. 森英惠、三宅一生、川久保玲之比较研究 ［J］. 天津纺织工学院学报，2000，19（5）：36-39.

[15] 张艳艳. 日本服装业对中国的启示 ［J］. 中国纺织，2002（11）：44-45.

[16] 张肇达. 困惑中的中国时装设计师 ［J］. 服装艺术研究，1999（5）：6-8.

浅谈伦敦摄政街的发展历程及其对时尚形成的作用[①]

张　璞　马小丰

摘　要：建设和发展时装商业街是一座城市形成时装之都的基础与先决条件。本文简要分析了伦敦西区最有代表性的时装街"摄政街"的发展沿革，着重从王室的作用、"水晶宫"博览会后的变革、创新与异国情调的介入等三方面进行了论述。同时，简要介绍了其对推动时尚形成的作用及影响。

关键词：时装街；摄政街；时装之都

A Talk on the Development History of Regent Street and Its Function on the Forming of Fashion

Zhang Pu & Ma Xiaofeng

(Department of Foreign Languages, Beijing Institute of Fashion Technology, Beijing 100029, China)

Abstract：It is an important factor to build business streets for the construction of a fashion capital. This paper briefly analyzed the development of Regent Street, a fashion street in the Western area of London, from the following three aspects：the function of the Royal family, the transformation after "the Crystal Palace" World Expo and the introduction of exotic style, and explored its effect on the promotion of fashion formation.

Key words：fashion street；Regent Street；fashion capital

纵观世界五大时装之都的发展历程，时装街在各个城市形成"时装之都"的过程中都占有举足轻重的地位。国外著名的时装街都有一段辉煌的历史，这几乎毫无例外地成为一个城市形成"时装之都"的基础。伦敦作为世界驰名的五大时装之都之一，早在18世纪中叶就已经是闻名遐迩的时尚都市。时至今日，主要集中在伦敦西区的时装街，如摄政街（Regent Street）、圣詹姆士街（St. James Street）、萨瓦尔街（Savile Street）、邦德街（Bond Street），都蕴含着极为深厚的时装文化积淀和悠久的历史传承。摄政街更堪称是这一时期时装街的典范，在当时享有"伦敦人第一消费大道"的美誉。

一、与英国王室的渊源

摄政街位于伦敦市区的中心地带，始建于1811年，"摄政"一词指的就是当时的英国摄政王乔治，也就是后来登基的英王乔治四世。仅从这一点来看，这条举世闻名的商业街从建设伊始就颇受英国王室和贵族的垂青。

摄政街从建成以来一直是伦敦各种社会和商业活动的中心。英国王室成员每年都至少要到摄政街集体购物两次，这种特别的举动对伦敦时尚的发展起了重要的推波助澜的作用。从1825年到1851年，伦敦"水晶宫"万国博览会开幕，摄政街成为当时伦敦最著名的"时装街"，是当时伦敦市民最重要的购物场所。*The London Look：fashion from street to catwalk* 这本

---

①本文曾发表于《现代商业》2007年第26期，P286。

书里记录了这样一段话来形容这种场面："在这里你可以体验到与贵族一起选购商品的乐趣，如果运气好的话，站在你旁边和店主人激烈讨价还价的女人可能是白金汉宫里的一位公主，多么有趣啊！各种漂亮的天鹅绒、蕾丝、宝石、丝绸可能都是你这辈子第一次见到的。如果你喜欢自己当裁缝做衣服，那么你绝对可能在这里花上一整天的时间来淘换你喜欢的布料和配件。如果你有钱，让这里的裁缝为你量身定做一件高档的连衣裙也是一个非常不错的选择。"

二、"水晶宫"博览会后摄政街的变迁

1851 年的帝国"水晶宫"博览会及其后发生的"工艺美术运动"，对伦敦时装之都的形成有着非凡的意义。"水晶宫"博览会和工艺美术运动在一定程度上都是对工业革命的一种质疑与挑战。与此同时，大英帝国的国富力强使得首都上下产生了一种贪图享受、积极要求消费的氛围。所有这些都能够在这一时期摄政街发生的微妙变化上找到印证。*Regent Street——a legend of London* 的作者记录下了当时一位女记者在摄政街闲逛时看到的景象："我们的城市在发生着变化，以前是重视生产，现在则彻底是重视消费了。摄政街上很多原有的小作坊全搬迁到萨瓦尔街和圣詹姆士街上去了。那些搬走了的店铺的空地上盖起了不少咖啡馆、珠宝店，还有最吸引人的一座玻璃大厦，足有七层楼那么高，好像是一个新式的百货商场。"

三、传统中的创新与异国情调的介入

到了 20 世纪初期，随着伦敦城区结构的变化和城镇人口的迁移，除了摄政街外，一些新兴的商业街区开始兴起。摄政街所在的伦敦西区的人口锐减。在这其后的十几年中，大量的居民建筑被夷为平地，取而代之的是豪华、高档的大型百货商场和精致的各种小店铺。摄政街不可避免地受到来自外界的竞争与冲击。

这里最有必要提到的是摄政街上大名鼎鼎的 Liberty 大型商场，在这里，伦敦人的传统与创新精神得到了充分体现。Liberty 的一层延续了摄政街定制服装的传统，这里可以定做各种异国风情的服装，其中有一个铺位是英国皇家特许的定制裁缝店，于 20 世纪初期加盟到 Liberty。同时，Liberty 又以其"反文化"的特色闻名退迩，在这里，后来的著名英伦"叛逆型"设计师阿登·蓝瑟开了一家在当时相当前卫的日本风格的时装店，并且其产品参加了后来在伦敦举行的国际东方文化展览会，盛极一时。

作为伦敦时装街最有代表性的时尚街区，摄政街的起源与发展是整个伦敦时装之都发展的一个剪影。研究时装街对时尚的引领作用其实是在为研究整个时装之都的形成与发展做铺垫。时装街所倡导的不仅仅是时尚的堆砌与变迁，它同时蕴藏着文化的变迁、发展、碰撞和转化，并同时提升了整个城市的发展。

参考文献：

[1] 李春华. 英伦百年时尚 [M]. 北京：中国青年出版社，2005.

[2] EDWAN，BRUNCE. The London Look：fashion from street to catwalk [M]. London：Oxford Universitypress，2003.

[3] EDWARDS-KERRY. Regent Street——a legend of London [M]. London：Great Walt press，2006.

北京与纽约服装设计师培养机制比较●

彭龙玉　郭平建

摘　要：本文对北京和美国纽约在培养服装设计人才方面的机制与经验进行了初步比较，探讨了全方位培养服装设计师创新能力的重要性，为我国服装设计人才的培养和北京"时装之都"的建设提供借鉴。
关键词：纽约；北京；服装设计师；时装之都

A Comparison between the Fashion Designer Cultivation Mechanism of Beijing and New York

Peng Longyu & Guo Pingjian
(Department of Foreign Languages, Beijing Institute of Fashion Technology, Beijing 100029, China)

Abstract：This paper makes a preliminary comparison between the fashion designer cultivation mechanism and related experience of Beijing and New York, explores the importance of cultivating the creativity of fashion designers comprehensively and provides the references to the cultivation of fashion designers in China and the construction of Beijing into a fashion capital.
Key words：New York; Beijing; fashion designers; fashion capital

　　纽约是世界公认的时装之都，在服装设计师人才的培养教育与研究方面起步较早，发展至今有一些比较成熟的服装设计师培养方式与理念。早在 1973 年法国凡尔赛宫的秀场上，五位来自美国的设计师 Bill Blass、Oscar de La Renta、Anne Klein、Stephen Burrows 和 Halston 与法国设计师同台献艺，表现堪称完美，是纽约时尚在世界时尚界面前的一次华丽转身。北京市在 2004 年 11 月 19 日正式对外提出在构建国际大都市基本框架的同时，建设具有文化内涵、科技领先、引导时尚的世界"时装之都"。这些年来，北京虽然有新一代的服装设计师不断涌现，但其中享有国际声誉的服装设计师则是凤毛麟角。

　　纽约和北京都是国际大都市，都有着优越的地理位置与丰富的城市文化和经济资源，对服装设计师的培养有良好的外部环境。但是，纽约为什么在世界知名服装设计师的培养方面能取得显著成就而北京未取得呢？下面将着重从设计师培养机制方面进行分析、比较。

一、纽约的服装设计师培养机制研究

　　纽约是美国服装产业的中心，占据了哈德逊河沿线的港口和优越的地理位置，得天独厚的地理优势为服装加工原材料供应充足提供了基础条件。纽约不仅汇集了众多时装设计天才，同时也集合了很多优秀的服装技工，为服装产业的升级提供了便利条件。移民潮的到来和"第二次世界大战"的爆发导致其服装需求量的攀升，因战争而阻断与巴黎的联络后，美国的

●本文曾发表于《山西师大学报》（社会科学版）研究生论文专刊，2013 年第 40 卷，P58-60。

服装设计产业开始自主发展，纽约开始逐步探寻自身城市的文化特色，形成了自己的时装风格。美国纽约本土的服装设计师及其品牌享有全球知名度，此外也有 Tom Ford、Michael Kors 等一些为其他国家品牌服务的设计师，人才不断增多。一个强大的服装产业必然有一个成熟、完善的体系来支撑和推进，其中纽约对服装设计师的培养显得尤为重要。

（1）服装设计环节是服装产业的核心，要培养什么样的服装设计师，与设计院校的教学理念与人才培养方式是分不开的。纽约以成衣设计而闻名世界，服装产业快速崛起，一定程度上得益于对时装教育的高度重视。纽约有多所知名服装设计师名校，如培养了 Donna Karan、Tom Ford、Marc Jacobs、Narciso Rodriguez、Alexander Wang 的帕尔森设计学校，培养了 Jeremy Scott、Betsey Johnson 的普拉特学院等。纽约最著名的是成立于 1944 年的纽约州立大学时装学院，培养出 Calvin Klein、David Chu、Michael Kors、Reem Acra、Francisco Costa 等著名服装设计师与企业家，纽约时装工业界约 60% 的专业人士曾在该校进修或学习。开设如服装设计、织物设计、时装摄影、时尚产品管理等相关服装专业。学生的就业率长期保持在 90% 以上，这得益于该校优越的教学，使服装设计人才具有较强的实践和创新能力。设计师的创新能力来源于实践，虽然该校地处纽约曼哈顿区，学生有很多实习、调研的机会，但学院还为服装设计专业学生提供广泛的实践项目，学院的赞助企业与合作单位每年都要从该校招收超过三分之一的学生参加全日制工作，使学生的实践能力和创新能力得到真正的提高，为学生毕业后的发展铺路。

（2）体制上政府大力支持服装产业发展，政策落实到位。服装设计师行业协会与管理集团分工明确、优势互补，协调了服装的商业性和艺术性的平衡，为服装设计师的培养与品牌传播提供优质的平台。

自从 1943 年纽约时装周诞生以来，每年两季的纽约时装周已成为全球性的盛宴。2001 年美国时装设计师协会（CFDA）把时装周的概念出售给了国际管理集团（IMG）。这一明确的分工有利于美国时装设计师协会关注并促进美国的时装产业发展这一核心使命；国际管理集团为美国时装设计师协会中的优秀服装设计师提供奖学金以及教育和指导机会等，为纽约时装周注入新鲜血液。纽约时装周不仅重视设计的创意，更关注设计所产生的商业价值，在时装展示方面做到有所选择。其中一些成功经验值得借鉴。

首先，纽约政府部门重视服装产业的重要性和对于整个纽约城市时尚引领的意义，纽约市市长在纽约经济中心建立了一个时尚办公室来辅助美国时装设计师协会的工作，并为国际管理集团延长了布莱恩（Bryant）公园的租期。政府还负责完善秀场设备，以满足各种展示形式的需要。与此同时，还协调其他官方部门，建立不同机制来帮助美国时装设计师协会开展和完成各项工作。服装产业是全球性的，与各个行业都息息相关，具有很强的跨界性，而时装周恰恰为整个设计行业和服装设计师们提供一个展示交流、获取商机、扩展市场的平台。

其次，时装周为设计师提供了多元化的展示平台。传统上说时装设计是通过台上的大型时装表演来展示的，但是随着越来越多的设计师与品牌的加入，设计师们采用了更多省钱的方式来展示时装。在纽约时装周上，一些小品牌以在室外请少量模特参与的非常规的形式来展示自己的设计。这种补充促进设计师与来宾的互动交流，也为时装编辑与买手提供了随意选择的空间。

最后，纽约的服装设计师将服装的设计概念作为一种市场营销的手段和策略，以谋求商业利益与艺术表达间的平衡，服装并不作为纯粹的艺术。服装设计师的作用在于将服装以艺术的形式呈现出来，为服装赋予文化的内涵，并赢得大众的认可与欣赏。如果没有人购买的话，那么再好的作品也是失败的。纽约时装周的商业成功经验在于：时装周过后，时尚买手们的订单就会纷至沓来。专业的时尚买手会尽量避免风险，他们会参照过去几季里销售最好的设计，然后期待设计师们有更多的创新。所以，这其中的关键就在于设计师的作品要具备商业价值，同时要有设计灵感在里面，这种结合才能吸引买家的注意力并且使他们愿意购买这个设计，从而取得商业上的成功。

（3）纽约成熟的媒体和出版业与纽约服装设计师关系密切，为服装设计师的品牌推广创造了良好的条件。服装设计师需要曝光率，推荐自己作品的同时营销自己的设计品牌，将艺术与商业尽可能完美地结合起来。而在这其中起到推波助澜作用的恰恰是纽约的媒体和时尚出版业。时尚出版物和媒体报道囊括了很多与时尚息息相关的行业，是沟通服装设计与社会之间的桥梁。通过它们的报道与推荐，人们知晓新锐服装设计师，时尚出版物也通过读者的反馈知晓大众消费的趋势和消费需求，这些出版物在收集信息后会定期与服装设计师会面，沟通服装的设计、制造商和零售商之间的问题。此外，凭借着其广泛的影响力和雄厚的经济实力，一些出版集团会给予荣获国际大奖的新锐设计师指导和资金的支持，提供去知名服装公司工作的机会等。除了传统的纸质媒体，很多美国电影电视也为纽约服装设计师的推广起到了重要的作用，得到了有效的传播。

二、北京的服装设计师培养机制研究

中国服装成衣工业起步于 20 世纪 50 年代，当时市场处于生产导向、产品单一，衣着消费是半自给型，成衣率不足 10%。1979 年，中国实行改革开放政策，政府大力发展消费品生产，将服装产业列为消费品生产三大支柱产业之一。此时服装产量迅速提升，出口额明显增加。1986 年后，服装产业成为"七五"计划重点之一，逐步形成全民、集体、民营、三资等多种经济成分并存的局面。长期以来，我国的服装生产总量的优势是建立在低廉劳动力、生产利润极其低下的基础上，出口的服装基本以中低档为主。这对我国服装业的发展，尤其是对我国的服装品牌走出国门成为国际化品牌形成阻碍。

（1）北京艺术院校教学体系的分析。北京作为全国的时尚之都，有知名服装设计类院校北京服装学院，清华大学和中央美术学院也设立了服装设计专业，学科专业起步相对纽约而言时间较晚。目前这些院校与国际上知名的服装艺术学院建立了双边关系，互动合作研究，有些还进行了中外合作办学，效果显著。学校的实验室是将学生在课堂上所学的知识转化为实践、创新能力必不可少的教学条件。北京的艺术院校注重引进专业先进设备，为学生提供技术上的支持。并注重完善图书馆馆藏和相关领域的稀有书刊，有覆盖纺织科学和服装工业的多方面的特殊收藏，如区域性服装、定制衣服和成衣，这些丰富的纸质和电子图书资料已成为设计师初期学习的创作灵感源泉。

北京作为我国服装设计师教育的中心，培养了不少新一代的服装设计师，但其中享有国际声誉的服装设计师则几乎没有。北京的服装院校目前在人才培养目标、师资队伍、授课方式和实践环节等方面还存在两方面问题：一方面，人才培养目标不稳定，具有多变性，培养"高级专门人才""高级复合型人才""应用型高级人才"等众多目标影响了人才培养的长期性、稳定性。另一方面，课程设置中实践环节相对纽约而言较少，实践基地匮乏。目前北京艺术院校服装专业的实习基地处于发展阶段，还未具备一定规模，服装设计专业缺少在知名服装企业实习的机会或者实习时间很短。缺少实践经验，影响了服装设计师对理念的表达能力。

（2）服装企业的责任是要让设计师所接受的理论知识真正发挥作用，这就必须将这些服装理论知识带到企业中去消化，因此，企业培养平台的建设至关重要。服装企业在向社会索取经验丰富、能力强的服装设计人才的同时，应该有强烈的社会责任感为一些缺乏经验的服装设计专业大学毕业生或服装设计人员创造机会，降低入职的门槛，从而给予他们学习锻炼的机会，帮助他们真正成长为一名优秀的服装设计师，所以企业对设计人员培养平台的建设至关重要。目前，北京地区各院校服装专业人才进入服装企业工作和实习的机会是存在的，但相对较少。据笔者了解，北京服装学院的服装设计专业和皮革艺术设计专业分别于 2005 年、2009 年与北京爱慕内衣有限责任公司和深圳新百丽鞋业有限公司合作，建立了校企间合作的人才培养项目。另外，2012 年由北京市批准成立的北京服装学院"服饰时尚设计产业创新园"，作为目前中关村国家自主创新示范区唯一的服饰时尚设计产业项目，在聚集产业要素、引导产业发展方面，走在了首都高校的前列，为推进政产学研结合、加快科技成果转化提供了一个令人期待的模式，同时也为推进校企、校地、校内协同创新和提升创新能力，提供了一个新的平台。但北京服装学院这样的案例是由于该校在国内服装行业较为知名并具有一定优势所决定的。北京目前开设服装专业的院校有几十家，却并非都拥有进入服装名企，甚至是普通企业实践的机会。很多非服装专业院校或专科院校学生在毕业时从未进入过服装企业实习，这就进一步造成他们的就业困难或就业时所学知识与实践脱节等问题，从而造成了人才资源的利用率下降和资源浪费。

（3）时尚媒体作为宣传品牌、推广设计师、引导大众时尚消费的最佳渠道，有着评价和宣传的双重职能。北京服装设计人才和具有国际影响力的自主品牌是"时装之都"获得国际认可的先决条件。媒体是发布时尚讯息的先锋，是宣传设计师和作品的重要渠道。

以时尚传媒产业为例，目前主要以海外风向标为主导，本土设计则势单力薄。时尚传媒不应将宣传与发掘本国特色割裂开来，否则"北京时尚"永远只是空谈，而消费者始终是受欧美或日韩服装设计的影响。同时，媒体作为设计师传播的重要渠道，在做好自身功课的同时，应思考如何让更多的服装消费者能参与其中进行互动，在推广与反馈中不断循环更新，这恐怕是北京的传媒和出版业亟待解决的问题。

北京具有很大的市场潜力可供挖掘，与纽约相比，在时尚媒体和出版业这一点上，无论是从数量上还是质量上，北京还需要付出更多的实践。但令人欣慰的是，由北京服装纺织行业协会主办的杂志《时尚北京》，是一本反映和传递北京"时装之都"建设进程、宣传北京特色品牌的时尚杂志。杂志聘请了很多时尚业以及相关高校的专家担任理事，内容立足于北京皇城文化和北京本土服饰品牌，价格定位合理，广告投放多集中于推荐本土设计品牌，其标志性和独特性还是值得肯定的。此外，具有一定社会影响力的外刊杂志也开始关注本土服装，如《米娜》近年纷纷增加了"本土街拍"的版面，中国版的 *Vogue* 每期都有国内设计师作品推荐与专访。

三、北京和纽约的比较分析

通过上述分析研究，不难看出，纽约服装产业作为体系的基础，肩负着从服装制造生产到批发销售的层层过程，政府的支持，媒体出版业、教育业以及艺术机构对服装产业的艺术升级和与商业融合提供了文化上的支援与反哺，这其中完善的机制对服装设计师的培养发挥着至关重要的作用。服装设计师用作品为服装赋予了城市文化与艺术的内涵，设计师协会则为设计师搭建了更为广阔的平台，吸纳和帮助设计师发挥所长，为他们在体系内部寻找到更好的资源和更广阔的展示舞台。在沟通时尚体系内部各个产业间的关系、优化资源配置、扩大时尚影响力方面，各个环节都发挥着无可替代的作用。

对于北京服装设计师，主流媒体报道的力度和推广的力度都不够。与中国五千年传承式的历史文化相比，美国纽约城市历史很短，所以北京是有着深厚的东方文化底蕴优势的。北京服装设计师只有在注入了城市文化的血液之后才能不断地发展、更新。对比纽约成熟的设计师群体，中国的服装设计师队伍参差不齐，有像谢锋、马可、吴海燕、张肇达这样的国内一流设计师在为中国时装走向世界而孜孜不倦地努力着，也有一些不成熟的设计师充斥着媒体的头条，中国服饰文化真正地走向世界还长路漫漫。

可喜的是，在2011年10月北京时装周出现的青年设计师作品中，设计师楚艳带有中国哲学意境的时装作品让国人看到了希望。楚艳的作品不是在服装上出现非常具象的中国元素，作品整体所表达的是一种能够被当代社会接受的生活方式，同时兼具中国文化理念的生活美学意境。2013年，在中华人民共和国文化部对外文化联络局、中国驻法国使馆文化处支持，巴黎中国文化中心主办、中外文化交流中心承办的时尚展演活动中，楚艳携29套别致的带有东方大写意美学的服装作品参演，对于古老东方文化的现代解读，赢得到场的法国文化界、时尚界、商界知名人士的广泛赞誉。服装不仅在于形式，更重要的在于把中国文化的意境、哲思、格调融入作品中。这样的作品既是中国的，也是国际的；既是古典的，也是现代的。另外，在近年的北京时装周上，都设置了北京服装学院、清华大学等设计院校师生设计作品专场，这无疑会促进中国青年时装设计师的培养，青年设计师的成长正是北京"时装之都"发展的希望与未来。

纽约服装业的成功得益于本土设计师所取得的辉煌成就，我国服装品牌要提高竞争力，成为国际知名品牌，就必须努力为国内服装设计师的培养创造条件。一名优秀服装设计师的成长离不开良好的外部环境与成熟的培养机制，不断完善社会培养的平台环境，由政府、行业协会、设计师、媒体、院校构成的体系有机结合、动态统一，互相协作处理体系内的矛盾，解决产业困境，最终推动了纽约时装产业的持续发展。北京要借鉴纽约的经验，并针对目前的问题，制订出切实可行的措施，坚持不懈地努力，这样才能培养出适应经济社会发展需要的服装设计人才，从而为我国服装品牌的建设积蓄坚实的后备力量。

参考文献：

［1］ STANFILL S. New York Fashion ［M］. Harry N Abrams Inc. 2007.

从时尚学观点看时装体系中的设计师角色[❶]

刘 华

摘 要：本文对河村由仁夜（Yuniya Kawamura）的时尚学理论中的设计师角色行为进行了解读，并分析了时装体系内的设计师等级、设计师的创造力与社会结构以及设计师的明星效应等方面，同时探讨了目前我国国内时尚设计师的生存现状和发展前景。

关键词：时尚学；时装设计师；角色研究

Studies on Fashion Designers in Fashion System from the Perspective of Fashion-ology

Liu Hua

(Department of Foreign Languages，Beijing Institute of Fashion Technology，Beijing 100029，China)

Abstract：This article studies the fashion designers in the perspective of fashion-ology put forward by Yuniya Kawamura，analyzes the classes of the fashion designers in the fashion system，shows how the structural nature of the fashion system works to legitimize designers' creativity，and illustrates how the celebrity effect of designers make them successful. Based on the theoretical discussion，the article further discusses the present situation and the prospects of the domestic fashion designers in China.

Key words：fashion-ology；fashion designers；role study

一、设计师与时尚体系

设计师是时尚的制造者，他们对于制造、传播以及使服装作为时尚合法化起着非常重要的作用。随着明确的阶层界限和模仿对象的消失，时装穿着者不再吸引人们的注意力了，时尚创造者受到人们更多的关注。在对设计师进行的时尚学分析中，河村认为时尚并非是特别的、需要大量天赋的事物。然而设计师的工作是核心之本，因为对社会结构以及对时尚体系组织的理解包含这一体系中的设计师的作用和他们的作品。因此，设计师以及他们设计出来的结构、外形，

甚至是生产各种类型服装的过程都是必须认真对待的，这样才能全面地理解时尚和服装。河村认为创造力是一个认可的过程。一个人不可能天生就具有创造力，但是完全可以慢慢变得富有也就是被认可为富有创造力的。所以设计师融入时尚体系是至关重要的，因为这标志着他们的活动和计划是富有创造力的。

二、时装体系内的设计师等级

法国时装界的设计师有着非常严格的等级差别：高级时装设计师、高级成衣设计师和普通成衣设计

---

❶本文为北京服装学院科研项目（2008A-25）成果之一，曾发表于《山西师大学报》（社会科学版）研究生论文专刊，2010 年第 37 卷，P77-78。

师。这种等级差别是随着时尚的机制化而应运而生的。

时尚确保了在一个社会体系内主宰地位和从属地位的功能作用。它是服装设计精英们这一特殊社会群体建立、维护、再生产出权利并形成主宰与从属关系这一过程的一部分。时尚和时尚的媒介——服装为使社会经济不平等状况合理化提供了一个可接受的借口。排除那些处在体系之外的设计师的一个合理解释，是他们没有足够的创造性才能。河村认为时尚体系内的时尚专业人士和机构是可以维护这个体系和特权的。已经具有统治地位的体系内的设计师赋予他们自己特权和地位，来与其他从事这个行业但并不具备同等社会资本的人士保持距离。体系内的设计精英们通过参加定期的时装发布会来强调他们的地位。这些发布会作为一种仪式再生产并加强了时尚的象征性意义。而与此同时，统治权又是一个动态的战斗，必须通过一系列的战役来协调并且最终获得胜利。

不同设计师群体之间的界限是与购买他们各自服装风格的民众相对应的。然而，这种界限对于消费者以及设计师来说，是民主的，具有流动性的。曾经只属于精英阶层的时尚，对于大众来说，如今已经变得唾手可得了。

三、设计师的创造力与社会结构

多数专业服装设计师的创造力是指他们的革新能力和内在天赋。人们认为享有盛名的设计师应该是拥有创造力和杰出技巧的。但单单这些天赋并不能给予他们整个世界所承认的地位。河村排斥所谓的设计师是"创作型天才"，并与社会环境完全脱节的神秘主义理念。她认为个人艺术家在创作中的作用不应该被过分重视，因为任何作品的完成都需要大量人员的共同协作，同时还涉及其他大量的社会建构和决策过程。设计师是时尚社会关系中的参与者之一，他的作品并非单个人的职责，而是集体的创作。实际上艺术家是产生于社会和文化进程中的。对他进入这一时尚体系的许可就定义了他的创造性。当设计师寻求进入这一体系时，体系的组织结构就显得至关重要了。

社会结构和设计师集体行动有着一定的相互性。这种合作式的网状工作产生了时尚。个体职责独立，而整体又相互依存，在制造时尚过程中缺一不可。这一体系内的人们对于实现他们特定的目标有同样的观点。每个参与者都通过参与此体系来实现个人目标，他们在整个体系中都起着独特的作用，并且通过参与此体系而从中受益。因此，可以说设计师的创造性不是天生的，而是产生于某一社会体系中的。

四、设计师的明星效应

在当今时尚界，设计师创造的是形象。他们拥有了名人的身份和地位，不仅控制了大众的消费品位甚至还精心塑造着自己的个人形象。时尚界对设计师的评定也不再是聚集在实实在在的服装生产与制作过程上，而是看其能否创造或者再创造一种能吸引消费者的引人注目的形象。设计师的明星效应要比设计师拥有的技能更加重要。

明星力量有助于提升产品的竞争实力，有助于在整个时尚网络体系中，或者是其他文化产业组织中创造一种形象，这就是明星如何在文化产业中成为名牌的过程。为了刺激消费，文化产业采取了广告的形式为公众定义了明星的概念。广告公司试图为艺术家创造一个独一无二的身份，而这一身份是不受任何真实的或者生产因素的影响的。明星与他们的追随者以及喜爱他们的人的社会关系是紧密关联的。基于消费者的反映，一些有创造力的艺术家也升至明星的地位。在时尚产业中，明星的身份是尤其重要的。这是因为设计师把他们设计的时装人格化了。设计师以及他们的作品试图展现某种特定的生活方式，展现一种追随者们所认同或追求的世界观或者一种生活态度。同时，设计师能把个人魅力注入大众消费，建立一种使消费者形成某种情绪依托的明星体系。在文化产业中，这种明星体系就是类似于品牌的某种东西。

五、从河村的时尚学观点看中国的时尚设计师的现状及前景

分析河村的上述观点，我们可以得出如下结论：其一，设计师需要成功，他们必须要参与到整个时尚体系中，成为系统的一员。从日本设计师成功的经验来看，并不单单是他们的创造力使他们成名于巴黎，

被法国时尚体系接受就意味着获得了通往世界各地的通行证，也意味着他们得到了承认。其二，设计师需要使自己的设计人格化，让自己的设计体现个人的魅力，为消费者创立一种值得追随的"形象"并满足他们追求个性的需求。换言之，设计师应该成为"设计师明星"，以其个人的风范和号召力吸引消费者。其三，设计师的成功离不开其他时尚生产者的推动。广告商、营销人员、记者、时尚杂志编辑等都为时尚文化的建构做出了努力。设计师的个人魅力也只有在这些媒介的渲染下才能有更精彩的体现。

我国缺乏"国际级"的时装设计大师，与其他国际知名的设计师相比，国内设计师的知名度非常有限。在国内的知名度不高，在国际上没有什么影响力，这让他们的处境非常尴尬。究其原因，我们不难发现，造成此现象不仅仅是因为个人能力的问题。

首先，从消费者来看，国内民众对某个品牌时装的喜爱只是对服装本身有兴趣，对于这些时装的创造者他们知之甚少。时装创造者还未成为明星，个人魅力在时装以及时装界还没有充分地体现。除了宣传的原因外，设计师本身品牌的个性打造应该是更重要的原因。其次，在时尚体系中，设计师只是参与环节中的一员，其他时尚生产者功不可没。而国内设计师完全是单打独斗，他们与其他时尚生产者的联系不是很紧密。设计师与明星的代言合作比较谨慎，国内设计师的设计和品牌综合影响力还不能完全符合明星希望自己形象国际化的需求，同时，面对国际品牌背后国际大财团的"品牌冲刷"，国内设计师更显得势单力薄、孤立无援。再次，国内设计师所处的媒体环境不是很轻松。除了国际大牌在各类时尚杂志上用金钱堆砌广告让他们鲜有"发声空间"外，国内媒体对待时尚不够专业，整个媒体环境对于国内设计师的作品了解不多，更谈不上进行宣传了。最后，国内设计师缺乏公关活动。国际品牌的公关公司会负责向时尚杂志的编辑介绍他们品牌的服装被明星在颁奖典礼或者日常街拍中所利用的情况。国内设计师没有委派公关公司去收集和执行此项目，同时自己也显得很低调，不会去宣传自己，幕后缺乏长时间的"得力推手"，知名度有限。

吸取日本设计师在巴黎的成功经验，我国设计师也应该走出国门多多进行交流。相信随着国际交流的日益频繁，设计师观念的改变，媒体环境的更加开放，国内设计师成为国际品牌的道路将不再漫长。

参考文献：

[1] YUNIYA KAWAMURA. Fashionology：An Introduction of Fashion Studies［M］. New York：Berg Publishers，2005.

[2] 佚名. 设计师与明星如何互相"利用"［N］. 新京报，2009-08-14（26-27）.

电影服饰的语言学研究[●]

史亚娟　郭平建

摘　要：本文旨在透过服装的语言学特征研究电影服饰语言的表层结构和深层结构。电影服饰语言的表层结构在于电影服饰的审美特征，是服饰在电影中的直观美学表达，带给观众最直接的视觉享受。其深层结构在于心理层面和文化层面，是电影服饰与电影情节、人物心理、社会文化环境的契合，是人物心理、精神境界的物化表现。电影服饰充分发挥无声语言的作用，承载并映射出人们的心灵状态、社会文化及时代精神风貌，蕴含着丰富的文化内涵。

关键词：电影服饰；语言学特征；表层结构；深层结构

A Linguistic Study of Movie Costume

Shi Yajuan & Guo Pingjian

(Department of Foreign Languages，Beijing Institute of Fashion Technology，Beijing 100029，China)

Abstract：This paper means to study the deep and surface structures of movie costume language through the analysis of linguistic features of costume. The surface structure of movie costume language lies in its aesthetic feature，which is directly perceived from its aesthetic appearances and is the source of the viewers' visual enjoyment. On the other hand，its deep structure relies in its psychological and cultural level which is the coherence of costume with the plot，characters' psychological and cultural environment and the materialization of the characters' spiritual world. In a word，movie costume helps to carry and reflect the rich cultural connotation of of characters' social and spiritual world as a language of silence.

Key words：movie costume；linguistic feature；surface structure；deep structure

一、服装的语言学特征

曾几何时，在普通人看来，电影服装几乎就等同于电影里的一种道具，其作用无非是使电影故事更加真实可信，使角色更加生动。然而，随着电影服饰与时尚产业之间的互动日益频繁，随着电影工作者不断从服装艺术、服装文化中汲取灵感，把服饰文化中的各种现象、特征、品格等运用到电影创作之中，不光电影和时尚工作者对电影服饰的看法产生了很大变化，学术界也开始从各种理论视角（如美学、心理学、文化现象等视角）来研究和关注这一问题，逐渐把电影服饰作为一个独立的课题加以思考。

事实上，学术界对电影进行语言学研究早已不是新鲜的话题。自 20 世纪 20 年代瑞士语言学家索绪尔开创现代语言学研究以来，结构主义语言学的研究成果便在其他各人文学科加以广泛运用，同样也进入了电影理论的研究视野。然而，从电影作为一种艺术的角度来看，把电影视为一种具有象征意义的语言是人

[●]该文为北京服装学院科研项目（2009A-33）成果之一，原载于《戏剧文学》2010 年第 1 期，P99-103。

人都可接受的，但是从语言学和哲学的理论层次上进行论证却不是一件容易的事，这一研究课题历来存在着很大分歧和争议。例如，法国著名电影理论学家克里斯蒂安·梅茨经过一番论证，在电影中没有发现与语言系统相类似的东西，不得不认为"事实上，电影不是一种语言系统，而是一种艺术的语言，……一种没有系统的语言。"梅茨看来，语言可以分为两大类：一种是具有高度组织化的"语言学结构"的语言，如国际象棋之类；一种是没有高度组织化的"语言学结构"的语言，如绘画语言之类。而电影应该属于后者。在指出了影像语言的特征及其与天然语言的区别性特征之后，他将电影语言学研究归类为一种符号学研究。我国一位学者则从数字电影的发展现状及前景出发，对电影语言学研究进行了再次肯定及理论建构，认为数字技术的发展正使得电影具有成为语言的可能，提议"为电影编写词典"。这样一个有争议的前提下，电影服饰能否看作一种语言来进行研究呢？

要解决这个问题，关键在于服饰，或者说服装是否是一种语言，一种不仅从象征意义和比喻意义可以被看作语言，而且是一种从语言学理论上可以加以论证的语言。对于日常生活中的服装，人们可能更多关注实用性、美观性，对于其语言性思考的并不是很多。然而，只要稍加思考，我们就必须承认，服装是一种无声的语言，无时无刻不在传达诉说着什么。

和语言一样，服装具有言语和语言的区分。服装的言语指人们日常工作生活中所穿着的各种衣服，如衬衫、长裤、外套、内衣、鞋袜、帽子等。每件衣服都是一个言语个体，人们可以根据自身需要对不同款式、色彩、质地的衣服进行多种组合搭配，可以说服装的言语千姿百态、丰富多彩。而服装的语言或者说语言系统则是每件衣服聚合在一起时共同遵守的规范，就是穿衣之法。如人们用裤子来保护下半身，用上衣保护上半身，不能倒过来使用，无论何种品牌、何种质地、何种款式、何种色彩都是如此。它们各司其职，彼此搭配，井水不犯河水。因此服装的语言系统是非常简单明了的。

同时，服装语言具有组合和聚合两种状态。索绪尔认为，在语言状态中，一切都是以关系为基础的。这种关系表现为两个向度：语言的横组合关系和纵聚合关系。在服装语言中，横组合关系指服装语言系统中，上衣、长裤、内衣、外套、鞋、帽等衣服之间的诸种组合，这种横组合因人而异、因服装而异，有着无穷无尽的选择。纵聚合关系指同类衣服之间的诸种选择。以鞋子为例，因质地不同可以选择皮鞋、布鞋；因功用不同人们可以选择雨鞋、棉鞋、凉鞋、拖鞋等。

能指和所指也是索绪尔确立语言学研究的重要一环。索绪尔指出，作为语言结构基本成分的语言符号，"连接的不是事物和名称，而是概念和音响形象"。由此他将事物的概念命名为语言符号的"所指"，将事物的音响形象命名为"能指"。作为一种无声语言，我们可以把服装的外在特征看作其"能指"，服装的尺寸、款式、色彩及面料等外观就是它的"音响形象"。而其所传达的内在文化信息、所具有的象征意义、意识形态及价值观，就可以看作是服装的"所指"。例如流行于20世纪六七十年代英美社会一些青年人中的嬉皮士服饰和朋克服饰所传达的对传统的叛逆，就可以看作是这种服饰的所指。与此同时，同语言一样，服饰的所指或者说内涵不一定是始终如一的，而是处于发展中的。还以嬉皮士服饰和朋克服饰为例，这种服饰风格后来逐渐被时装设计师吸收采纳设计出一系列高档时装，这时这种服饰的象征意义就不是反叛传统，而是时髦和前卫了。其实这也是服装的多义性所在。服装的所指，还可以看作是服装的隐喻性特征，譬如著名服装心理学专家苏姗·凯瑟提到制服时说，"服装的这种符号变成了军队、科学和宗教等各种意识形态的隐喻。"

从词汇学的角度来看，服装语言和口头语言一样，也有现代语言和古代语言、本族语和外来语、方言、俚语和俗语。现代服饰与古代服饰、本民族服饰与外国服饰的区分自不必说，服装中的"俚语俗话"，就像在口头语言中一样，很快就会受到人们的关注。只有善于运用技巧的人才能在颜面无损的情况下穿戴它们。一件破旧、没有纽扣的衬衫，或是蓬乱的头发，可以表达强烈的情感：激情、痛苦、愤怒、绝望。尤其是当人们已经认定你是一个衣着整洁、讲究的人，这时效果就更加明显。口语中的一些俚语俗语或许最终将成为词典里令人尊敬的词汇，一些则很快就消失匿迹。一些初期很低俗的服装也是如此，有些可能堂而皇之成为时髦和流行（如牛仔裤），成为大众服饰的重要组成部分，有些则很快被遗忘。

语言有正式语和口头语之分，服装亦是如此，出席一些重要场合，参加一些重要活动，人们首先注重的就是服装是否合乎礼仪，随便的衣着会被认为不合时宜，反之亦然。还有些服装就如语言中的专有名词，具有指定的含义和范畴，不能随意更改。如各种工作服、礼服、队服、军服等。这些服装标志着个体同某个组织、团体的隶属关系，突出强调其同质性，或者是某种特殊事件的标志和礼仪（如婚纱和丧服）。从语用学的角度来看，如同一位天才的作家利用语言创作出优美的诗篇、戏剧或者小说一样，天才的服装设计师利用不同面料加之大胆的想象设计出种种独具个人风格的服装，从而使服装成为一种艺术，一种有关生活和美的艺术。此外，服装和语言一样具有含糊、误读、自欺、失误、讥讽等特点。如戏剧人物穿的服装，就同他们的台词一样不是他们自己的语言和服饰，而是剧中人物的，这一点，演员和观众都知道。从观众的角度来看，就是接受了这种欺骗，而演员则是制造者之一。

综上所述，服装的语言学特征是明确的，没有任何异议的，在此基础上我们进行电影服饰的语言学研究也就是顺理成章的事情了。

二、电影服饰语言的表层结构和深层结构

索绪尔的语言学理论为结构主义语言学派的产生奠定了理论基础。在 20 世纪 50 年代，从结构主义语言学派中分化、发展出一个新的语言学派，即以美国语言学家乔姆斯基为代表的"转换—生成语法"学派。该理论认为，人类每一种语言系统都具有"表层结构"和"深层结构"两个层次。表层结构是人们可以"说出、写出、听到、看到的"，而深层结构是"存在于说话者、写作者、听者或读者的心里的。"深层结构是表层结构的基础，深层结构经过转换规则生成表层结构。"表层结构是可见的句子抽象组织的程序，深层结构（具有更单纯更抽象的形式）则隐藏在它的下面，只有追溯它的转化过程才能回想起来。"

这一语言学理论同样可以应用到电影服饰方面，电影服饰语言的表层结构在于电影服饰的审美特征，是服饰在电影中的美学表达，这一表达是直观的，也是电影服饰首先吸引观众、带给观众以最直接的视觉享受的地方。其深层结构，即心理层面和文化层面则是电影服饰与电影情节、人物心理、社会文化环境的契合，是人物潜意识的符号化表达，也可以说是人物心理、精神境界的物化表现。在这一结构层中，服饰充分发挥无声语言的作用，甚至可以替代有声的语言，承载并映射出人们的心灵状态、社会文化及时代精神风貌，蕴含着丰富的文化内涵。

通常情况下，电影服饰语言的表层结构，即审美层面是最为引人注目的，电影服装师、美工师会在这方面下足功夫，力求电影中人物的服饰对人物性格的塑造起到恰到好处的作用，对整个电影故事情境发挥最大的烘托作用，并从美学的立场出发，力求把电影服饰的美发挥到极致，使其成为电影情节、人物形象之外最大的亮点，甚至其重要性还会超出电影情节的设置及人物形象的塑造。比如近些年来一些国产大片——《满城尽戴黄金甲》《英雄》《十面埋伏》等影片中的服饰设计，就是非常好的例子。章子怡在《十面埋伏》中的几款造型，在艳丽中充满华美，在华美中又超凡脱俗。她在《夜宴》中的那套大红册封服全部手工缝制，手工绣制的九只金光闪闪的飞凤，尽显皇后应有的那份奢华富贵与雍容大气。这些服装首先以其华美的外表取胜，让人在获得巨大审美愉悦的同时又感到强烈的视觉冲击力。同样，国外一些电影也是在人物的服饰上做足文章，比如索菲娅·科波拉执导的电影《绝代艳后》。该片把洛可可服饰的繁复之美发挥到了极致，撑起来的钟形裙、卷云状花纹边饰、蘑菇帽、高发髻、轻巧的刺绣、繁复的褶皱等，都让观众在观赏影片的同时充分感受到洛可可服饰的香艳华美及优雅灵动。

电影服饰语言在美学层次的表达与建构，主要是电影美工和服装师的责任。电影美工和服装师根据整个电影剧情的需要为电影人物设计服装，配合导演的工作。但是电影服饰语言中所有对美的追求，是与该服饰承载的人物的心理内涵及其所流行年代背后的文化意义密不可分的。这便是电影服饰语言的深层结构。前文已经提到，电影服饰语言的深层结构在于电影服饰语言在整部电影主题立意层面的潜在模式，这种潜在模式和电影主题及其所要表达的文化精神密切相关，是服饰文化与不同时代的文化及精神风貌的结

合，成为替代有声语言、推动电影情节发展、展示剧情的必要手段，并随时转化为电影服饰语言的表层结构。在这一结构层面中，心理学意义的重要性在于塑造生动鲜活的人物形象，文化的重要性则在于赋予服装意义，并通过电影这一独特手段表达出来，让观众在欣赏一种服饰的同时，也在聆听和认识一种文化。这一层次服饰语言的挖掘主要来自导演和编剧，导演或编剧在深刻挖掘服饰文化的前提下，将其作为电影重要的表现手段之一。

服饰心理学家认为，服饰作为人的创造物和穿着物，势必带有人的意识、情绪与情结。人们选择、设计或制作服饰，将服饰穿着在自己身上，绝不是无意识的；看到别人的着装效果也不会视而不见，无动于衷。有意选择并穿着服饰的过程就是服饰心理活动的主要过程。电影制作过程中，服装师必须对此有清晰的认知和把握，有意识地为剧中人物选择服装，深入准确地挖掘服装所承载的着装者的深层心理动机，设身处地地从剧中人物的特殊情境及演员自身条件出发为角色设计和选择服饰，让人物服饰语言成为诠释人物性格和人物心理发展的可见参照物。在这方面有一个很成功的范例，那就是意大利著名导演托纳托雷的影片《西西里的美丽传说》。

故事发生在"第二次世界大战"时的意大利，女主人公玛莲娜是一位美丽但备受损害的女性。由于电影是通过一个暗恋她的西西里少年之口讲述她的人生遭遇，因此，电影中女主人公台词不多，她的多数心理活动不能通过台词来直接表达，这一人物形象的塑造在很大程度上依赖于演员的无声表演，其中很大一部分来自她的服饰语言。她在人生的不同阶段，穿着不同的衣服，这些不同颜色和款式的服饰成功地诠释了她的深层心理动机，传达了有声语言所无法传达的含义，甚至更为传神、更为美好、也更为深刻。

电影伊始，她是西西里小镇上一位美丽安静的少妇，这时的她，低眉敛目，不施粉黛，长长的黑色披肩卷发，脚上是白色高跟鞋，身穿连体白色西服裙，胸前有一个黑地白云图案的蝴蝶结，领口也配有这样的图案。她是那样的美丽端庄，有点寂寞但却安然自足。然而这种安逸的令人艳羡的生活很快被她丈夫的死讯打破了，她成为寡妇，开始了备受欺凌的生活。这段时间，她在电影中的台词依旧不多，只是那长长

的飘逸的卷发盘到了头顶，那一身又一身款式不同的黑裙、黑鞋、黑袜诉说着她的忧郁、辛酸和不尽的悲伤。当她最终迫于生计而沦落风尘之时，依旧是一袭黑裙、黑鞋、黑袜，不同的是头发染成了红色，嘴唇也是红艳欲滴，低开的领口露出了酥胸。这时的她性感而美丽，如一朵尘埃里的花朵，绽放的是生命的不屈。"第二次世界大战"结束了，小镇的妒妇们在街头对她大打出手，她依然是无言的，只有那一身几乎被扯烂了的裙装和被无情剪掉的秀发似乎在诉说着她的无辜、弱小和深埋于心底的纯洁。电影快结束的时候，她终于和战争中误传死去的丈夫携手重新回到了小镇，她的神情依旧淡然，改变了的是她的发型和服饰。长发变成了齐耳短发，黑、白两色的服装不见了，取而代之的是砖红色的羊毛衫和浅咖啡色的西服裙装，这两种颜色本身带给人们的就是一种温婉和谐、踏实可靠的感觉。从而将历经生活磨难才最终找到生活意义、找回生命尊严的女主人公的那种安稳心态表现得恰到好处。

作为电影服饰语言的另一深层结构，电影服饰的文化意义和文化内涵对于提升整部电影的文化品位和文化精神起着至关重要的作用。电影服饰的文化意义与电影故事的文化意义的结合常常意味着这部电影不仅能够取得美学上的成功，而且意味着这部电影能够获得持久性成功，成为可以流传后世的经典之作。

以电影《红磨坊》为例，这部由澳大利亚知名导演巴兹·鲁赫曼执导、由20世纪福克斯公司出品的歌舞巨片，通过一个感人肺腑的爱情故事对现代波希米亚精神进行了唯美主义的阐释。电影不仅用男女主人公对自由的追求、对爱情的执着精神来阐释和传递这种精神，主人公耀眼灿烂的波希米亚服饰也无时无刻不在传达这种精神。这种服饰成为了主人公内在精神和文化品位的最佳外在表现。波希米亚是以流浪流散生活著称的吉卜赛人的聚集地。他们以流浪的方式行走世界，不信奉上帝，通过流浪人的手艺谋生，有时也靠给人占卜挣钱谋生，甚或偷。但发展到现在，这个词主要是指19世纪以来那些不满社会现实、喜欢游荡、具有艺术才华、生活风格特异的作家、艺术家和知识分子。这些人身上所共有的流浪、自由、浪漫、解放以及颓废精神，被称为"波希米亚精神"，他们不断以异端的形式调整霸权，超越传统陈规。这

种精神不仅体现在他们的文艺作品和生活方式方面，还体现在服饰方面，这种服饰在社会上流行开来，并为大众所广为接受，就是人们常说的波希米亚风格的服饰。这种服饰的特征有层层叠叠的花边、无领袒肩的宽松上衣、大朵的印花、手工的花边和细绳结、皮质的流苏、纷乱的珠串装饰，还有波浪乱发等。今天，"波希米亚"俨然成为一种象征，代表流浪、自由、放荡不羁、颓废等。电影中就恰到好处地用波希尼亚风格的服饰和歌舞表达了流浪艺术家的青春叛逆，不着痕迹地将潜在于服饰语言底层的文化精神转化为表层的审美特征，使电影服饰成为一种独特的电影表现手段。该片中服饰语言的巧妙运用使其斩获2002年奥斯卡最佳艺术指导奖和最佳服装设计奖。

三、结语

法国电影学家马赛尔·马尔丹在《电影语言》一书中分析了电影的几种非独特因素，服装就是其中之一。所谓非独特因素，是因为它们原不属于电影艺术所有，其他艺术也采用，如戏剧、绘画等。然而，作为一种并非只是存在于电影中的因素，电影服装其实有着很大的潜在发展空间，对于其深刻语言内涵的揭示和研究，不仅是对其服装本体存在空间的拓展，而且对于丰富电影表现手段、拓宽电影艺术的视野都有着很重要的意义。电影服饰语言研究可以在电影艺术与服装艺术及服装文化之间架设一座沟通的桥梁，让后者更好地为前者服务，使电影艺术更为饱满厚重，也使电影艺术的殿堂更为靓丽多姿；同时也让服装艺术借电影这种艺术和传媒形式来拓展自身的发展空间，丰富自身的内涵。

其实，服饰与电影的结合从电影诞生之初就已经开始了，二者之间的互动从未停止过，除了本文中所谈到的语言文化层次的互动之外，还有备受人们关注的时尚艺术与电影艺术、服装产业与电影产业之间的相互促进与推动等。所有这些都说明电影服饰学的研究无论在实践层面还是理论层面都有着广阔的发展前景和发展动力。

参考文献：

[1] 梅茨. 电影的意义 [M]. 南京：江苏教育出版社，2005.

[2] 王志敏. 电影语言学 [M]. 北京：北京大学出版社，2007.

[3] 凯瑟. 服装社会心理学（下册）[M]. 李宏伟，译. 北京：中国纺织出版社，2000.

[4] LURIE, ALISON. The Language of Clothes [M]. New York：Henry Holt and Company，2000.

[5] 王宗炎，等. 英汉教学语言学词典 [M]. 长沙：湖南教育出版社，1985.

[6] 凯南. 叙事虚构作品：当代诗学 [M]. 厦门：厦门大学出版社，1991.

[7] 华梅. 服饰心理学 [M]. 北京：中国纺织出版社，2008.

[8] 卫华. 现代审美文化视野中的波希米亚精神 [M]. 北京：新华出版社，2009.

[9] 马尔丹. 电影语言 [M]. 何振淦，译. 北京：中国电影出版社，2006.

与服饰相关汉语歇后语的认知阐释[❶]

訾韦力

摘　要：与服饰相关汉语歇后语是汉语言中的一种独特的语言现象。文章结合服饰文化背景，利用概念整合理论对服饰歇后语的意义构建进行了分析，并通过实例验证该理论框架可以从动态的角度对服饰歇后语意义的构建过程进行认知解读。

关键词：服饰歇后语；概念整合理论；认知阐释

Understanding Chinese Clothing-related Wisecracks from Cognitive Perspective

Zi Weili

(Department of Foreign Languages, Beijing Institute of Fashion Technology, Beijing 100029, China)

Abstract：The Chinese clothing-related wisecrack is a unique Chinese linguistic phenomenon. This paper, making use of clothing culture, analyzes the meaning construction of clothing-related wisecracks within the framework of Conceptual Blending Theory, and verifies through cases that this theory can help interpret the meaning construction of those wisecracks from dynamic and cognitive perspective.

Key words：clothing-related wisecrack；Conceptual Blending Theory；cognitive explanation

一、引言

歇后语是一种短小、风趣、形象的特殊语言形式，集中反映了中国劳动人民的智慧。歇后语属于熟语的范畴，如"白布做棉袄——反正都是理（里）""裤子套着裙子穿——不伦不类"等，也是汉语习语的重要组成部分。绝大部分的歇后语发源并流传于民间，称为民间歇后语，因此在日常生活中为广大群众所喜闻乐见。歇后语包括动物歇后语、人物歇后语、军事歇后语等。与服饰相关汉语歇后语也是歇后语中的一种，通常由两部分组成。前面部分为歇面，主要是对服饰及与各种服饰相关的经验、行为、状态、特征等加以描述；后面部分为歇底，对该歇后语进行解释。在古代文献《汉书》《后汉书》中"服饰"是作为衣服和装饰的意思出现的。《中国汉字文化大观》定义"服饰"词语为：戴在头上的叫头衣，穿在脚上的叫足衣，穿在身上的衣服则叫体衣。《现代汉语大词典》中"服饰"解释为：服装、鞋、帽、袜子、手套、围巾、领带等衣着和配饰物品总称。本文服饰概念主要指除了传统意义上的头衣、体衣、足衣等衣着外，还包括与之相关的衣着配饰、缝纫工艺、丝染织品等物品。

自1920年以来，歇后语作为一种自然语言现象一直是学者们研究的焦点之一。他们从多角度对歇后

---
❶基金项目：北京服装学院科研项目"中西方服饰与社会语言关系研究"（项目编号 2012-A14）、"基于生态翻译学的服饰文化研究"（项目编号 2011A-23）的阶段性成果，曾发表于《服饰导刊》2013 年第 4 期，P22-26。

语进行了细致的描述，取得了大量的成果，尤其是近十年来，国内对歇后语的各方面研究都有较深入的探讨，围绕歇后语的性质、名称、内容、翻译、语法结构、修辞等方面展开研究，取得了一些共识，即歇后语前、后两部分是"引子——注释"的关系。但总体上对歇后语内在的认知机制研究仍然尚少，同时目前还没有对与服饰相关的汉语歇后语的专门研究，本文尝试结合服饰文化，依据概念整合理论（Conceptual Blending Theory，以下简称CB），对与服饰相关歇后语的解读进行研究，以求得到对该类歇后语合理的解释，同时丰富我国汉语语言研究（本文歇后语语料均来自上海辞书出版社语文辞书编撰中心的《歇后语10000条》）。

二、理论依据

与服饰相关歇后语的解读涉及服饰文化，是在给出的显性信息中对概念进行合成和推理的结果，服饰文化语境在该类歇后语成功解读过程中起着重要的作用。结合服饰文化语境，概念整合理论可以从动态的角度来探讨服饰歇后语背后的形成过程，有利于我们认识、解读服饰歇后语。

概念整合理论（conceptual integration）又称为合成空间理论，简称为合成理论（blending）。这一理论发源于心理空间理论，其正式提出首见于Fauconnier（1997）。Fauconnier的"概念整合理论"是在"心理空间理论"基础之上提出来的，并对其做了进一步的发展和完善。概念整合就是将两个或两个以上空间中的部分结构整合为合成空间中带有层创特性的一个结构，换句话说，概念整合就是把来自不同认知域的框架结合起来的一系列认知活动。众多认知语言学家皆认同概念整合理论，指出"blending is everywhere"（整合无处不在）。概念整合理论具有高度的阐释力，是人类一种基本的认知方式。概念整合通过在多个空间之间作用建构意义，揭示了人们思维活动的认知过程。Fauconnier（2003）认为概念整合是我们看待世界和建构世界的必要方法。概念整合理论为人们解读复杂的语言形式提供了认知语言学上的途径，从而突破了传统语言学的解释方法。

在概念整合过程中，输入空间1和输入空间2

首先通过跨空间映射（cross-space mapping），将两个输入空间有选择地投射到第三个空间，即投射到层创结构（emergent structure）的整合空间；然后，输入空间中的成分和结构有选择地进入整合空间，形成在一定程度上区别于原有输入空间的概念结构。例如在"a is b"中，a、b分别属于不同域，在类属空间里为来自两空间的相似特征，整合空间表现为a、b域的不同引起了对两个空间的相似特征的选择性思维，反映了一种动态的创造性认知活动。概念整合理论包含五个主要特征，即：跨空间映射、来自输入空间的部分映射、类属空间、层创结构和事件的整合（图1）。

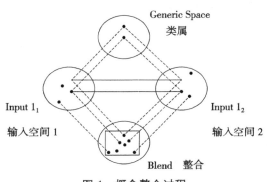

图1　概念整合过程

概念整合过程也可以分为三个基本过程：一是构建过程（composition），即由输入空间投射到整合空间的过程；二是完善过程（completion），即输入空间的投射结构与长期记忆中的信息结构相匹配的过程，它是层创结构内容的来源；三是扩展过程（elaboration），即根据它自身的层创逻辑，在整合空间中进行认知运作的过程。

Fauconnier的概念整合空间模式，既重视语境的作用，又能从简单的空间结构揭示意义构建过程的动态性，阐释了语言意义动态生成的空间机理，对动态的思维认知活动具有说服力和解释力，可以用来解释多种语言现象。

与服饰相关的歇后语在日常生活中随处可见，常常是借助服饰文化语境来判断歇后语中的目标域。由于与服饰相关的歇后语是来自于人们与服饰相关的生活经验，所以在使用歇后语的过程中，人们会自然地联想到自己熟悉的与服饰相关的知识、文化与经验，并构建起相对应的心理空间，与所使用的话语空间互相整合，最终完成该类歇后语的构建过程。因此，概念整合理论通过四种心理空间的结合可以更好地解释这种语言现象。

三、与服饰相关汉语歇后语的认知解读

与服饰相关歇后语一般由两部分组成，前一部分为"引子"，又称"源域"，是一种对生活中各种和服饰相关的事态和经验的形象描述，引出后一部分"注释"，即所要表达的对事物的看法。具体来说，与服饰相关歇后语的引子部分是话语交际中的显性表述，主要给听话人提供生活中与服饰相关的背景知识，是说话人大脑中的不完备表述；而注释部分则是隐性表述，是说话人真正要表达的意向。本研究通过运用概念整合理论，以一个全新的视角理解和揭示服饰歇后语的意义构建和认知机制。下面以与服饰相关歇后语为例，分析说明其中的动态意义构建过程。如与裤子相关的歇后语：

［1］绣花被面补裤子——大材小用

这个歇后语的两个输入空间分别包含不同的元素：绣花被面和裤子，它们有不同的组织框架，不同的服饰文化背景（图2）：输入空间1里的绣花被面指精致、精美、昂贵的绣花丝织品。一幅真丝绣花的被面，昂贵且尽显华丽雍容的气质，极具中国古朴风情，代表精致、昂贵、大。输入空间2提及的"裤子"起遮羞、保暖作用的一种服饰，代表粗制、普通、小。类属空间包含了这两个组织框架，所以类属空间就是：精致、华贵丝织品和粗糙、普通粗布的代表。两个输入空间部分投射构成合成空间：精致的绣花丝质大被面用来缝补已经磨破小洞的粗布裤子。两个输入空间组织框架的截然不同甚至相互冲突为创造性的联系提供了空间。借助此例可以看到歇后语的理解和意义的建构与中国古代的服饰文化有着密切的联系，同时又能发现歇后语中丰富想象背后的逻辑和智慧的认知依据。又如：

［2］脱了裤子打老虎——又不要脸，又不要命

［3］抬棺材的掉裤子——去羞死人

［2］［3］歇后语中，输入空间里的"裤子"都涉及了"裤"服饰文化中的功能，即遮羞功能。该空间与另一空间部分投射构成一定的合成空间。在服饰文化背景下，提供了动态的理解机制。

［4］飞机上晒衣服——高高挂起

［5］穿汗衫戴棉帽——不知春秋

许多歇后语的阐述情境是虚拟或夸张的，但仍然与服饰及与服饰相关知识、惯例、生活经验等有关（图3）。歇后语"飞机上晒衣服——高高挂起"框架中的角色包括：晒衣者、晒衣服的场所、晒衣服的高度。该歇后语的意义建构借用了在飞机上这一场所。理解这条歇后语首先要创设一个虚拟的情境：在飞机上晒衣服，人处于飞行状态的飞机中，人在高空，然后来"晒衣服"。上述歇后语的输入空间一个是"飞机上晒衣服"里所提及的"飞机"，另一个是"晒衣服"。因此可以参照如下的概念整合分析：

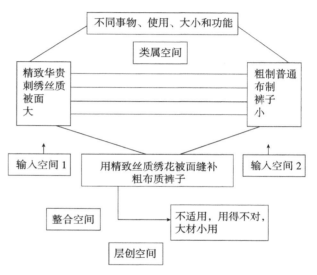

图2　"绣花被面补裤子——大材小用"概念整合分析

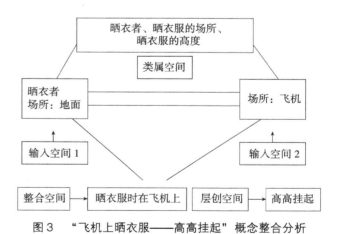

图3　"飞机上晒衣服——高高挂起"概念整合分析

歇后语"穿汗衫戴棉帽"提供了一个鲜明而简洁的框架来理解对季节混淆不清的情景。"汗衫"最初称为"中衣"和"中单"，后来称作汗衫，据说是汉高祖和项羽激战，汗浸透了中单，才有"汗衫"名字

的来历。现在的汗衫与古代的汗衫式样质地均不同，可仍称作汗衫是因为它们都有吸汗的功能，多为夏季穿着。输入空间1为"吸汗单衣、热、夏季"；输入空间2为"棉帽子、冷、冬季"。两个输入空间经过认知推理，寻求匹配的部分投射到合成空间，经组合、完善、扩展得到层创结构——根据服饰经验，夏季的服饰是无法与冬季的服饰一起搭配的。再结合语境，得出它的引申义"不知春秋"。

汉语中与不同服饰相关的歇后语有很多，如与衬衫相关的歇后语、与棉袄相关的歇后语、与腰带相关的歇后语、与背心相关的歇后语、与裙子相关的歇后语、与高跟鞋相关的歇后语、与帽子相关的歇后语等。理解该类歇后语离不开概念合成理论的支持，更离不开源域中所体现的服饰文化背景。结合服饰歇后语源域中所体现出来的服饰文化性，可将服饰歇后语概括为：

（1）以服饰功能为源域的歇后语，如：腰带拿来围脖子——记（系）错了；头穿袜子脚戴帽——一切颠倒；夏天的袜子——可有可无。

（2）以服饰生活经验为源域的歇后语，如：紧着裤子数日月——日子难过；撕衣服补裤子——于事无补、因小失大。

（3）以服饰传统惯例为源域的歇后语，如：爷爷棉袄孙子穿——老一套；白布做棉袄——反正都是理（里）。

（4）以服饰搭配为源域的歇后语，如：有衣无帽——不成一套；背心穿在衬衫外——乱套了；裤子套着裙子穿——不伦不类。

（5）以服饰材料为源域的歇后语，如：绣花被面补裤子——大材小用；破麻袋做裙子——不是这块料。

（6）以固定人物为源域的歇后语，如：济公的装束——衣冠不整；玉帝爷的帽子——宝贝疙瘩。

理解该类歇后语需要借助引子，即源域中的服饰文化语境来判断歇后语的目标域，结合人们所了解的各种服饰的文化性，自然地联想到自己熟悉的与服饰相关的知识、文化与经验，并构建起相对应的心理空间，与所使用的话语空间互相整合，从而正确地理解服饰歇后语的意义。

四、结语

服装是与人类生活息息相关的事物，汉语与服饰相关歇后语是汉语物质文化的重要组成部分。然而，就所搜集到的资料来看，目前对汉语服饰歇后语的研究，尤其是对其意义构建的认知研究还不够系统，因此，汉语服饰歇后语的研究是一个完全有待于深入挖掘的课题。对它的研究，不仅需要理论框架，同时更需要有大量的语料以及细致的分析。概念整合理论作为认知语言学的重要理论之一，为服饰歇后语的研究提供了理论基础以及较强的解释力，因此概念整合理论已成为与服饰相关歇后语解读研究的重要视角。

参考文献：

[1] 何九盈，胡双宝，张猛. 中国汉字文化大观［M］. 北京：北京大学出版社，1995.

[2] 温端政. 歇后语10000条［M］. 上海：上海辞书出版社，2012.

[3] FAUCONNIER，G. Mappings in Thought and Language［M］. Cambridge：Cambridge University Press，1997.

[4] FUCORMIER，G. Conceptual Integration［J］. Shanghai：Journal of Foreign Languages，2003（2）：2-7.

[5] 汪少华，王鹏. 歇后语的概念整合分析［J］. 外语研究，2011（4）：40-44.

从汉语服饰语汇看服饰文化与语言之关系[❶]

訾韦力

摘　要：服饰文化丰富了人类语言，同时，语言作为一种符号又能反映出服饰文化的变迁。对与服饰相关的成语、谚语、歇后语等语汇进行总结分析，发现服饰文化与人类语言在社会文化发展过程中相互依存、共同发展和创新，体现出语言与文化之间的互相渗透性和双向性。

关键词：汉语服饰语汇；服饰文化；语言

On Relationship between Clothing Culture and Human Language Based on Chinese Clothing-related Expressions

Zi Weili

(Department of Foreign Languages, Beijing Institute of Fashion Technology, Beijing 100029, China)

Abstract：Clothing culture enriches human language, and in turn, social language, as a kind of signs, reflects the profound change of clothing culture. This paper is to analyze clothing related expressions to clarify interdependence, mutual development and innovation between clothing related expressions and clothing culture in the social and cultural progress, displaying infiltration and bi-direction of culture and human language.

Key words：Chinese clothing-related expressions；clothing culture；language

一、引言

在人类须臾离不开的"衣、食、住、行"四大生活基本要素中，"衣"占据首位，由此不难看出服饰在人类生活中的重要作用。在古代文献《汉书》《后汉书》中，服饰是作为衣服和装饰的意思出现的。《中国汉字文化大观》定义服饰词语为：戴在头上的叫头衣，穿在脚上的叫足衣，穿在身上的衣服则叫体衣。《现代汉语大词典》中将服饰解释为服装、鞋、帽、袜子、手套、围巾、领带等衣着和配饰物品总称。本文服饰概念主要指除了传统意义上的头衣、体衣、足衣等衣着外，还包括与之相关的衣着配饰、缝纫工艺、丝染织品等物品。语言则主要涉及汉语语汇中与服饰相关的词以及成语、惯用语、谚语、歇后语等。

服饰具有三种作用，功能上是为了护身，御风挡寒；道德上是为了礼貌，敝体遮羞；审美上是为了美观，吸引异性。服饰与人的生活密切相关，是民俗生活的产物。服饰是一个国家或民族的风格、习尚、风情的产物和载体，是历史和现实精神活动的物化反映。人类的服饰文化大大丰富了语言要素，特别是词语、语义，同时从有关服饰的语言要素中，我们能够了解到人类的服饰文化以及其他社会文化的各方面的变化与发展。仅就一般服饰的种类、所使用的工具、所采用的材料诸方面看，就能够体会到服饰文化对语

❶本文为北京服装学院创新团队项目（编号 PTTBIFT-td-001）、2014 校级创新团队—国外服饰文化理论研究团队项目（编号：2014A-26）成果之一，曾发表于《艺术设计研究》2015 年增刊，P4-6。

言的贡献。语言词汇中的不少词是源于服饰文化的。社会、文化与语言相比较，社会、文化是第一性的，先有社会、文化后有语言，社会、文化发展了，语言随之发展，所以语言是社会、文化的一面镜子，服饰语汇更是服饰文化变迁的反映。

本文通过分析与服饰相关的成语、谚语、歇后语等语汇形式，说明服饰文化与社会语言有着不可分割的关系。服饰文化丰富了社会语言，同时，语言作为一种符号又能反映出服饰文化的变迁（本文所有语汇语料来自《服饰成语大观》《歇后语 10000 条》《汉语惯用语大词典》、中华在线词典以及笔者自建的超小型服饰习语语料库）。

二、服饰词语以及服饰语汇

在汉语言中存在大量与服饰相关的词语，这些词语在语言使用中十分活跃。汉语服饰词语如衣、衫、袖、裤、带、裳等，也是汉民族服饰的具象符号，也是汉民族的重要表现形式之一。服饰词语作为一种语言符号，记载着汉族人民几千年来积淀的服饰文化内涵，传承着中国历代的着装理念和衣着文化，服饰本身的字体结构包含了该服饰物质性和精神性方面，体现了我国服饰历史的文化创造活动。与此同时，人类的服饰文化创造活动又产生、丰富了语言，并推动语言的不断发展和创新，真正体现了语言和文化之间的互相渗透性和双向性。

1. 象形字与会意字

汉语中组成服饰词语的字大多为象形字和会意字。象形字是来自图画的文字，是原始社会的一种造字方法。用文字的线条、笔画，把所要表达物体的外形特征具体、形象地勾画出来，这是对从原始描摹事物的记录方式的一种传承，是世界上最早的文字，它也是最形象、演变至今保存比较完好的一种汉字字体。如汉语的"裤"在古代为"绔""袴"，表示古人着裤的样子。"求""裘"原本一字，其形状像毛在外的皮衣，与"衣"字相似。"求"字是在"衣"字的基础上加了外毛形象，它的本义就是皮衣。衣带中的"带"也是象形字。从"带"的形状上看，上面表示束在腰间的一根带子和用带子的两端打成的结，下面像垂下的须子，起着装饰作用。此类字还有"网""巾""系""革""衣"等。

用两个或两个以上的独体字，根据它们意义之间的关系合成一个字，综合表示这些构字成分合成的意义，这种造字法叫会意法。用会意法造出的字是会意字。如"麻"字为"广"与"林"的意义合成，即房内挂着一缕一缕的纤麻（冯盈之，2008）。服装的产生源远流长，并在语言文字中得到深刻的反映。古汉语中有不少与服饰有关的字、词。表示上衣的"衣""裘""表"；表示下衣的"裳""裙""袴""裤"；表示衣袖的"袂""袪""袖"等。这些字是汉语服饰词语形成的最基本要素。此类字还有"裕""丝""纱""绵""棉"等。

2. 熟语

熟语是语汇中的特殊部分，是语言中通俗的、惯用的、定型的短语或句子，主要有惯用语、成语、歇后语、谚语、格言等。如：

（1）与服饰相关的成语，如：拂衣而去；冠冕堂皇；青鞋布袜；绫罗绸缎。

（2）与服饰相关的惯用语，如：不看家中妻，但看身上衣；好男不吃婚时饭，好女不穿嫁时衣；上炕不脱鞋必是袜底破。

（3）与服饰相关的歇后语，如：腰带拿来围脖子——记（系）错了；头穿袜子脚戴帽——一切颠倒；夏天的袜子——可有可无；绣花被面补裤子——大材小用；破麻袋做裙子——不是这块料。

（4）与服饰相关汉语谚语，如：衣无领，裤无裆；见了财主穿新衣，见了穷人穿旧衣；有了红皮袄，忘了破褰衣。

汉语言中服饰语汇丰富，许多服饰语汇都具有文化意义的多层性，因此，常常需要借助服饰的文化性，透过表层的字面意义去探寻深层的含义。

三、服饰文化与语言之关系

随着人类社会的发展，文化与语言之间形成了密切联系，它们相互依存、相互促进、共同发展。语言是人类文化的产物，是记录文化的符号系统，也是人类文化的承载工具。人类文化的思辨能力、认知能力、传承能力、艺术表达能力，要靠语言来实现；语言是民族的语言，文化是民族的文化。正如语言学家萨皮尔所说:"语言有一个底座……语言也不脱离文化而存在,就是说,不脱离社会流传下来的、决定我们生活面貌的风俗和信仰的总体。"所以,没有语言,文化就无从形成和显现;没有文化,语言也不能建构和确立。

汉语服饰语汇是汉民族的语言,是服饰文化的承载工具。服饰文化与服饰语汇相互依存、共同发展、创新。通过分析这些与服饰相关的语汇,结合产生这些语汇的文化历史背景,深层次地挖掘服饰语汇中包蕴的文化特征,展示服饰文化与社会语言之间的不可分割、相辅相成的关系。

从下面的例子分析我们会发现汉语语汇中的不少词及词语是源于服饰文化的,同时,人类的服饰文化又大大丰富了这些语汇。

1. 与服饰相关的汉语成语

成语是一个极其精短的语言文字艺术作品。汉语语汇中积累了大量的成语,其中包括大量与服饰相关的成语。与服饰相关的成语往往反映出古代服饰风貌、服饰观、审美观以及古代涉及服饰的礼仪制度等服饰文化内涵。如通常人们所称的"裙带关系"可追溯到唐朝裙文化,唐朝以后,裙、钗等成为妇女专用服装和头饰,所以妇女又被称为"裙钗""裙裾""裙襦"。"裙带"原指系裙的带,后来用以比喻妻女姊妹等的关系,因此凭借妻女姊妹关系而得的官职被称为"裙带官"。在宋朝,民间称因此而得到官职的人为"裙带头儿官"。这类词语在日常生活中随处可见。又如:成语"两袖清风"中,袖是上衣的一部分。分为长袖、短袖。中国古代社会中,袖是袂的俗名,古代人的衣服没有袋子,在袖口里面做成袋子的形状用以存放东西,所以要做得宽宽的,以便藏物揣手。古人的重要书信、银两等都是装在袖子里。"两袖清风"是指两袖中除清风外,别无所有,常比喻为官清廉、严于律己。此外,还有"袖手旁观"(置身事外,不帮助别人的行为)、"拂袖而去"(愤怒而走)。与袖相关的语汇大多包含袖的服饰特点,加以想象比拟,经过语言积淀,形成具有特定文化性的丰富多彩的语言词汇。

由此看来,服饰成语结构精致、信息量大,既蕴涵了丰富的服饰文化内涵,同时又能有效地传递信息,因此极大地丰富了汉语言词汇。

2. 与服饰相关的汉语歇后语

与服饰相关语汇的形成、发展是在传递和表达着中国服饰的习俗、服饰审美、衣着传统和着装心理,反映出一定时期内社会群体的人生观、认知方式以及审美情趣等文化心态,影射着中国服饰文化的深层意蕴。与服饰相关的汉语歇后语是汉语言中的一种独特语言现象。与服饰相关的汉语歇后语也是歇后语中的一种,通常由两部分组成。前面部分为歇面,又称作"源域",主要是对服饰及与各种服饰相关的经验、行为、状态、特征等加以描述;后面部分为歇底,又称为"目标域",是对该歇后语进行的解释。如从歇后语"脱了裤子打老虎——又不要脸,又不要命""抬棺材的掉裤子——去羞死人"中,可以看出裤子的遮羞功能。

结合服饰歇后语歇面中所体现出来的服饰文化性,可将服饰歇后语概括为:

(1)以服饰功能为源域的歇后语,如:腰带拿来围脖子——记(系)错了;头穿袜子脚戴帽——一切颠倒;夏天的袜子——可有可无。

(2)以服饰生活经验为源域的歇后语,如:紧着裤子数日月——日子难过;撕衣服补裤子——于事无补、因小失大。

(3)以服饰传统惯例为源域的歇后语,如:爷爷棉袄孙子穿——老一套;白布做棉袄——反正都是理(里)。

(4)以服饰搭配为源域的歇后语,如:有衣无帽——不成一套;背心穿在衬衫外——乱套了;裤子套着裙子穿——不伦不类。

(5)以服饰材料为源域的歇后语,如:绣花被面补裤子——大材小用;破麻袋做裙子——不是这块料。

(6)以固定人物为源域的歇后语,如:济公的装束——衣冠不整;玉帝爷的帽子——宝贝疙瘩。

理解该类歇后语需要借助歇面中的服饰文化语境来判断歇后语的目标域,结合人们所了解的各种服饰的文化性,自然地联想到自己熟悉的与服饰相关的知识、文化与经验,才能正确地理解服饰歇后语的意义,由此不难看出文化对语言的贡献。

3. 与服饰相关的惯用语

惯用语是口语中短小定型的习惯用语,具有简明生动、形象的特点。一般有三个音节,多为动宾结构。惯用语是人类长期语言实践而形成的一种特殊语言现象，反映了人类生产生活的历史。汉语服饰惯用语与汉民族服饰文化紧密相连。服饰与人类的生产生活息息相关并伴随着人类的文明进程而日益丰富，通过下面的例子可以看到服饰文化对汉语言的深刻影响。

（1）穿小鞋："小鞋"是旧时代缠了小脚的妇女们穿的一种绣着花的鞋。1000多年前，南唐后主李煜别出心裁地命令宫女用很长的白布缠足，把脚缠成又小又尖像弯弯"月牙儿"的形状，这种脚又叫"三寸金莲"。后来全国便兴起了妇女缠足的风气。缠足后，脚小了，只能穿小鞋了。如果把这双绣花鞋故意做得很小，让新娘穿着难受，这就是故意整治她，这就是"穿小鞋"的由来。现专指那些在背后使坏点子整人或利用某种职权寻机置人于困境的行为是"给人穿小鞋"。

（2）乌纱帽：中国自古以来就被称为"衣冠之国""礼仪之邦"。除了衣服以外，中国人最重视的就是头上的帽子。帽子，在古代中国，是一种社会等级的标记。发展到现在，帽子虽然不明显地标记一个人的地位，但在人们的观念中，仍把"帽子"看作一个人身份的象征。因此，词语中"帽子"，也多用来暗示人们的身份和名誉。如"乌纱帽"就是指官职。

4. 与服饰相关的汉语谚语

谚语是流传于民间的简练通俗而意义丰富的语句，反映的是人民生活和斗争的经验。谚语凭借生动活泼的语言说出了深奥的人生哲理。谚语大多由两个短小的单句组合而成，多半来自于民间口语，通俗易懂，形象生动，寓意深刻，是人们喜闻乐见的语言材料。与服饰相关的谚语大多反映了人们的生活和经验，是人们涉及服饰的社会实践的经验总结。这些语句广泛地在日常生活中使用。如"脱掉帽子看高低，卷起袖子看胳膊"揭示了这样的道理：戴着帽子能增加实际的身高，穿着长袖的衣服看不清胳膊本来的粗细长短，只有去掉服装的遮盖才能看到最真实的情况。比喻只有比试比试，才知谁有本领。又如"衣无领，裤无裆"，"满城文运转，遍地是方巾"，"鞋不加丝，衣不加寸"等。这些谚语将人们与服饰相关的观察、经验、现象和智慧凝练起来，总结了规律，简明通俗地揭示了一定的生活道理。

中华民族创造的服饰文化历史悠久，服饰文化的语言体现形式之一是民间谚语。服饰谚语反映了中国人的服饰观念：强调等级、崇雅尚俭、注重得体，同时也反映出社会生活中的人情世态，它积淀着中国的文化传统，具有传送传统服饰文化共同价值观念的功用。

四、结语

本文从文化语言学角度对与服饰相关的语汇进行了分析，从中梳理出汉民族服饰文化的特征，展现语言与文化之间的互渗性和推动性等特征，旨在探究与服饰相关语汇作为文化符号与服饰文化的关系，以期丰富服饰词语与文化的研究，使该类研究在不断发展过程中得到丰富和完善。

参考文献：

[1] 何九盈，胡双宝，张猛. 中国汉字文化大观 [M]. 北京：北京大学出版社，1995.

[2] 温端政. 歇后语10000条 [M]. 上海：上海辞书出版社，2012.

[3] 萨丕尔. 语言论 [M]. 北京：商务印书馆，1985.

[4] 华梅. 服饰文化全览（上卷）[M]. 天津：天津古籍出版社，2007.

服装文字语言特点研究

——以民族服装文字语言为例[❶]

梁晶晶

摘　要：服装文字语言与纯粹的语言不同，它并不是一种单纯的言语艺术，而是对服装文化的一种描述或是诠释，因此服装文化就是服装文字语言所要传递的具体内容。本文在解析服装文字语言的本质、作用及内涵的基础上，以民族服装文字语言为例分析了服装文字语言所具有的综合性、信息性、描写性、修辞性等显著特点。服装文字语言的研究是为了更好地表达和解读服装的意义。

关键词：语言；民族服装文字语言；特点

Study on the Linguistic Features of Fashion Language—A Case Study of the Fashion Language of Ethnic Costumes

Liang Jingjing

(Department of Foreign Languages, Beijing Institute of Fashion Technology, Beijing 100029, China)

Abstract：Fashion language is different from pure language and it is rather a description or an annotation of fashion culture than a simple linguistic art. Therefore, fashion culture is what fashion language conveys. Based on the explanation of its essence, effects and connotations, this paper makes a case study of the fashion language of ethnic costumes and makes an analysis of its comprehensive, informative, descriptive and rhetoric features. This research is aimed at a better expression and interpretation of the meanings of clothing.

Key words：language；fashion language of ethnic costumes；features

服装在我们的日常生活中居于首要位置。随着我国服装业的快速发展，服装业越来越受到人们的重视，有关服装的研究也日渐丰富起来。关于服装的研究很多，但大都局限于服装本身，如关于服装起源、目的、材料、纺织、设计、工业、人体工学等概述性领域的内容；有关社会学、心理学等社会领域的内容；还有就是服装史、民族服饰等服装演变领域的内容。应该说有关服装的内容已经研究的比较全面，但从研究现状看，唯独少了一个很重要的环节，那就是服饰文化的传播手段——服装文字语言的研究。

语言是一种符号系统，它以语音为物质外壳，以语义为意义内容，是一种表达意义的工具。而文字是语言的视觉形式，它突破了口语所受的空间和时间限制，能够发挥更大的作用。服装是人体的第二皮肤，是身体对外界倾诉自己的语言。凌士义曾经说过："由服饰而发出的语言、表达形式大体有两种：一种是直接形容服饰的字词，被作为日常生活的基础用语。还有一种是以服饰用语为基础，注入其他概念或思想内容，以阐明某种道理或凭借服饰用语加以延伸、转注而予以运用。"可见，服装文字语言与单纯

❶本文曾发表于《山西师大学报》2010 年第 37 卷（研究生专刊），P61-63。

的文字语言不同，它有着自己显著的特点。本文将在研究服装文字语言的本质、作用和内涵的基础上，以民族服装文字语言为例对它的特点加以研究。

一、服装文字语言的本质

服装文字语言的本质跟纯粹的语言不同，它并不是一种单纯的言语艺术，而是对服装文化的一种描述或是诠释。

服装本身是一种无声的象征，是通过视觉手段去传达和交流服装信息，创造出与人类文化心理结构相通的情感形式。服装不是现实生活自然简单的逼真再现，更不是虚假的人为编造，而是设计师根据人体特征，从现实的平民生活和大自然中发掘创造出来的。正如钱纪芳在一篇文章中所说"服装是一幅画：构图上像雕塑，剪裁上似建筑，神韵上如诗歌，旋律上似音乐，时间上构架起一个时代走向另一个时代的桥梁……总之，服装是一种点金的艺术，是为我们的眼睛和心灵所创作的艺术作品。"而服装文字语言就是对这些符号的描述以及对其意义的诠释，其深层的本质是商家向公众营销服装产品，追求的是一种"广而告之"的商业效果。当然，其中也不乏传递设计师本人对服装美的理解和喜好，但是服装文字语言主要是以信息为主，语言技巧为辅。

二、服装文字语言的作用

在服装艺术的表述中，图像语言（点、线、面、形象、色彩、空间、材料等）处于主体地位，图像的优点是：第一，直观，所谓"百闻不如一见"，就是让人能够看到确定的样本，并在瞬间记住它；第二，生动性，视觉图像鲜明生动，富于情感上的联想，因而具有很强的感染力。图像的缺点是它在表达意义方面比较微弱、模糊，与文字语言相比，它是一种比较幼稚的表述系统。文字语言是图像语言的一种有力的辅助手段，目的是使主体内容更加准确、具体、鲜明、突出，吸引更多人的注意力，从某种意义上说弥补了图像在表现力上微弱、模糊的缺点。而从传播的角度看，图像语言和文字语言作为语言的两个分支是相互支撑、相辅相成的。图像生动、形象地表达了服装，而文字则会传递出图像背后不为人知的一些东西，比如服装设计师的设计理念等。两者结合起来，增加了服装文化的传播力度。

三、服装文字语言的内涵

既然服装文字语言是对服装文化的描述或诠释，那么服装文化就是服装文字语言所要表达的内涵。

社会、文化与语言相比较是第一性的，社会、文化发展了，语言也就随之发展。正如帕默尔所说："语言忠实地反映了一个民族的全部历史、文化，忠实地反映了它的各种游戏和娱乐，各种信仰和偏见，这一点是十分清楚的了。"观察有关服饰的语言可以从历时性和共时性两方面去看。共时性是当今世界各民族、各种族流行的有关服饰的语言，比如从服饰用语中我们可以看出该民族的宗教信仰，像印度婆罗门教的教徒到了成年的年龄有授带之礼。该教规定，男孩7~10岁就要进行洗礼。身上涂上牛油和香料，由祭司把他们领到圣像前，宣读圣典，然后给他们带上"白带"，一辈子不允许拿下，如有违者，要受到惩罚。历时性是指每一种服饰语言的历史演变过程。无论从哪一个角度上都能考察出该民族的社会文化风俗。比如，苗族的服饰被称为"无字的史书"，苗族的人们把自己民族的千载传奇和先辈的蹉跎岁月，把自己的历史、文化和民族精神，把自己的苦难、回忆和缅怀，都"写"在了自己的服饰上。总之，服装在人类历史的发展过程中，始终扮演着默默无闻的角色，但是它总能把握每个时代最主要的精神特征，是历史文化的一个充分体现。

四、服装文字语言的特点

服装的分类有很多种方法，如依据服装的基本形态与造型结构进行分类，根据服装的穿着组合、用途、面料、制作工艺分类，还有就是按性别、年龄、民族、特殊功用等方面的区别对服装进行分类。其中，描述各类服装的语言差异比较大。所以本文将从一个具体的角度出发，即以民族服装文字语言为例，对其综合性、信息性、描写性和修辞性等特点进行阐述。

1. 综合性

服装文字语言的综合性可以体现在两个方面：

（1）服装属于交叉学科，涵盖了哲学、经济学、社会学、心理学、艺术学、历史学、物理学、化学以及纺织科学与工程等。服装学科的这种交叉性也决定了服装文字语言的综合性。

（2）除了学科的交叉性之外，服装文字和图像语言本身还有着写实、写意之分，服装文字既纪实又写意，其中不仅传达了图片所要表达的内容，还包含了其背后的哲理性和创意性等内容，形成了极具综合性的内容。

例如，土族传统女服。"右衽长袍，外罩坎肩。前襟右侧为绣花腰带，左侧是前搭子和针扎"为纪实性内容，展示了服装的具体形制，是针对图片的一个具体、详尽的描述。而"衣袖的红色代表太阳，蓝色代表天空，黄色代表土地，白色代表乳汁"。土族妇女因此被称为"穿彩虹花袖衫的人"则为写意的内容，这些描述性的语言不仅交待了服装的常用颜色，还清楚地传达了颜色的特殊含义以及土族妇女被称为"穿彩虹花袖衫的人"这样的民俗风情。写实性的语言和哲理、创意性内容完美融合在一起，给读者充分发挥想象的空间带来美的感受。

2. 信息性

服装文字语言与一般的文字语言不同，一般文字语言的作者可以自由发挥想象，而服装文字语言受到图像的约束，所述的内容必须以图像为基础，准确传递出图像的一些实质信息以及图像无法表现或无法清晰显示的一些细节信息。这些信息主要是告诉读者服装的具体材料、工艺、纹饰、款式、颜色等，目的是让读者在读了绚丽的文字之后还有一种名副其实的踏实感觉。

例如，流行于黔东南地区的百鸟衣，是百鸟衣中的精品。除两袖口用土蓝布贴饰外，通体绣花。衣背正中有一斜置的正方形图框，框内中央或为一太阳纹或为一圆形圈龙纹，四角为枫叶纹或蝴蝶纹，框外四角为凤头龙身图或异形龙图，两侧则多为圈龙图以及各种飞鸟或异形动物图案。色彩以绿缎为底，橘红、黑、浅黄和白色花饰为基调。该服饰一般在祭祖时才穿着。

例句分析：其中，"土蓝布贴饰""通体绣花"是细节，"太阳纹""圆形圈龙纹""枫叶纹""蝴蝶纹""凤头龙身图""异形龙图""圈龙图""飞鸟或异形动物图案"是图案或纹样，"绿缎为底，橘红、黑、浅黄和白色花饰"是颜色基调，"祭祖时穿着"交待了服装的穿着场合。文字语言把所要传达的信息完整地传递给读者，再加之图片所传达的信息，使整体语言特征准确具体、简洁清晰、朴实无华，读者不需要太过刻意就能留下深刻的印象。

3. 描写性

描写就是运用形象的、渗透着感情的语言，以绘声绘色的手法，把服装的神态、动态具体真切地勾画出来，让读者犹如身临其境一般，产生美感或快感，达到感情上的共鸣。如果把服装信息看作是人体的骨架，那么描写就是增添血肉。描写的对象包括服装材料、颜色、廓型、褶裥、分割线、拼接方法、领子、袖子、配件、贴边、缀饰等。当然，不是每件服装都需要对上述要素进行描写。"画龙点睛"也同样适用于服装，描写最需要抓住的是服装的个体显著特征。

例如，苗绣，是苗族在悠久的历史长河中创造的独树一帜、蔚为大观的艺术形式，是其历史来源与文化因子在传递、衍化过程中绽放的精神花朵。

例句分析：在观察苗族服装时，人们的注意力都会放在它的"点睛之笔"苗绣上，苗绣是苗族服饰最抢眼的细节，而描写性的语言也往往集中于此。由此可见，民族服装中描写性的语言并不是整篇用于描述服装的具体形制，而是作为"点睛之笔"来描绘最出彩的细节部位，使整体的语言特征细腻、逼真、活灵活现。

4. 修辞性

服装文字语言除了理性的信息和形象的特征描述外，还会通过富有情感的语言影响读者的感情或情绪，将读者穿上该服装后的变化表达出来，使读者在感情获得满足的过程中接受服装的新理念。这种富有情感、能吸引读者注意的语言大多是夸饰性的，需通过修辞手段来完成。修辞是一种语言艺术，能使语言发挥事半功倍的功效，让人在鲜活的文字中流连忘返。

（1）比喻的修辞手法。比喻的修辞手法是根据事物的相似点用具体、浅显、常见的事物对深奥生疏的事物进行解说，即打比方，也就是为了把所要表达的内容说得生动形象，给人以深刻的印象，在民族服饰用语中常见比喻的修辞手法。

例如，背带儿，顾名思义，就是背婴幼儿的带子。然而就是这样一条带子，被苗族誉为是"母亲背上的摇篮"。许多人更将其看作是婴儿的护身符。

例句分析：其中，将少数民族的"背带"比喻成"母亲背上的摇篮"或"婴儿的护身符"。不仅将背带的意义清楚地加以阐述，还将它的作用以生动形象的语言表达出来。此外，从这种直观、形象的语言中我们也可以感受到母亲对孩子的保护，从小的背带中可以体现出伟大的母爱，给人留下深刻印象的同时又多了一份感动。

（2）拟人的修辞手法。拟人的修辞手法是把物当做人写，赋予物以人的动作、行为、思想、感情、活动，即用描写人的词来描写物。其作用是把无生命的事物当成人写，使具体事物人格化，加强了语言的生动性，在民族服饰用语中也常见拟人的修辞手法。

例如，让我们通过苗绣去了解这个民族的苦难与艰辛，去共享这个民族心动与神动和不能自已的喜悦，去体验这个民族的真情与浪漫，去品味这个民族的洒脱与超然！

例句分析：其中，"苦难与艰辛""心动与神动""真情与浪漫"和"洒脱与超然"本是用来形容人的精神状态和品质的词语，在这里用来形容一个民族，赋予了它良好的精神品质，把无生命的事物人格化，加强了语言的生动性，增加了人们对这个民族的美好感情。

（3）借代的修辞手法。借代的修辞手法是不直接说出所要表达的人或事物，而是借用与它密切相关的人或事物来代替。其作用是突出事物的本质特征，增强语言的形象性，使文笔简洁精练，语言富于变化，引人联想，有形象突出、特点鲜明、具体生动的效果。

例如，要追寻苗族历史的发展轨迹，除了依靠口传之外，恐怕最可以佐证的就是这种"穿在身上的无字史书"——绣的功夫。

例句分析：用"穿在身上的无字史书"来代替刺绣的说法显得生动形象。"无字史书"既表明了刺绣的本质特征又体现了它的历史文化价值。

（4）排比的修辞手法。排比的修辞手法是把三个或三个以上结构和长度均类似、语气一致、意义相关或相同的句子排列起来。其作用是加强语势、语言气氛，使文章的节奏感加强，条理性更好，更利于表达强烈的思想感情。

例如，一代又一代的苗家女性，用针线送走时光，留下无尽的美丽，也留下她们在苗绣艺术中畅游的一生。一针又一针无声的钩，一针又一针无声的挑。就像用一桶桶水，去汇成一条江河；就像用一捧捧土，去筑成一座山峦；就像逶迤连绵的苗岭，千年来默默无言，却向世界奉献了神奇与美丽。

例句分析：句中使用排比的修辞手法，把三句赞叹苗族女子绣工且结构和长度类似的句子排列起来，加强了节奏感，条理性更强，凸显了对苗家女性绣工的赞叹。

（5）反问的修辞手法。反问的修辞手法是用疑问形式表达确定的意思，用肯定形式反问表否定，用否定形式反问表肯定，只问不答，答案暗含在反问句中。其作用是加强语气，发人深思，激发读者感情，加深读者印象，增强文章的气势和说服力。

例如，百褶裙那一道道褶皱数起来有点让人头晕目眩。可以想一想，苗族妇女在那一道道褶皱上一针一线绣出来的花纹图案，那又该具备多少的细心和多大的耐力与毅力？

例句分析：句中用疑问句的形式表达了肯定的意思，虽然是只问不答，但答案已然很明显地喻于句子之中，那就是百褶裙耗费了苗族妇女巨大的耐力和毅力，这也是它绚丽无比的原因之一。如果使用陈述句，读者在读的时候可能会一笔带过，印象并不深刻，但使用反问的形式则加强了语气，激发读者的兴趣，同时更增强了文章的说服力。

（6）设问的修辞手法。设问的修辞手法是故意先提出问题，然后自己回答。其作用是引起注意，启发读者思考，有助于层次分明，结构紧凑，使读者的注意力集中于此。在民族服饰用语中也常见设问的修辞手法。

例如，回民为什么喜欢戴无檐小帽呢？据说回民在礼拜叩头时，前额和鼻尖必须着地，为了方便，他们就戴上了无檐小白帽。有个别回民戴遮阳帽后，遇到聚礼活动，就把帽檐的一端挪到后面。可见，戴无檐小白帽比戴遮阳帽方便得多。

例句分析：在介绍回族小白帽时，作者首先提出问题"回民为什么喜欢戴无檐小白帽呢?"。这个问题有助于启发读者思考,集中注意力,比起平白的陈述式更能引起读者的关注。这种句式的一般结构是答案紧随其后,为的是在读者思考之后给出答案,以便读者参考,同时也会增加读者的认同度,会给人一种"原来是这样的"感受。

上面列举了一些民族服装文字语言的例子,从这些例句中可以看出使用各种修辞方法后的民族服饰语言特点是鲜明、生动、清新、秀丽,句式简短,朴素流畅。在这里,各种修辞手法如大自然中眩目变幻的色彩,相得益彰。深深地吸引读者,即使随意浏览,也会印象深刻。

综上所述,服装文字语言本身有着非常显著的特点。服装文字语言的本质跟纯粹的语言不同,它并不是一种单纯的言语艺术,而是对服装文化的一种描述或是诠释,服装文化是其所要传递的具体内容。对于服装文字语言本身来讲,它具有综合性、信息性、描写性、修辞性和时尚性的特点。这些特点使服装文字语言鲜明、生动、清新、秀丽,又有明显的针对性,形成自己鲜明的语言风格特征,为服饰文化又增添了绚丽的一笔。在服装业大力发展的今天,伴随着工业和文化的进步,服装文字语言也定会在这个大环境中不断丰富起来,变得更加绚丽多彩。

参考文献:

[1] 凌士义,卢海丹."听"服装的语言 [J]. 科教文汇(中旬刊),2010(2):151-152.

[2] 钱纪芳. 和合翻译观照下的服装文字语言翻译 [D]. 上海:上海外国语大学,2008.

[3] 帕默尔. 语言学概论 [M]. 北京:商务印书馆,1983.

[4] 艾比布拉. 五彩霓裳——中央民族大学民族博物馆馆藏民族服饰集粹 [M]. 北京:中央民族大学出版社,2006.

[5] 阿多. 解读苗绣 [M]. 北京:民族出版社,2007.

[6] 戴伯龙. 民族服饰 [M]. 北京:中国三峡出版社,2007.

从消费者购买程序看广告的语篇构建模式及其语言表现手法

薛　冰

摘　要：本文试图通过研究消费者的购买程序，探索广告的语篇构建模式及所使用的语言表现手法。

关键词：消费者；购买程序；语篇构成模式

The Construction of the Discoursal Model of Advertising and its Linguistic Manifestation Based on Consumers' Pattern of Purchase

Xue Bing

(Department of Foreign Languages, Beijing Institute of Fashion Technology, Beijing 100029, China)

Abstract：The present paper, by means of expounding consumers' pattern of purchase, attempts to draw a simple picture of the discoursal model of advertising and its linguistic manifestation.

Key words：consumer；pattern of purchase；discoursal model

前言

　　广告是现代社会非常重要的一种交际模式，从语言学角度来看，也是非常重要的一种交际模式。它由特定的因素构成，包括广告主、消费者、情景和语言等，并以自身固有的规律发展。一般而言，我们把广告作为一种单向交际。因为信息传递者（广告主）是确定的、可知的，而信息接受者（潜在的消费者）基本上是不确定或不可知的。但这并不等于说广告主重要，而消费者不重要。恰恰相反，消费者非但不可缺少，而且还在广告的整个运作过程中起着举足轻重的作用，因为广告的最后效果要靠消费者来验证。

一、信息接受模式及消费者购买程序

1. G. N. Leech 的信息接受模式理论

　　G. N. Leech 在其著作 *Principles of Pragmatics* 中对信息接受者进行了以下论述：在接受信息的过程中，他意识到某个问题的存在，然后运用思维假设推断该问题的内涵，找到解决方案，最后通过现有证据加以检验证明，如将信息接受模式简单表示为：

　　（1）问题（Problem）→（2）假设（Hypothesis）→（3）检验（Check）→（4）评价（解释）（Interpretation）

2. 消费者购买程序

　　消费者作为广告的重要组成部分，主要任务就是通过接触广告，认识了解了其实质内容，最终完成购买行动。根据消费者一般的认识过程，可以将其购买程序简单分解为：

　　（1）问题认识阶段→（2）信息收集研究阶段→（3）购买阶段→（4）使用评价阶段

　　这种购买程序与消费者的心理运作过程大体一致，下面我们用具体实例进行验证：

　　例1：购药

　　（1）问题认识阶段：产生与商标效用对应的问题（欲求）阶段。例如，"发烧了需要药。""自己感觉皮肤干裂。"

（2）信息收集研究阶段：对于能够解决上述问题的商品牌子的信息变得敏感，根据自己的情况，考虑哪种价格合适。例如，"向家人或他人打听哪一种药治疗发烧好。""注意治疗皮肤干裂的化妆品。"

（3）购买阶段：去商店指名购买某种品牌的药。向店员订购治疗皮肤干裂的化妆品。

（4）使用评价阶段：根据使用经验对某种商品表示满意，作出评价。例如："吃了药后第二天就好了，对这个品牌另眼相看。""用了一两次就忘记那种牌子了。"

由此看出，在该阶段有两种可能性存在，即对品牌满意或不满意。因此广告主在实施广告战略时，应着重促成消费者的第一种行为，并尽可能避免第二种情况的发生。在一些广告实例中，经常可以看到引用消费者对商品的满意或赞扬之辞和权威性的评价报告即是对第二种情况所采取的策略。

综上所述，我们发现 Leech 的理论模式与消费者的购买程序之间存在着某种相似性。这里我们不妨把信息接受模式中的假设（Hypothesis）看作是对所接受信息的研究，以期找到解决方法的过程。因此，可以通过以下步骤进一步阐述（其中 S 表示信息传送者，H 表示信息接受者，P 表示问题）：

① S 传达给 H 有关 P 的内容（问题阶段）。

② S 的目的是要 H 认识到 P，进而使 H 产生某种假设（假设阶段）。

③ S 认为 H 很想了解 P，并对产生的效果进行观察、研究（检验阶段）。

根据消费者的这种思维模式，进而可以将其演变为广告的一般语篇构建模式，即：

（1）广告主运用词汇、图像及声音等手段简要介绍产品（商品）的有关信息，使其醒目、诱人，并尽可能对消费者产生一定的吸引力（问题认识阶段）。

（2）广告主详尽阐明产品（商品）的优越功能，使潜在的消费者逐步认可该产品对自身的作用或功效，并产生购买欲望（假设阶段）。

（3）广告主运用权威报告、权威人士的评价或消费者的反馈信息进一步增强其产品（商品）的说服

力，巩固其在消费者心目中的地位（检验阶段）。

这样，广告主就可以依照该程序撰写广告正文，从而起到预想的最佳效果。如下面的实例：

例 2：广告

Hi，my name's Messy Marvin. ① I got that name because no matter how hard I tried，my room and my clothes always messy. ② But then one day Mom brought home thick，rich，yummy Hershey's Syrup in the no mess squeeze bottle. ③ And before I knew it，I was making the best chocolate milk I'd ever had. ④ But I wasn't making a mess. ⑤ It's fun，too. ⑥ I just pull the cap and squeeze. ⑦ Nothing drips，nothing spills. ⑧ Now Mom's happy and so am I. ⑨ My room and my clothes are still a mess，but at least there's hope… ⑩ （《广告英语》，外语教学与研究出版社，P26）

上例是一则推销牛奶辅助果汁的广告，共由十个句子构成。第①②句可看作是前文讲述的消费者购买程序的第一个步骤，即问题认识阶段，或 Leech 所阐述的问题阶段，也就是 S（这里指广告主）向 H（这里指消费者）传达有关 P 的内容（指乱糟糟的情形这一场面）。而第③至⑧句讲得则是广告推销带来的功效，这就是前面提到的第二阶段。第⑨⑩句则是使用该产品后所带来的影响，即"妈妈高兴，我也高兴。"这恰是上文讲述的第三、第四阶段。

二、广告语篇构建模式的语言表现手法

下面再谈谈广告主是如何运用语言手段表现以上各步骤的。

通过观察发现，在第一阶段，即问题认识阶段，以上两篇广告均采用陈述句，即例 2 中的第①、第②句。在第二阶段，即解决问题阶段，采用得也是陈述句，但与第一阶段的陈述之间存在两种关系：转折关系（例 1）和目的关系❶（例 2）。通过对其他广告语篇的分析，可以得出以下结论：问题与其解决方法之间的语言表现手法主要通过转折关系和目的关系来实现。而前一种关系主要用于描述型的广告文体中。众

---

❶这里需解释一点。黄国文（1998，19-24）认为，从逻辑意义上看，语篇中有 9 种不同的句际关系类型，即并列关系，对应关系，顺序关系，分解关系，分指关系，重复关系，转折关系，解释关系，因果关系。但笔者认为，以上术语无法详尽描述某些广告语篇的句际关系，所以笔者引入了一个新概念：目的关系。

所周知，广告的首要任务是吸引注意，而描述型广告恰好是该论点的最好例证。同时，相比其他关系而言，转折关系更能起到吸引注意的作用，因此这两者结合所产生的效应不言而喻。目的关系一般用于说理或论证型的广告文体中。这是因为该类广告的主要目的是使消费者了解某种产品，进而产生兴趣。在说理过程中不免要涉及科学论据、专业术语等内容，这就要求读者去认真领会理解。同时，目的关系所起的作用主要是承上启下，这样读者由第一阶段过渡到第二阶段就显得顺理成章，丝毫没有突兀的感觉。此外我们还发现，转折关系多用于化妆品、食品等浅易的广告文体中，而目的关系则多用于药品等学术性较强的广告文体中。

三、结语

综上所述，我们认为，广告的语篇模式可参照Leech 提出的信息接受者解码程序进行构建。而在具体的广告文体中，问题认识阶段（第一阶段）与解决问题阶段（第二阶段）存在着转折或目的关系，它们的出现在某种程度上体现了广告文体的不同类型。

参考文献：

[1] 仁科贞文. 广告心理［M］. 北京：中国友谊出版公司，1991.
[2] 孙有为. 整体广告策划［M］. 北京：世界知识出版社，1991.
[3] 狄龙. 怎样创作广告［M］. 北京：中国友谊出版公司，1991.
[4] LEECH, GEOFFREY N. Principles of Pragmatics［M］. London：Longman Publishing Group，1983.

附录 I：

中外服饰文化研究中心历年申请到的各类科研项目统计表

序号	项目名称	项目编号	项目来源	主持人
1	中华传统服饰文化艺术翻译研究	14BYY024	2014 年度国家社会科学基金项目	张慧琴
2	北京回族服饰文化研究	07AbWY037	北京市哲学社会科学"十一五"规划重点项目	郭平建
3	传统京剧服饰文化英译研究	15JDWYA008	2015 年北京社科基金研究基地项目	张慧琴
4	中美服装社会心理学研究比较	2005ZR-08	北京市委组织部优秀人才培养项目	况 灿
5	中美服装社会心理学研究和教育比较	SM200610012002	北京市教委人文社科面上项目	郭平建
6	伦敦时装街及店铺的近 200 年的发展历程对打造北京时装之都的启示	AJ2008-15	北京市教委人文社科面上项目	马小丰
7	我国信仰伊斯兰教的十个少数民族的服饰	PXM2009_ 014216_ 070770	北京市教委特色教育资源库建设项目	郭平建
8	韩国文化产业链建设对我国的启示	SM201010012003	北京市教委人文社科面上项目	郭平建
9	世界十大时装中心	PXM2010_ 014216_ 097206	北京市教委特色教育资源库建设项目	郭平建
10	英国时尚传媒创意产业研究	AJ2011-13	北京市教委人文社科面上项目	王德庆
11	纽约时装之都的建设对北京的启示研究	SM201210012002	北京市教委人文社科面上项目	郭平建
12	20 年中国民族服饰文化研究的可视化分析	YET1405	北京市青年英才项目	刘 华
13	视觉时代的时尚品牌整合传播	RCQJ02140206/004	北京市属高等学校高层次人才引进与培养计划项目	赵春华
14	全球视阈下典籍作品中服饰文化英译研究	AJ2013-16	北京市教委人文社科面上项目	张慧琴
15	中外服饰文化研究与传播	ZYDF02130210	2013 年中央支持地方教师队伍建设——人才培养与团队项目	郭平建
16	我国云、贵、川、甘多民族聚居区的传统汉族服饰	KYJD02140205/004	北京市教委特色教育资源库建设项目	郭平建
17	中英服装设计师培养机制比较研究	AJ2015-14	北京市教委人文社科面上项目	王德庆
18	北京回族妇女服饰文化变迁及其发展趋势研究——以牛街为例	JD2006-05	首都服饰文化与服装产业研究基地	郭平建
19	日本时装大师在巴黎的成功经验对培养中国服装设计师的启示研究	JD2007-10	首都服饰文化与服装产业研究基地	郭平建
20	英国服装会展业的发展历程研究及启示	JD2008-11	首都服饰文化与服装产业研究基地	马小丰
21	利用竞争情报系统为服装企业和服装教学服务	JD2009-09	首都服饰文化与服装产业研究基地	张艾莉

序号	项目名称	项目编号	项目来源	主持人
22	美国对意大利时装业发展阶段的影响及启示	JD2010-07	首都服饰文化与服装产业研究基地	郭平建
23	美国运动服装发展历程研究及启示	JD2011-09	首都服饰文化与服装产业研究基地	王德庆
24	北京—巴黎服装会展文化创意比较研究	JD2012-09	首都服饰文化与服装产业研究基地项目	史亚娟
25	孔子服饰文化研究与传播	JD2014-05	首都服饰文化与服装产业研究基地	张慧琴
26	20世纪中西方女性高跟鞋文化对比研究	JD2014-06	首都服饰文化与服装产业研究基地	罗 冰
27	传统服饰——肚兜图案文化的服饰语言释译研究	JD2015-03	首都服饰文化与服装产业研究基地	訾韦力
28	中外服饰文化研究与传播	2011T-08	北京服装学院学术创新团队项目	郭平建
29	中外服饰文化研究与传播	PTTBIFT-td-001	北京服装学院学术创新团队项目	张慧琴
30	国外服饰文化理论研究	2014A-26	北京服装学院校级创新团队项目	史亚娟
31	电影服饰的语言学研究	2009A-33	校人才引进项目	史亚娟
32	基于生态翻译学的服饰文化研究	2011A-23	校人才引进项目	张慧琴
33	20世纪西方时尚文化资源库建设	2014A-06	校级重点项目	张丽帆
34	时尚与文化研究	2014AL-30	北京服装学院2014年度青年创新基金项目	肖海燕
35	巴洛克服装风格研究	2004A-01	校级一般项目	张艾莉
36	美国服装社会心理学研究的背景及其发展状况	2005A-05	校级一般项目	康洁平
37	会展英语研究	2005A-08	校级一般项目	白 静
38	嬉皮士服饰风格研究	2006A-25	校级一般项目	张丽帆
39	中西方内衣文化比较研究	2006A-26	校级一般项目	罗 冰
40	时装体系中设计师角色的研究——对美籍日本学者河村的观点的分析	2008A-25	校级一般项目	刘 华
41	服饰文化的多角度研究	2008A-29	校级一般项目	武力宏
42	服装情报系统研究	2008A-30	校级一般项目	张艾莉
43	英国时装杂志的发展历史研究及启示	2008A-41	校级一般项目	马小丰
44	中国服装品牌Logo的变化与跨文化交际的传播	2009A-14	校级一般项目	于 莉
45	服装学研究方法探讨	2010A-17	校级一般项目	武力宏

序号	项目名称	项目编号	项目来源	主持人
46	北京—巴黎服装会展研究	2010A-18	校级一般项目	史亚娟
47	美国服装专业博物馆与企业的合作关系研究	2011A-15	校级一般项目	马小丰
48	中西服饰与社会语言关系研究	2012-A14	校级一般项目	訾韦力
49	纺织服装英汉双语平行语料库研究	2012A-15	校级一般项目	肖海燕
50	近 20 年中国服饰文化研究的可视化计量分析	2013A-14	校级一般项目	刘 华
51	索尔·贝娄作品中的服饰文化研究	2013A-15	校级一般项目	蒋利春
52	国际视野下的商务装着装礼仪研究	2015A-12	校级一般项目	杨武遒
53	电视、网络中时尚品牌的视觉传播效果调查	H2012-120	横向课题	赵春华
54	社交网络中时尚品牌营销状况调查	H2012-119	横向课题	赵春华

附录 II：

中外服饰文化研究中心历年出版的专著、译著、教材统计表

序号	名称	作者、译者	出版社	时间
1	《实用服装表演与设计英语》	白静等编著	对外经济贸易大学出版社	2008.4
2	《开·合——纽扣＆拉链的连接艺术》	陈强主编（马小丰，蒋玉秋等编写）	中国纺织出版社	2008.9
3	《翻译协调理论研究》	张慧琴著	山西人民出版社	2009.4
4	《朝圣的长旅：坎特伯雷故事之文化研究》	史亚娟著	电影出版社	2013.4
5	《北京回族服饰文化研究》	郭平建主编	中央民族大学出版社	2013.9
6	《时尚传播》	赵春华著	中国纺织出版社	2013.10
7	《服装英语翻译概论》	郭平建，白静，肖海燕，张慧琴编著	中国纺织出版社	2013.12
8	《现代英语翻译理论与教学实践探究》	康洁平编著	吉林大学出版社	2015.8
9	《服饰文化与英汉语汇》	訾韦力著	企业管理出版社	2015.12
10	《英汉服饰·习语研究》	张慧琴编著	外文出版社	2106.3
11	《西方时尚理论注释读本》	史亚娟主编	重庆大学出版社	2016.5
12	《20世纪时尚生活史》	张丽帆著	北京理工大学出版社	2016.4
13	*Kindom of Clothes——China's Exquisite Ethnic Costumes & Accounterments*《衣冠王国——中国民族服饰精品展特辑》	杨源撰稿；郭平建，白静等译	艺术与设计杂志社	2003
14	*The Fishskin Clothes of the Hezhe People*《赫哲族的鱼皮衣》	杨源撰稿；郭平建译校	民族音像出版社	2006.3
15	*Liu Yuanfeng's Fashion Quartet*《御风而行》	刘元风著；郭平建，姚霁娟译	中国纺织出版社	2011.6
16	*Graduation Works 2011, Fashion Cllection BIFT*《北京服装学院服装艺术与工程学2011毕业设计作品集》	赵平，王琪总策划；肖海燕译	中国纺织出版社	2011.7
17	*The Art of Patchwork*《布纳巧工：拼布艺术展》	徐雯，刘琦主编\（郭平建，刘颖英文翻译）	中国纺织出版社	2011.10
18	*"Rainbow Fashion" Series*《霓裳》	潘松著；白静译	广西美术出版社	2012.7
19	*"Pu" Sculpure Series*《朴》	潘松著；白静译	广西美术出版社	2012.7
20	*A Collection of Contemporary Han Folk Costumes*《近代汉族民间服饰全集》	崔荣荣、张竞琼著；郭平建、刘颖、姚霁娟译	Gourmand Books, an imprint of Inversiones Rabelais, S. L	2013.6

序号	名称	作者、译者	出版社	时间
21	《时装设计：过程、创新与实践》(*Fashion Design：process，innovation & practice*)	【英】Kathryn Mc-kelvy & Janine Muslow 著；郭平建，武力宏，况灿译	中国纺织出版社	2005.1
22	《品牌定位——如何提高品牌竞争力》(*Brand Positioning*)	【美】Sengupta 著；马小丰等译	长安出版社	2009.5
23	《亲子编织——钩针篇》(*Weekend Crochet for Babies*)	【英】Sue Whiting 著；梁晶晶等译	中国轻工业出版社	2010.1
24	《时尚手册：工作室与产品设计》(*Studio et products*)	【法】Olivier Gerval 著；郭平建，肖海燕，姚霁娟译	中国纺织出版社	2010.2
25	《非典型美女造型手册》(*Style Evolution*)	【美】Kenddall Farr 著，刘颖，乔京晶译	中国纺织出版社	2011.1
26	《当代时装大师创意速写》(*Fashion Designers Sketchbook*)	【英】Hywel Davies 著；郭平建，肖海燕，张慧琴译	中国纺织出版社	2012.1
27	《色彩的秘密语言》(*The Secret Language of Color*)	【美】Joann Eckstut 著；史亚娟，张慧琴译	人民邮电出版社	2015.1
28	《英法汉/法英汉服装服饰词汇》(*Bilingual Fashion Glossary*)	【法】Vincent Beckerig & Tania Sutton 著；郭平建，姚霁娟等译	中国纺织出版社	2015.4
29	《英美爱情诗选译》	张慧琴等编译	外文出版社	2015.7
30	《时尚与文化研究》(*Fashion and Cultural Studies*)	【美】Susan B. Kaiser 著；郭平建，肖海燕，白静，史亚娟译	中国轻工业出版社	2016.6
31	《服装英语》	郭平建主编	高等教育出版社	2004.10
32	《会展英语》	丁衡祁，李欣，白静编著	对外经济贸易大学出版社	2006.6
33	《服装英语》（第3版）	郭平建，吕逸华主编	中国纺织出版社	2007.8
34	《国际会展英语》	李欣，白静主编	对外经济贸易大学出版社	2014.5
35	《艺术类大学英语视听说教程》（3）	张慧琴主编	大连理工出版社	2015.7
36	《现代英语翻译理论与教学实践探究》	康洁平主编	吉林大学出版社	2015.8
37	《新编服装专业英语教程》	郭平建，史亚娟主编	中国轻工业出版社	2015.8
38	《时尚英语》	史亚娟，张慧琴，郭平建主编	中国电影出版社	2016.4